【博客藏经阁丛书】

深入浅出玩转FPGA

第3版

吴厚航 编著
[网名 特权同学]

内 容 简 介

本书收集整理了作者在 FPGA 项目实践中的经验点滴。书中既有常用 FPGA 设计方法和技巧的探讨，引领读者掌握 FPGA 设计的精髓；也有很多生动的项目案例分析，帮助读者加深对重要知识点的理解，并且这些案例大都以特定的工程项目为依托，有一定的借鉴价值。此外，本书还有多个完整的项目工程实例，让读者从系统角度理解 FPGA 的开发流程。

本书从工程实践出发，旨在引领读者学会如何在 FPGA 的开发设计过程中发现问题、分析问题并解决问题。本书的主要读者对象为电子、计算机、控制及信息等相关专业的在校学生、从事 FPGA/CPLD 开发设计的电子工程师以及所有电子设计制作的爱好者们。

图书在版编目(CIP)数据

深入浅出玩转 FPGA / 吴厚航编著. -- 3 版. -- 北京 ：北京航空航天大学出版社，2017.5

ISBN 978 - 7 - 5124 - 2379 - 4

Ⅰ. ①深… Ⅱ. ① 吴… Ⅲ. ①可编程序逻辑器件 Ⅳ. ①TP332.1

中国版本图书馆 CIP 数据核字(2017)第 081432 号

深入浅出玩转 FPGA(第 3 版)

吴厚航　编著

［网名：特权同学］

责任编辑　董立娟

*

北京航空航天大学出版社出版发行

北京市海淀区学院路 37 号(邮编 100191)　http://www.buaapress.com.cn

发行部电话：(010)82317024　传真：(010)82328026

读者信箱：emsbook@buaacm.com.cn　邮购电话：(010)82316936

涿州市新华印刷有限公司印装　各地书店经销

*

开本：710×1 000　1/16　印张：21　字数：448 千字

2017 年 5 月第 3 版　2022 年 1 月第 5 次印刷　印数：8 501～10 500册

ISBN 978 - 7 - 5124 - 2379 - 4　定价：55.00 元

第3版自序

时光荏苒，岁月如梭，转眼间，本书第1版出版至今已是第7个年头。翻看当当网的硬件图书子类年度畅销榜，《深入浅出玩转FPGA》居然也是常年占据前8的位置。对于这样一本专业性很强的技术类图书，原本就很小众，竟也能够取得如此成绩，实属不易。而在特权同学看来，更多的是一份责任，一份将此书的再版用心做得更好的决心。

7年，对于任何人任何事都是一段不短的旅程。而对于特权同学，从年少多梦到脚踏实地，从追求全面到喜欢专注，从懵懂无畏到学习降卑；对于FPGA的认知，也是从理论到实践，从表象到内里，不敢说自己已经达到了怎样的境界，但至少，还留在了这条通往技术圣殿的康庄大道上，不偏左右。所以，7年过去了，我还可以继续以技术的视角去审视过去所写的文字。除此以外，特权同学也是使尽洪荒之力，意图将这些年一些新的感悟和总结也跃然纸上，分享给广大的读者。尤其是本书的第二部分和第五部分，基础语法和时序分析方面的技术点，这分别是初学者和进阶者的难点、痛点，因此书中既有理论的阐释说明，也有一定的案例解析。全书内容有限，有增必有减，因此某些章节的内容也会有些删减，但是目的只有一个，将最精华的部分继续呈现给读者。

还记得，请EDN编辑部帮忙写的第1版序言的大标题"写一本好书吧"，时间在教会我读懂这句话的真正内涵，它不带任何的功利色彩，它只是一种不断的给予，一种只知付出的分享……思绪突然让我想起了一首诗歌，仅以它开头的几句话收尾——

让我爱而不受感戴

让我事而不受赏赐

让我尽力而不被人记

让我受苦而不被人睹

只知倾酒 不知饮酒

……

特权同学

2017年3月于上海

第3版前言

FPGA 器件的应用是继单片机之后，当今嵌入式系统开发中最为热门的关键技术之一，在国内也有着很广泛的应用群体。对于很多还在高校里深造的学生，甚至一些从未接触过 FPGA 的硬件工程师们，都希望能够掌握这样一门新技术。而基于 FPGA 的开发设计与以往的软件或硬件开发有着很大的不同，Verilog 或 VHDL 等硬件描述语言的使用也有着很多的技巧和方法。

如何能够快速掌握这门技术呢？捷径是没有的，需要学习者多花时间和精力。从特权同学个人的学习经历来看，理论很重要，实践更重要。理论与实践结合过程中更需要多思考，多分析，多总结。

在初学时，特权同学也曾买过市场上的 FPGA/CPLD 实验板，开始实践时也只是简单的学会了下载配置，对一些通用的外设玩得更娴熟而已。但是这还远远不够，在实例代码的学习过程中，特权同学对代码风格的重要性感受颇深。

玩过这些板子，特权同学重新回归理论，开始大量的阅读 Altera 和 Xilinx 官方提供的 Handbook 和 Application Note，从中更是领悟了很多的设计技巧和方法，也发现要真刀真枪的做一个 FPGA 项目也并非易事。在这期间，特权同学参与了不少小项目的设计工作，由于没有高人指点，花了很多时间和精力在琢磨，也算是走了不少弯路。但是很庆幸，功夫不负有心人，在一大堆英文资料和实际摸索中，一个个设计难点都迎刃而解。FPGA 设计的精髓不仅仅是设计输入，那顶多不过是整个流程中最重要的一部分而已，如何对综合与布局布线结果进行优化、如何更有效进行验证、如何达到时序收敛等问题都是至关重要的。FPGA 开发既简单又不简单，还是那句话，设计者要用心去学习、去分析、去感悟、去总结。FPGA 设计中也不该有绝对的对和错，具体问题具体分析才是最适用的方法。

本书收集整理了作者在 FPGA 项目实践中的经验点滴。书中既有常用 FPGA 设计方法和技巧的探讨，引领读者掌握 FPGA 设计的精髓；也有很多生动的项目案例分析，帮助读者加深对重要知识点的理解，并且这些案例大都以特定的工程项目为依托，有一定的借鉴价值。此外，本书还有多个完整的项目工程实例，让读者从系统角度理解 FPGA 的开发流程。

全书的内容可以分为三大块。第一～五部分，主要是针对FPGA的开发流程，从基础知识入手，先介绍一些基本概念，然后针对开发流程中最重要的环节，从实践的角度带领读者逐步深入。第六、七部分，以特权同学的项目经历为基础，有点滴的经验和感悟，也有完整的项目实例，希望能够让读者与FPGA的开发与设计有更紧密的接触。第八部分是特权同学作为一个电子工程师（FPGA工程师）的一些感悟杂文。

对于初学者，特权同学可以很负责任地说，想利用这本书一步登天是不可能的。这本书充其量只能是一本不错的参考书而已，初学者应该更多的在这些实例中学习如何发现问题、分析问题、解决问题。

对于有一定基础的人，这本书不同于以往的教科书，它从实践出发，或许能够让你眼前一亮。它不会只是简单的唠叨代码风格，它会给出两个风格迥异的结果让你去感受；它也不会只是生搬硬套地先把时序理论叙述一通，再依葫芦画瓢地演示开发工具的使用方法，它更是要告诉你为什么要做时序分析、分析什么、怎么分析，列举一些实例教会大家如何学以致用……

书中的很多方法和技巧都是经典的用法，并非特权同学突发奇想，当然也有一些是特权同学对自己过往设计的总结整理而归纳出来的。也许书中的某些内容表述欠妥，也很期待高人指点。附上特权同学的E-mail：wuhouhang@163.com，也欢迎大家到百度网盘免费下载（网址：http://pan.baidu.com/s/1mDoPg）。

致谢……

感谢夏宇闻老师为本书第2版作序，感谢《EDN China电子设计技术》的编辑们为本书第1版作序，能得到你们的指点，感觉万分荣幸。

感谢EDN的廖彩云、黄娜、朱雪薇、王志华以及网站的所有编辑和领导为广大电子爱好者提供了一个施展才华的舞台，感谢Ricky Su、riple、wind330、yulzhu（朱玉龙）、缺氧（张亚峰）、Bingo（韩彬）等博友曾给予特权同学的帮助以及对本书出版的支持。感谢好友陈卫东和余国峰的支持。

谨以此书献给特权同学所有的亲戚朋友们，尤其是给了特权同学一个健康、温馨成长环境的父母和一直默默无闻地支持特权同学的妻子。这本书的顺利出版离不开你们。

最后，要感谢那本神之于人最美妙最宝贵的奇书——那是联合国大厦奠基时置于地下基穴之中称“唯此书世界才有和平”的一本书——更是对人类历史产生着巨大影响的一本书——《圣经》。从小在基督徒家庭长大的特权同学，研读《圣经》是每天的必修课，不知道这些年来祂改变了特权同学多少，但特权同学清楚地意识到祂将影响特权同学的一生。半导体行业的发展日新月异，也许若干年后，这本书的内容已不再为人所津津乐道。但是《圣经》所启示出的最高标准道德及人生的奥秘才是值得每个人用心去追求的，确实是一本不容错过的真正好书。这也正是特权同学选择以祂为本书的每个部分做小结的原因。特权同学真心地期望这本书的每位读者在浏览过此书后，也能够轻轻地拿起《圣经》……

吴厚航

2009年10月第1版初稿

2017年3月第3版修改

目　录

第一部分　基础普及

第二部分　基本语法

第四部分 仿真测试

第五部分 时序分析

第六部分 实践经验与感悟

第七部分　项目案例

第八部分　网络杂文

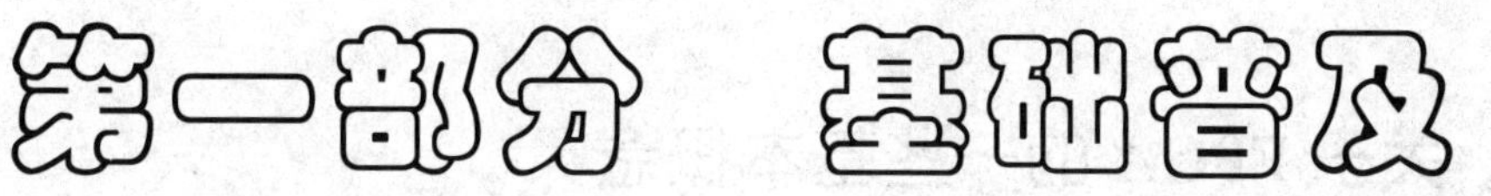

第一部分 基础普及

为着将来,替自己积存美好的根基作宝藏。

——提摩太前书 6 章 19 节

笔记 1

初识 FPGA

一、关于 FPGA 的一些基本概念

1. FPGA 是什么

简单来说，FPGA 就是“可反复编程的逻辑器件”。如图 1.1 所示，这是一颗 Altera 公司的 Cyclone V Soc FPGA 器件，从外观上看，貌似和一般的 CPU 芯片没有太大差别。

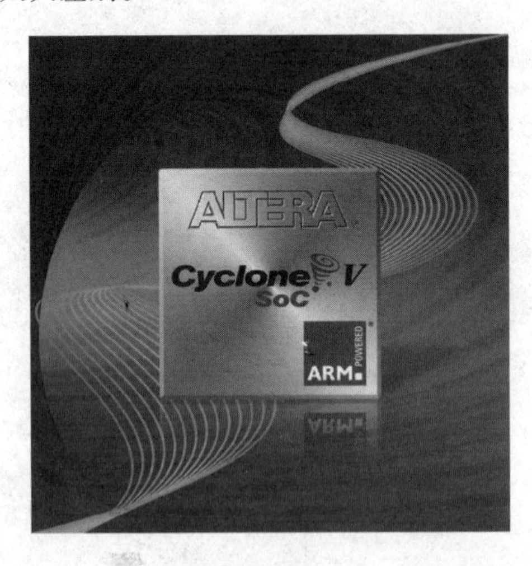

图 1.1　Altera 公司的 Cyclone V Soc FPGA 器件

FPGA 取自 Field Programmable Gate Array 这 4 个英文单词的首个字母，译为“现场(Field)可编程(Programmable)逻辑阵列(Gate Array)”。1985 年，Xilinx 公司的创始人之一 Ross Freeman 发明了现场可编程门阵列(FPGA)，Freeman 先生发明的 FPGA 是一块全部由“开放式门”组成的计算机芯片。采用该芯片，工程师可以根据需要进行灵活编程，另外，添加各种新功能，从而满足不断发展的协议标准或规范，工程师们甚至可以在设计的最后阶段对它进行修改和升级。Freeman 先生当时就推测低成本、高灵活性的 FPGA 将成为各种应用中定制芯片的替代品。也正是由于此项伟大的发明，让 Freeman 先生于 2009 年荣登美国发明家名人堂。

而至于 FPGA 到底是什么，能够干什么，又有什么过人之处？下面笔者把它和它的“师兄师弟”们摆在一起，一一呈现这些问题的答案。

2. FPGA、ASIC 和 ASSP

抛开 FPGA 不提，读者一定都很熟悉 ASIC 与 ASSP。ASIC 即专用集成电路（Application Specific Integrated Circuit）的简称，ASSP 即专用标准产品（Application Specific Standard Parts）。电子产品中，它们无所不在，还真是比 FPGA 普及得多得多。但是 ASIC 以及 ASSP 的功能相对固定，是为了专一功能或专一应用领域而生，希望对它进行任何的功能和性能的改善往往是无济于事的。打个浅显的比喻，如图 1.2 所示，如果说 ASIC 或 ASSP 是布满铅字的印刷品，那么 FPGA 就是可以自由发挥的白纸一张。

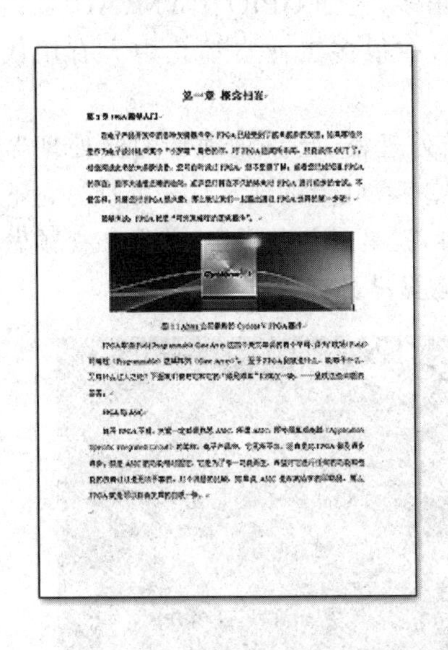

图 1.2　ASIC/ASSP 和 FPGA 就如同印刷品和白纸

使用了 FPGA 器件的电子产品，在产品发布后仍然可以对产品设计做出修改，大大方便了产品的更新以及针对新的协议标准做出相应改进，从而加速产品的上市时间，并降低产品的失败风险和维护成本。相对于无法对售后产品设计进行修改的 ASIC 和 ASSP 来说，这是 FPGA 特有的一个优势。由于 FPGA 可编程的灵活性以及近年来电子技术领域的快速发展，FPGA 也正在向高集成、高性能、低功耗、低价格的方向发展，并且逐渐具备了与 ASIC、ASSP 相当的性能，从而使其被广泛地应用在各行各业的电子及通信设备中。

3. FPGA、ARM 和 DSP

与 ASIC 相比，FPGA、ARM 和 DSP 都具备与生俱来的可编程特性。或许身处开发第一线的底层工程师就不理解了，很多 ASIC 不是也开放了一些可配置选项，实现“可编程”特性吗？是的，但与 FPGA、ARM、DSP 能够“为所欲为”地任意操控一整个系统而言，ASIC 的那点“可编程”性的确摆不上台面。当然，换个角度来看，

FPGA、ARM 和 DSP 都或多或少集成了一些 ASIC 功能，正是这些 ASIC 功能，加上“可编程”特性，就使得它们相互区别开了，并且各自独霸一方。

ARM(Advanced RISC Machines)是微处理器行业的一家知名企业，设计了大量高性能、廉价、耗能低的 RISC 处理器、相关技术及软件。由 ARM 公司设计的处理器(见图 1.3)风靡全球，大有嵌入式系统无处不 ARM 的趋势。我们通常所说的 ARM 更多的是指 ARM 公司的处理器，即 ARM 处理器。ARM 通常包含一颗强大的处理器内核，并且为这颗处理器量身配套了很多成熟的软件工具以及高级编程语言，这也是它倍受青睐的原因之一。当然了，ARM 不只是一颗处理器而已，因为在 ARM 内核处理器周边，各种各样精于控制的外设很多，比如 GPIO、PWM、AD/DA、UART、SPI、I^2C 等。ARM 的长处在控制和管理，在很多工业自动化中大有用武之地。

DSP(Digital Singnal Processor)，即数字信号处理器，是一种独特的微处理器(见图 1.4)，有自己的完整指令系统，能够进行高速、高吞吐量的数字信号处理。它不像 ARM 那么“花里胡哨”，它更“专”，只专注一件事，就是对各种语音、数据和视频做运算处理；或者也可以这么说，DSP 是为各种数学运算量身打造的。

图 1.3　ARM 处理器

图 1.4　DSP 处理器

图 1.5　FPGA 器件

相比之下，套用近些年业内比较流行的一句广告词“All Programmable”来形容 FPGA(见图 1.5)再合适不过了。虽然 ARM 有很多外设、DSP 具备强大的信号运算能力，但是在 FPGA 眼里，这些都不过是“小菜一碟”。或许说得有些过了，但是，毫不夸张地讲，ARM 能做的，DSP 能做的，FPGA 也一定都能做；而 FPGA 可以做的，ARM 不一定行，DSP 也不一定行。这就是很多原型产品设计过程中，时不时有人会提出基于 FPGA 的方案了。在一些灵活性要求高、定制化程度高、性能要求也特别高的场合，FPGA 再合适不过了，甚至有时会是设计者别无选择的选择。当然了，客观来看，FPGA 固然强大，但它"高高在上"的成本、功耗和开发复杂性还是会让很多潜在的目标客户望而却步，而在这些方面，ARM 和 DSP 正好弥补了 FPGA 所带来的缺憾。

总而言之，在嵌入式系统设计领域，FPGA、ARM 和 DSP 互有优劣，各有所长。很多时候它们实现的功能无法简单地相互替代，否则就不会见到比如 TI 的达芬奇系列 ARM 中有 DSP、Xilinx 的 Zynq 或 Altera 的 SoC FPGA 中有 ARM 的共生现象了。FPGA、ARM 和 DSP 将在未来很长的一段时间内呈现三足鼎立的局面。

4. Verilog 与 VHDL

说到 FPGA，我们一定关心它的开发方式。FPGA 的开发本质上就是一些逻辑电路的实现而已，因此早期的 FPGA 开发通过绘制原理图（和现在的硬件工程师绘制原理图的方式大体相同）完成。而随着 FPGA 规模和复杂性的不断攀升，这种落后的设计方式几乎已经被大家遗忘了，取而代之的是能够实现更好的编辑性和可移植性的代码输入方式。

说到 FPGA 的设计代码，经过近三十年的发展，只有 Verilog 和 VHDL 二者最终脱颖而出，成为了公认的行业标准。美国和中国台湾地区的逻辑设计公司大都以 Verilog 语言为主，国内目前学习和使用 Verilog 的人数也在逐渐超过 VHDL。从学习的角度来讲，Verilog 相比 VHDL 有着快速上手、易于使用的特点，博得了更多工程师的青睐。即便是从来没有接触过 Verilog 的初学者，只要凭着一点 C 语言的底子加上一些硬件基础，两三个月就可以很快熟悉 Verilog 语法。当然了，仅仅是入门还是远远不够的，真正掌握 Verilog 必须花很多时间和精力，再加上一些项目的实践，才会慢慢对可编程逻辑器件的设计有更深入的理解和认识。当然，VHDL 相比于 Verilog 的随意性，要严谨许多。可以这么说，如果 10 个人同时用 Verilog 写一个相同功能的代码，可能会最终让编译工具做出最少三五种不同的结果来；而如果使用 VHDL，基本上没有可发挥的余地，不出意外的话编译工具只能给出一个结果。虽然这样说难免有些夸张，但是 VHDL 的语法的确就是这么严谨，基本上很难给出犯错的机会。

对于这两种语言，笔者通常的建议是，初学时可以以 Verilog 为主，简单易学，可以很快上手。而进入中高级水平以后，一定也要掌握 VHDL，即便不常用 VHLD 语言写代码，也一定要轻轻松松地读懂 VHDL 语言。

5. Altera、Xilinx 和 Lattice

相比于互联网的那些"暴发户"，半导体行业则更讲究历史底蕴，"今天丑小鸭，明天白天鹅"的故事要少得多，因此两家历史最为久远的 FPGA 供应商 Altera 和 Xilinx 凭借着一直以来的专注，确保了它们在这个行业的统治地位。当然，很大程度上也是由于 FPGA 技术相对于一般的半导体产品有着更高的门槛，从器件本身到一系列配套的工具链、再到终端客户的技术支持——这一箩筐的麻烦事，让那些行业大佬们想想就头疼，更别提插足捣腾一下了。

目前 FPGA 器件主流厂商 Altera 公司（已被 Intel 公司收购）和 Xilinx 公司的可编程逻辑器件占到了全球市场的 60%以上。从明面上的“竞争对手”到今天暗地里还客气地互称“友商”，不难看出两家公司走过的历史长河，虽然有“明争暗斗”，但也不经意间彼此促进、互相激励。FPGA 的发展史充斥着这两家公司不断上演的“你方唱罢我登场”的情节，并且偶尔也会有“第三者”（如 Lattice 小弟）的“插足”戏份。不过这好在 2000 过后，各方重新定位，Altera 和 Xilinx 便牢牢把持住象征统治地位的中高端市场，而 Lattice 也只能在低端市场找找“山中无老虎，猴子称大王”的感觉了。

不论是 Altera、Xilinx 还是 Lattice，甚至一些后来者，如笔者接触过的国内 FPGA 厂商京微雅格，虽然它们的 FPGA 器件内部结构略有差异，但在开发流程、开发工具乃至原厂提供的各种支持上，都是“换汤不换药”的。所以，这对用户而言，绝对是一个福音，只要好好地掌握一套方法论，任何厂商的器件都可以通吃。

二、关于 FPGA 的基本结构

虽然不同 FPGA 厂商的器件内部结构大同小异，但它们在这些内部器件结构单元的称呼和命名上还是略有区别的。这里以 Xilinx FPGA 的内部结构为例来介绍。

FPGA 的基本结构通常保护以下一些模块单元：

- 查找表（Look - up table，LUT）：用于执行最基本的逻辑操作。
- 触发器（Flip - Flop，FF）：用于存储 LUT 操作结果的寄存器单元。
- 线（Wires）：用于连接各个不同的模块单元。
- 输入/输出端口（Input/Output pads）：FPGA 器件与外部芯片互连的引脚。

如图 1.6 所示，以上这些基本单元组合在一起就构成了最基本的 FPGA 架构。尽管这些最基本模块单元的组合就足以完成几乎所有算法的实现，但其在运算吞吐量、资源以及最大时钟频率等各方面都会遇到很大的瓶颈。

因此，现在的 FPGA 器件为了保证在各种应用中都能够最大程度地发挥其性能优势，从而使资源更合理地被利用，于是在器件内部增加了很多额外的用于运算或数据存储的模块单元。接下来就来介绍一下这些额外的 FPGA 资源：

- 用于分布式数据存储的 FPGA 内嵌存储器；
- 用于产生不同时钟频率的锁相环（PLL）；
- 高速串行收发器；
- 片外存储器控制器；
- 乘累加模块。

这些模块单元确保了 FPGA 器件能够灵活地实现任何运行在处理器中的软件算法，也使得当前主流 FPGA 器件的结构演变成了如图 1.7 所示形式。

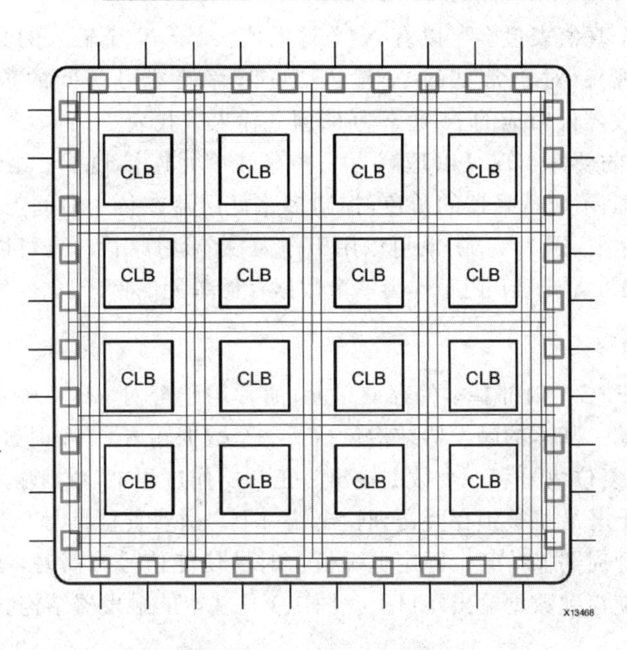

图 1.6　基本 FPGA 架构

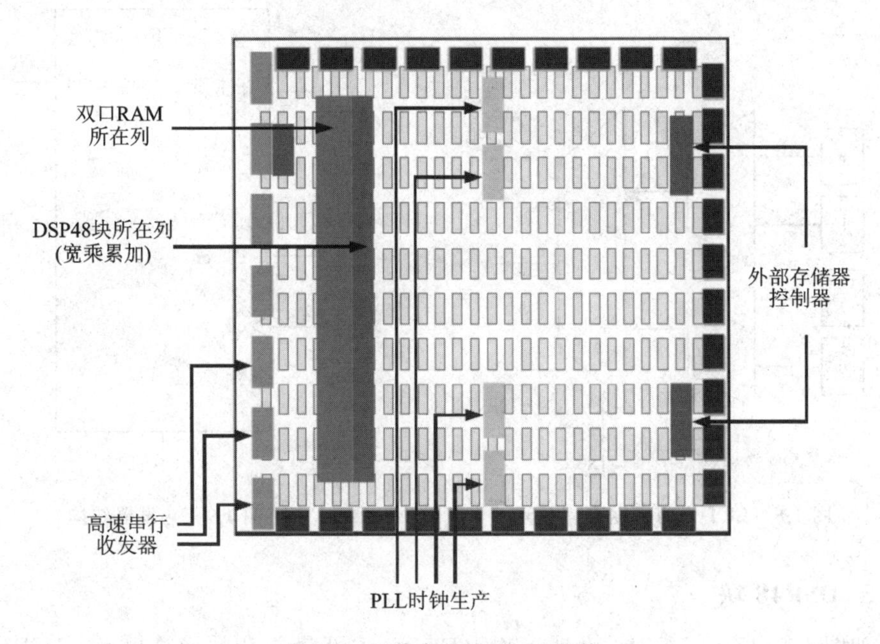

图 1.7　目前主流的 FPGA 架构

1. 查找表

LUT 是最基本的 FPGA 结构单元,可用于实现任何 *N* 个布尔变量的逻辑功能。本质上讲,LUT 单元可以用于实现一个真值表,由不同的组合输入产生一组特定的输出结果。这个真值表最多可以有 N 个输入值（大于 N 个输入的真值表可以通过多个 LUT 实现）。对于常见的 N 输入 LUT，存储器可访问的数据数量为 2^N。Xilinx 的 FPGA 器件对应的 N 通常为 6，即 6 输入查找表。

LUT 单元的硬件实现可以理解为一些存储单元连接到了一组多路复用器上。LUT 的输入扮演了位选择器的角色，控制多路复用器在每个时间点选择输出结果。牢记这点非常重要，因为 LUT 既可以用于作为一个运算引擎，也可以作为一个数据存储单元。图 1.8 是 LUT 用于作为一个数据存储单元的例子。

2. 触发器

触发器是 FPGA 内部基本的存储单元，通常用于配对 LUT 来进行逻辑流水线处理和数据存储。基本的触发器结构包括了一个数据输入，一个时钟输入，一个时钟使能信号，一个复位信号和一个数据输出。正常操作过程中，数据输入端口上的任何值在每个时钟上升沿将被锁存并送到输出端口上。时钟使能信号是为了使触发器能够连续多个时钟周期保持某个固定电平值。时钟使能信号拉高时，新的数据才会在时钟上升沿被锁存到数据输出端口上。图 1.9 是基本的触发器结构。

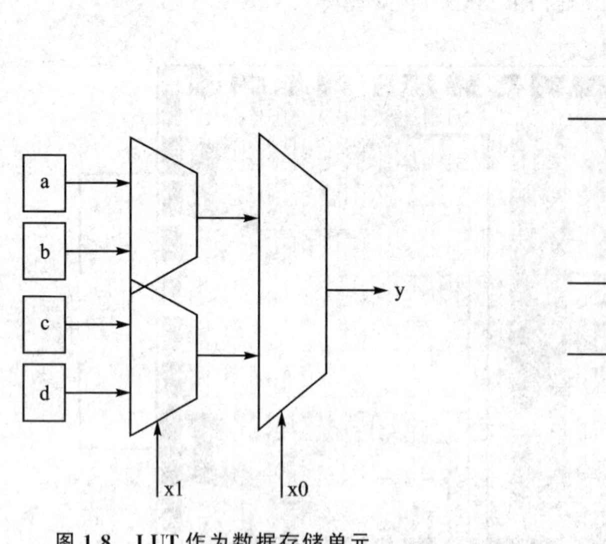

图 1.8　LUT 作为数据存储单元

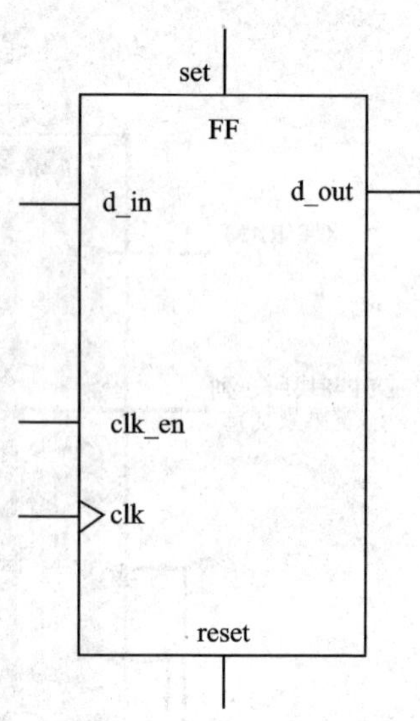

图 1.9　触发器结构

3. DSP48 块

如图 1.10 所示，DSP48 块是 Xilinx FPGA 内部最复杂的运算单元。DSP48 块是内嵌到 FPGA 中的算术逻辑单元（ALU），它由 3 个不同的链路块组成。DSP48 块的算术链路由一个加减器连接到乘法器、再连接到一个乘累加器所组成。这个链路可以采用如下公式运算：

$$P = A(B+D) + C$$

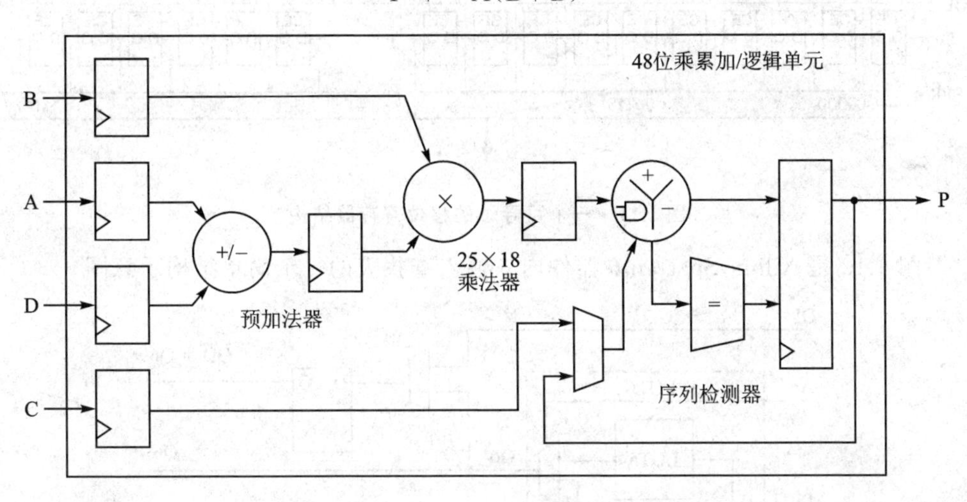

图 1.10　DSP48 块结构

对于需要大量算法运算的应用，FPGA 内部的这类乘法运算单元显得非常实用。因此在评估一颗 FPGA 器件的内部资源时，除了要在意逻辑资源、I/O 引脚数量、时钟布线资源以及后面将要介绍的 RAM 资源以外，也非常关心它的内部乘法运算资源的多少。

4. BRAM 及其他存储器

FPGA 内嵌的存储器单元包括块 RAM(BRAM)、LUT 和移位寄存器，它们都可用于随机存取存储器(RAM)、只读存储器(ROM)或移位寄存器。

BRAM 是内嵌于 FPGA 中的双口 RAM，可以满足相对较大存储量的数据存储需求。对于 Xilinx FPGA 中较常见的两类 BRAM 存储器，其单块的容量分别为 18 kbit和 36 kbit。不同器件的 BRAM 总存储量大小不一样。BRAM 存储器固有的双口特性使其可用于同时钟周期并行访问不同的地址。

LUT 由于其在器件配置期间的可配置性，也可以作为一个小的存储器使用。Xilinx FPGA 的 LUT 结构灵活性，所以可以用于产生 64 bit 存储器，通常也被称为“分布式存储器”。它们是 FPGA 器件内速度最快的存储器，因为可以被例化到 FPGA 内部任何的逻辑位置，用于改善实现电路的性能。

移位寄存器是一组相互级联的寄存器。这种寄存器结构有益于一整个运算路径上的数据重用，比如滤波器的实现。一个滤波器结果的输出，通常需要多个乘数和多个系数相乘的结果累加。通过使用移位寄存器缓存这些输入数据，这些数据就可以如同“传送带”般在每个时钟的驱动下往前递送，而固定的乘累加结构也确保了每个时钟周期都可以获得期望的运算结果。图 1.11 是一个移位寄存器结构的示例。

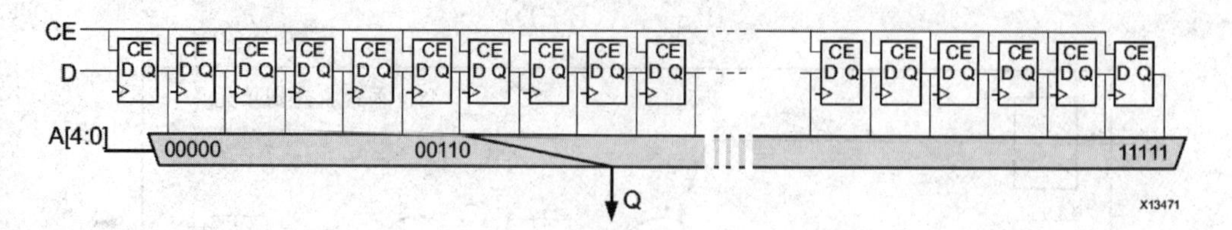

图 1.11　一个可寻址的移位寄存器结构

图 1.12 是 Xilinx Spartan 6 器件内 6 输入查找表的一个简单结构示意图。

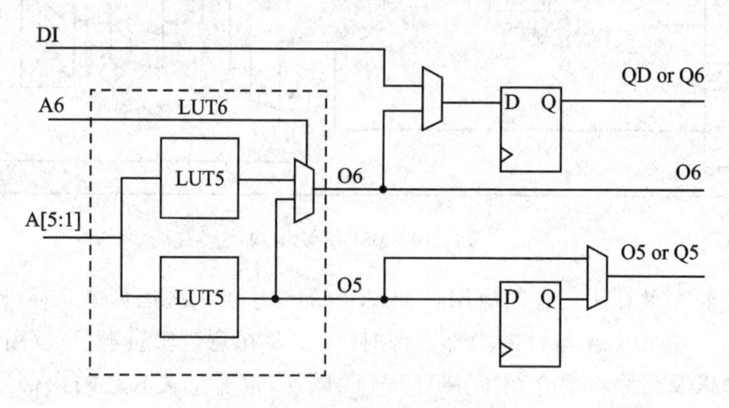

图 1.12　正常模式下的 LUT6

笔记 2

应用领域

虽然 FPGA 目前还受制于较高的开发门槛以及器件本身昂贵的价格，应用的普及率上和 ARM、DSP 还有一定的差距，但是在非常多的应用场合，工程师们还是会别无选择地使用它。FPGA 固有的灵活性和并行性是其他芯片不具备的，所以它的应用领域涵盖得很广。从技术角度来看，主要是有以下需求的应用场合：

一、逻辑黏合与实时控制

1. 逻辑黏合

20 世纪 80 年代中期，FPGA 初诞生时，逻辑资源相对匮乏，当时的 FPGA 主要就用于实现黏合逻辑、中等复杂度的状态机控制或者是一些复杂度不高的数据处理。

过去的设计师需要用一些 54 或者 74 系列的基本逻辑门进行数字系统的搭建，而处理器的出现虽然大大改变了这一状况，但是对于一些用户希望自由扩展的个性化电路，有时还是很难离开这些基本逻辑门电路的。比如 51 单片机，由于其位宽和引脚数量的局限性，设计者常常喜欢用一大堆锁存芯片或者选路芯片进行地址或者数据总线的控制与译码，这也使得一个功能简单的系统电路却显得相当庞大。

可编程器件的出现给系统小型化带来了福音，它能够兼容各种接口标准，内部逻辑的可编程性也给设计者的使用带来了更多灵活性。可以说，逻辑黏合是早期 FPGA 器件的一个主要功能，但是现在的 FPGA 动辄上万逻辑门，再让它做些简单的逻辑黏合就有些大材小用了，所以这方面的功能更多地由 CPLD 来替代了。

相信很多早期的 FPGA 设计者都比较熟悉 Altera 的 MAX7000 系列 CPLD，特权同学也玩过，而低电压低功耗的大趋势使得 5 V 的 FPGA/CPLD 现在已经逐渐淡出了市场。不过 Altera 的这款 5 V 器件或许目前在市场上还能够买得到的，逻辑资源不多，频率也不高，只适合做一些逻辑黏合（一般是纯组合逻辑）。

2. 实时控制

实时控制也是 FPGA 的一个重要应用。我们知道 FPGA 是纯硬件，有时听着外行人喊 Verilog 为“程序”会觉得别扭，毕竟它的实现不像纯软件那样是一步一步往下走的。某些应用往往存在一些软件无法企及的盲点，从实时性来看，软件中断的响应再快也有忙不过来的时候，这时候 FPGA 就派上用场了。

特权同学接触最多的典型控制就是液晶屏和电动机的驱动控制。以液晶屏为例，大多数液晶屏都是需要实时扫描的，而且场频、行频的时序都相对固定。若用单片机来实现控制，采用响应定时中断也肯定来不及。很多时候，FPGA 是很好的选择。当然了，从成本考虑，如果只是做简单的驱动和数据搬运的工作，CPLD 也足够了。可以说，FPGA/CPLD 也的确在实时控制领域拥有着得天独厚的优势。

二、信号采集处理与协议实现

1. 信号采集处理

FPGA 在信号采集和处理方面也有着非常广泛的应用，如一些高速 ADC 的实时采集和处理、图像传感器数据捕获和处理等。虽然很多高端嵌入式处理器也或多或少集成了此类接口，但它们大都功能相对固定，无法实现用户的定制化需求。在这方面，FPGA 的可编程性所带来的灵活性几乎可以“傲视”所有的竞争对手。比如特权同学做过一个图像采集的项目，原先的系统里面不使用 FPGA，而是一颗带图像采集功能的 ARM7 芯片，但是需要对采集到的图像数据做一些预处理。功能其实并不复杂，无非是每连续 8 个图像数据做一次重新排序的处理。ARM7 芯片中集成的图像采集功能并不具备上述的特殊处理功能，因此需要通过嵌入式软件编程实现，一幅采集到的图像做这样的处理所耗费的时间超过 200 ms。而当特权同学使用一颗 FPGA 来参与这个预处理功能时，所需的时间仅仅只需要 200 ns 而已。

此外，今天的 FPGA 已经具有了内嵌乘法器、专用运算电路，并集成了大量可灵活配置的片内 RAM 等，再加上 FPGA 的并行性以及可灵活配置的位宽，这些特性使其足以与任何 DSP 或 GPU 在大吞吐量、高速率图像采集或处理应用上分庭抗礼。

2. 协议实现

FPGA 拥有着丰富的电平接口，易于实现各种各样不同的协议；比如更新较快的各种有线和无线通信标准、广播视频及其编解码算法、各种加密算法等场合，使用 FPGA 比 ASIC 更有竞争力。除了这类更新较快的协议外，对于很多标准协议的非标准应用，使用 FPGA 相比去做芯片的流片，在成本、周期等各方面都有一定的优势。

三、原型验证系统、片上系统与其他应用

FPGA 也常用于各种原型验证系统。由于工艺的提升，流片成本也不断攀升，而在做流片前使用 FPGA 做前期的验证已成为非常流行的做法。

片上系统，如 Altera 公司的 SoC FPGA 和 Xilinx 公司的 Zynq，既有成熟的

ARM 硬核处理器，又有丰富的 FPGA 资源，大有单芯片一统天下的架势。

当然，若从具体的应用领域来看，如图 1.13 所示，FPGA 在电信、无线通信、有线通信、消费电子产品、视频和图像处理、车载、航空航天和国防、ASIC 原型开发、测试测量、存储、数据安全、医疗电子、高性能计算以及各种定制设计中都有涉猎。总而言之，FPGA 的诞生和发展正值好时代，与生俱来的一些特性也注定了它将会在这个时代的大舞台上大放光彩。

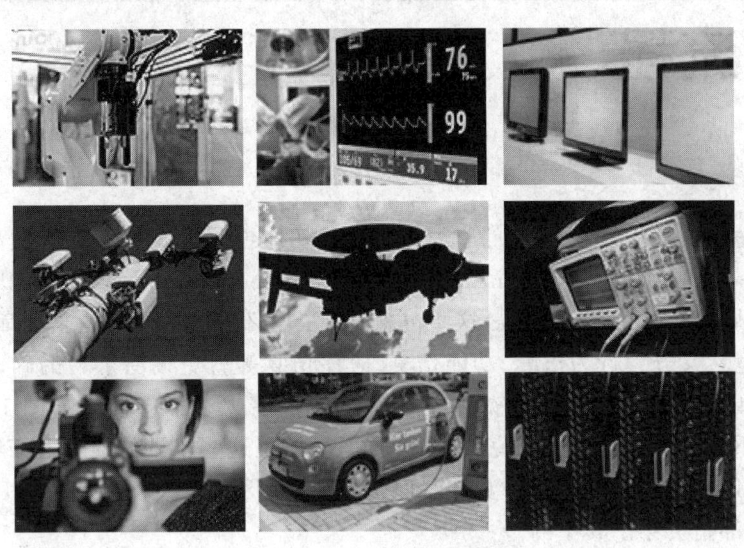

图 1.13　FPGA 应用精彩纷呈

笔记 3

开发流程

相信每一位初接触 FPGA 的学习者都很迫切地想了解 FPGA 的开发流程，但是大家可能一接触到如综合（Synthesis）、实现（Implement）、翻译（Translate）、映射（Map）、布局布线（Place&Route）这些概念时都有些不解，再看看似乎很简单的一个仿真步骤竟然又分为行为仿真、功能仿真、时序仿真等就更糊涂了。的确，FPGA 的开发流程和以往基于处理器的软、硬件开发流程有着太多的不同。如图 1.14 所示，这也许算不上一个完全意义上完整的开发流程，但是这些步骤绝对都是 FPGA 开发流程中不可缺少的部分（行为仿真和时序仿真有时只是作为可选步骤），其他的设计方法、技巧都是贯穿于其中的。

此外，FPGA 设计的最大特点就是迭代性很强，并不是一个简单的顺序流程。在开发设计过程中，设计者在测试验证中一旦发现问题，往往需要回到前面的步骤重新审查、修改，然后重新综合、实现、仿真验证，直到最终的设计符合需求。

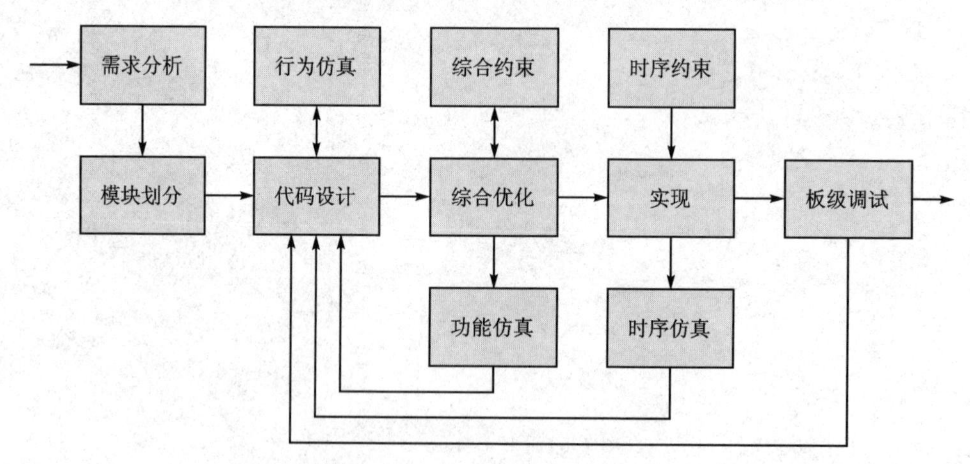

图 1.14　FPGA 开发流程

一、需求分析到模块划分

任何项目的前期准备工作肯定都是从需求分析谈起的。需求明确了,把功能定义弄清楚了,设计者才好进一步地进行可行性分析。如果选择了 FPGA,那么设计者首先需要考虑FPGA的选型,是选 Altera 还是 Xilinx 的产品(这两家公司是目前业内的主流厂商,它们提供的开发工具和技术支持都很不错),选用哪个系列的器件,需要多大逻辑资源,使用多少个 I/O 口,信号电平和系统功耗有什么要求,FPGA 内部需要多少个时钟(考虑带 PLL/DLL 的器件),希望内部有多大的内嵌存储器或内嵌何种功能模块等问题。这一系列的问题都是在设计初期需要考虑周全的。

一些浩大的工程是很难由一个人完成的,所以一个项目接手后,主管设计师会进行整体把握后做模块划分。模块划分的最基本原则是以功能为主,有时是按数据流来做划分。虽说 FPGA 的实现是并行的,但是任何事物的处理其实都是一个顺序的过程,往往有时设计者是希望在 FPGA 内部对一个数据流做多次处理后才输出,那么多个处理过程也是可以考虑分成多个模块实现的。分模块的好处不仅有利于分工的需要,更有利于日后的代码升级、维护以及设计的综合优化。关于更多的模块划分技巧在后面的章节里会详细讨论,这里就不多做介绍。

二、设计输入到综合优化

在模块划分完成后,就要进行底层的设计输入工作。设计输入可以是原理图输入、代码输入或者搭建 SOPC 平台。代码设计不是 FPGA 设计的唯一手段,设计者也可以考虑使用基于原理图的设计或者是基于 SOPC 的设计。原理图的设计有着太多的局限性,对于复杂应用基本不予考虑。SOPC 的应用也越来越广泛,不过使用代码进行设计依然是主流。本书主要讨论基于代码的设计,当中也会涉及一些通用 IP 核的配置和使用。

代码设计过程会涉及很多技巧。由于 FPGA 所具有的硬件特性,它的代码也显得很有讲究。FPGA 代码设计很强调代码风格,不可以像 C 语言一样片面地追求简捷,它需要用简单的语句去描述各种复杂的功能,具体到内部的每一个逻辑、每一条连线。设计者要做到对所写代码实现的底层电路心中有数。代码设计功底是需要时间和经历去积累的,不是一朝一夕就可以练就的。

综合是指将较高层次的电路描述转化为较低层次的电路描述。具体的说,就是将设计代码转化为底层的与门、非门、RAM、触发器等基本逻辑单元相互连接而成的网表。综合工具使用 Synplicity 公司的 Synplify 是个不错的选择,但是各个器件厂商自己的开发工具其实也足以胜任这项工作,毕竟自家的东西自己最清楚。不管是综合还是后面的实现(翻译、映射和布局布线)都可以使用开发商提供的自带工具。

代码设计完成后,最好先使用开发工具进行语法检查。语法没有问题了,进行综合后,需要进行功能仿真。这个仿真不涉及任何时序上的延时,只是单纯地验证代码所实现的功能是否符合要求。这个步骤在开发过程中是至关重要的，有时做到后面发现了问题，回过头来再检查，这些问题大都是功能仿真时就应该发现并避免的。仿真工具首推的是 ModelTech 公司的 ModelSim，功能很强大，而 ISE 或者 Quartus Ⅱ 自带的仿真工具做做简单的测试也还是可以的。测试脚本还是推荐大家要学会 Testbench 的书写，使用 Verilog 从行为级来模拟与 FPGA 接口的外围电路的时序也是一个很有意思的工作。

三、实现到时序收敛

在功能仿真过后一般进行一次全编译，然后使用开发软件提供的时序编辑器进行时序约束，也可以使用第三方工具 PrimeTime。不管是哪家公司提供的时序工具，时序分析的基本概念和基本思想都是一致的。时序约束首先需要对工程进行全局约束，然后对 I/O 接口时序进行约束，再对需要的地方做时序例外约束。虽然单从步骤看挺简单的，但是这需要设计者弄清楚开发工程的所有时序要求。

添加完时序约束后，设计者需要进行实现（Xilinx 的 ISE 是分 3 步走，即翻译、映射和布局布线），然后查看时序报告。在添加时序约束前后，变化最大的应该是布局布线。一般设计者可能会先查看映射后的时序报告，这个报告的逻辑延时是完全准确的，布线延时却是通过一定的比例进行推导得出的估计值，所以由此得到的时序报告并不完全准确。但是对于一个较大的工程，编译往往耗费很多时间，所以设计者会选择先查看映射后的时序报告进行前期的分析。如果得到的估计延时偏大，时序明显达不到要求，那么设计者就应该先回头查找问题；如果映射报告的结果看上去不错，有足够的时序余量，那么就可以继续往后进行布局布线，查看布局布线后的时序报告，这个报告是最接近板级的时序分析结果。在这个步骤中，设计者就必须想尽办法达到时序收敛。如果达到了时序收敛，并且设计者进行了充分的前期功能仿真，那么往下的时序仿真就可以不做，从而节省宝贵的开发时间。

四、仿真测试到板级调试

仿真和板级调试是 FPGA 设计主要的验证手段。尽管板级调试能够很直观很真实地反映信号状态，也便于问题的寻找和定位，但是板级调试一个最大的问题在于同步观察接口信号数量受限，而且很难观测到 FPGA 内部信号节点的状态。如果 FPGA 的验证完全使用板级调试实现，那么需要耗费的人力物力都是一般的开发团队难以承受的。

因此，仿真往往在 FPGA 的开发验证中扮演了更重要的角色。FPGA 的仿真其实和软件开发中的仿真概念不太一样的。特权同学在助学小组里遇到个别朋友提出的一个蛮有意思的问题，原文的大体意思是：*FPGA 能不能像软件一样连个仿真器到板子上，然后进行单步调试，或者可以设置断点呢？*这也许是很多朋友遇到的问题。特权同学给出的解答是：FPGA 是硬件，底层的实现是一些简单的逻辑门，如果一个电平信号要经过数个逻辑门后输出，有可能让它停留在某个门的输入或者输出端口吗？答案显然是不可能的。换个角度说，即便是时序电路，逻辑的每一步变化都是由时钟沿来触发的，调试时控制时钟频率是不是也可以达到单步的效果呢？当然可以，但是时钟的频率对于一个设计是固定的，是设计中需要验证的一部分，如果随意地无限制放大或缩小，那么这个测试结果也就没有任何意义了。

因此，不能混淆两个完全不同的仿真概念。FPGA 的仿真是通过给待测试设计添加一个激励，通过仿真工具模拟实际的 FPGA 运行状态输出响应，设计者通过回放波形等方式观察已经运行的某一段时间内的测试结果。

整个设计的验证过程如图 1.15 所示，这些步骤是一个迭代的过程。设计输入阶段对应的是行为级的仿真，该阶段仿真验证的代码可以是不可综合的代码。综合优化后的功能仿真是针对实实在在成为硬件的门级网表进行的验证，它不包含任何布局布线延时信息。实现完成后的时序仿真是在功能仿真的基础上包含了电路的延时信息，因此最接近板级电路。下载配置后则是板级的调试，验证最终功能是否实现。

对于任何一个工程，开发团队一般不会严格地执行所有的三次仿真。通常而言，行为仿真和时序仿真就已足够。开发团队会根据工程的需要、项目日程安排以及预算等方面，有时甚至是团队成员的喜好和经验进行选择。特权同学喜欢从设计一开始就编写可综合的代码，综合优化后对生成的网表进行功能仿真，时序仿真一般也不做。对于一些复杂的工程，时序仿真会耗费大量的时间，开发团队往往更愿意花时间做深入细致的时序约束，通过时序报告分析并解决时序问题。

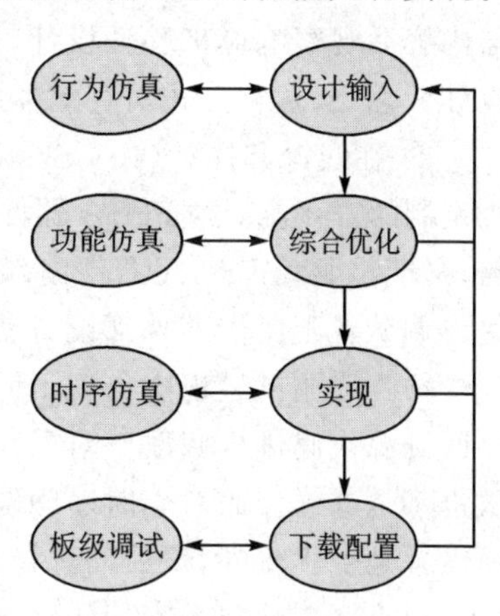

图 1.15　设计的验证过程

FPGA 的调试方法有很多，借助于示波器和逻辑分析仪的调试方法是最常用的。在 FPGA 剩余逻辑资源足够的情况下，也可以使用开发软件提供的在线逻辑分析仪进行调试，如 ISE 的 Chipscope、Quartus Ⅱ的 SignalTap Ⅱ功能都很强大。下面列举 Altera 公司的 Quartus Ⅱ支持的 5 种较实用的调试方法：

① 信号探针(SignalProbe)法：信号探针方式不影响原有的设计功能和布局布线，只是通过增加额外布线将需要观察调试的信号连接到预先保留或者暂时不使用的 I/O 接口。该方式相应得到的信号电平会随布线有一定的延时，不适合于高速、大容量信号观察调试，也不适合做板级时序分析。它的优势在于不影响原有设计，额外资源消耗几乎为零，调试中也不需要保持连接 JTAG 等其他线缆，能够最小化编译或重编译的时间。

② 在线逻辑分析仪(SignalTap Ⅱ Embedded Logic Analyzer)法：SignalTap Ⅱ在线逻辑分析仪很大程度上可以替代昂贵的逻辑分析仪，为开发节约成本；同时也为

调试者省去了原本繁琐的连线工作,而有些板级连接的外部设备很难观察到的信号都能够被轻松的捕获。如果对设计进行模块的区域约束,也能够使在线逻辑分析仪对设计带来的影响最小化。在线逻辑分析仪的采样存储深度和宽度都在一定程度上受限于 FPGA 器件资源的大小。使用该方式必须通过 JTAG 接口,它的采样频率可以达到 200 MHz(若器件支持)以上,不用像外部调试设备一样担心信号完整性问题。

③ 逻辑分析仪接口(Logic Analyzer Interface)法:这里的逻辑分析仪接口是针对于外部逻辑分析仪的。调试者可以设置 FPGA 器件内部多个信号映射到一个预先保留或者暂时不使用的 I/O 接口上,从而通过较少的 I/O 接口就能够观察 FPGA 内部的多组信号。

④ 在线存储内容编辑(In-System Memory Content Editor)法:在线存储内容编辑是针对设计中例化的内嵌存储器内容或常量的调试。可以通过这种方式在线重写或者读出工程中的内嵌存储器内容或常量。对于某些应用可以通过在线更改存储器内容后观察响应来验证设计,也可以在不同激励下在线读取当前存储内容来验证设计。总之,这种方式对存储器的验证是很有帮助的。

⑤ 在线源和探针(In-System Sources and Probes)法:这种方式是通过例化一个定制的寄存器链到 FPGA 器件内部。这些寄存器链通过 JTAG 接口与 Quartus Ⅱ通信,又能够驱动 FPGA 器件内部的某些输入节点信号、采样某些输出节点信号,这就使得调试者不用借助外部设备就能够给FPGA添加激励并观察响应。

仿真或调试过程中出现了问题,设计者需要仔细分析出错现象,大多数情况下需要回到源代码进行修改。对于行为仿真是这样,对于功能仿真、时序仿真乃至板级调试也都是这样。而对于时序问题,除了需要确认时序约束的添加是否合理、软件的选项设置是否优化外,最后的选择一定是修改代码本身。说了这么多,强调一点:代码风格很重要。希望大家记住这一点,因为它的好坏将会决定整个工程的最终结果。

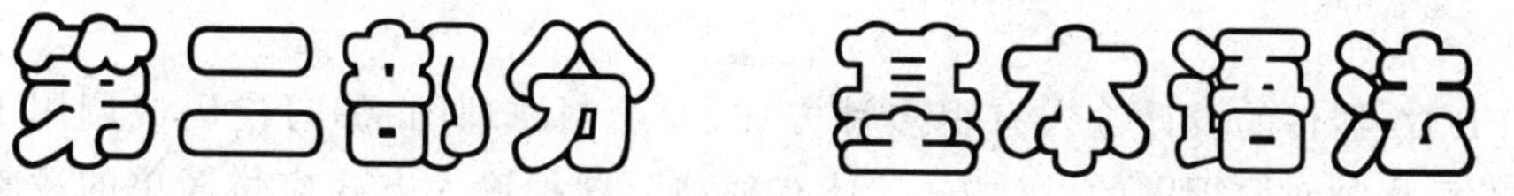

第二部分　基本语法

闲懒的手，造成贫穷；殷勤的手，使人富足。

——箴言 10 章 4 节

笔记 4

语法学习的经验之谈

FPGA 器件的设计输入有很多种方式，如绘制原理图、编写代码或调用 IP 核。早期的工程师对原理图的设计方式“情有独钟”，这种输入方式应付简单的逻辑电路还凑合，应该算得上简单实用，但随着逻辑规模的不断攀升，这种落后的设计方式已显得力不从心。取而代之的是代码输入的方式，当今绝大多数的设计都采用代码来完成。FPGA 开发所使用的代码，通常称为硬件描述语言（Hardware Description Language)，目前最主流的是 VHDL 和 Verilog。VHDL 发展较早，语法严谨；Verilog 类似 C 语言，语法风格比较自由。IP 核的调用通常也是基于代码设计输入的基础，今天很多 EDA 工具的供应商都在打 FPGA 的“如意算盘”，FPGA 的设计也在朝着软件化、平台化的方向发展，也许在不久的将来，越来越多的工程只需要设计者从一个类似苹果商店的 IP 核库中索取组件进行配置，最后像搭积木一样完成一个项目，或者整个设计都不需要见到一句代码。当然，未来什么情况都有可能发生，但是底层的代码逻辑编写方式无论如何还是有其生存空间的，毕竟一个个 IP 核组件都是从代码开始的，所以对于初入这个行当的新手而言，掌握基本代码设计的技能是必须的。

我们不过多谈论 VHDL 和 Verilog 语言孰优孰劣，总之这两种语言是当前业内绝大多数开发设计所使用的语言，从两者对电路的描述和实现上看有许多相通之处。无论是 VHDL 还是 Verilog，建议初学者先掌握其中一门，至于到底先下手哪一门，则需要读者根据自身的情况做考量。对于没有什么外部情况限制的读者，若之前有一定的 C 语言基础，不妨先学 Verilog，这有助于加快对语法本身的理解。在将其中一门语言学精、用熟之后，最好也能够着手掌握另一门语言。虽然在单个项目中，很少需要两者“双语齐下”，但在实际工作中，还是很有可能需要去接触另一门语法所写的工程。

HDL 语言虽然和软件语言有许多相似之处，但由于其实现对象是硬件电路，所以它们之间的设计思想存在较大差异。尤其是那些做过软件编程的读者，很喜欢用软件的顺序思想来驾驭 HDL 语言，而不知 HDL 实现的硬件电路大都是并行处理的。也许就是这么个大弯转不过来，所以很多读者在研究 HDL 语言所实现的功能时常常百思不得其解。对于初学者，尤其是软件转行过来的初学者，笔者的建议是不要抛开实际电路而研究语法，在一段代码过后，多花些精力比对实际逻辑电路，必要时可做仿真，最好能再找些直观的外设在实验板上看看结果。长此以往，若能达到代码和电路都心中有数，那才证明真正掌握 HDL 语言的精髓了。

HDL 语言的语法条目虽多，但并非所有的 HDL 语法都能够实现最终的硬件电路，由此进行划分，可实现硬件电路的语法常称为可综合的语法，而不能够实现硬件电路却常常可作为仿真验证的高层次语法称为行为级语法。很多读者在初学语法时，抱着一本语法书晕头转向地看，最后实践时候却常常碰到这语法不能用、那语法不支持的报错信息，从而更加抱怨 HDL 不是好语言，学起来真困难。其实不然，可综合的语法是一个很小的子集，对于初学者，建议先重点掌握好这个子集，实际设计中或许靠这 10 多条基本语法就可以了。这样 HDL 语言一下变简单了。本书的重点就是要通过各种可实现到板级的例程让读者快速掌握如何使用可综合的语法子集来完成一个设计。后面会将常用的可综合语法子集逐一罗列并简单介绍。对于入了门的读者，也不是说掌握了可综合的语法子集就“万事大吉”了，话说“革命尚未成功，同志还需努力”。行为级语法也并非一无是处，都说“存在即是合理”，行为级语法也大有用处。一个稍微复杂的设计，若是在板级调试前不经过几次三番的仿真测试，一次性成功的概率几乎为零。而仿真验证也有自己的一套高效便捷的语法，如果再像底层硬件电路一样搭仿真平台，恐怕就太浪费时间了。行为级语法最终的实现对象不是 FPGA 器件，而是手中的计算机，动辄上 GB 甚至双核、四核的 CPU 可不愿做“老牛拉破车”的活，所以行为级语法帮助我们在仿真过程中利用好手中的资源，能够快速、高效地完成设计的初期验证平台搭建。因此，掌握行为级的语法可以服务在设计的仿真验证阶段的工作。

对于 HDL 语言的学习，笔者根据自身的经验，提几点建议：

首先，手中需要准备一本比较完整的语法书籍，这类书市场上很多，内容相差无几，初学者最好能在开始 FPGA 的学习前花些时间认真看一遍语法，尽可能地理解每条语法的基本功能和用法。当然，只需要做到相关语法心中有数就行，没必要去死记硬背任何东西。语法的理论学习是必须的，能够为后面的实践打下坚实的基础。对于有些实在不好理解的语法也不要强求，今后遇到类似语法在实例中的参考用法时再掌握不迟。

其次，参考一些简单的例程，并且自己动手编写代码实现相同或相近的电路功能。这个过程中可能需要结合实际的 FPGA 开发工具和入门级学习套件。学会使用 FPGA 器件配套的集成开发工具新建一个工程、编写代码、分配引脚、编译、下载配置文件到目标电路板中。入门级的学习套件，简单说，就是一块板载 FPGA 器件的电路板，不需要有很多高级的外设，一些简单的常见外设即可（如蜂鸣器、流水灯、数码管、UART、I^2C 等），以及一条下载线和相关的连接线。通过开发工具读者可以进行工程的建立和管理,而通过学习套件可以直观地验证工程是否实现了既定的功能。在实践的过程中,读者一定要注意自己的代码风格,这很大程度上取决于参考例程的代码风格。至于什么样的学习套件配套的参考例程是规范的,倒没有一个界定,建议读者选择口碑较好的学习套件,同时多读 FPGA 原厂 Altare(qts_qii5v1.pdf)或 Xilinx(xst.pdf)的官方文档,因为在这些文档手册中有各种常见电路的实现代码风格和参考实例。在练习的过程中,读者也要学会使用开发工具生成的各种视图,尤其是 RTL 视图。RTL 视图是用户输入代码进行综合后的逻辑功能视图,其很好地将用户的代码用逻辑门的方式诠释出来,初学者可以通过查看 RTL 视图的方式来看看自己写的代码所能实现的逻辑电路,以加深对语法的理解;反之,也可以通过 RTL 视图来检验当前所写的代码是否实现了期望的功能。

总之,HDL 语言的学习就是需要初学者多看、多写、多思考、多比对。语法本身总是枯燥乏味的,建议读者在自己动手写代码或实际项目过程中学习或掌握 Verilog 语法的使用。

笔记 5

可综合的语法子集

可综合的语法是指硬件能够实现的一些语法，这些语法能够被 EDA 工具支持，能够通过编译最终生成用于烧录到 FPGA 器件中的配置数据流。无论是 Verilog 语言还是 VHDL 语言，可综合的子集都很小。但是如何用好这些语法、什么样的代码风格更适合于硬件实现，是每一位初学者都需要下功夫好好掌握的。

下面是常用的 RTL 级 Verilog 语法及其简单用法描述。Verilog 和 C 语言的语法确实有很多相似之处，学习语法时相互类比进行记忆也未尝不可，但是笔者担心过多地混淆 C 语言和 Verilog 会让初学者误入歧途，毕竟两者在本质上存在着很大的差异，尤其是设计思想和实现载体上存在着很大的差异，所以希望读者在语法的学习过程中，尽可能多去了解和比对相关语法最终实现的硬件电路，从而尽快从软件式的顺序思维中解脱出来，更好地理解硬件式的并行处理。

一、模块声明类语法：module…endmodule

每个 verilog 文件中都会出现模块声明类语法，它是一个固定的用法，所有的功能实现语法最终都应该包括在“…”中。Module 的语法如下所示：

```
module my_first_prj(<端口信号列表> … );
    <逻辑代码>…
endmodule
```

其中，module 后的 my_first_prj 为该 module 的命名，取名没有任何限制（默认数字、下画线和字母的组合均可）；随后一个“()”内罗列出该模块所有的输入/输出端口信号名。

二、端口声明：input，output，inout

每个 module 都会有输入/输出的信号用于和外部器件或其他 module 通信衔接。对于本地 module 而言，这些信号可以归为 3 类，即输入（input）信号、输出（output）信号和双向（inout）信号。通常，module 语法后紧接着就要申明该模块所有用于与外部接口的信号。从语法上来讲，这些信号名也都要在 module 名后的“()”内列出。

最常见的 3 种端口申明实例如下：

```
input clk;
input wire rst_n;
input[7:0] data_in;
```

第一个申明表示 1 bit 的名称为 clk 的输入信号端口，第二个申明表示 wire 类型的 1 bit 的名称为 rst_n 的输入信号，第三个申明则表示 8 bit 的名称为 data_in 的输入信号。

三、参数定义：parameter

Parameter 用于申明一些常量，主要是便于模块的移植或升级时的修改。

一个基本的 module 通常一定包括 module…endmodule 语法和任意两种端口申明（通常读者所设计的模块一定是有输入和输出的），parameter 则不一定，但是对于一个可读性强的代码来说也是不可少的。这样一个基本的 module 如下：

```
module <模块命名>(<端口命名 1>, <端口命名 2>, …);
    //输入端口申明
    input <端口命名 1>;
    input wire <端口命名 2>;
    input [<最高位>:<最低位>] <端口命名 3>;
    …
    //输出端口申明
    output <端口命名 4>;
    output [<最高位>:<最低位>] <端口命名 5>;
    output reg [<最高位>:<最低位>] <端口命名 6>;
    …
    //双向(输入输出)端口申明
    inout <端口命名 7>;
    inout [<最高位>:<最低位>] <端口命名 8>;
    …
    //参数定义
    parameter <参数命名 1> = <默认值 1>;
    parameter [<最高位>:<最低位>] <参数命名 2> = <默认值 2>;
    …
    //具体功能逻辑代码
    …
endmodule
```

四、信号类型：wire，reg 等

在如图 2.1 所示的简单的电路中，分别定义两个寄存器（reg）锁存当前的输入 din。每个时钟 clk 上升沿到来时，reg 都会锁存到最新的输入数据，而 wire 就是这两个 reg 之间直接的连线。

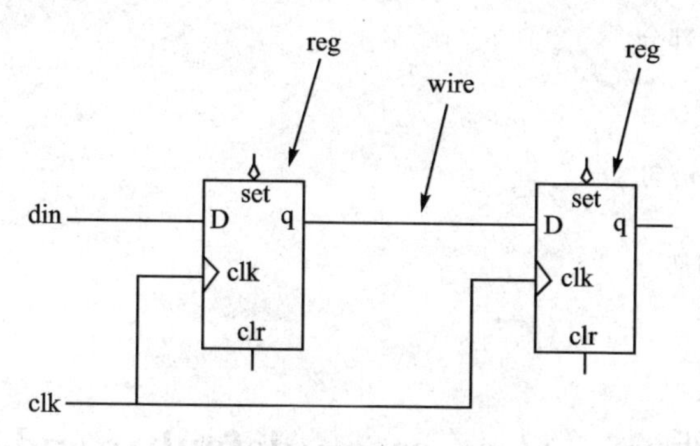

图 2.1　reg 和 wire 示例图

作为 input 或 inout 的信号端口只能是 wire 型，而作为 output 的信号端口则可以是 wire 或 reg。需要特别说明的是，虽然在代码中可以定义信号为 wire 或 reg 类型，但是实际的电路实现是否和预先的一致还要看综合工具的表现。例如，reg 定义的信号通常会被综合为一个寄存器（rigister），但这有一个前提，就是 reg 信号必须是在某个由特定信号边沿敏感触发的 always 语句中被赋值。

Wire 和 reg 的一些常见用法示例如下：

```
//定义一个 wire 信号
wire ＜wire 变量名＞；
//给一个定义的 wire 信号直接连接赋值
//该定义等同于分别定义一个 wire 信号和使用 assign 语句进行赋值
wire ＜wire 变量名＞ = ＜常量或变量赋值＞；
//定义一个多 bit 的 wire 信号
wire [＜最高位＞：＜最低位＞] ＜wire 变量名＞；
//定义一个 reg 信号
reg ＜reg 变量名＞；
//定义一个赋初值的 reg 信号
reg ＜reg 变量名＞ = ＜初始值＞；
//定义一个多 bit 的 reg 信号
reg [＜最高位＞：＜最低位＞] ＜reg 变量名＞；
//定义 个赋初值的多 bit 的 reg 信号
reg [＜最高位＞：＜最低位＞] ＜reg 变量名＞ = ＜初始值＞；
//定义一个二维的多 bit 的 reg 信号
reg [＜最高位＞：＜最低位＞] ＜reg 变量名＞ [＜最高位＞：＜最低位＞]；
```

多语句定义：begin…end。

通俗地说，它就是C语言里的"{ }"，用于单个语法的多个语句定义。其使用示例如下：

```
//含有命名的 begin 语句
begin：<块名>
    //可选申明部分
    //具体逻辑
end
//基本的 begin 语句
begin
    //可选申明部分
    //具体逻辑
end
```

五、比较判断：if…else，case…default…endcase

判断语法 if…else 及 case 语句是最常用的功能语法，其基本的使用示例如下：

```
//if 判断语句
if(<判断条件>)
begin
    //具体逻辑
end
//if…else 判断语句
if(<判断条件>)
begin
    //具体逻辑 1
end
else
begin
    //具体逻辑 2
end
//if…else if…else 判断语句
if(<判断条件 1>)
begin
    //具体逻辑 1
end
else if(<判断条件 2>)
begin
    //具体逻辑 2
end
else
```

```
begin
    //具体逻辑 3
end

//case 语句
case(＜判断变量＞)
    ＜取值 1＞：＜具体逻辑 1＞
    ＜取值 2＞：＜具体逻辑 2＞
    ＜取值 3＞：＜具体逻辑 3＞
    default：＜具体逻辑 4＞
endcase
```

六、循环语句：for

循环语句用得也比较少，其示例如下：

```
//for 语句
for(＜变量名＞ = ＜初值＞；＜判断表达式＞；＜变量名＞ = ＜新值＞)
begin
    //具体逻辑
end
```

七、任务定义：task…endtask

Task 更像 C 语言中的子函数，其中可以有 input、output 和 inout 端口作为出入口参数，可以用于实现一个时序控制。Task 没有返回值，因此不可以用在表达式中。其基本用法如下：

```
task ＜task 命名＞；
    //可选申明部分，如本地变量申明
    begin
        //具体逻辑
    end
endtask
```

八、连续赋值：assign，问号表达式(?:)

Assign 用于直接互连不同的信号或直接给 wire 变量赋值。其基本用法如下：

```
assign ＜wire 变量名＞ = ＜变量或常量＞；
```

“?:”表达式就是简单的 if…else 语句，但更多的用在组合逻辑中。其基本用法如下：

（判断条件）?（判断条件为真时的逻辑处理）:（判断条件为假时的逻辑处理）

九、always 模块

敏感表可以为电平、沿信号 posedge/negedge,通常和@连用。always 有多种用法,在组合逻辑中,其用法如下:

```
always@( * )
begin
    //具体逻辑
end
```

always 后若有沿信号(上升沿 posedge,下降沿 negedge)申明,则多为时序逻辑,其基本用法如下:

```
//单个沿触发的时序逻辑
always@(<沿变化>)
begin
    //具体逻辑
End
//多个沿触发的时序逻辑
always@(<沿变化 1> or <沿变化 2>)
begin
    //具体逻辑
End
```


十、运算操作符

各种逻辑操作符、移位操作符、算术操作符大多是可综合的。Verilog 中绝大多数运算操作符都是可综合的,其列表如下:

```
+              //加
-              //减
!              //逻辑非
~              //取反
&              //与
~&             //与非
|              //或
~|             //或非
^              //异或
^~             //同或
~^             //同或
*              //乘,是否可综合看综合工具
/              //除,是否可综合看综合工具
```

```
%            //取模
＜＜         //逻辑左移
＞＞         //逻辑右移
＜           //小于
＜=          //小等于
＞           //大于
＞=          //大等于
= =          //逻辑相等
! =          //逻辑不等于
&&           //逻辑与
||           //逻辑或
```

十一、赋值符号:＝和＜＝

阻塞和非阻塞赋值在具体设计中是很有讲究的,会在具体实例中介绍其不同用法。

可综合的语法是 Verilog 可用语法里很小的一个子集,硬件设计的精髓就是力求用最简单的语句描述最复杂的硬件,这也正是硬件描述语言的本质。对于做 RTL 级设计来说,掌握好上面这些基本语法是重要的。

笔记 6

代码书写规范

不同的人可能对代码风格和代码书写规范这两个概念有不同的理解，也有很多人认为它们说的是一码事。不管怎样，为了说明和代码书写相关的两个很重要的方面，笔者在此做如下的区分界定：

- 代码书写规范特指代码书写的基本格式，如不同语法之间的空格、换行、缩进以及大小写、命名等规则。强调代码书写规范是为了更好地管理代码，便于阅读，以提高后续的代码调试、审查以及升级的效率。
- 代码风格是指一些常见的逻辑电路用代码实现的书写方式，更多的是强调代码的设计。要想做好一个 FPGA 设计，好的代码风格能够起到事半功倍的效果。

该笔记将对代码书写规范做一些深入的探讨，下一个笔记则会具体探讨代码风格。笔者将结合自己多年的工程实践经验，给出一些具有较高参考价值的知识要点。

一、代码书写规范

虽然没有“国际标准”级别的 Verilog 或 VHDL 代码书写规范可供参考，但是相信每一个稍微规范点的做 FPGA 设计的公司都会为自己的团队制定一套供参考的代码书写规范。毕竟一个团队中，只有大家的代码书写格式达到基本一致，相互查阅、整合或移植起来才会“游刃有余”。因此，希望初学者从一开始就养成好的习惯，尽量遵循比较规范的书写方式。尽管不同公司为自己的团队制定的 Verilog 或 VHDL 代码书写规范可能略有差异，但是真正好的书写规范应该是大同小异的。所以，对于网络上“漫天飞舞”的书写规范，笔者本着“取其精华，去其糟粕”的精神和大家一同分享。这里也不刻意区分 Verilog 和 VHDL 书写规范上的不同，只是介绍一些基本的可供遵循的规范。

二、标识符

标识符包括语法保留的关键词、模块名称、端口名称、信号名称、各种变量或常量名称等。语法保留的关键词是不可以作为后面几种名称使用的，Verilog 关键词如下：

always endmodule medium reg tranif0 and end primitive module release tranif1 assign endspecify nand repeat tri attribute endtable negedge rnmos tri0 begin endtask nmos rpmos tri1 buf event nor rtran triand bufif0 for not rtranif0 trior bufif1 force notif0 rtranif1 trireg case forever notif1 scalared unsigned casex fork or signed vectored casez function output small wait cmos highz0 parameter specify wand deassign highz1 pmos specparam weak0 default if posedge strength weak1 defparam ifnone primitive strong0 while disable initial pull0 strong1 wire edge inout pull1 supply0 wor else input pulldown supply1 xnor end integer pullup table xor endattribute join remos task endcase large real time endfunction macromodule realtime tran

VHDL 关键词如下：

abs downto library postponed subtype access else linkage procedure then after elsif literal process to alias end loop pure transport all entity map range type and exit mod record unaffected architecture file nand register units array for new reject until assert function next rem use attribute generate nor report variable begin generic not return wait block group null rol when body guarded of ror while buffer if on select with bus impure open severity xnor case in or shared xor component inertial others signal configuration inout out sla constant is package sra disconnect label port srl

除了以上这些保留的关键词不可以作为用户自定义的其他名称外，Verilog 和 VHDL 还有以下的一些用户自定义命名规则必须遵循：

- 命名中只能够包含字母、数字和下画线“_”(Verilog 的命名还可以包含符号“$”)。
- 命名的第一个字符必须是字母(Verilog 的命名字符可以是下画线“_”，但一般不推荐这样命名)。
- 在一个模块中的命名必须是唯一的。
- VHDL 的命名中不允许连续出现多个下画线“_”，也不允许下画线“_”是命名的最后一个字符。

关于模块名称、端口名称、信号名称、各种变量或常量名称等的命名，有很多推荐的规则可供参考，如下：

- 尽可能使用能表达名称的具体含义的英文单词命名，单词名称过长时可以采用易于识别的缩写形式替代，多个单词之间可以用下画线“_”进行分割。
- 对于出现频率较高的相同含义的单词，建议统一作为前缀或后缀使用。

➢ 对于低电平有效的消耗，通常加后缀“_n”表示。

➢ 在同一个设计中，尽可能统一大小写的书写规范（很多规范里对命名的大小写书写格式有要求，但是笔者这里不做详细规定，读者可以根据需要设定）。

三、格　式

这里的格式主要是指每个代码功能块之间、关键词、名称或操作符之间的间距（行间距、字符间距）规范。得体的代码格式不仅看起来美观大方，而且便于阅读和调试。关于格式，可能不同的公司也都有相关的规范要求，笔者建议读者尽量遵循以下原则：

➢ 每个功能块（如 Verilog 的 always 逻辑、VHDL 的 process 逻辑）之间尽量用一行或数行空格进行隔离。

➢ 一个语法语句一行，不要在同一行写多个语法语句。

➢ 单行代码不宜过长，所有代码行长度尽量控制在一个适当的、便于查看的范围。

➢ 同层次的语法尽量对齐，使用 Tab 键（通常一个 Tab 对应 4 个字符宽度）进行缩进。

➢ 行尾不要有多余的空格。

➢ 关键词、各类名称或变量、操作符相互间都尽量保留一个空格以作隔离。

四、注　释

Verilog 的注释有“/ *　* /”以及“//”两种方式。“/ *”左侧和“ * /”右侧之间的部分为注释内容，此注释可以用在行前、行间、行末或多行中；“//”后面的内容为注释，该注释只可用在行末（当然，它也可以顶个，那么意味着整行都是注释）。

VHDL 的注释只有“——”一种。类似 verilog 的“//”，“——”后面的内容为注释，该注释只可用在行末。

注释的摆放和写法通常也有讲究，几个要点归纳如下：

➢ 每个独立的功能模块都要有简单的功能描述，对输入/输出信号功能进行描述。

➢ 无论习惯在代码末注释还是代码上面注释，同一个模块或工程中尽量保持一致。

➢ 注释内容简明扼要，不要过于冗长或写废话（比如后面的注释便是多余：add＝add＋1；//add 自增）。

笔记 7

代码风格

一、代码风格概述

设计习惯和代码风格主要是指工程师用于实现具体逻辑电路的代码书写方式。换句话说，对于一样的逻辑电路，可以用多种不同的代码书写方式来实现，工程师也会根据自己的喜好和习惯写出不同的代码，这也就是所谓的设计习惯和代码风格。

对于一些复杂的FPGA开发，工程师的设计习惯和代码风格将会在很大程度上影响器件的时序性能、逻辑资源的利用率以及系统的可靠性。有人可能会说，今天的EDA综合工具已经做得非常强大了，能够在很大程度上保证HDL代码所实现逻辑电路的速度和面积的最优化。注意，人工智能永远无法完全识破人类的意图，综合工具通常也无法知晓设计者真正的意图。要想让综合工具明白设计者的用心良苦，也只有一个办法，即要求设计者写出的HDL代码尽可能最优化。那么，我们又回到了老议题上——设计者的代码风格。而到底如何书写HDL代码才算是最优化，什么样的代码才称得上是好的代码风格呢？对于琳琅满目的FPGA厂商和FPGA器件，既有大家都拍手叫好的设计原则和代码风格，也有需要根据具体器件和具体应用随机应变的漂亮的代码风格。一些基本的设计原则是所有器件都应该遵循的，若是设计者能够对所使用器件的底层资源情况非常熟悉，并在编写代码过程中结合器件结构，那么才有可能设计出最优化的代码风格。

这里将和读者一起探讨在绝大多数FPGA设计中必定会而且可能是非常频繁地涉及的逻辑电路的设计原则、思想或代码书写方式。

二、寄存器电路的设计方式

前面已经基本介绍了寄存器的基本原型，在现代逻辑设计中，时序逻辑设计是核心，而寄存器又是时序逻辑的基础。因此，掌握时序逻辑的几种常见代码书写方式又是基础中的基础。下面就以图文(代码)并茂的方式来学习这些基本寄存器模型的代码书写。

① 简单的寄存器输入/输出的模型如图 2.2 所示。在每个时钟信号 clk 的有效沿(通常是上升沿)，输入端数据 din 将被锁存到输出端 dout。

基本的代码书写方式如下：

```
//Verilog 例程
module dff(clk, din, dout);
input clk;
input din;
output dout;
reg dout;
always @ (posedge clk) begin
    dout <= din;
end
endmodule
```

② 带异步复位的寄存器输入输出的模型如图 2.3 所示。在每个时钟信号 clk 的有效沿(通常是上升沿)，输入端数据 din 将被锁存到输出端 dout；而异步复位信号 clr 的下降沿(低电平有效复位)将强制给输出数据 dout 赋值为 0(不论此时的输入数据 din 取值)，此输出状态将一直保持到 clr 拉高后的下一个 clk 有效触发沿。

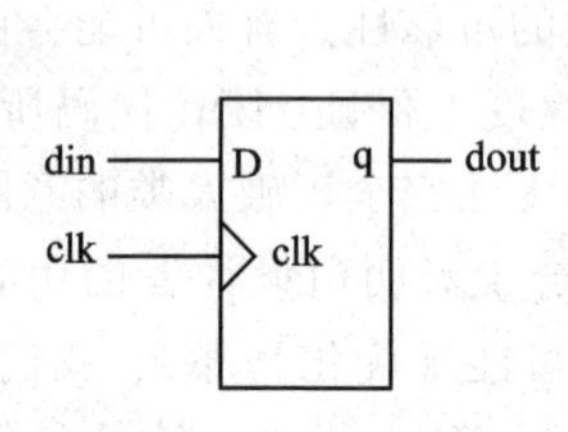

图 2.2 基本寄存器

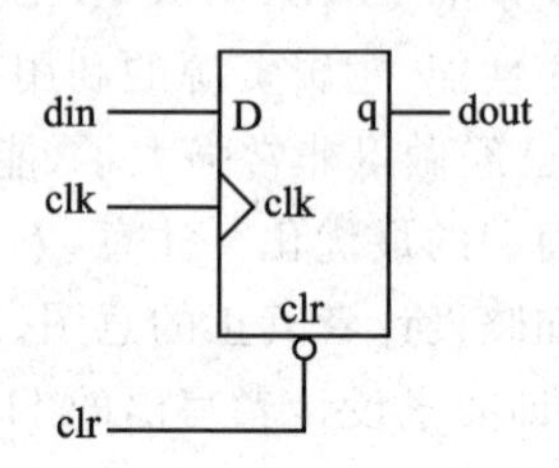

图 2.3 异步复位的寄存器

基本的代码书写方式如下：

```
//Verilog 例程
module dff(clk, rst_n, din, dout);
input clk;
input rst_n;
input din;
output dout;
reg dout;
always @ (posedge clk or negedge rst_n) begin
    if(! rst_n) dout <= 1'b0;
else dout <= din;
end
endmodule
```

③ 带异步置位的寄存器输入/输出的模型如图 2.4 所示。在每个时钟信号 clk 的有效沿（通常是上升沿），输入端数据 din 将被锁存到输出端 dout；而在异步置位信号 set 的上升沿（高电平有效置位）将强制给输出数据 dout 赋值为 1（不论此时的输入数据 din 取值），此输出状态将一直保持到 set 拉低后的下一个 clk 有效触发沿。

基本的代码书写方式如下：

```
//Verilog 例程
module dff(clk, set, din, dout);
input clk;
input din;
input set;
output dout;
reg dout;
always @ (posedge clk or posedge set) begin
    if(set) dout <= 1'b1;
    else dout <= din;
end

endmodule
```

④ 既带异步复位又带异步置位的寄存器则如图 2.5 所示。既带异步复位又带异步置位的寄存器其实是个很矛盾的模型，我们可以简单分析一下。如果 set 和 clr 都处于无效状态（set＝0，clr＝1），那么寄存器正常工作；如果 set 有效（set＝1）且 clr 无效（clr＝1），那么 dout＝1 没有异议；同理，如果 set 无效（set＝0）且 clr 有效（clr＝0），那么 dout＝0 也没有异议；但是如果 set 和 clr 同时有效（set＝1，clr＝0），输出 dout 咋办？到底是 1 还是 0？

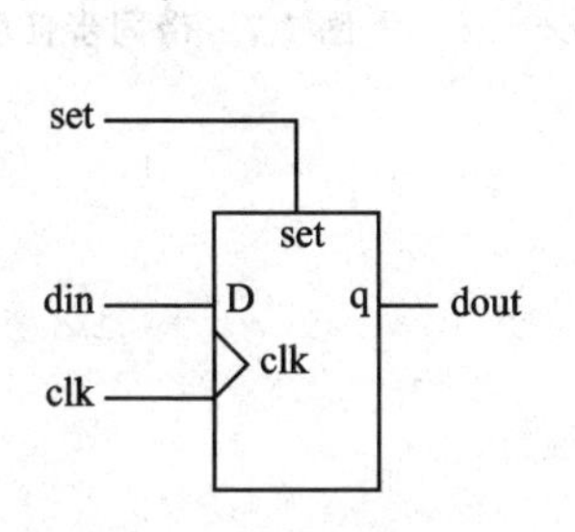

图 2.4　异步置位的寄存器

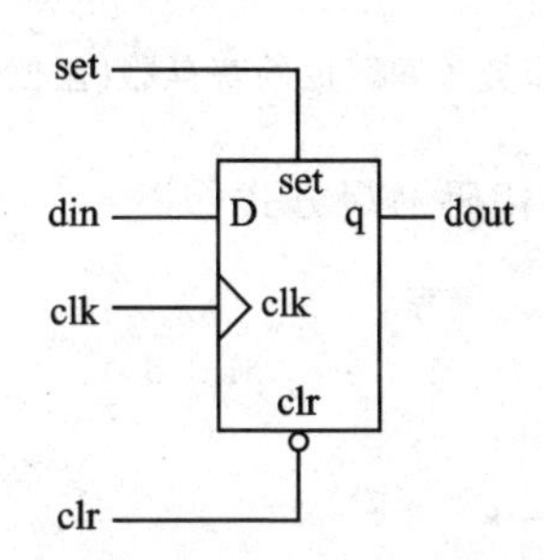

图 2.5　异步复位和置位的寄存器

其实这个问题也不难，设置一个优先级就可以。图 2.5 的理想寄存器模型通常只是作为电路的一部分来实现的。如果读者期望这种既带异步复位，又带异步置位的寄存器在复位和置位同时出现时，异步复位的优先级高一些，那么代码书写方式可以如下：

```
//Verilog 例程
module dff(clk, rst_n, set, din, dout);
input clk;
input din;
input rst_n;
input set;
output dout;
reg dout;
always @ (posedge clk or negedge rst_n posedge set) begin
    if(! rst_n) dout <= 1'b0;
    else if(set) dout <= 1'b1;
    else dout <= din;
end
endmodule
```

这样的代码综合出来的寄存器视图如图 2.6 所示。

⑤ 如图 2.7 所示,这是一种很常见的带同步使能功能的寄存器。在每个时钟 clk 的有效沿(通常是上升沿),判断使能信号 ena 是否有效(通常取高电平为有效),在 ena 信号有效的情况下 din 的值才会输出到 dout 信号上。

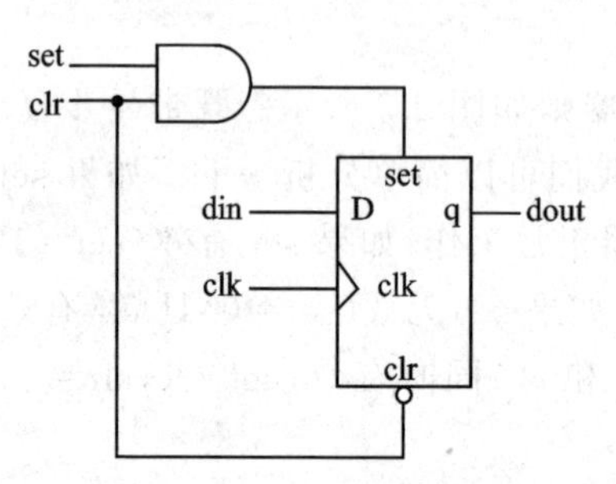

图 2.6　异步复位和置位的寄存器(复位优先级高)

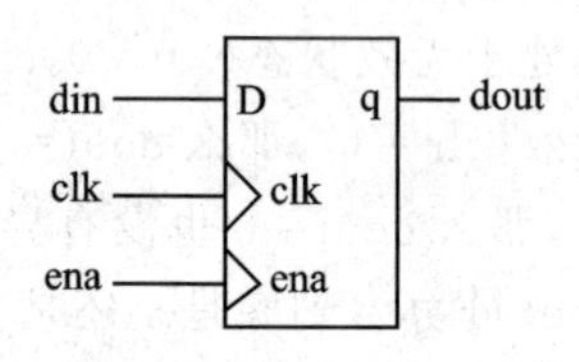

图 2.7　带同步使能的寄存器

基本的代码书写方式如下:

```
//Verilog 例程
module dff(clk, ena, din, dout);
input clk;
input din;
input ena;
output dout;
reg dout;
always @ (posedge clk) begin
    if(ena) dout <= din;
end
endmodule
```

三、同步以及时钟的设计原则

有了前面的铺垫，读者应该明白了寄存器的代码编写。接下来要从深层次来探讨基于寄存器的同步以及时钟的设计原则。

虽然在前面已经对组合逻辑和时序逻辑的基本概念做过介绍，但是这里还是要再额外说说组合逻辑和时序逻辑的历史渊源，好让读者更加明白为什么时序逻辑要明显优于组合逻辑的设计。早期的可编程逻辑设计，限于当时的工艺水平，无论是逻辑资源还是布线资源都比较匮乏，所以工程师更多的是用可编程器件做一些简单的逻辑黏合。所谓的逻辑黏合，无非是一些与、或、非等逻辑门电路简单拼凑的组合逻辑，没有时序逻辑，因此不需要引入时钟。而今天的 FPGA 器件的各种资源都非常丰富，已经很少有人只是用其实现简单的组合逻辑功能，而是用来实现各种复杂的功能，于是时钟设计的各种攻略也就被不断地提出来。那么，时钟设计到底有什么讲究，哪些基本原则是必须遵循的呢？弄清楚这个问题之前，应先全面地了解时钟以及整个时序电路的工作原理。

在一个时序逻辑中，时钟信号掌控着所有输入和输出信号的进出。在每个时钟有效沿(通常是上升沿)，寄存器的输入数据将会被采样并传送到输出端，此后输出信号可能会在经历长途跋涉般的"旅途"中经过各种组合逻辑电路，并会随着信号的传播延时而处于各种"摇摆晃荡"之中，直到所有相关的信号都到达下一级寄存器的输入端。这个输入端的信号将会一直保持，直到下一个时钟有效沿的来临。每一级寄存器都在不断重复着这样的数据流采集和传输。这里举个轮船通行三峡大坝的例子做类比。

如图 2.8 所示，三峡大坝有 5 级船闸，船由上游驶往下游时，船位于上游。

① 先关闭上游闸门和上游阀门。

② 关闭第一级下游闸门和阀门，打开上游阀门，水由上游流进闸室，闸室水面与上游相平时，打开上游闸门，船由上游驶进闸室。

③ 关闭上游闸门和阀门，打开第一级下游阀门，当闸室水面降到跟下游水面相平时，打开下游闸门，船驶出第一级闸室。

如此操作 4 次，通过后面的 4 级船闸，开往下游。船闸的原理实际上是靠两个阀门开关，人为地先后造成两个连通器，使船闸内水面先后与上、下游水面相平。

单个数据的传输类似轮船通过多级闸门的例子。轮船就是被传输的数据，闸门的开关就好比时钟的有效边沿变化，水位的升降过程也好像相关数据在两个寄存器间经过各种组合逻辑的传输过程。当轮船还处于上一级闸门准备进入下一级闸门时，要么当前闸门的水位要降低到下一级闸门的水平，要么下一级闸门的水位要升到上一级闸门的水平，只要这个条件不满足，最终结果都有可能造成轮船的颠簸甚至翻船。这也有点像寄存器锁存数据需要保证的建立时间和保持时间要求。关于建立时间和保持时间，有如下的定义：

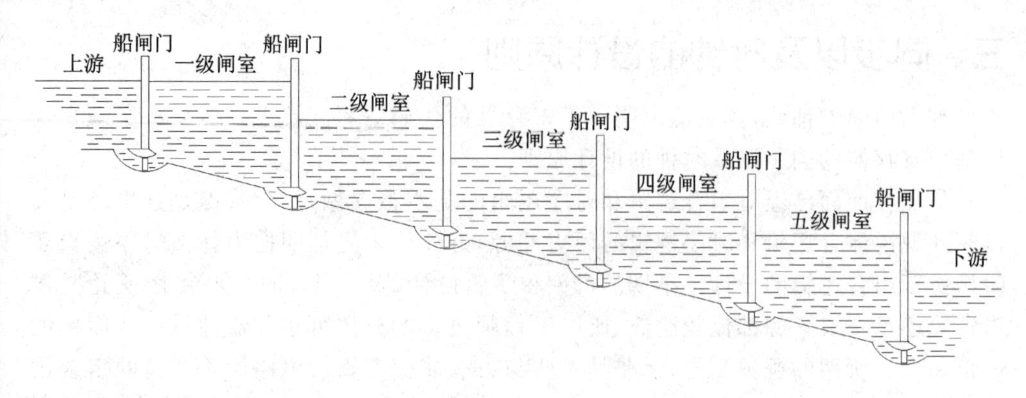

图 2.8　三峡大坝 5 级闸门示意图

- 在时钟的有效沿之前，必须确保输入寄存器的数据在建立时间内是稳定的。
- 在时钟的有效沿之后，必须确保寄存器的输出数据至少在保持时间内是稳定的。

理解时钟和时序逻辑的工作机理后，也就能够理解为什么时钟信号对于时序逻辑而言是如此的重要。关于时钟的设计要点，主要有以下几个方面：

① 避免使用门控时钟或系统内部逻辑产生的时钟，多用使能时钟去替代。

门控时钟或系统内部逻辑产生的时钟很容易导致功能或时序出现问题，尤其是内部逻辑（组合逻辑）产生的时钟容易出现毛刺，影响设计的功能实现；组合逻辑固有的延时也容易导致时序问题。

② 对于需要分频或倍频的时钟，用器件内部的专用时钟管理（如 PLL 或 DLL）单元去生成。

用 FPGA 内部的逻辑去做分频较容易，倍频较难。但是无论是分频还是倍频，通常情况下都不建议用内部逻辑实现，而应该采用器件内部的专用时钟管理单元（如 PLL 或 DLL）来产生。这类专用时钟管理单元的使用并不复杂，在 EDA 工具中打开配置页面进行简单参数的设置，然后在代码中对接口进行例化就可以很方便地使用引出的相应分频或倍频时钟进行使用了。

③ 尽量对输入的异步信号用时钟进行锁存。

异步信号是指两个处于不同时钟频率或相位控制下的信号。这样的信号在相互接口的时候如果没有可靠的同步机制，则存在很大的隐患，甚至极有可能导致数据的误采集。笔者在工程实践中常常遇到这类异步信号误触发或误采集的问题，因此也需要引起初学者足够的重视。在笔者的《深入浅出玩转 FPGA》笔记 6 中列举的一些改进的复位设计方法就是非常典型的异步信号的同步机制。

④ 避免使用异步信号进行复位或置位控制。

这点和③所强调的是同一类问题，异步信号不建议直接作为内部的复位或置位控制信号，最好能够用本地时钟锁存多拍后做同步处理，然后再使用。

这里介绍的 4 点对于初学者可能很难理解和体会，没有关系，有了实践经历以后回头再品味一下或许就有味道多了。这 4 点也算是比较高级的技巧了，所以无法一一扩展开来深入剖析，更多相关扩展的知识点可以参考笔者的《深入浅出玩转FPGA》一书，那里有更多、更详细的介绍和说明。

四、双向引脚的控制代码

对于单向的引脚，输入信号或者输出信号的控制比较简单，不需要太复杂的控制，输入信号可以直接用在各类等式的右边来作为赋值的一个因子，而输出信号则通常在等式的左边被赋值。那么，既可以作为输入信号又可以作为输出信号的双向信号又是如何进行控制的呢？如果直接和单向控制一样既做输入又做输出，势必会使信号的赋值发生紊乱。列举一个简单的冲突，就是当输入 0 而输出 1 时到底这个信号是什么值，而如何控制才能够避免这类不期望的赋值情况发生呢？可以先看看表 2.1所列出的 I/O 驱动真值表。

在这个表里可以发现，当高祖态 Z 和 0 或 1 值同时出现时，总能保持 0 或 1 的原状态不变。设计双向引脚的逻辑时可利用这个特性，引脚在做输入时，让输出值取 Z 状态，那么读取的输入值就完全取决于实际的输入引脚状态，而与输出值无关；引脚在做输出时，则只要保证与器件引脚连接的信号也是处于类似的 Z 状态便可以正常输出的信号值。外部的状态是用对应芯片或外设的时序来保证的，在 FPGA 器件内部不直接可控，但还是可以把握好 FPGA 内部的输入、输出状态，保证不出现冲突情况。

举个例子。如图 2.9 所示，link 信号的高低用于控制双向信号的值是输出信号 yout 还是高阻态 Z，当 link 控制当前的输出状态为 Z 时，则输入信号 yin 的值由引脚信号 ytri 来决定。

表 2.1　I/O 驱动真值表

驱动源	0	1	x	Z
0	0	X	X	0
1	X	1	X	1
X	X	X	X	X
Z	0	1	X	Z

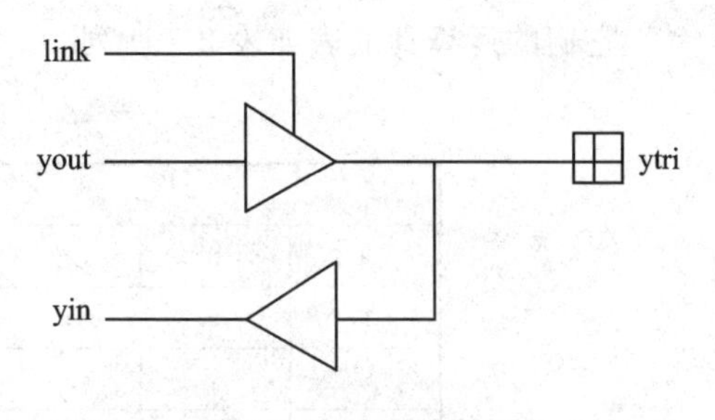

图 2.9　双向信号控制

实现代码如下：

```
//Verilog 例程
module bidir(ytri,…);
inout ytri;
…
```

```
reg link;
wire yin;
…      //link 的取值控制逻辑以及其他逻辑
assign ytri = link ? yout:1'bz;
assign yin = ytri;
…      //yin 用于内部赋值
endmodule
```

五、提升系统性能的代码风格

下面要列举的代码示例是一些能够起到系统性能提升的代码风格。在逻辑电路的设计过程中，同样的功能可以由多种不同的逻辑电路来实现，那么就存在这些电路孰优孰劣的讨论。因此，带着这样的疑问，我们一同来探讨能够提升系统性能的编码技巧。注意，本知识点所涉及的代码更多的是希望能够授人以“渔”而非授人以“鱼”，读者应重点掌握前后不同代码所实现出来的逻辑结构，在不同的应用场合下，可能会有不同的逻辑结构需求，读者要学会灵活应变并写出适合需求的代码。

1. 减少关键路径的逻辑等级

时序设计过程中遇到一些无法收敛（即时序达不到要求）的情况时，很多时候只是因为某一两条关键路径（这些路径在器件内部的走线或逻辑门延时太长）太糟糕。因此，设计者往往只要通过优化这些关键路径就可以改善时序性能。而这些关键路径所经过的逻辑门过多往往是设计者在代码编写时误导综合工具所导致的，那么，举一个简单的例子，看看两段不同的代码，关键路径是如何明显得到改善的。

这个例子要实现如下的逻辑运算：

y=((～a & b & c) | ～d) & ～e;

它们的运算真值表如表 2.2 所列。

表 2.2　运算真值表

输　入					输　出
a	b	c	d	e	y
x	x	x	x	1	0
x	x	X	0	0	1
1	x	x	1	0	0
x	0	x	1	0	0
x	x	0	1	0	0
0	1	1	1	0	1

注：x 表示可以任意取 0 或 1。

按照常规的思路，可能会写出如下的代码：

```
//Verilog 例程
module example(a, b, c, d, e, y);
input a,b,c,d,e;
output y;
wire m,n;
assign m = ～a & b & c;
assign n = m | ～d;
assign y = n & ～e;
endmodule
```

使用 Quartus II 自带的综合工具，可以看到，它的 RTL 视图如图 2.10 所示，和以上按常规思路编写的代码吻合。

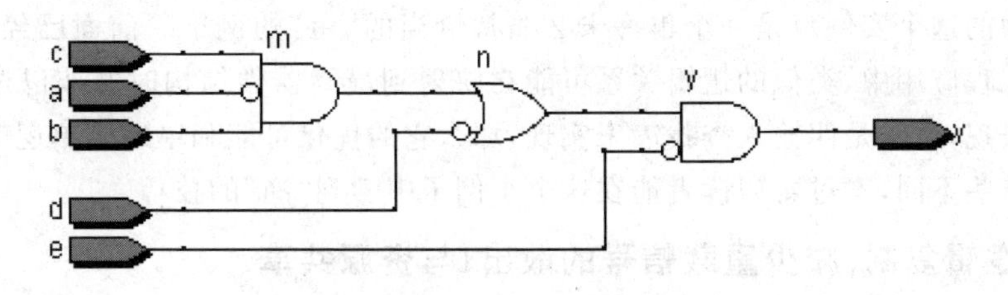

图 2.10　未优化前综合结果

假定输入 a 到输出 y 的路径是关键路径，其影响了整个逻辑的时序性能。若要从这条路径着手做一些优化的工作，必然要减少输入 a 到输出 y 之间的逻辑等级，目前是 3 级，可以想办法减少到 2 级甚至 1 级。

下面来分析公式“y=((～a & b & c) | ～d) & ～e;”，把～a 从最里面的括号往外提取一级就等于减少了一级逻辑。当 a=0 时，y=((b & c) | ～d) & ～e；当 a=1 时，y=～d & ～e。因此，“y=((～a | ～d) & ((b & c) | ～d)) & ～e;”与前式是等价的。于是可以修改前面的代码如下：

```
//Verilog 例程
module example(a, b, c, d, e, y);
input a,b,c,d,e;
output y;
wire m,n;
assign m = ～a | ～d;
assign n = (b & c) | ～d;
assign y = m & n & ～e;
endmodule
```

修改后的代码综合结果如图 2.11 所示，虽然 b、c 到 y 的逻辑等级还是 3，但是关键路径 a 到 y 的逻辑等级已经优化到了 2 级。与前面不同的是，优化后的 d 信号多了一级的负载，也多了一个逻辑门，这其实也是一种“面积换速度”思想的体现。正可谓“鱼和熊掌不可兼得”，在逻辑设计中我们往往需要在“鱼和熊掌”间做抉择。

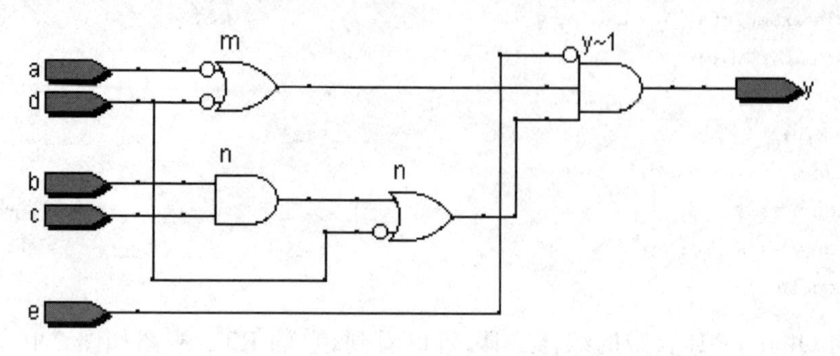

图 2.11 优化后综合结果

上面的这个实例只是一个也许未必非常恰当的“鱼”的例子。前面已经介绍过，在实际工程应用中，类似的逻辑关系可能在映射到最终器件结构时并非以逻辑门的方式来表现，通常是四输入查找表来实现，那么它的优化可能和单纯简单逻辑等级的优化又有些不同，不过希望读者能在这个小例子中学到“渔”的技巧。

2. 逻辑复制(减少重载信号的散出)与资源共享

逻辑复制是一种通过增加面积来改善时序条件的优化手段，最主要的应用是调整信号的扇出。如果某个信号需要驱动的后级逻辑信号较多，换句话说，也就是其扇出非常大，那么为了增加这个信号的驱动能力，就必须插入很多级的 Buffer，这样就在一定程度上增加了这个信号的路径延时。这时可以复制生成这个信号的逻辑，用多路同频同相的信号驱动后续电路，使平均到每路的扇出变低，这样不需要插入 Buffer 就能满足驱动能力增加的要求，从而节约该信号的路径延时。

资源共享和逻辑复制恰恰是逻辑复制的一个逆过程，它的好处就在于节省面积，同时可能也要以速度的牺牲为代价。

看一个实例，如下：

```
//Verilog 例程
module example(sel, a, b, c, d, sum);
input sel,a,b,c,d;
output[1:0] sum;
wire[1:0] temp1 = {1'b0,a} + {1'b0,b};
wire[1:0] temp2 = {1'b0,c} + {1'b0,d};
assign sum = sel ? temp1:temp2;
endmodule
```

该代码综合后的视图如图 2.12 所示，和我们的代码表述一致；又连个加法器进行运算，结果通过 2 选 1 选择器后输出给 sum。

同样实现这个功能，还可以这么编写代码：

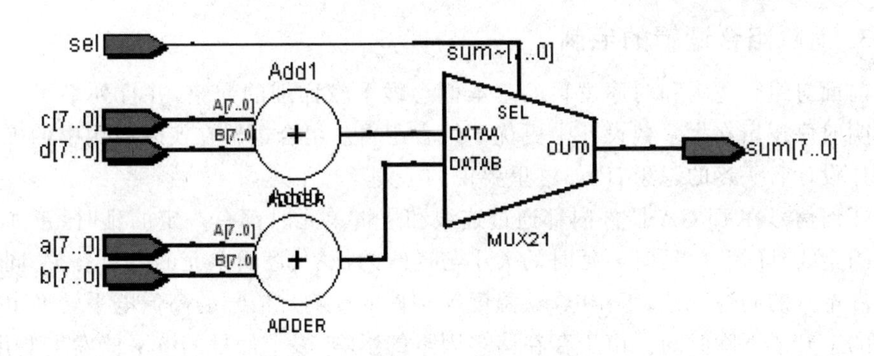

图 2.12　两个加法器的视图

```
//Verilog 例程
module example(sel, a, b, c, d, sum);
input sel;
input[7:0] a,b,c,d;
output[7:0] sum;
wire[7:0] temp1 = sel ? a:c;
wire[7:0] temp2 = sel ? b:d;
assign sum = temp1 + temp2;
endmodule
```

综合后的视图如图 2.13 所示，原先的两个加法器现在用一个加法器同样可以实现。而原先的一个 2 选 1 选择器则需要 4 选 2 选择器（可能是两个 2 选 1 选择器来实现）替代。如果在设计中加法器资源更宝贵些，那么后面这段代码通过加法器的复用，相比前面一段代码更加节约资源。

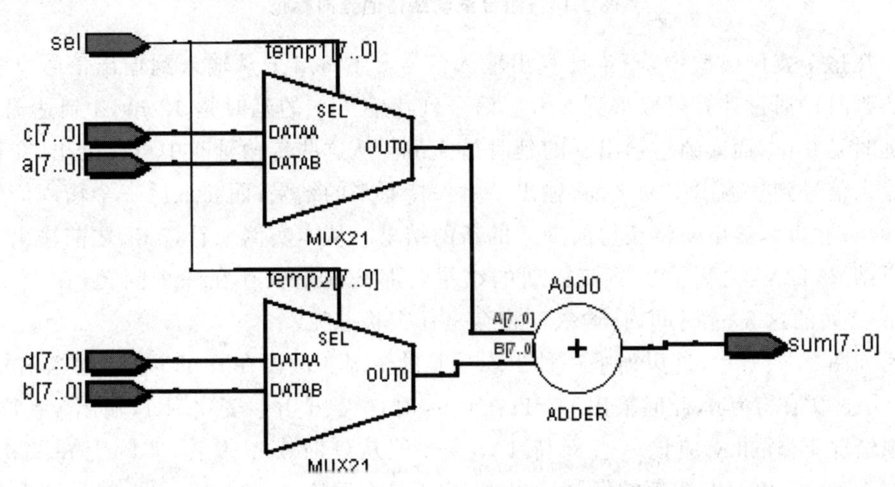

图 2.13　一个加法器的视图

3. 消除组合逻辑的毛刺

前面对组合逻辑和时序逻辑的基本概念做了较详细的介绍,并且列举了一个实例说明时序逻辑在大多数设计中更优于组合逻辑。组合逻辑在实际应用中的确存在很多让设计者头疼的隐患,比如这里要说的毛刺。

任何信号在 FPGA 器件内部通过连线和逻辑单元时都有一定的延时,正如通常所说的走线延时和门延时。延时的大小与连线的长短、逻辑单元的数目有关,同时还受器件本身的制造工艺、工作电压、温度等条件的影响。信号的高低电平转换也需要一定的上升或下降时间。由于存在诸多因素的影响,多个信号的电平值发生变化时,在信号变化的瞬间,组合逻辑的输出并非同时,而是有先有后的,因此往往会出现一些不正确的信号,比如一些很小的脉冲尖峰信号,称之为"毛刺"。如果一个组合逻辑电路中有毛刺出现,那么就说明该电路存在"冒险"。

下面列举一个简单例子来看看毛刺现象是如何产生和消除的。如图 2.14 所示,这里在图 2.10 所示实例的基础上对这个组合逻辑的各条走线延时和逻辑门延时做了标记。每个门延时的时间是 2 ns,而不同的走线延时略有不同。

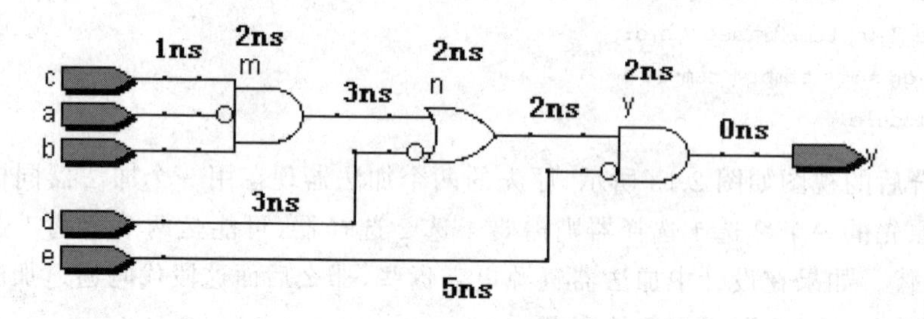

图 2.14 组合逻辑路径的延时标记

在这个实例模型中,不难计算出输入信号 a、b、c、d、e 从输入到输出信号 y 所经过的延时。通过计算可以得到 a、b、c 信号到达输出 y 的延时是 12 ns,d 到达输出 y 的延时是 9 ns,而 e 到达输出 y 的延时是 7 ns。从这些传输延时中可以推出,在第一个输入信号到达输出端 y 之前,输出 y 将保持原来的结果;而在最后一个输入信号到达输出端之后,输出 y 将获得所期望的新的结果。从本实例来看,7 ns 之前输出 y 保持原结果,12 ns 之后输出 y 获得新的结果。那么这里就存在一个问题,在 7 ns 和 12 ns之间的这 5 ns 时间内,输入 y 将会是什么状态呢?

如图 2.15 所示,这里列举一种出现毛刺的情况。假设在 0 ns 以前,输入信号 a、b、c、d、e 取值均为 0,此时输出 y=1;在 0 ns 时,b、c、d 由 0 变化为 1,输出 y=1。在理想情况下,输出 y 应该一直保持 1 不变。但从延时模型来看,实际上在 9 ns 到 12 ns期间,输出 y 有短暂的低脉冲出现,这不是电路应该的状态,它也就是这个组合逻辑的毛刺。

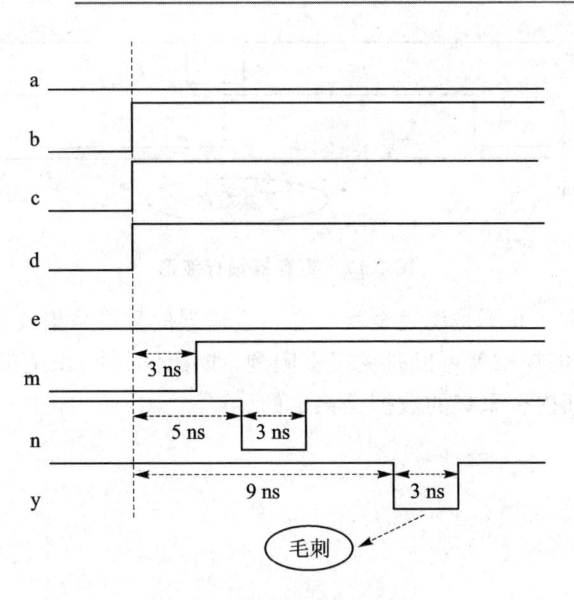

图 2.15　逻辑延时波形

既然多个输入信号的变化前后取值都保持高电平，那么这个低脉冲的毛刺其实不是我们希望看到的，其也很可能在后续电路中导致后续的采集出现错误，甚至使得一些功能被误触发。

要消除这个毛刺，通常有两个办法，一个办法是硬办法，即在 y 信号上并联一个电容，便可轻松地将这类脉冲宽度很小的干扰滤除。但现在是在 FPGA 器件内部，还真没有这样的条件和可能性这样处理，那么只能放弃这种方案。另一种办法其实也就是引入时序逻辑，用寄存器多输出信号打一拍，这其实也是时序逻辑明显优于组合逻辑的特性。

如图 2.16 所示，在原有组合逻辑的基础上，添加了一个寄存器来锁存最终的输出信号 y。

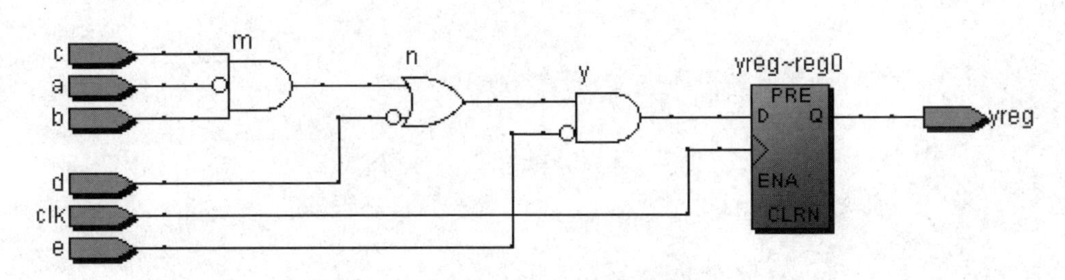

图 2.16　寄存器锁存组合逻辑输出

如图 2.17 所示，在引入了寄存器后，新的最终的输出 yreg 不再随意改变，而是在每个时钟 clk 的上升沿锁存当前的输出值。

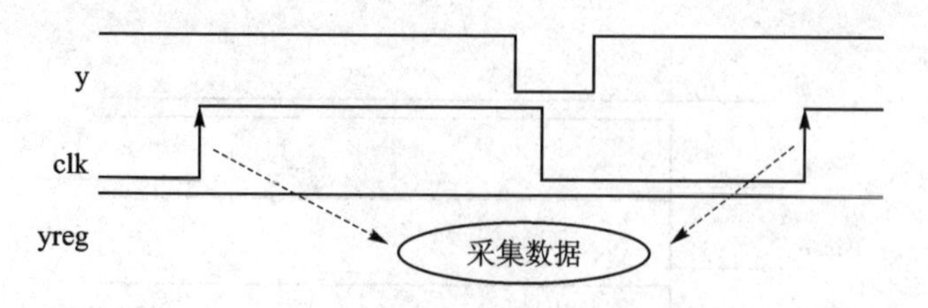

图 2.17　寄存器锁存波形

引入时序逻辑后并不是说完全就不会产生错误的数据采集或锁存。在时序逻辑中，只要遵循一定的规则就可以避免很多问题，如保证时钟 clk 有效沿前后的数据建立时间和保持时间内待采集的数据是稳定的。

第三部分
设计技巧与思想

这些事你要殷勤实行，并要投身其中，
使众人看出你的长进来。

——提摩太前书 4 章 15 节

笔记 8

漫谈状态机设计

一、状态机的基本概念

硬件设计很讲究并行设计思想，虽然用 Verilog 描述的电路大都是并行实现的，但是对于实际的工程应用，往往需要让硬件来实现一些具有一定顺序的工作，这就要用到状态机的思想。什么是状态机呢？简单的说，就是通过不同的状态迁移来完成一些特定的顺序逻辑。硬件的并行性决定了用 Verilog 描述的硬件实现（比如不同的 always 语句）都是并行执行的，那么如果希望分多个时间完成一个任务，怎么办？也许可以用多个使能信号来衔接多个不同的模块，但是这样做多少显得有些繁琐。状态机的提出就会大大简化这一工作。

下面举一个 SRAM 控制的例子来说明状态机。如图 3.1 所示，它表示了一个 SRAM 控制状态的变化。

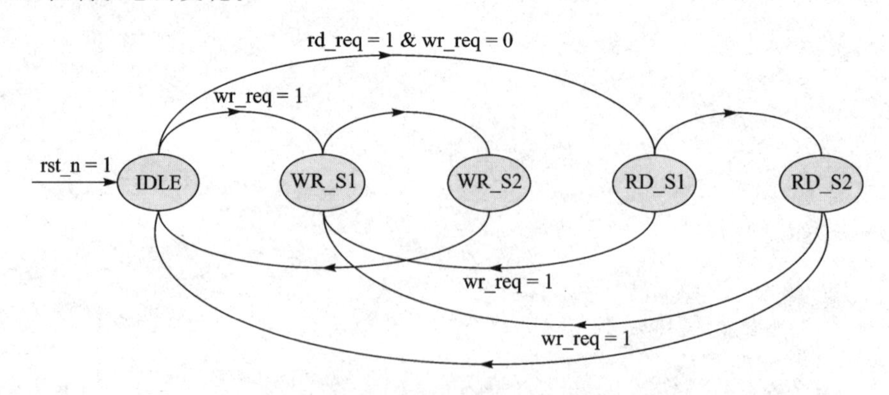

图 3.1　SRAM 控制状态机

首先，在系统复位信号 rst_n=0（复位有效）后，进入 IDLE 状态。每当 rst_n=0（复位有效）时，都会保持在 IDLE 状态；当 rst_n=1（复位完成），如果 wr_req=1 就进入 WR_S1 状态，如果 rd_req=1 就会进入 RD_S1 的状态，否则保持 IDLE 状态不变。相应的，只要满足一定条件或者有时不需要任何条件，系统会在这些固定的状态间进行切换。这样做的好处在于每当需要操作 SRAM 时，其他模块只要发出一个 wr_req 或者 rd_req 信号（置高），系统就会进入相应状态并根据不同状态对 SRAM 的控制总线、地址总线和数据总线进行赋值。

构成状态机的基本要素是状态机的输入、输出和状态。输入就是一些引发状态变化的条件，比如图 3.1 中的 wr_req 和 rd_req 的变化会引发状态的迁移，那么它们就是输入；输出就是状态变化后引起的变化，如图 3.1 中的控制总线、地址总线和数据总线的输出值就是由状态变化决定的；状态就是 IDLE、WR_S1、WR_S2 等，它们一般是由一些逻辑值来表示。

状态机根据其状态变化是否与输入条件相关分为两类，即 Moore 型状态机和 Mealy 型状态机。Moore 型状态机的状态变化仅和当前状态有关，而与输入条件无关；Mealy 型状态机的状态变化不仅与当前的状态有关，还取决于当前的输入条件。

有些分类还会提出有限状态机（FSM）和无限状态机（ISM），但是实际设计中一般都指的是有限状态机。

二、3 种不同状态机写法

状态机一般有 3 种不同的写法，即一段式、两段式和三段式的状态机写法，它们在速度、面积、代码可维护性等各个方面互有优劣。特权同学希望大家不要对任何一种写法给出“一棍子打死”的定论，应该借鉴笔记 4 中 if…else 与 case 语句的分析方式，对 3 种写法在不同项目应用中进行不同的分析。

下面就前面提出的 SRAM 控制状态机给出 3 种不同的写法以及它们综合出的效果，供大家学习参考。wr_req 和 rd_req 作为输入，cmd 为输出，cstate、nstate 为状态寄存器。

1. 一段式状态机

一段式状态机代码如下：

```
//一段状态机
reg[3:0] cstate;

always @(posedge clk or negedge rst_n) begin
    if(! rst_n) begin
            cstate <= IDLE;
            cmd <= 3'b111;
    end
    else  begin
        case(cstate)
                IDLE:     if(wr_req) begin
                                cstate <= WR_S1;
```

```
                    cmd <= 3'b011;
                end
                else if(rd_req) begin
                    cstate <= RD_S1;
                    cmd <= 3'b011;
                end
                else begin
                    cstate <= IDLE;
                    cmd <= 3'b111;
                end
            WR_S1: begin
                    cstate <= WR_S2;
                    cmd <= 3'b101;
                end
            WR_S2: begin
                    cstate <= IDLE;
                    cmd <= 3'b111;
                end
            RD_S1: if(wr_req) begin
                    cstate <= WR_S2;
                    cmd <= 3'b101;
                end
                else begin
                    cstate <= RD_S2;
                    cmd <= 3'b110;
                end
            RD_S2: if(wr_req) begin
                    cstate <= WR_S1;
                    cmd <= 3'b011;
                end
                else begin
                    cstate <= IDLE;
                    cmd <= 3'b111;
                end
        default: cstate <= IDLE;
    endcase
  end
end
```

一段式状态机 RTL 视图见图 3.2。

一段式状态机综合后资源使用报告：

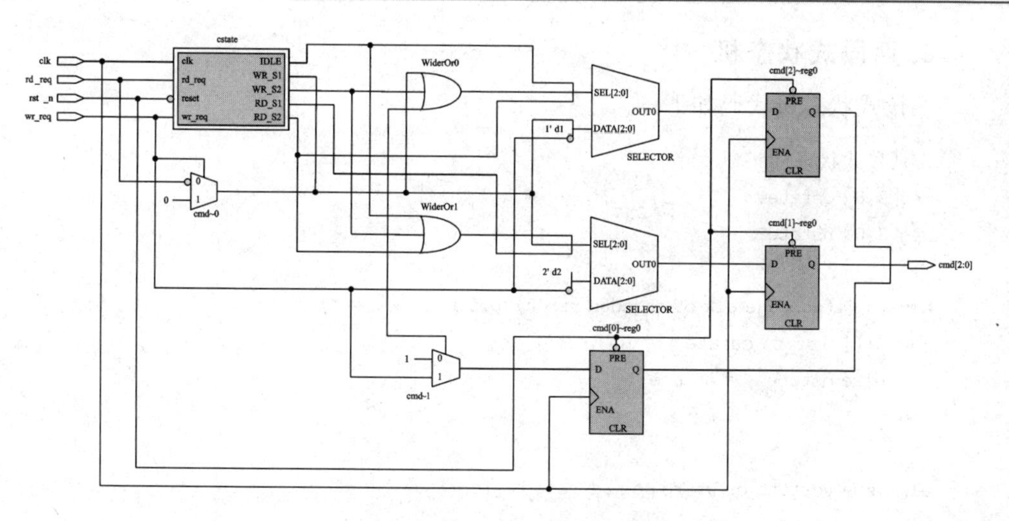

图 3.2　一段式状态机 RTL 视图

```
Resource      Usage
Total logic elements       8
 -- Combinational with no register       1
 -- Register only       0
 -- Combinational with a register       7
Logic element usage by number of LUT inputs
 -- 4 input functions       2
 -- 3 input functions       4
 -- 2 input functions       2
 -- 1 input functions       0
 -- 0 input functions       0
Logic elements by mode
 -- normal mode       8
 -- arithmetic mode       0
 -- qfbk mode       0
 -- register cascade mode       0
 -- synchronous clear/load mode       0
 -- asynchronous clear/load mode       7
Total registers       7
I/O pins       7
Maximum fan - out node       wr_req
Maximum fan - out       7
Total fan - out       41
Average fan - out       2.73
```

2. 两段式状态机

两段式状态机代码如下：

```
//两段式状态机
reg[3:0] cstate;
reg[3:0] nstate;

always @(posedge clk or negedge rst_n) begin
    if(! rst_n) cstate <= IDLE;
    else cstate <= nstate;
end

always @(cstate or wr_req or rd_req) begin
    case(cstate)
        IDLE: begin
                if(wr_req) begin
                    nstate = WR_S1;
                    cmd = 3'b011;
                end
                else if(rd_req) begin
                    nstate = RD_S1;
                    cmd = 3'b011;
                end
                else begin
                    nstate = IDLE;
                    cmd = 3'b111;
                end
            end
        WR_S1: begin
                nstate = WR_S2;
                cmd = 3'b101;
            end
        WR_S2: begin
                nstate = IDLE;
                cmd = 3'b111;
            end
        RD_S1: begin
                if(wr_req) begin
                    nstate = WR_S2;
                    cmd = 3'b101;
                end
```

```
                else begin
                    nstate = RD_S2;
                    cmd = 3'b110;
                end
            end
        RD_S2: begin
                if(wr_req) begin
                    nstate = WR_S1;
                    cmd = 3'b011;
                end
                else begin
                    nstate = IDLE;
                    cmd = 3'b111;
                end
            end
        default: nstate = IDLE;
    endcase
end
```

两段式状态机 RTL 视图见图 3.3。

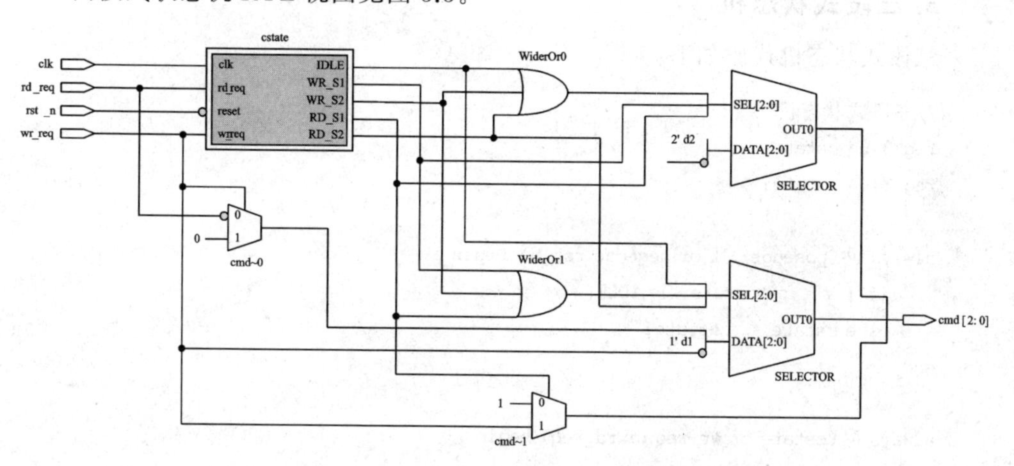

图 3.3　两段式状态机 RTL 视图

两段式状态机综合后资源使用报告：

```
Resource      Usage
Total logic elements      9
 -- Combinational with no register      4
 -- Register only      0
 -- Combinational with a register      5
Logic element usage by number of LUT inputs
```

```
-- 4 input functions      2
-- 3 input functions      4
-- 2 input functions      2
-- 1 input functions      1
-- 0 input functions      0
Logic elements by mode
-- normal mode     9
-- arithmetic mode      0
-- qfbk mode      0
-- register cascade mode      0
-- synchronous clear/load mode      0
-- asynchronous clear/load mode     5
Total registers      5
I/O pins      7
Maximum fan - out node      wr_req
Maximum fan - out      7
Total fan - out        38
```

3. 三段式状态机

三段式状态机代码如下：


```
//三段式状态机
reg[3:0] cstate;
reg[3:0] nstate;

always @(posedge clk or negedge rst_n) begin
    if(! rst_n) cstate <= IDLE;
    else cstate <= nstate;
end

always @(cstate or wr_req or rd_req) begin
    case(cstate)
        IDLE:   if(wr_req) nstate = WR_S1;
                else if(rd_req) nstate = RD_S1;
                else nstate = IDLE;
        WR_S1:  nstate = WR_S2;
        WR_S2:  nstate = IDLE;
        RD_S1:  if(wr_req) nstate = WR_S2;
                else nstate = RD_S2;
        RD_S2:  if(wr_req) nstate = WR_S1;
                else nstate = IDLE;
```

```
        default: nstate = IDLE;
    endcase
end

always @(posedge clk or negedge rst_n) begin
    if(! rst_n) cmd <= 3'b111;
    else begin
        case(nstate)
            IDLE:   if(wr_req) cmd <= 3'b011;
                    else if(rd_req) cmd <= 3'b011;
                    else cmd <= 3'b111;
            WR_S1:  cmd <= 3'b101;
            WR_S2:  cmd <= 3'b111;
            RD_S1:  if(wr_req) cmd <= 3'b101;
                    else cmd <= 3'b110;
            RD_S2:  if(wr_req) cmd <= 3'b011;
                    else cmd <= 3'b111;
            default: ;
        endcase
    end
end
```


三段式状态机 RTL 视图见图 3.4。

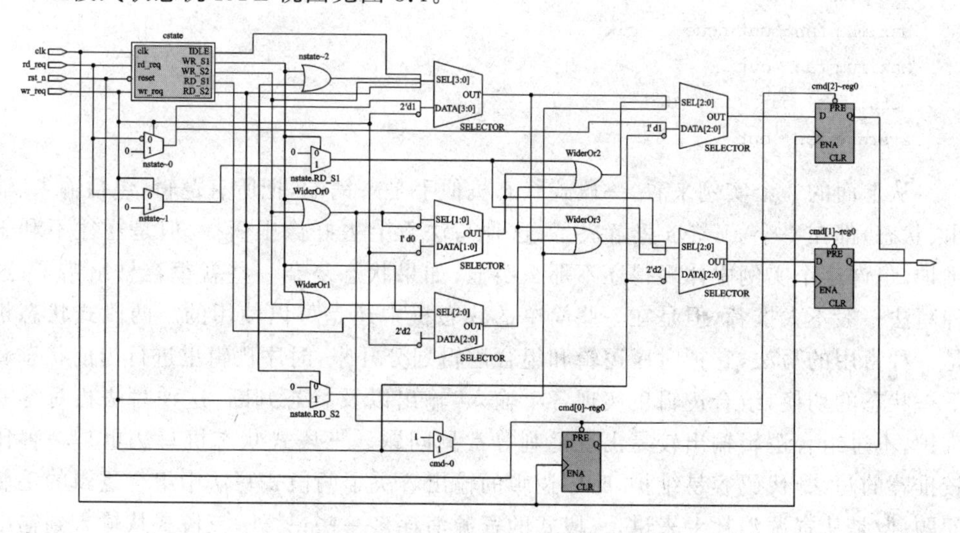

图 3.4　三段式状态机 RTL 视图

三段式状态机综合后资源使用报告：

```
Resource      Usage
Total logic elements      12
 -- Combinational with no register      5
 -- Register only      2
 -- Combinational with a register      5
Logic element usage by number of LUT inputs
 -- 4 input functions      3
 -- 3 input functions      3
 -- 2 input functions      2
 -- 1 input functions      2
 -- 0 input functions      0
Logic elements by mode
 -- normal mode      12
 -- arithmetic mode      0
 -- qfbk mode      0
 -- register cascade mode      0
 -- synchronous clear/load mode      0
 -- asynchronous clear/load mode      7
Total registers      7
I/O pins      7
Maximum fan - out node      clk
Maximum fan - out      7
Total fan - out      46
Average fan - out      2.42
```


从上面的 3 个实例来看，一段式状态机似乎是一锅端，把所有逻辑（包括输入、输出、状态）都在一个 always 里解决了；这种写法看上去好像很简捷，但是往往不利于维护，也许这个实例中体现得还不那么明显，如果状态复杂一些就很容易出错了；这种写法一般不太推荐，但是在一些简单的状态机中还是可以使用的。两段式状态机是一种常用的写法，它把时序逻辑和组合逻辑划分开来，时序逻辑里进行当前状态和下一状态的切换，组合逻辑里实现各个输入、输出以及状态判断；这种写法相对容易维护，不过组合逻辑输出较易出现毛刺等常见问题。三段式状态机写法也是一种比较推荐的写法，代码容易维护，时序逻辑的输出解决了两段式写法中组合逻辑的毛刺问题；但是从资源消耗上来讲，三段式的资源消耗多一些；另外，三段式从输入到输出比一段式和两段式会延时一个时钟周期。

另外有一点提醒大家注意，所谓的一段式、两段式、三段式写法不能单纯从几个 always 语句来区分，必须清楚它们不同的逻辑划分。

笔记 9

复位设计

一、异步复位与同步复位

FPGA 设计中常见的复位方式即异步复位与同步复位。在深入探讨亚稳态这个概念之前，特权同学也不太在意异步复位与同步复位的差别，而在实践中充分感受了亚稳态的危害之后，回过头来思考复位设计，发现这个简单又重要的复位电路还是很有学问的。

在特权同学以前的代码里大多使用的是异步复位。所谓异步，是指复位信号和系统时钟信号的触发可以在任何时刻，二者相互独立。

1. 异步复位实例

下面给出异步复位的一段代码：

```
always @ (posedge clk or negedge rst_n)   begin
    if(! rst_n) b <= 1'b0;
    else b <= a;
end
```

图 3.5 是上面代码综合后的 RTL 视图，可以看到 FPGA 的寄存器都有一个异步的清零端(CLR)，在异步复位的设计中，这个端口一般接低电平有效的复位信号 rst_n，即使设计中是高电平复位，实际综合后也会把异步复位信号反向后接到这个 CLR 端。

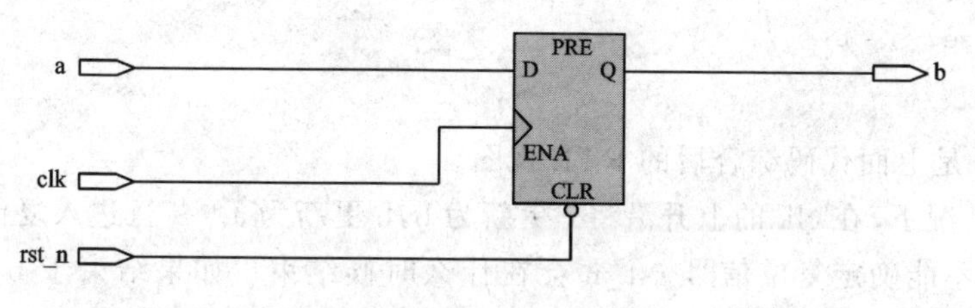

图 3.5　异步复位 RTL 视图

2. 同步复位实例

下面给出同步复位的一段代码：

```
always @ (posedge clk)  begin
    if(! rst_n) b <= 1'b0;
    else b <= a;
end
```

图 3.6 是上面代码综合后的 RTL 视图，和异步复位相比，同步复位没有用到寄存器的 CLR 端口，综合出来的实际电路只是把复位信号 rst_n 作为输入逻辑的使能信号，那么，这样的同步复位势必会额外增加 FPGA 内部的资源消耗。

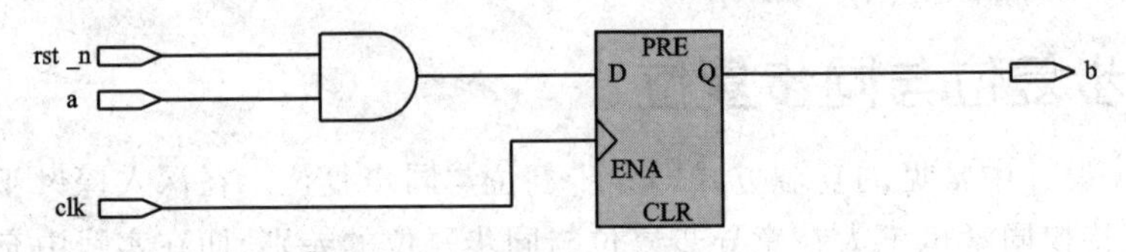

图 3.6　同步复位 RTL 视图

那么，异步复位与同步复位到底孰优孰劣呢？

只能说，各有优缺点。FPGA 的寄存器有支持异步复位专用的端口，采用异步复位无需增加器件的额外资源，但是异步复位也存在着隐患，特权同学过去从没有意识到也没有见识过。异步时钟域的亚稳态问题同样存在于异步复位信号和系统时钟信号之间。同步复位在时钟信号 clk 的上升沿触发时进行系统是否复位的判断，这降低了亚稳态出现的概率(只是降低，不可能完全避免)；它的缺点在于需要消耗更多的器件资源，无法充分利用专用的复位端口 CLR。

再通过下面一个两级寄存器异步复位的例子来说明异步复位存在的隐患。

```
always @ (posedge clk or negedge rst_n)  begin
    if(! rst_n) b <= 1'b0;
    else b <= a;
end
always @ (posedge clk or negedge rst_n)  begin
    if(! rst_n) c <= 1'b0;
    else c <= b;
end
```

图 3.7 是上面代码综合后的 RTL 视图。

正常情况下，在 clk 的上升沿将 c 更新为 b，b 更新为 a。一旦进入复位，b、c 都清零；但是并不能确定复位信号 rst_n 会在什么时候结束。如果结束于 b_reg0 和 c_reg0 的{latch edge-setup time，latch edge ＋ hold time}时间之外，那么一切都会正常。但如果恰恰相反，会出现什么情况呢？复位信号 rst_n 的撤销(由低电平变为高

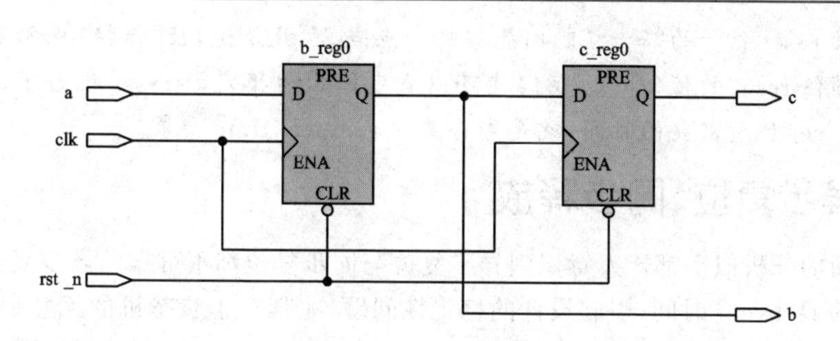

图 3.7　异步复位实例

电平)出现在 clk 锁存数据的建立时间或者保持时间内,此时 clk 检测到 rst_n 的状态就会是一个亚稳态(不确定是 0 还是 1)。从代码里可以看到,如果此时 b_reg0 和 c_reg0 认为 rst_n 为 0,那么依然保持复位清零;而如果认为 rst_n 为 1,那么就跳出复位,执行相应的操作。

由于此时 rst_n 的不确定性,可能会出现 4 种情况,即 b_reg0 和 c_reg0 都复位或者都跳出复位,再或者一个复位一个跳出复位,那么后者就会造成系统工作不同步的问题。在这个简单的两级异步复位实例中这种危害的表现也许还不够明显,但是试想在一个大的工程项目里众多的寄存器出现如此情况又会是如何一番景象呢?同步复位的隐患与此类似,都是由于异步信号之间变化的随机性带来的。

二、复位与亚稳态

亚稳态对于一个寄存器的影响相对小一些,但是对于诸如总线式的寄存器受到亚稳态的影响那问题就大了,搞不好就是致命性的打击。特权同学正好在 EDACN 论坛(原文链接:http://www.edacn.net/bbs/viewthread.php?tid=129759&extra=page%3D2)里看到一篇谈论异步复位问题的帖子,而且也谈到了出现非同步释放的危害,引一位网友的精彩剖析,如下:

在带有复位端的 D 触发器中,当 reset 信号"复位"有效时,它可以直接驱动最后一级的与非门,令 Q 端"异步"置位为 1 或 0,这就是异步复位。当这个复位信号 release 时,Q 的输出由前一级的内部输出决定。然而,由于复位信号不仅直接作用于最后一级门电路,而且也会作为前级电路的一个输入信号,所以这个前一级的内部输出也受到复位信号的影响。前一级的内部电路实际上是实现了一个"保持"的功能,即在时钟沿跳变附近锁住当时的输入值,使得在时钟变为高电平时不再受输入信号的影响。

对于这一个"维持"电路,在时钟沿变化附近,如果 reset 信号有效,那么,就会锁存住 reset 的值;如果 reset 信号"释放",那么这个"维持"电路会去锁住当时 D 输入端的数据。因此,如果 reset 信号的"释放"发生在靠时钟沿很近的时间点,那么这个"维持"电路就可能既没有足够时间"维持"reset 值,也没有足够时间"维持"D 输入端的值,从而造成亚稳态,并通过最后一级与非门传到 Q 端输出。

如果 reset 信号的“释放”时间能够晚一点点，也就是说，让“维持”电路有足够的时间去锁住 reset 的值，那么，我们就可以肯定输出为稳定的 reset 状态了。这一小段锁住 reset 值所需要的时间，就是寄存器的 removal time 要求。

三、异步复位、同步释放

前面的分析似乎都让人意识到异步复位与同步复位都不可靠。异步复位会影响寄存器的 recovery 时间，引起设计的稳定性问题，尤其对于状态机的无意识的复位，将导致进入不确定的状态。同步复位也存在类似的问题，而且对于不带同步复位专用端口的器件会增加额外的逻辑资源。那么如何将两者结合，取长补短呢？

下面介绍一种更为可靠的异步复位、同步释放的双缓冲电路。该电路由两个同一时钟沿触发的层叠寄存器组成，该时钟必须和目标寄存器是一个时钟域。Verilog 代码如下：

```
input clk;                  //系统时钟信号
input rst_n;                //输入复位信号，低有效
output rst_nr2;             //异步复位、同步释放输出
reg rst_nr1,rst_nr2;
//两级层叠复位产生，低电平复位
always @ (posedge clk or negedge rst_n)   begin
    if(!rst_n) rst_nr1 <= 1'b0;
    else rst_nr1 <= 1'b1;
end
always @ (posedge clk or negedge rst_n)   begin
    if(!rst_n) rst_nr2 <= 1'b0;
    else rst_nr2 <= rst_nr1;
end
```


由此段代码实现的电路如图 3.8 和图 3.9 所示。

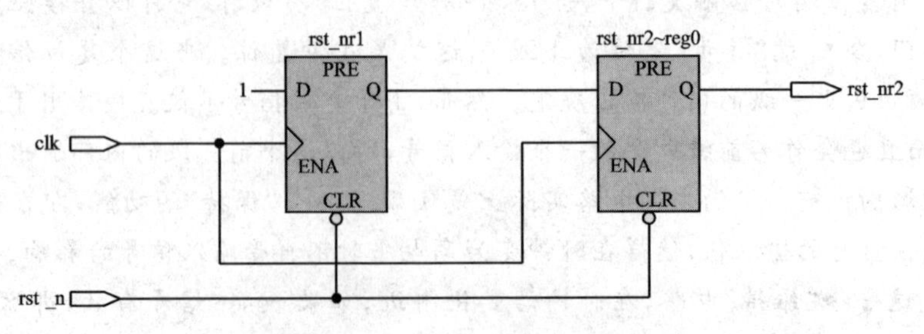

图 3.8 异步复位、同步释放输出

如此一来，既解决了同步复位的资源消耗问题，又解决了异步复位的亚稳态问题，其根本思想，也是将异步信号同步化。

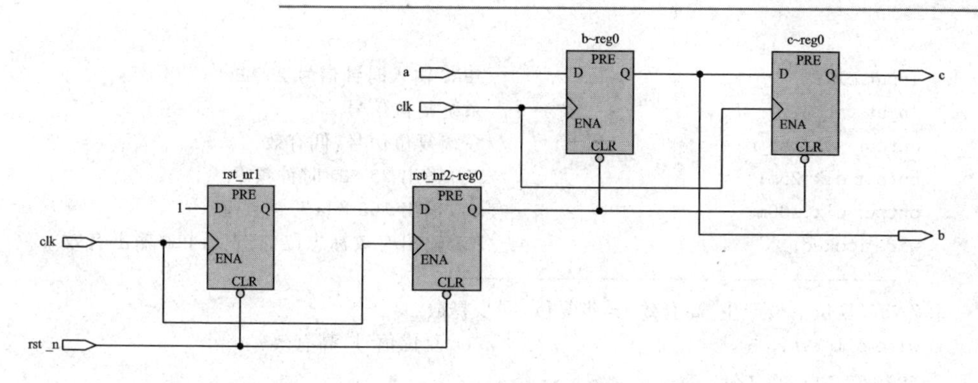

图 3.9　稳定复位信号产生

四、PLL 配置后的复位设计

很多 FPGA 设计中都会涉及多个时钟，使用器件内部的 PLL 或者 DLL 会使得多个时钟的管理变得更加容易。但是当多个时钟都是用 PLL/DLL 产生时，它们的系统复位电路如何设计才更稳定呢？

上一节的内容里提出了异步复位、同步释放的方法，那么在系统复位后、PLL 时钟输出前，即系统工作时钟不确定的情况下，应怎么考虑这个复位的问题呢？

如图 3.10 所示，这是特权同学在某个使用了 PLL 的工程里的复位设计，先用 FPGA 的外部输入时钟 clk 将 FPGA 的输入复位信号 rst_n 做异步复位、同步释放处理，然后这个复位信号输入 PLL，同时 clk 也输入 PLL。设计初衷是在 PLL 输出时钟有效前，系统的其他部分都保持复位状态。PLL 的输出 locked 信号在 PLL 有效输出之前一直是低电平，PLL 输出稳定有效之后才会拉高该信号，所以这里就把前面提到的 FPGA 外部输入复位信号 rst_n 和这个 locked 信号相与作为整个系统的复位信号，当然了，这个复位信号也需要让合适的 PLL 输出时钟异步复位、同步释放处理一下。也就是说，为了达到可靠稳定的复位信号，该设计中对复位信号进行了两次处理，分别是在 PLL 输出前和 PLL 输出后。

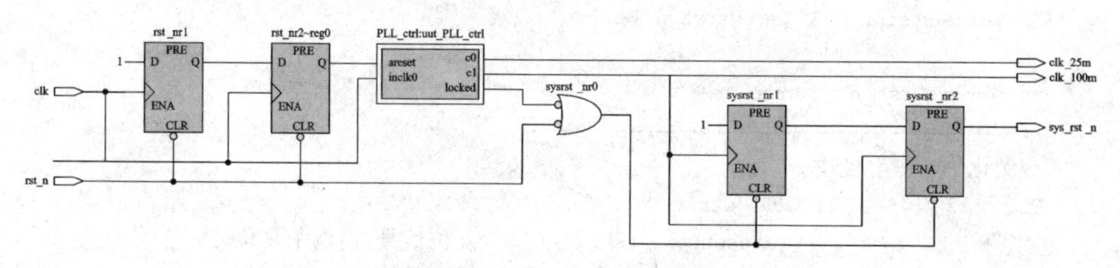

图 3.10　PLL 后复位电路设计

该设计实现的工程源代码如下：

```
module sys_ctrl(
                    clk,rst_n,sys_rst_n,
                    clk_25m,clk_100m
```

```
        );
input clk;                              //FPAG 输入时钟信号 25 MHz
input rst_n;                            //系统复位信号
output sys_rst_n;                       //系统复位信号,低有效
output clk_25m;                         //PLL 输出 25 MHz 时钟频率
output clk_100m;                        //PLL 输出 100 MHz 时钟频率
wire locked;                            //PLL 输出有效标志位,高表示 PLL 输出有效
//-----------------------------------------------------
//PLL 复位信号产生,高有效;异步复位,同步释放
wire pll_rst;                           //PLL 复位信号,高有效
reg rst_r1,rst_r2;
always @(posedge clk or negedge rst_n)  begin
    if(!rst_n) rst_r1 <= 1'b1;
    else rst_r1 <= 1'b0;
end
always @(posedge clk or negedge rst_n)  begin
    if(!rst_n) rst_r2 <= 1'b1;
    else rst_r2 <= rst_r1;
end
assign pll_rst = rst_r2;
//-----------------------------------------------------
//系统复位信号产生,低有效;异步复位,同步释放
wire sys_rst_n;                         //系统复位信号,低有效
wire sysrst_nr0;
reg sysrst_nr1,sysrst_nr2;
assign sysrst_nr0 = rst_n & locked;     //系统复位直到 PLL 有效输出
always @(posedge clk_100m or negedge sysrst_nr0)  begin
    if(!sysrst_nr0) sysrst_nr1 <= 1'b0;
    else sysrst_nr1 <= 1'b1;
end
always @(posedge clk_100m or negedge sysrst_nr0)  begin
    if(!sysrst_nr0) sysrst_nr2 <= 1'b0;
    else sysrst_nr2 <= sysrst_nr1;
end
assign sys_rst_n = sysrst_nr2;
//-----------------------------------------------------
//例化 PLL 产生模块
PLL_ctrl        uut_PLL_ctrl(
                    .areset(pll_rst),  //PLL 复位信号,高电平复位
                    .inclk0(clk),      //PLL 输入时钟,25 MHz
                    .c0(clk_25m),      //PLL 输出 25 MHz 时钟频率
                    .c1(clk_100m),     //PLL 输出 100 MHz 时钟频率
                    .locked(locked)    //PLL 输出有效标志位,高电平表示 PLL 输出有效
                );
endmodule
```

笔记 10

FPGA 重要设计思想及工程应用

一、速度和面积互换原则

速度和面积是 FPGA 设计中永恒的话题。所谓速度，是指整个工程稳定运行所能够达到的最高时钟频率，它不仅和 FPGA 内部各个寄存器的建立时间、保持时间以及 FPGA 与外部器件接口的各种时序要求有关，而且还和两个紧邻的寄存器间（有紧密逻辑关系的寄存器）的逻辑延时、走线延时有关。所谓面积，可以通过一个工程运行所消耗的触发器（FF）、查找表（LUT）数量或者等效门数量来衡量。设计者对这两个参数的关注将会贯穿整个设计的始终。

速度和面积始终是一对矛盾的统一体。速度的提高往往需要以面积的扩增为代价，而节省面积也往往会造成速度的牺牲。因此，如何在满足时序要求（速度）的前提下最大程度地节省逻辑资源（面积）是摆在每个设计者面前的一个难题。

若从系统的角度来解析速度和面积的互换，可以如图 3.11 所示。

在一个 FPGA 内部，占用一定的逻辑资源只能达到 50 Mbps 的数据吞吐量。如果采用了串/并转换的思想，用 3 倍的逻辑资源来实现同样的功能，则能够达到 150 Mbps 的数据吞吐量。这是从系统设计的角度来阐释速度和面积的互换原则，它很好地利用了 FPGA 的并行性。

此外，后面将要提到的乒乓操作、串/并转换、流水线、逻辑复用与模块复用等设计思想归根到底都是符合速度和面积互换原则的。

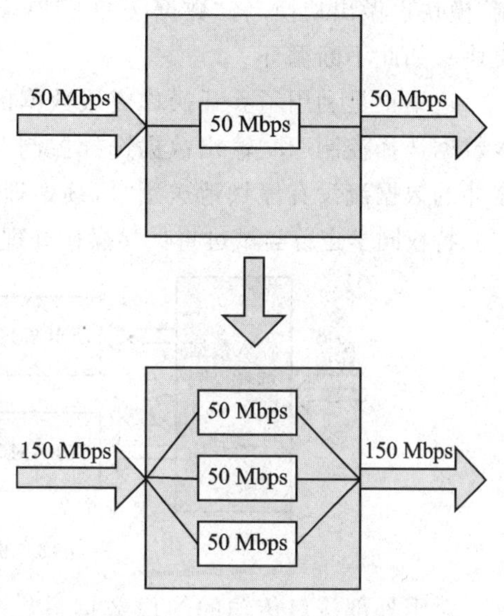

图 3.11　系统的速度和面积互换

二、乒乓操作及串/并转换设计

1. 乒乓操作

乒乓操作是一个主要用于数据流控制的处理技巧，典型的乒乓操作见图 3.12。

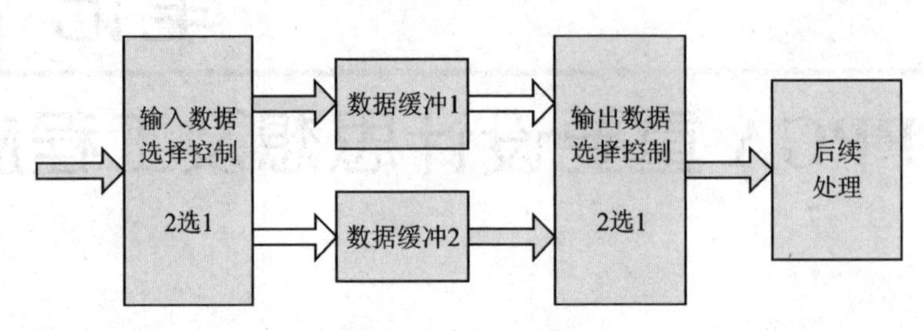

图 3.12　乒乓操作

外部输入数据流通过"输入数据选择控制"模块送入两个数据缓冲区中，数据缓冲模块可以为任何存储模块，比较常用的存储单元为双口 RAM（Dual RAM）、SRAM、SDRAM、FIFO 等。

在第一个缓冲周期，将输入的数据流缓存到"数据缓冲 1"模块。在第二个缓冲周期，"输入数据选择控制"模块将输入的数据流缓存到"数据缓冲 2"模块的同时，"输出数据选择控制"模块将"数据缓冲 1"模块第一个周期缓存的数据流送到"后续处理"模块进行后续的数据处理。在第 3 个缓冲周期，在"输入数据选择控制"模块的再次切换后，输入的数据流缓存到"数据缓冲 1"模块，与此同时，"输出数据选择控制"模块也做出切换，将"数据缓冲 2"模块缓存的第 2 个周期的数据送到"后续处理"模块。如此不断循环。

这里正是利用了乒乓操作完成数据的无缝缓冲与处理。乒乓操作可以通过"输入数据选择控制"和"输出数据选择控制"按节拍、相互配合地进行来回切换，将经过缓冲的数据流没有停顿地送到"后续处理"模块。

特权同学也曾尝试过将乒乓操作处理运用在液晶显示的控制模块上，见图 3.13。

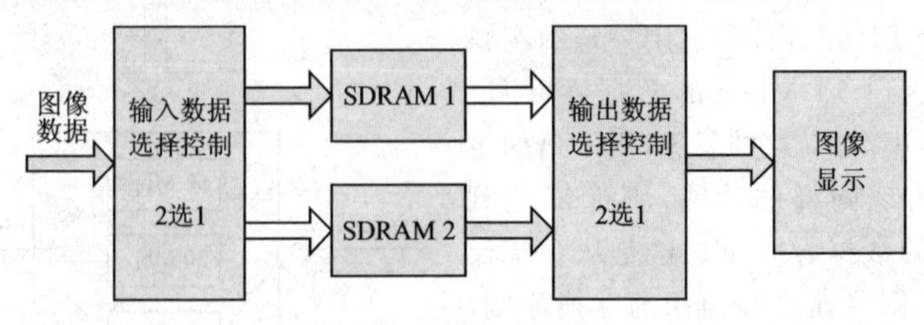

图 3.13　图像实时显示

对于外部接口传输的图像数据，以一帧图像为单位进行 SDRAM 的切换控制。当 SDRAM 1 缓存图像数据时，液晶显示的是 SDRAM 2 的数据图像；反之，当 SDRAM 2 缓存图像数据时，液晶显示的是 SDRAM 1 的数据图像；如此反复。这样处理的好处在于液晶显示的图像切换瞬间完成，掩盖了可能比较缓慢的图像数据流变化过程。

2. 串/并转换

串/并转换是高速数据流处理的重要技巧之一其实现方法多种多样，根据数据的顺序与数量的要求，可以选用寄存器、双口 RAM（Dual RAM）、SDRAM、SRAM、FIFO 等实现。对于数量比较小的设计可以采用移位寄存器来完成。

在工程应用中，如何体现串/并转换设计的思想呢？怎样才能提高系统的处理速度呢？我们可以先来做一个串/并转换的框架型设计。如图 3.14 所示，串行输入的数据通过 FPGA 内部的 n 个移位寄存器后，最后并行输出的是一个 n 位宽的并行总线数据。

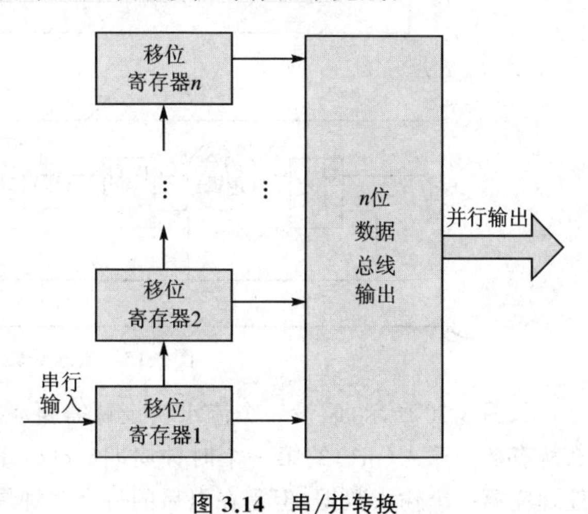

图 3.14　串/并转换

移位一般是需要有时钟做同步的，也就是说，n 个时钟采样到的串行数据需要在 n 个时钟周期后以并行的方式输出，这是最基本的串入并出的设计思想。对于串行接口大行其道的高速数据传输领域，这种简单的转换也是接口芯片的重要任务之一。但从 FPGA 系统设计的角度来看，串/并转换又有着更深的涵义。正如在速度和面积互换思想中提到的那个实例，利用 3 倍的面积换取了 3 倍的吞吐量，它也是串/并转换思想的体现。

三、流水线设计

流水线设计可以从某种程度上提高系统频率，因此常用于高速信号处理领域。如果某个设计可以分为若干步骤进行处理，而且整个数据处理过程是单向的，即没有反馈运算或者迭代运算、前一个步骤的输出即是下一个步骤的输入，就可以考虑采用流水线设计方法来提高系统的工作频率。

在很多高速信号处理领域都运用了流水线处理的方法，如高速通信系统、高速信号采集系统、图像处理系统甚至很多处理器和控制器等。流水线处理方法之所以能够在很大程度上提高数据流的处理速度，是因为它进行了处理模块的复制，也很好地体现了面积换速度的思想。

如图 3.15 所示，典型的流水线设计是将原本一个时钟周期完成的较大的组合逻辑通过合理的切割后分由多个时钟周期完成。这样一来，该部分逻辑运行的时钟频率会有明显的提升，尤其当它是一条关键路径时，采用流水线设计后整个系统的性能都会得到提升。

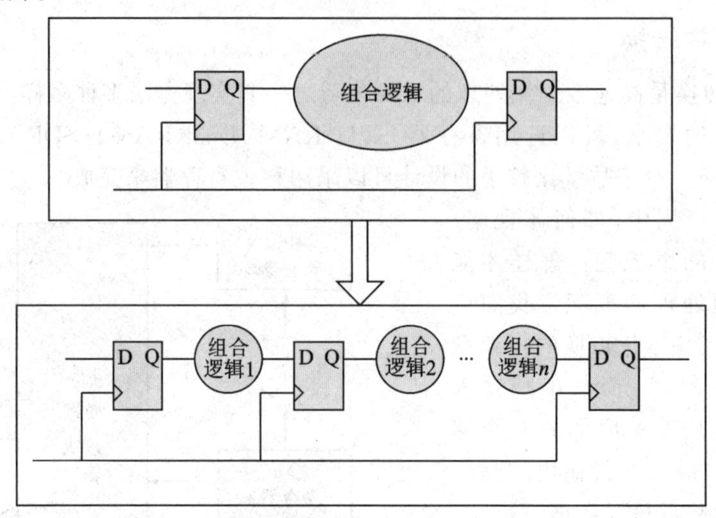

图 3.15　流水线转换

如图 3.16 所示，假设一个流水线设计需要 4 个步骤完成一个数据处理过程，那么从有数据输入(in1)的第一个时钟周期(1clk)开始，直到第 4 个时钟周期(4clk)才处理完第一个输入数据，但是在以后的每个时钟周期内都会有处理完成的数据输出。也就是说，流水线设计只在开始处理时需要一定的处理时间，以后就会不间断地输出数据，从而大大提高处理速度。如果该设计不采用流水线设计，那么处理一个数据就需要 4 个时钟周期，而采用流水线设计则能够提高近 4 倍的处理速度。

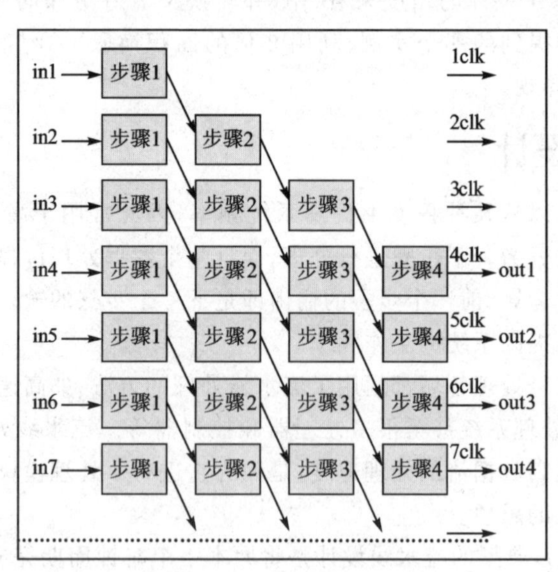

图 3.16　流水线实现

四、逻辑复制与模块复用

逻辑复制是一种通过增加面积来改善时序条件的优化手段，它最主要的应用是调整信号的扇出。如果某个信号需要驱动的后级逻辑信号较多，换句话说，也就是其扇出非常大，那么为了增加这个信号的驱动能力，就必须插入很多级的 Buffer，这样就在一定程度上增加了这个信号的路径延时。这种情况下就可以复制生成这个信号的逻辑，用多路同频同相的信号驱动后续电路，使平均到每路的扇出变低，这样不需要插入 Buffer 就能满足驱动能力增加的要求，从而节约该信号的路径延时。

先来做个实验吧。

EX1B：

```
input a,b,c,d;
input sel;
output dout;
assign dout = sel ? (a + b):(c + d);
```

如图 3.17 所示，从 EX1B 代码综合出来的 RTL 视图来看，ADDER 内部使用了两个加法器，分别做好了(a+b)和(c+d)的运算，然后把结果送到后端 2 选 1 选择器作为输入，所以此代码综合出了两个加法器和一个 2 选 1 选择器。

EX2B：

```
input a,b,c,d;
input sel;
output dout;
wire ab,cd;
assign ab = sel ? a:c;
assign cd = sel ? b:d;
assign dout = ab + cd;
```

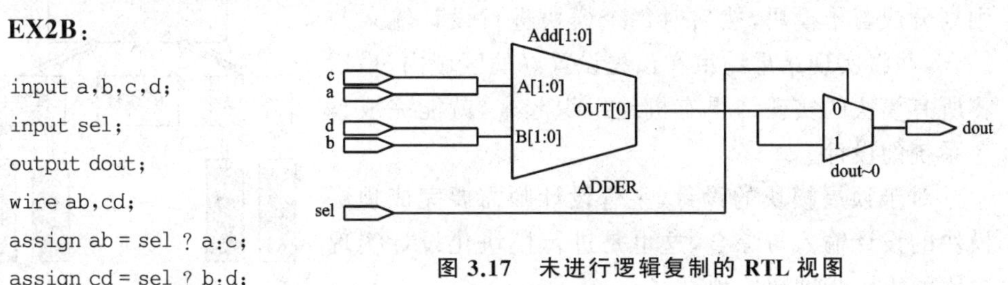

图 3.17　未进行逻辑复制的 RTL 视图

如图 3.18 所示，从 EX2B 代码综合出来的 RTL 视图来看，这里使用了两个 2 选 1 选择器和一个加法器来实现。

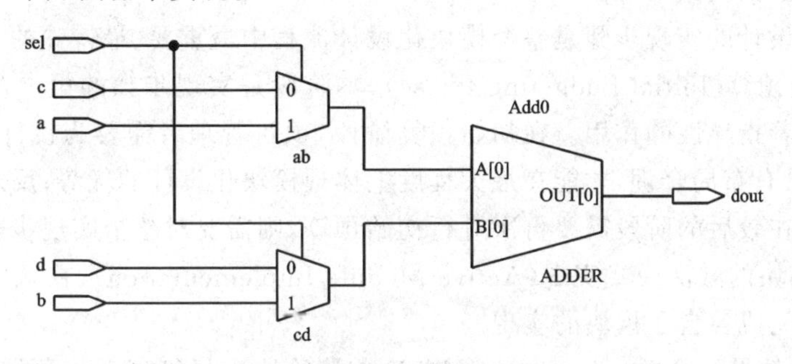

图 3.18　逻辑复制后的 RTL 视图

相比两段不同的代码(其设计要求是一样的),EX1B 占用的资源多一些,但是速度快些;而 EX2B 恰恰相反。有时大家似乎更倾向于 EX2B 的设计方式,因为它节约资源。但是从另一方面来看,EX1B 正是一种逻辑复制的设计方法,因为这个设计的实现本来就只要一个加法器就可以了(如 EX2B),但是为了加快速度,就需要进行逻辑复制(如 EX1B)。EX1B 就是利用了两个加法器,以增加面积为代价换来了速度。从另一个角度说,逻辑复制也可以说是面积换速度的一个特例。

需要说明的是,现在很多综合工具都可以自动设置最大扇出值,如果某个信号的扇出值大于最大扇出值,则该信号将会自动被综合工具复制。

模块复用恰恰是逻辑复制的一个逆过程,它的好处就在于节省面积,同时也要以速度的牺牲为代价。上面的实例中,EX2B 相对于 EX1B 就是一个模块复用的过程。

五、模块化设计

模块化设计是 FPGA 设计中一个很重要的技巧,它能够使一个大型设计的分工协作、仿真测试更加容易,使代码维护或升级更加便利。

如图 3.19 所示,一般整个设计的顶层只做例化,不做逻辑,然后一个顶层下面会有模块 A、模块 B、模块 C 等,模块 A/B/C 下又可以分多个子模块来实现。

如此一来,就可以将大规模复杂系统按照一定规则划分成若干模块,然后对每个模块进行设计输入与综合,并将实现结果约束在预先设置好的区域内,最后将所有模块的实现结果有机地组织起来,就能完成整个系统的设计。

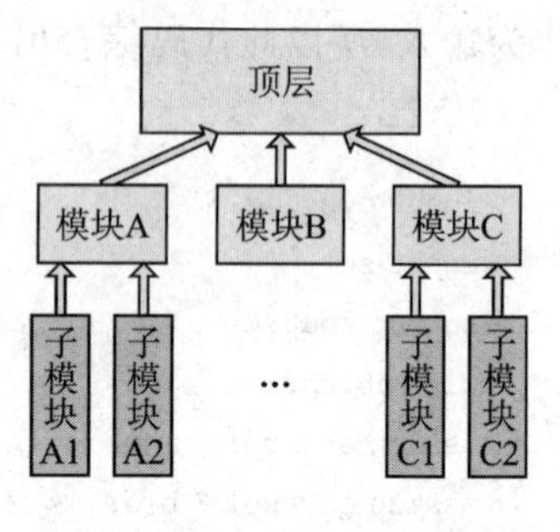

图 3.19　模块化设计

对于顶层模块的设计,主管设计师需要完成顶层模块的设计输入与综合,这也是进行模块化设计实现阶段的第一步即初始预算。

对于子模块的设计,多个模块设计师相对独立地并行完成各自子模块的设计输入与综合,这也是进行模块化设计实现阶段的第二步即子模块的激活模式实现。

模块化设计的实现步骤是整个模块化设计流程中最重要、最特殊的,它包含:

① 初始预算(Initial Budgeting Phase),本阶段是实现步骤的第一步,对整个模块化设计起着指导性的作用。在初始预算阶段,项目管理者需要为设计的整体进行位置布局,只有布局合理,才能在最大程度上体现模块化设计的优势;反之,如果因布局不合理而在较后的阶段需要再次进行初始预算,则需要对整个实现步骤全面返工。

② 子模块的激活模式实现(Active Module Implementation),在该阶段,每个项目成员并行完成各自子模块的实现。

③ 模块的最后合并(Final Assembly),在该阶段项目管理者将顶层的实现结果和所有子模块的激活模式实现结果有机地组织起来,完成整个设计的实现。

模块划分的基本原则是：子模块功能相对独立，模块内部联系尽量紧密，而模块间的连接尽量简单。对于那些难以满足模块划分准则且具有强内部关联的复杂设计，并不适合采用模块化设计方法。

特权同学在这里给出一个最简单的模块化应用实例，其顶层模块如下（详细的注释代码请参考相关实验）：

```
module my_uart_top(
                clk,rst_n,
                rs232_rx,rs232_tx
                );
input clk;
input rst_n;
input rs232_rx;
output rs232_tx;
wire bps_start1,bps_start2;
wire clk_bps1,clk_bps2;
wire[7:0] rx_data;
wire rx_int;
speed_select        speed_rx(
                            .clk(clk),
                            .rst_n(rst_n),
                            .bps_start(bps_start1),
                            .clk_bps(clk_bps1)
                        );
my_uart_rx            my_uart_rx(
                            .clk(clk),
                            .rst_n(rst_n),
                            .rs232_rx(rs232_rx),
                            .rx_data(rx_data),
                            .rx_int(rx_int),
                            .clk_bps(clk_bps1),
                            .bps_start(bps_start1)
                        );
speed_select        speed_tx(
                            .clk(clk),
                            .rst_n(rst_n),
                            .bps_start(bps_start2),
                            .clk_bps(clk_bps2)
                        );
my_uart_tx            my_uart_tx(
                            .clk(clk),
```

```
                    .rst_n(rst_n),
                    .rx_data(rx_data),
                    .rx_int(rx_int),
                    .rs232_tx(rs232_tx),
                    .clk_bps(clk_bps2),
                    .bps_start(bps_start2)
                );
endmodule
```

一般情况下，不在顶层模块做任何逻辑设计，哪怕只是一个逻辑与操作，比较好的设计会明确地区分每一个模块单元。上面这个设计是要实现一个串口自收发通信的功能，具体来说就是不断地检测串口接收信号 rs232_rx 是否有数据，如果接收到起始位就把数据保存，然后再转手把接收到的数据通过串口发送信号 rs232_tx 发回给对方。即使是这样一个还不算太复杂的功能，如果都堆到一个模块里，代码不仅又臭又长，而且编写代码者如果不理好思路很容易就会写晕了，以后维护起来或者要移植就更难了。

因此，模块化的设计势在必行，上面的代码就把这个设计分成了 4 个模块：

① my_uart_tx：串口数据接收模块；

② speed_tx：串口数据接收时钟校准模块；

③ My_uart_rx：串口数据发送模块；

④ speed_rx：串口数据发送时钟校准模块。

如此划分，层次清晰且思路明确，写起代码来更是游刃有余。先来说模块例化的一些细节，就拿 speed_select 模块例化来看。第一行的“speed_select speed_rx(”，其中 speed_select 是要例化的模块名，是固定的；而 speed_rx 则是任意给这个模块取的名字，用它来区分例化多个相同的模块。就如 speed_tx 和 speed_rx 两个模块，因为它们的逻辑设计都是一样的，所以写为一个模块，然后在例化的时候给不同的名称就可以了。这有点类似软件设计中的子程序调用，但又有所不同，由于硬件设计的并行性，这里实现了逻辑复制的功能，实际上在最后的硬件上是两个一模一样的 speed_select 逻辑，可以说它们是完全独立的。即便是对于硬件资源的消耗没有减少，采用模块化设计以后也能从很大程度上减少设计者的重复劳动。

信号的例化是这样的.clk(clk)，点号后的 clk 代表例化模块内部的信号（是固定的，必须和内部的信号名一致），而括号内的 clk 则是例化模块的外部连接，可以与例化模块内的信号名不同。

在编译后，可以从 Project Navigator 窗口中看到例化的子模块，如图 3.20 所示。

另外，从 Quartus Ⅱ 提供的 RTL 视图里，能够更深刻地感受到模块化带来的层次感，如图 3.21所示。

Project Navigator

Entity	Logic Cells
MAX II: EPM240T100C5	
my_uart_top	105 (0)
my_uart_rx:my_uart_rx	38 (38)
my_uart_tx:my_uart_tx	25 (25)
speed_select:speed_rx	21 (21)
speed_select:speed_tx	21 (21)

图 3.20 模块化层次

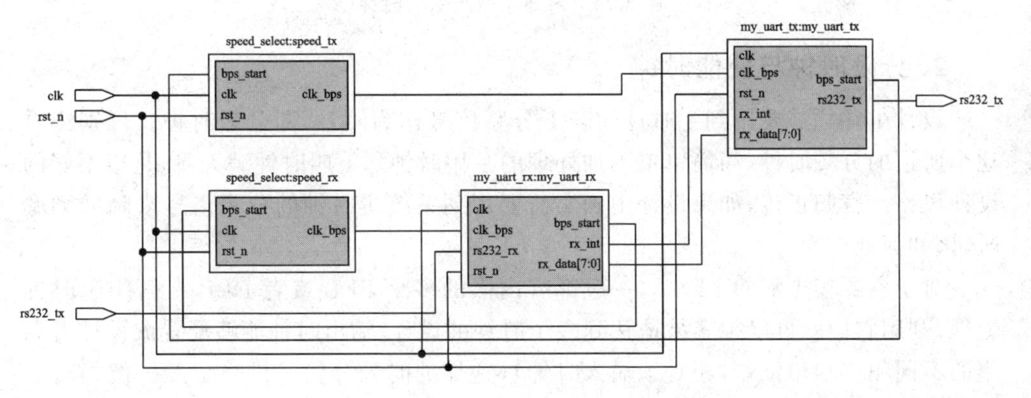

图 3.21 模块化 RTL 视图

六、时钟设计技巧

时钟信号在很大程度上决定了整个设计的性能和可靠性,尽量避免使用 FPGA 内部逻辑产生的时钟,因为它很容易导致功能或时序出现问题。内部逻辑(组合逻辑)产生的时钟容易出现毛刺,影响设计的功能实现;组合逻辑固有的延时也容易导致时序问题。

1. 内部逻辑产生的时钟

若使用组合逻辑的输出作为时钟信号或异步复位信号,设计者必须对有可能出现的问题采取必要的预防措施。我们知道,在正常的同步设计中,一个时钟一个节拍的数据流控制能够保证系统持续稳定的工作。但是,组合逻辑产生的时钟不可避免地会有毛刺出现,如果此时输入端口的数据正处于变化过程,那么它将违反建立和保持时间要求,从而影响后续电路的输出状态,甚至导致整个系统运行失败。

对于必须采用内部逻辑作时钟或者复位信号的应用,也还是有解决办法的。思路并不复杂,和笔记 6 中异步复位、同步释放的原理是一样的。如图 3.22 所示,在输出时钟或者复位信号之前,再用系统专用时钟信号(通常指外部晶振输入时钟或者 PLL 处理后的时钟信号)打一拍,从而避免组合逻辑直接输出,达到同步处理的效果。对于输出的时钟信号或复位信号，最好让它走全局时钟网络，从而减小时钟网络延时，提升系统时序性能。

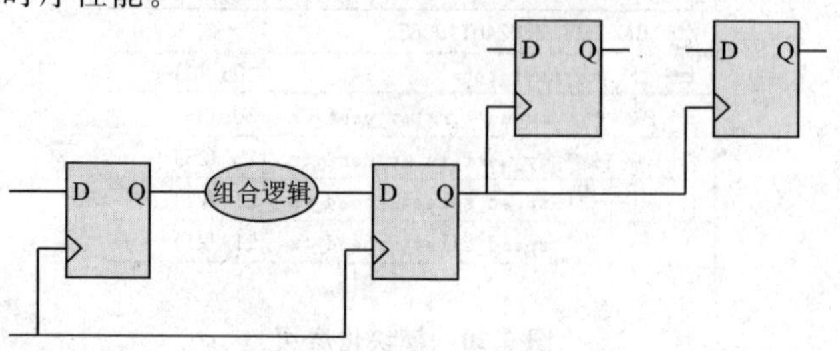

图 3.22　内部逻辑产生的时钟

2. 分频时钟与使能时钟

设计中往往需要用到主时钟的若干分频信号作为时钟，即分频时钟。可别小看这个所谓的分频时钟，简简单单不加处理的乱用时钟那就叫时钟满天飞，是很不好的设计风格。言归正传，如果设计中确实需要用到系统主时钟的分频信号来降低频率时，该如何处理呢？

对于资源较丰富的 FPGA，一般都有内嵌的多个 PLL 或者 DLL 专门用于时钟管理，利用它们就可以很容易地达到多个时钟的设计，输出时钟能够配置成设计者期望的不同频率和相位差（相对于输入时钟），这样的时钟分频是最稳定的。但是对于某些无法使用 PLL 或者 DLL 资源的器件又该怎么办呢？推荐使用"使能时钟"进行设计，在"使能时钟"设计中只使用原有的时钟，让分频信号作为使能信号来用。

下面举一个实例来说明如何进行使能时钟的设计，该设计需要得到一个 50 MHz输入时钟的 5 分频信号即 10 MHz。

```
input clk;                              //50 MHz 时钟信号
input rst_n;                            //写使能信号，低有效
reg[2:0] cnt;                           //分频计数寄存器
wire en;                                //使能信号，高电平有效
//5 分频计数 0～4
always @(posedge clk or negedge rst_n)   begin
    if(!rst_n) cnt <= 3'd0;
    else if(cnt < 3'd4) cnt <= cnt + 1'b1;
    else cnt <= 3'd0;
end
assign en = (cnt == 3'd4);              //每 5 个时钟周期产生 1 个时钟周期高脉冲
//使用使能时钟
always @(posedge clk or negedge rst_n)   begin
    if(!rst_n) …;
    else if(en) …;
end
```

如图 3.23 所示，使能信号不直接作为时钟使用，而是作为数据输入端的选择信号，这样就避免了使用分频时钟。

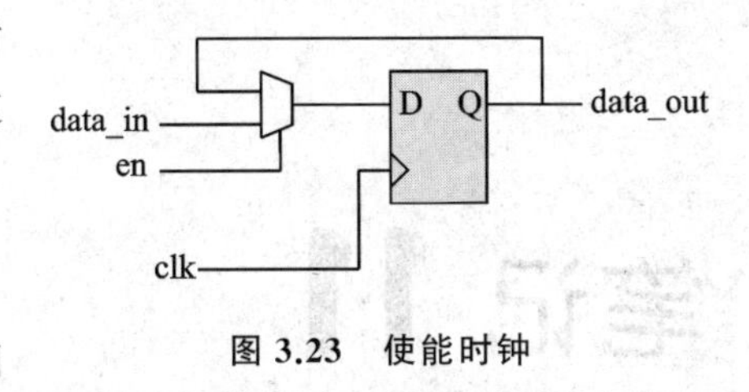

图 3.23　使能时钟

3. 门控时钟

组合逻辑中多用门控时钟，一般驱动门控时钟的逻辑都是只包含一个与门(或门)，如果有其他的附加逻辑，容易因竞争产生不希望的毛刺。如图 3.24 所示，门控时钟通过一个使能信号控制时钟的开或者关。当系统不工作时可以关闭时钟，整个系统就处于非激活状态，这样能够在某种程度上降低系统功耗。

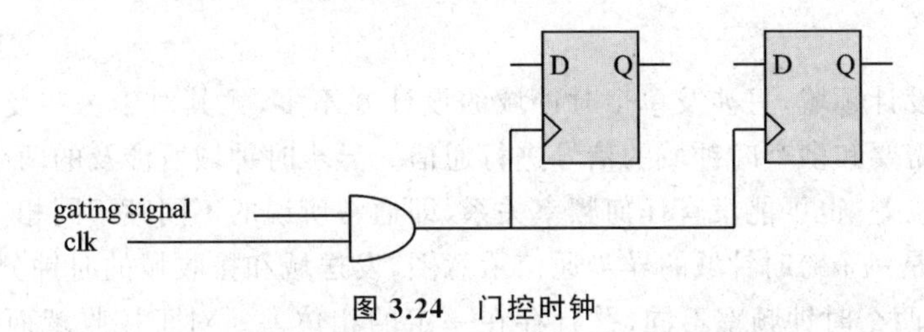

图 3.24　门控时钟

然而，使用门控时钟并不符合同步设计的思想，它可能会影响系统设计的实现和验证。单纯从功能实现来看，使用使能时钟替代门控时钟是一个不错的选择；但是使能时钟在使能信号关闭时，时钟信号仍在工作，它无法像门控时钟那样降低系统功耗。

是否有一种设计方法既可以降低系统功耗，又能够稳定可靠的替代门控时钟呢？Altera 就提出了一种解决方案，且待我慢慢道来。如图 3.25 所示，对于上升沿有效的系统时钟 clk，它的下降沿先把门控信号(gating signal)打一拍，然后再用这个使能信号(enable)和系统时钟(clk)相与后作为后续电路的门控时钟。

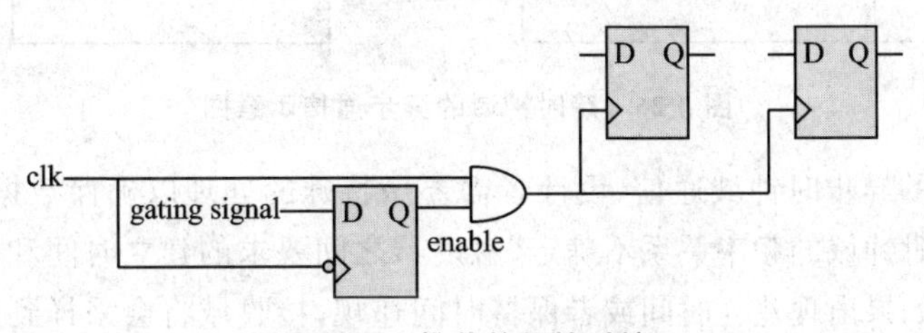

图 3.25　推荐的门控时钟

这样的门控时钟电路很好地解决了组合逻辑常见的一些问题。它避免了毛刺的出现，同时也有效抑制了亚稳态可能带来的危害。但是从另一个方面来说，如果这个设计的系统时钟(clk)占空比不是很稳定，或者输出的使能信号(enable)与时钟信号(clk)的逻辑过于复杂(不止这个例子中一个与门那么简单)，那么它也会带来一些功能或时序上的问题。总的来说，只要设计者控制好这个设计中时钟的占空比和门控逻辑复杂度，它还是比图 3.24 给出的门控时钟方案更可行。

笔记 11

基于 FPGA 的跨时钟域信号处理

在逻辑设计领域,只涉及单个时钟域的设计并不多,尤其对于一些复杂的应用,FPGA 往往需要和多个时钟域的信号进行通信。异步时钟域所涉及的两个时钟之间可能存在相位差,也可能没有任何频率关系,即通常所说的不同频不同相。

图 3.26 是一个跨时钟域的异步通信示意图,发送域和接收域的时钟分别是 clk_a 和 clk_b。这两个时钟频率不同,并且存在一定的相位差。对于接收域而言,来自发送域的信号 data_a2b 有可能在任何时刻变化。

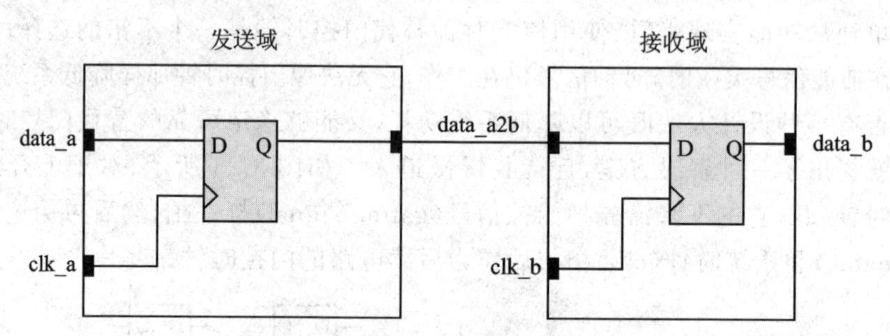

图 3.26　跨时钟域的异步通信示意图

对于上述的异步时钟域通信,设计者需要做特殊的处理以确保数据可靠的传输。由于两个异步时钟域的频率关系不确定,触发器之间要求的建立时间和保持时间也无法得到保证。如果出现建立时间或者保持时间违规,接收域将会采样到处于亚稳态的数据,那么后果可想而知。

如何有效地进行跨时钟域的信号传输呢?最基本的思想是同步,在这个基础上设计者可以利用各种手段进行通信。该笔记将要介绍的单向控制信号检测、专用握手信号和借助于存储器都是比较常用的设计方法。

关于异步时钟域的话题,推荐大家去看看这些文章,如:

《跨越鸿沟:同步世界中的异步信号》(http://wenku.baidu.com/view/3b84da0f844769eae009ed5e.html)

《CPU 与 FPGA 跨时钟域数据交换的实现问题》(http://wenku.baidu.com/view/6a4de58783d049649b66585b.html)

一、同步设计思想

在详细探讨同步设计思想之前，特权同学先列举一个异步时钟域中出现的很典型的问题，用一个反例来说明没有足够重视异步通信会给整个设计带来什么样的后果。

特权同学要举的这个反例是真真切切地在某个项目上发生过的，很具有代表性。它不仅能区分组合逻辑和时序逻辑在异步通信中的优劣，而且能把亚稳态的危害活生生地展现出来。

先从这个模块要实现的功能说起。如图 3.27 所示，设计功能其实很简单，就是一个频率计，只不过 FPGA 除了脉冲计数外，还要响应 CPU 的读取控制。

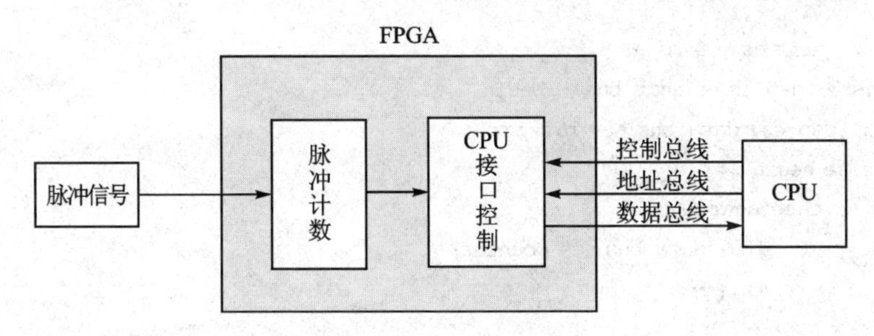

图 3.27 功能模块

CPU 的控制总线是指一个片选信号和一个读选通信号，当二者都有效时，FPGA 需要对 CPU 的地址总线进行译码，然后把采样脉冲值送到 CPU 的数据总线上。CPU 读时序如图 3.28 所示。

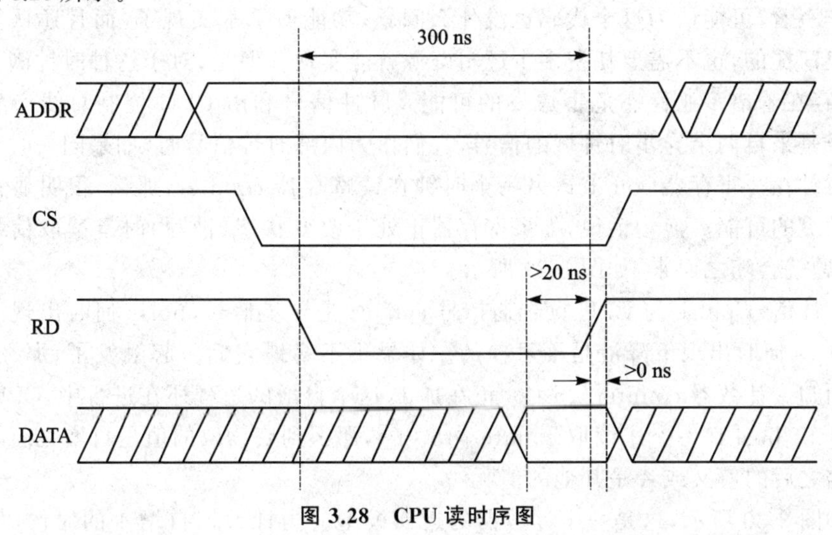

图 3.28　CPU 读时序图

对于这样“简单”的功能，不少设计者可能会给出类似下面的以组合逻辑为主的实现方式。

```
input clk;
input rst_n;
input pulse;
input cs_n;
input rd_n;
input[3:0] addr_bus;
output reg[15:0] data_bus;
reg[15:0] counter;
always @(posedge pulse or negedge rst_n)  begin
    if(! rst_n) counter <= 16'd0;
    else if(pulse) counter <= counter + 1'b1;
end
wire dsp_cs = cs_n & rd_n;
always @(dsp_cs or addr_bus)  begin
    if(dsp_cs) data_bus <= 16'hzzzz;
    else begin
        case(addr_bus)
            4'h0: data_bus <= counter;
            4'h1:…;
            …
            default: ;
        endcase
    end
end
```


乍一看，可能认为这个代码也没什么问题，功能似乎都实现了，而且还认为这个代码挺简捷的，也不需要耗费多少逻辑资源就能实现。但是，对于这种时钟满天飞的设计，存在着诸多亚稳态危害爆发的可能。脉冲信号和由 CPU 控制总线产生的选通信号是来自两个异步时钟域的信号，它们作为内部时钟信号时，如果同一时刻出现一个时钟在写寄存器 counter，另一个时钟在读寄存器 counter，那么，很明显存在着发生冲突的可能。换句话说，如果寄存器正处于改变状态（被写）时有读取信号产生了，问题就会随之而来，如图 3.29 所示。

脉冲信号 pulse 与 CPU 读选通信号 cpu_cs 是异步信号，pulse 何时出现上升沿和 cpu_cs 何时出现下降沿是不可控的。如果很不幸地它们一起触发了，那么，结果可想而知。计数器 counter[15：0]正在加 1，这个自增的过程还在进行中，CPU 数据总线 data_bus[15：0]来读取 counter[15：0]，那么到底读取的值是自增之前的值还是自增之后的值又或者是其他的值呢？

如图 3.30 所示，这是一个计数器的近似模型。当计数器自增 1 的时候，如果最

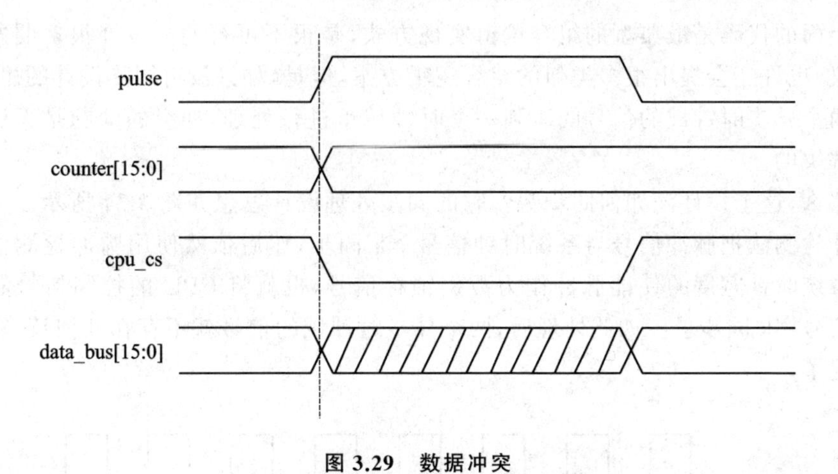

图 3.29　数据冲突

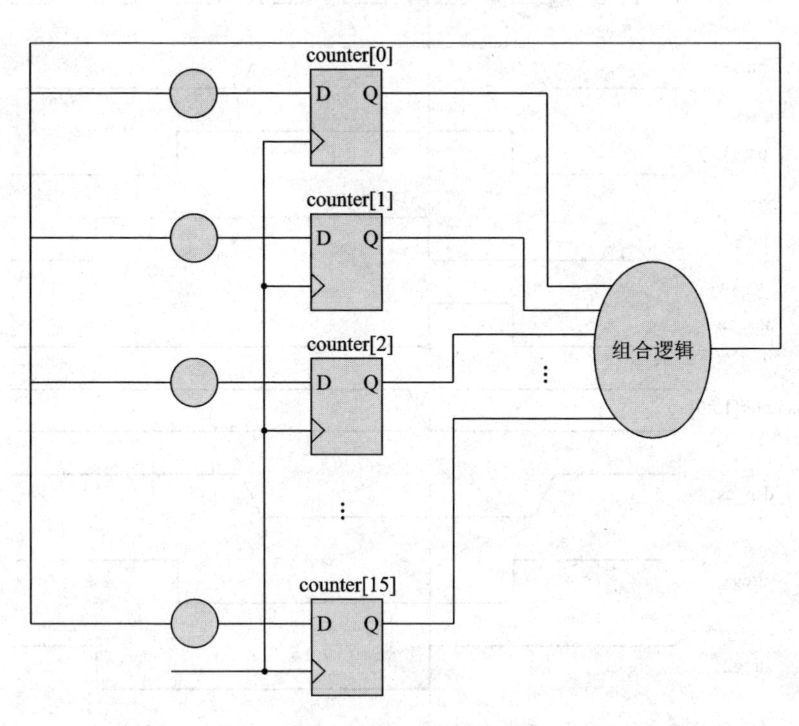

图 3.30　计数器的近似模型

低位为 0，那么自增的结果只会使最低位翻转；但是当最低位为 1，自增 1 的后果除了使最低位翻转，还有可能使其他任何位翻转，比如 4'b1111 自增 1 的后果会使 4 个位都翻转。由于每个位之间从发生翻转到翻转完成都需要经过一段逻辑延时和走线延时，对于一个 16 位的计数器，要想使这 16 位寄存器的翻转时间一致，那是不可能做到的，所以，对于之前的设计中出现了如图 3.29 的冲突时，被读取的脉冲值很可能是完全错误的。

上面的代码是最典型的组合逻辑实现方式,是很不可行的。也许很多朋友会提出异议,也许还会提出很多类似的组合逻辑方案,但是,如果没有同步设计的思想,不把这两个异步时钟域的信号同步到一个时钟域里进行处理,冲突的问题是无法得到根本解决的。

那么,这个设计该如何同步呢?它的同步处理设计思想如图 3.31 所示。先是使用脉冲检测法把脉冲信号与系统时钟信号 clk 同步,然后依然使用脉冲检测法得到一个系统时钟宽度的使能脉冲作为数据锁存信号,也就将 CPU 的控制信号和系统时钟信号 clk 同步了。如此处理后,两个异步时钟域的信号就不存在任何读/写冲突的情况了。

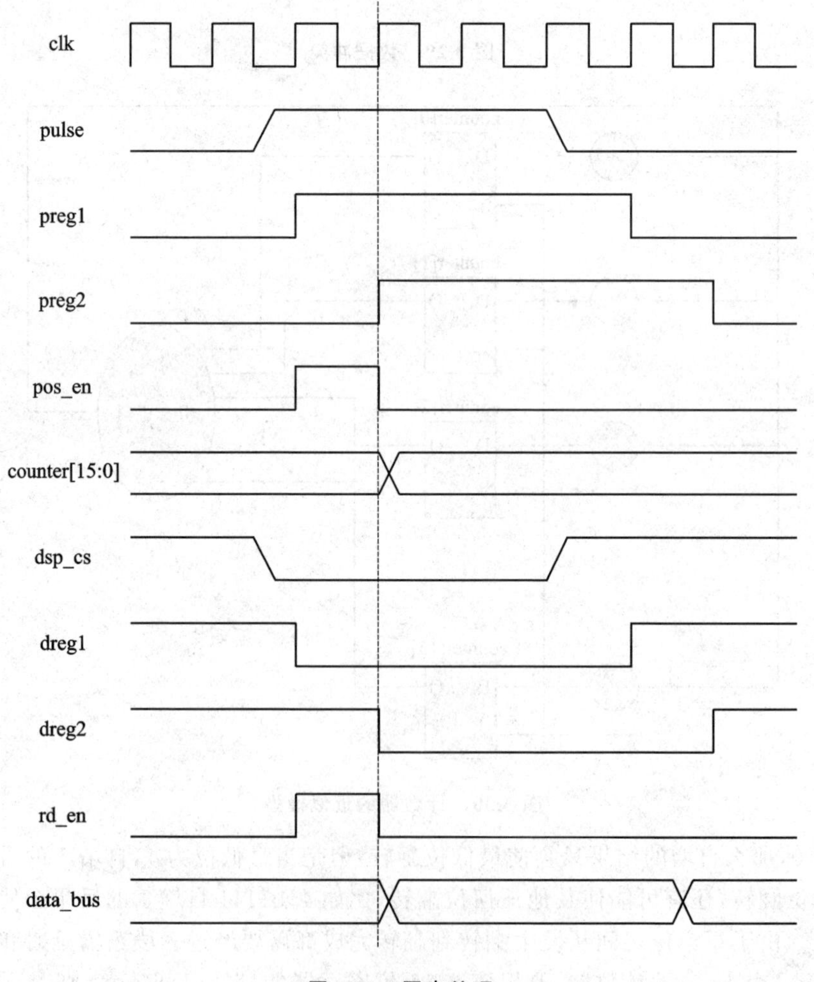

图 3.31　同步处理

在 FPGA 开发过程中,同步思想是贯穿于整个设计始终的。同步设计不仅可以稳定、可靠地实现既定功能,也可以大大提高设计的实现、测试、调试及维护效率。同步设计的最大好处可以归纳为以下 5 点：

① 有效避免异步信号通信产生的冲突。

② 便于时序约束、时序分析及时序仿真。

③ 便于板级时序问题定位。

④ 有利于同器件间的代码移植，减少重复设计。

⑤ 最小化器件升级对同一工程带来的影响。

二、单向控制信号检测

由于 MCU（主要指单片机）的速度较慢，所以 MCU 与 FPGA 之间的异步通信可以使用单向控制信号检测方法来实现。参加 CPLD 助学活动的朋友应该都注意到了 BJ - EPM 板子上预留了 16PIN 的单片机接口，但是实验里其实也没有给出什么实验代码，只是简单地给了一个接口说明。究其原因，大概是特权同学有点自私了，因为当初刚接触 MCU 与 FPGA 通信处理的时候，是为了做一个液晶控制板，用的是很老的 EPM7128，资源很小，摸索了个把月才搞定，不过当时的处理方式上并不稳妥，后来随着不断学习、不断积累经验才寻觅到现在的处理方式。不想公开源码自有所谓的“比较关键的技术”一说，现在想来蛮有些可笑的。网络这么大一个平台，凭什么只索取不共享呢？所以，特权同学还是希望把自己所获得的点点滴滴设计经验都和大家分享。当然了，在提出自己的观点和看法的同时，也一定会得到更多高人不同的、也许更好的见解，帮助他人的同时自己也在进步，何乐而不为呢。

啰嗦了一大堆，步入正题吧……

首先，这个项目是基于单片机的应用，如果读者对单片机的读/写时序不是很熟悉，不妨看看特权同学的一篇详细讨论 51 单片机扩展 RAM 读/写时序的文章《单片机的扩展 RAM 读/写时序》。下面简单了解一下 11.059 2 MHz 的 51 单片机读/写时序图，如图 3.32 所示。

实际波形与图 3.32 相差无几，地址总线这里没有给出，不过地址总线一般会早于片选 CS 稳定下来，并且晚于片选信号 CS 撤销（这个说法不是绝对的，但是至少对本节讨论的应用是这样的）。

FPGA 是作为 MCU 的从机，即模拟 MCU 的扩展 RAM。MCU 若发出写选通，FPGA 就得在数据稳定于数据总线时将其锁存起来；MCU 若发出读选通，FPGA 就要在 MCU 锁存数据的建立时间之前把数据放到数据总线上，并且直到 MCU 锁存数据的保持时间结束后才能将数据撤销。下面讨论 Verilog 在设计上如何实现，但是限于篇幅，不对时序分析做讨论，假定这是一个很理想的总线时序。

其实这个 MCU 的读/写时序时间相对还是很充裕的，因为该设计中的 FPGA 使用了50 MHz 的晶振，所以，一个很基本的思想就是要把 MCU 端的信号同步到 FPGA的时钟域上，达到异步信号的同步处理。

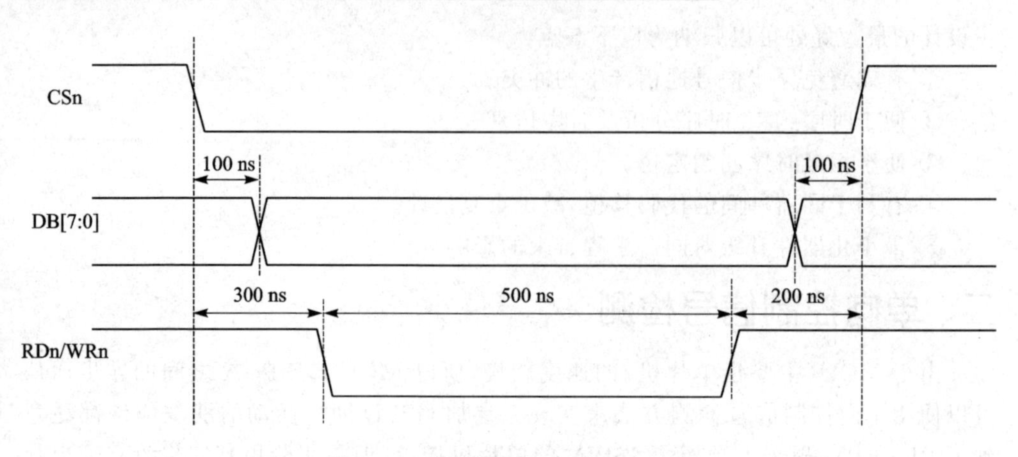

图 3.32 单片机读/写 RAM 时序图

```
input clk;                                         //50 MHz
input rst_n;                                       //复位信号,低有效
input mcu_cs_n;                                    //MCU 片选信号,低有效
input mcu_wr_n;                                    //MCU 写信号,低有效
input[3:0] mcu_addr;                               //MCU 地址总线
input[7:0] mcu_db;                                 //MCU 数据总线
reg[3:0] mcu_addr_r;                               //mcu_addr 锁存寄存器
reg[7:0] mcu_db_r;                                 //mcu_db 锁存寄存器
//mcu_cs_n 和 mcu_wr_n 同时拉低时 wr_state 拉低,表示片选并写选通
wire   wr_state = mcu_cs_n || mcu_wr_n;            //写状态标志位,写选通时拉低
always @ (posedge clk or negedge rst_n)   begin
    if(! rst_n) begin
            mcu_addr_r <= 4'h0;
            mcu_db_r <= 8'h00;
        end
    else if(! wr_state) begin
            mcu_addr_r <= mcu_addr;                //mcu_addr 锁存寄存器
            mcu_db_r <= mcu_db;                    //mcu_db 锁存寄存器
        end
end
wire pos_wr;                                       //MCU 写状态上升沿标志位
reg wr1,wr2;                                       //MCU 写状态寄存器
always @ (posedge clk or negedge rst_n)   begin
    if(! rst_n) begin
            wr1 <= 1'b1;
            wr2 <= 1'b1;
        end
```

```
    else begin
        wr1 <= wr_state;
        wr2 <= wr1;
    end
end
assign pos_wr = ~wr2 && wr1;          //写选通信号上升沿,pos_wr拉高一个时钟周期
```

上面的代码就是将基于 MCU 发出的异步时序做一种同步处理。当然了,这种处理是基于特定的应用。MCU 写选通撤销时,pos_wr 信号(使用了脉冲边沿检测方法处理)会拉高一个时钟周期,则可以利用此信号作为后续处理的状态机中的一个指示信号,然后对已经锁存在 FPGA 内部相应寄存器里的地址总线和数据总线进行处理。

另外,mcu_addr_r 和 mcu_db_r 的锁存为什么要在 wr_state 为低电平时进行?这个问题特权同学是这么考虑的:wr_state 拉低期间即 MCU 片选和写选通同时有效期间,数据/地址总线一定是稳定的,而为了有更充足的数据建立时间,比较常见的做法是用 mcu_wr_n 的上升沿锁存数据,而如果用诸如 posedge mcu_wr_n 来做触发锁存数据/地址,那就很容易出现异步冲突的问题(这个问题的危害上一节已经提出来了),达不到同步的效果,所以采用一个电平信号作为使能信号则更加稳妥。换个角度看,无非是 wr_state 上升沿 0～20 ns 时间内都有可能是最后锁存下来的数据,这对于充足的 MCU 写时序来说是绰绰有余了。理论上来说,wr_stata 是一个总线使能信号,应该要做至少一级同步再使用更稳妥一些,但是这里 MCU 的时序较充裕,即便是 wr_stata 没有进行同步处理,出现了在 wr_state 的一个亚稳态内锁存数据的情况,那么此时的数据/地址总线的数据也不会受到影响,该是什么值仍是什么值。不同的应用中往往有允许非常规处理的时候,就像时序分析中的时序例外一样。

三、专用握手信号

图 3.33 是一个基本的握手通信原理。所谓握手,即通信双方使用了专用控制信号进行状态指示。这个控制信号既有发送域给接收域的,也有接收域给发送域的,有别于前面的单向控制信号检测方式。

使用握手协议方式处理跨时钟域数据传输时,只需要对双方的握手信号(req 和 ack)分别使用脉冲检测方法进行同步。在具体实现中,假设 req、ack、data 总线在初始化时都处于无效状态,发送域先把数据放入总线,随后发送有效的 req 信号给接收域;接收域在检测到有效的 req 信号后锁存数据总线,然后回送一个有效的 ack 信号表示读取完成应答;发送域在检测到有效 ack 信号后撤销当前的 req 信号,接收域在检测到 req 撤销后也相应撤销 ack 信号,此时完成一次正常握手通信。此后,发送域可以继续开始下一次握手通信,如此循环。该方式能够使接收到的数据稳定可靠,有效地避免了亚稳态的出现,但控制信号握手检测会消耗通信双方较多的时间。以上所述的通信流程如图 3.34 所示。

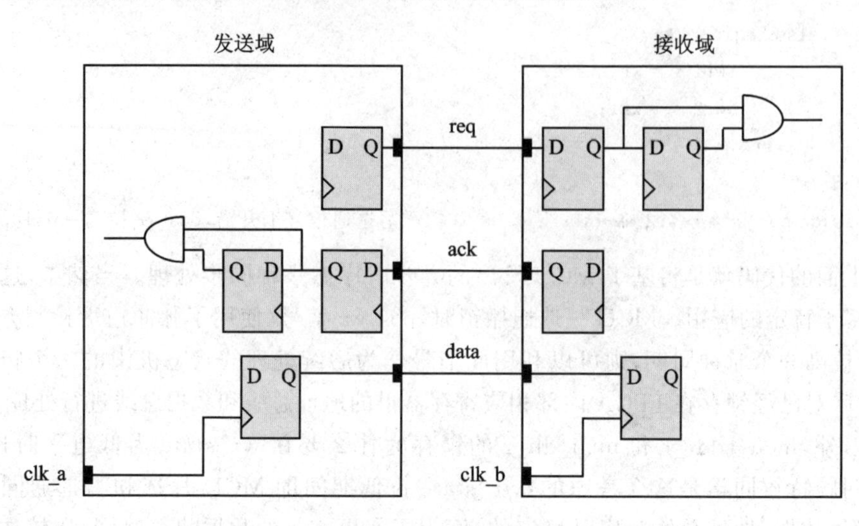

图 3.33　握手通信原理

下面通过一个简单的工程代码及其仿真测试进一步加深大家对基本握手协议的认识。

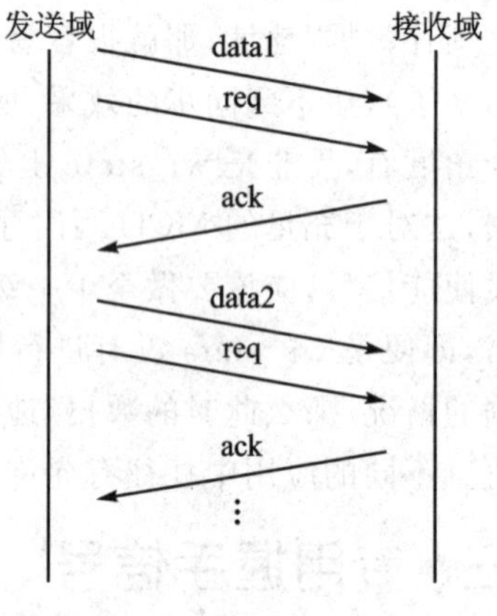

图 3.34　握手通信流程

```
module handshack(
                clk,rst_n,
                req,datain,ack,dataout
            );

input clk;              //50 MHz 系统时钟频率
input rst_n;            //低电平复位信号
input req;              //请求信号,高电平有效
input[7:0] datain;      //输入数据
output ack;             //应答信号,高电平有效
output[7:0] dataout;    //输出数据,主要用于观
                        //察是否和输入一致
//------------------------------------------------
//req 上升沿检测
reg reqr1,reqr2,reqr3;
always @(posedge clk or negedge rst_n)  begin
    if(!rst_n) begin
            reqr1 <= 1'b1;
            reqr2 <= 1'b1;
            reqr3 <= 1'b1;
        end
    else begin
            reqr1 <= req;
            reqr2 <= reqr1;
```

```
            reqr3 <= reqr2;
        end
    end
    //pos_req2 比 pos_req1 延后一个时钟周期,确保数据被稳定锁存
    wire pos_req1 = reqr1 & ~reqr2;           //req 上升沿标志位,高有效一个时钟周期
    wire pos_req2 = reqr2 & ~reqr3;           //req 上升沿标志位,高有效一个时钟周期
    //------------------------------------------------
    //数据锁存
    reg[7:0] dataoutr;

    always @(posedge clk or negedge rst_n)   begin
        if(!rst_n) dataoutr <= 8'h00;
        else if(pos_req1) dataoutr <= datain;    //检测到 req 有效后锁存输入数据
    end
    assign dataout = dataoutr;
    //------------------------------------------------
    //产生应答信号 ack
    reg ackr;
    always @(posedge clk or negedge rst_n)   begin
        if(!rst_n) ackr <= 1'b0;
        else if(pos_req2) ackr <= 1'b1;
        else if(!req) ackr <= 1'b0;
    end
    assign ack = ackr;
    endmodule
```

该实例的 Verilog 代码模拟了握手通信的接收域,其仿真波形如图 3.35 所示。在发送域请求信号(req)有效的若干个时钟周期后,先是数据(datain)被有效锁存在输出(dataout)上,然后接收域的应答信号(ack)也处于有效状态,此后发送域撤销请求信号,接收域也跟着撤销了应答信号,由此完成一次通信。

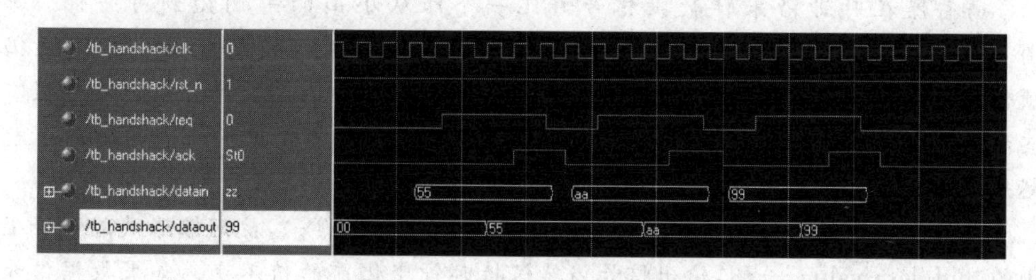

图 3.35　握手通信仿真波形图

四、搞定亚稳态

特权同学在博客中提出了使用专门的握手信号达到异步时钟域数据的可靠传输，列举了一个简单的由请求信号 req、数据信号 data、应答信号 ack 组成的握手机制。网友 riple 兄在该文章发表后提出了 req 和 ack 这两个直接的跨时钟域信号在被另一个时钟域的寄存器同步时的亚稳态问题，基于此特权同学在深入地学习和思考后，决定对亚稳态这个也许是整个异步通信中最值得探讨和关注的话题做进一步的研究。

很幸运，特权同学找到了很官方的说法——《Application Note42：Metastability in Altera Devices》，一口气读完全文，有一个单词送给这篇文章很合适——“nice”。特权同学过去的所有疑惑都在文章中找到了答案，引用如下。

什么是亚稳态？

所有数字器件（如 FPGA）的信号传输都会有一定的时序要求，从而保证每个寄存器将捕获的输入信号正确输出。为了确保可靠的操作，输入寄存器的信号必须在时钟沿的某段时间（寄存器的建立时间 T_{su}）之前保持稳定，并且持续到时钟沿之后的某段时间（寄存器的保持时间 T_h）之后才能改变，而该寄存器的输入反映到输出则需要经过一定的延时（时钟到输出的时间 T_{co}）。如果数据信号的变化违反了 T_{su} 或者 T_h 的要求，那么寄存器的输出就会处于亚稳态。此时，寄存器的输出会在高电平 1 和低电平 0 之间盘旋一段时间，这也意味着寄存器的输出达到一个稳定的高或者低电平的状态所需要的时间会大于 T_{co}。

在同步系统中，输入信号总是能够达到寄存器的时序要求，所以亚稳态不会发生。亚稳态问题通常发生在一些跨时钟域信号的传输上。由于数据信号可能在任何时间到达异步时钟域的目的寄存器，所以设计者无法保证满足 T_{su} 和 T_h 的要求。然而，并非所有违反寄存器的 T_{su} 或 T_h 要求的信号都会导致输出亚稳态。某个寄存器进入了亚稳态后重新回到稳定状态的时间取决于器件的制造工艺与工作环境。在大多数情况下，寄存器将会快速地返回稳定状态。

寄存器在时钟沿采样数据信号好比一个球从小山的一侧抛到另一侧。如图 3.36 所示，小山的两侧代表数据的稳定状态——旧的数据值或者新的数据值；山顶代表亚稳态。如果球被抛到山顶上，它可能会停在山顶上，但实际上它只要稍微有些动静就会滚落到山底。在一定时间内，球滚得越远，它达到稳定状态的时间也就越短。

如果数据信号的变化发生在时钟沿的某段时间之后（T_h），就好像球跌落到了小山的“old data value”一侧，输出信号仍然保持时钟变化前的值不变。如果数据信号的变化发生在时钟沿的某段时间（T_{su}）之前，并且持续到时钟沿之后的某段时间（T_h）都不再变化，那就好像球跌落到了小山的“new data value”一侧，输出数据达到稳定状态的时间为 T_{co}。然而，当一个寄存器的输入数据违反了 T_{su} 或者 T_h，就像球被抛到了山顶,如果球在山顶停留得越久,那么它到达山底的时间也就越长,这就相应地延长了从时钟变化到输出数据达到稳定状态的时间(T_{co})。

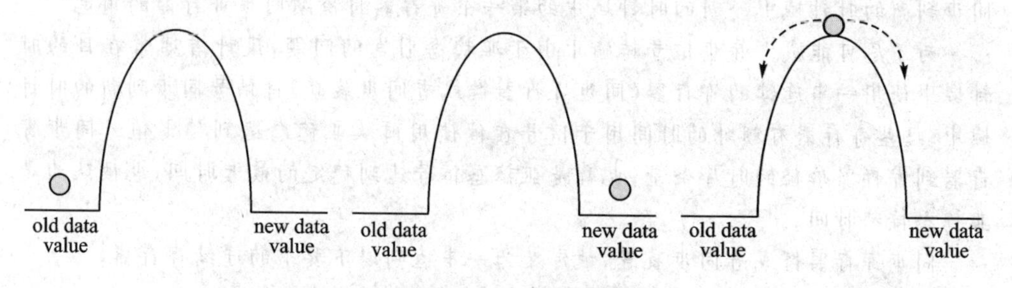

图 3.36　抛过小山的球

图 3.37 很好地阐释了亚稳态信号。在时钟变化的同时,寄存器的输入数据信号也处于从低电平到高电平的变化状态,这就违反了寄存器的 T_{su} 要求。图中的输出信号从低电平变化到亚稳态,即盘旋于高低电平之间的一个状态。信号输出 A 最终达到输入信号的新状态值 1,信号输出 B 却返回了输入信号的旧状态值 0。在这两种情况下,信号输出变化稳定在固定的 1 或者 0 状态的时间远超过了寄存器的固有 T_{co}。

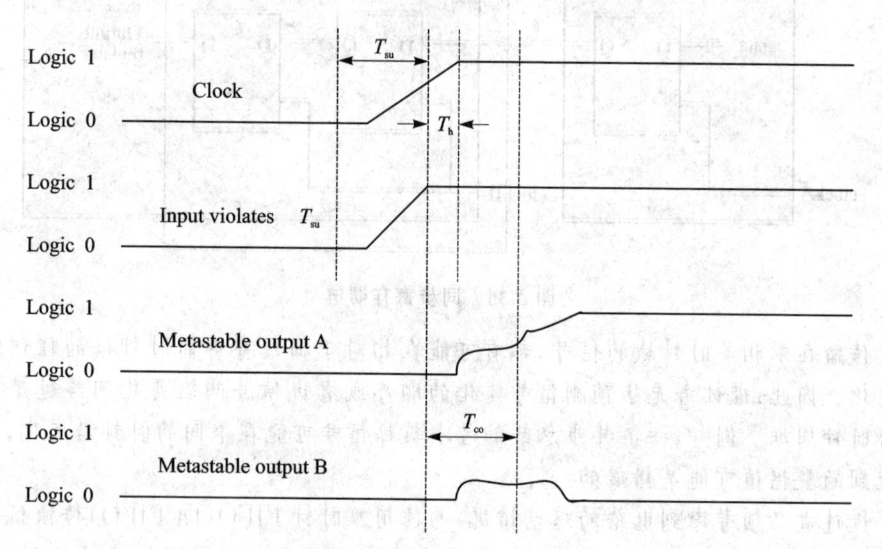

图 3.37　亚稳态输出信号

如果输出信号在下一个寄存器捕获数据前(下一个时钟锁存沿的 T_{su} 时间前)处于一个稳定的有效状态,那么亚稳态信号不会对该系统造成影响。但是如果亚稳态信号在下一个寄存器捕获数据时仍然盘旋于高或者低电平之间,那将会对系统的后续电路产生影响。继续讨论球和小山的比喻,当球到达山底的时间(处于稳定的逻辑值 0 或 1)超过了扣除寄存器 T_{co} 以外的余量时间,那么问题就随之而来。

同步寄存器

当信号变化处于一个不相关的电路或者异步时钟域，它在被使用前就需要先被同步到新的时钟域中。新的时钟域中的第一个寄存器将扮演同步寄存器的角色。

为了尽可能减少异步信号传输中由于亚稳态引发的问题，设计者通常在目的时钟域中使用一串连续的寄存器（同步寄存器链或者同步装置）将信号同步到新的时钟域中，这些寄存器有额外的时间用于信号在被使用前从亚稳态达到稳定值。同步寄存器到寄存器路径的时序余量，也就是亚稳态信号达到稳定的最大时间，也被认为是亚稳态持续时间。

同步寄存器链或者同步装置，被定义为一串达到以下要求的连续寄存器：

① 链中的寄存器都由相同的时钟或者相位相关的时钟触发；

② 链中的第一个寄存器由不相关时钟域或者是异步的时钟来触发；

③ 每个寄存器的扇出值都为 1，链中的最后一个寄存器可以例外。

同步寄存器链的长度就是达到以上要求的同步时钟域的寄存器数量，图 3.38 是一个两级的同步寄存器链。

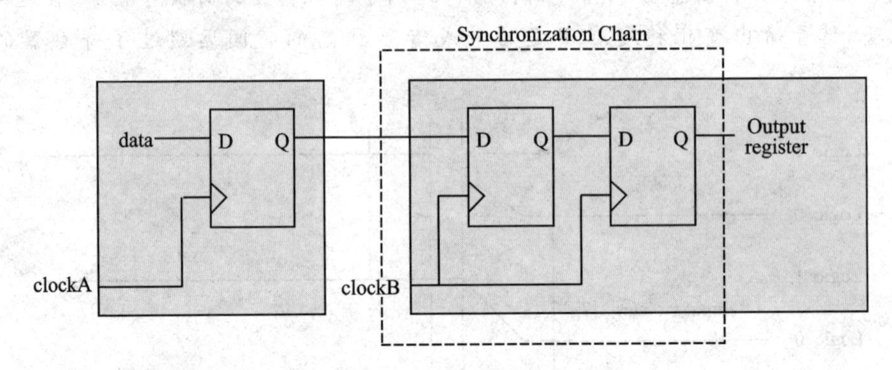

图 3.38　同步寄存器链

传输在不相关时钟域的信号，都有可能在相对于捕获寄存器时钟沿的任何时间点变化。因此，设计者无法预测信号变化的顺序或者说信号两次变化间经过了几个锁存时钟周期。例如，一条异步总线的各个数据信号可能在不同的时钟沿变化，结果接收到的数据值可能是错误的。

设计者必须考虑到电路的这些情况，而使用双时钟 FIFO（DCFIFO）传输信号或者使用握手信号进行控制。FIFO 使用同步装置处理来自不同时钟域的控制信号，数据的读/写使用两套独立的总线。此外，如果异步信号作为两个时钟域的握手逻辑，这些控制信号就需要用于指示何时数据信号可以被接收时钟域锁存。如此一来，就可以利用同步寄存器确保亚稳态不会影响控制信号的传输，从而保证数据在使用前有充足的时间等待亚稳态达到稳定。

还是回到主题中，在明确了这些基本的概念和基本的方法后，就要学以致用。文章的后面 Altera 提出了 MTBF（Mean Time Between Failures）的概念，即所谓的平均无故障时间;而其没有提出的一个关键问题在于如何最有效地进行握手信号 req、ack 的采样。这个问题可以先从 Altera 提出的 MTBF 推导公式的各个参数入手分析。

$$\mathrm{MTBF}=\frac{\mathrm{e}^{t_{\mathrm{MEF}}/C_2}}{C_1 f_{\mathrm{CLK}} f_{\mathrm{DATA}}}$$

在这个公式中,t_{MET} 指寄存器从时钟上升沿触发后的时序余量时间,f_{CLK} 是接收时钟域的时钟频率,f_{DATA} 是数据的变化频率,而 C_1、C_2 则是与器件有关的参数,对于用户是一个固定值。由此看来,设计者只能通过改变 t_{MET}、f_{CLK}、f_{DATA} 来提高 MTBF 值。MTBF 值越大,说明出现亚稳态的几率越小。要增大 MTBF 值,可以延长 t_{MET},也可以降低 f_{CLK} 和 f_{DATA} 这两个频率。

首先看看如何延长 t_{MET} 时间,如图 3.39 所示。

t_{MET} 时间＝采样时钟周期时间－输出信号正常时的 T_{co} 时间－数据到达下一级寄存器输入端口的其他延时时间 T_{DATA}－下一级寄存器的 T_{su} 时间。

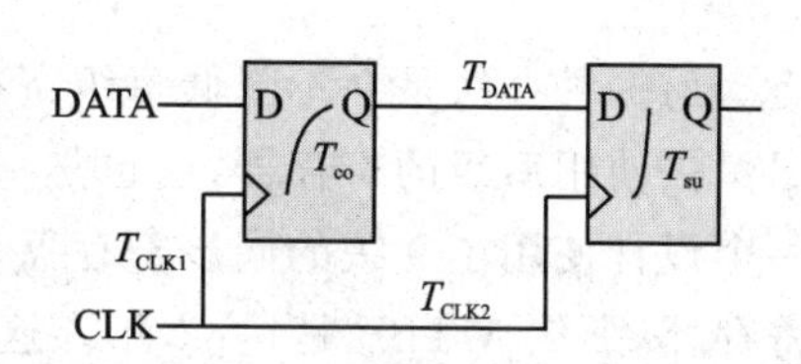

图 3.39　数据传输路径

从严格意义上来说,t_{MET} 时间还应该加上时钟网络延时时间($T_{\mathrm{CLK1}}-T_{\mathrm{CLK2}}$)。总之,这个 t_{MET} 时间是指正常没有亚稳态情况下,寄存器输出信号从源寄存器到目的寄存器的建立时间余量。由于决定 t_{MET} 取值的参数中 T_{co} 和 T_{su} 都是由 FPGA 器件本身的工艺以及工作环境决定的,设置时钟网络延时参数也很大程度上由器件决定,所以,如果在时钟频率 f_{CLK} 和数据变化率 f_{DATA} 固定的情况下,要增大 t_{MET} 值,那么设计者要做的只能是减小 T_{DATA} 值。而这个 T_{DATA} 是指两个寄存器间的逻辑延时以及走线延时之和,要最大程度地减小它,估计也只能是不在两个寄存器间添加任何逻辑而已,正如实例中也只有简单的 input＝output。

再看 f_{CLK},它是接收域的采样时钟,就是异步信号需要被同步到的那个时钟域,它的频率是越小越好。当然了,事物都有其两面性,这个频率小到影响系统正常工作可就不行了。设计者需要从各个方面考虑来决定这个频率,不会仅为了降低亚稳态发生的概率而无限制地降低系统的时钟频率。如此分析,发现这个 f_{CLK} 基本也是一个比较固定的值,不是可以随便说降就降的。降低 f_{CLK} 其实也就是在增大 t_{MET} 时间,因为它是 t_{MET} 公式计算中的被减数,好像是一环扣一环地放入。另外,在不降低采样频率 f_{CLK} 的情况下,通过使用使能信号的方式得到一个二分频时钟去采样信号也可以达到降频的目的,只不过这样会多耗费几个时钟周期用于同步,但是有时也能够明显改善性能。

特权同学的二分频采样思路如图 3.40 所示,前两级采样电路都做了二分频,然后第 3 级使用原来时钟进行采样。它的好处在于给第一级和第 2 级同步寄存器更多的 t_{MET} 时间,将亚稳态抑制在第 2 级寄存器输入之前,从而保证第 3 级寄存器的可靠采样。虽然它在 1、2 级寄存器的输入端增加了一些逻辑，可能会增大 T_{DATA}，但是相比于这个采样时钟的一半降额，它的变化是可以忽略不计的。

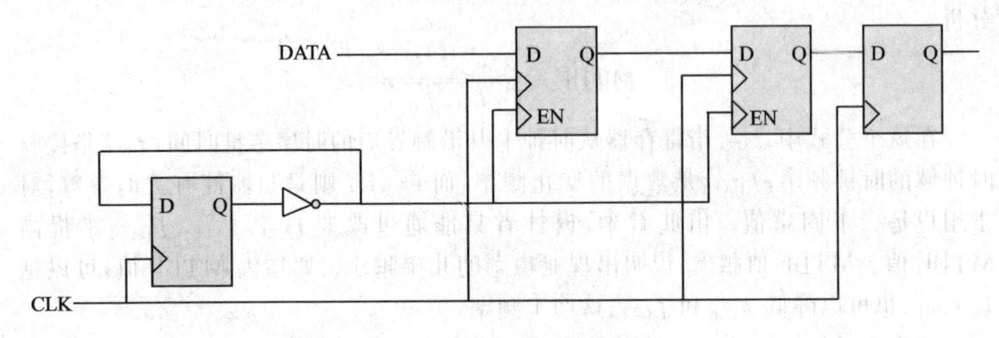

图 3.40　二分频采样电路

另一种办法是在不降低每级寄存器采样频率的情况下采用更多的同步寄存器，尽量去使用后级的寄存器，这也是一个笨办法。Altera 的笔记里打了一个比喻，如果一个设计使用了 9 级的同步寄存器，那么 MTBF 是 100 年，而当使用了 10 级的同步寄存器，那么 MTBF 是1 000年。这个解决办法其实有点类似冗余，这是所有人都知道的可以提高可靠性的原始办法。这种思路的弊端和前面提到的方法一样，需要付出多个时钟周期为代价。

最后看 f_{DATA} 这个参数，它是发送时钟域的数据变化率，似乎也是由系统决定的，设计者也无法做太多改变。

其实对于一般的应用，如果系统的时钟频率不太高，器件的特性还算可以（所谓还可以，只是一些泛泛的说法，具体问题要具体分析），特权同学觉得上一节中提出的握手信号同步方法就足以应付亚稳态问题。如果到高频范畴来讨论亚稳态，那将会是一项更有挑战性的任务。

五、借助于存储器

为了达到可靠的数据传输，借助于存储器来完成跨时钟域通信也是很常用的手段。早期的跨时钟域设计中，在两个处理器间添加一个双口 RAM 或者 FIFO 来完成相互间的数据交换是很常见的做法。如今的 FPGA 大都集成了一些用户可灵活配置的存储块，因此，使用开发商提供的免费 IP 核可以很方便地嵌入一些常用的存储器来完成跨时钟域数据传输的任务。使用内嵌存储器和使用外部扩展存储器的基本原理是一样的，如图 3.41 所示。

双口 RAM 更适合于需要互通信的设计，只要双方对地址做好适当的分配，那么剩下的工作只要控制好存储器的读/写时序。FIFO 本身的特性（先进先出）决定了它更适合于单向的数据传输。总之，借助于存储器进行跨时钟域传输的最大好处在于，设计者不需要再花时间和精力考虑如何处理同步问题，因为这些工作都交给了存储器，设计者也不用关心存储器内部到底使用了怎样的工作机制来解决冲突问题（当

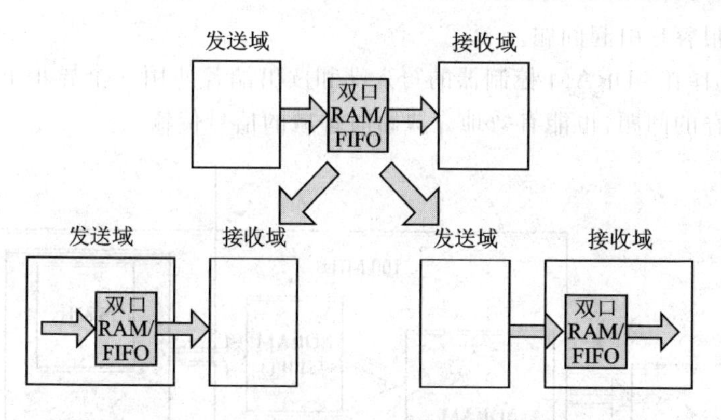

图 3.41　借助存储器的跨时钟域传输

然了，存储芯片内部肯定是有一套完善的同步处理机制），可以把更多的时间花在数据流以及存储器接口的控制上。借助于存储器的另一个优势，它可以大大提高通信双方的数据吞吐率，不像握手信号和逻辑同步处理机制那样在同步设计上耗费太多的时钟周期，它的速度瓶颈基本就是存储器本身的速度上限。不过，往往在得到便利的同时，也不得不以付出更多的成本作为代价。

下文将重点探讨异步 FIFO 在跨时钟域通信中的使用。常见的异步 FIFO 接口如图 3.42 所示，FIFO 两侧会有相对独立的两套控制总线。若写入请求 wrreq 在写入时钟 wrclk 的上升沿处于有效状态，那么 FIFO 将在该时钟沿锁存写入数据总线 wrdata。同理，若读请求 rdreq 在读时钟 rdclk 的上升沿处于有效状态，那么 FIFO 将把数据放置到读数据总线 rddata 上，外部逻辑一般在下一个有效时钟沿读取该数据。

FIFO 一般还会有指示内部状态的一些接口信号，如图 3.42 中的空标志位 empty、满标志位 full，甚至还会有用多位数据线表示的 FIFO 当前数据量，这些状态标志保证了读/写控制不出现空读和满写的情况。清除信号 aclr 在某些应用中也是需要的，它有效时能够清除当前 FIFO 的数据，让 FIFO 复位到一个空的状态。

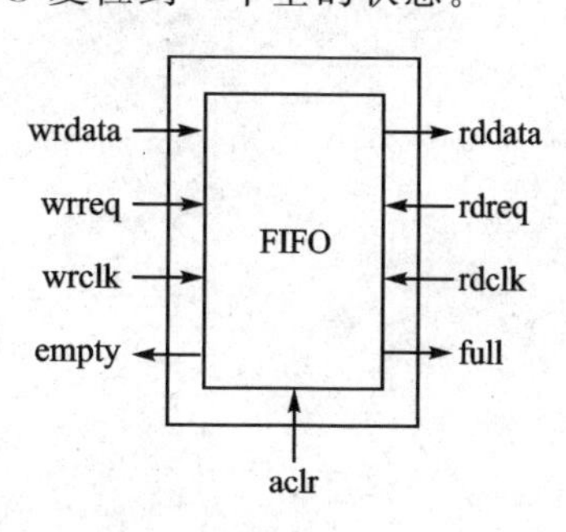

图 3.42　常见的异步 FIFO 接口

如图 3.43 所示，在特权同学设计过的一个 SDRAM 控制器中，就使用了两个 FIFO。由于 SDRAM 需要定时预刷新，并且每次读/写时花费在起始控制的时间开销相对大一些，因此采用页读/写的方式可以大大地提高数据吞吐量，而页读/写方式需要对数据做一些缓存处理。另外，该 SDRAM 控制器所在的工程中涉及了多个时钟域。在写入 SDRAM 端是一个 25 MHz 的时钟，在读 SDRAM 端是一个 50 MHz 的时钟，而 SDRAM 的控制则使用了 100 MHz 的时钟。尽管实际工程里这 3 个时钟的相位关系固定，但是不做好多周期约束也很容易引起问题。

最终,选择在 SDRAM 控制器的写入端和读出端各使用一个异步 FIFO,这既解决了数据缓存的问题,也能有效地完成跨时钟域的信号传输。

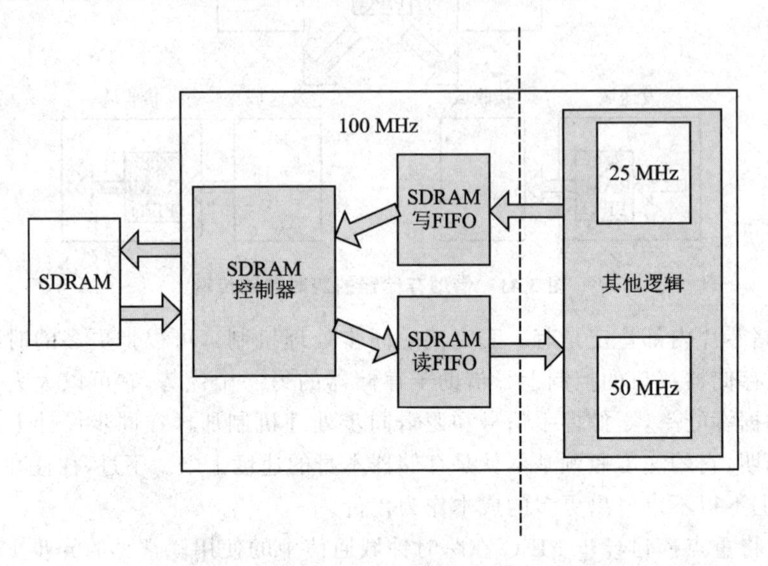

图 3.43　用两个 FIFO 设计的 SDRAM 控制器

第四部分 仿真测试

为什么看见你弟兄眼中的刺，却不想到自己眼中的梁木？

——马太福音7章3节

笔记 12

简单的 Testbench 设计

一、Testbench 概述

仿真测试是 FPGA 设计流程中必不可少的步骤。尤其在 FPGA 规模和设计复杂性不断提高的今天，画个简单的原理图或写几行代码直接就可以上板调试的轻松活儿已经一去不复返。一个正规的设计需要花费在验证上的工作量往往可能会占到整个开发流程的 70%左右。验证通常分为仿真验证和板级验证，在设计初步完成功能甚至即将上板调试前，通过 EDA 仿真工具模拟实际应用进行验证是非常有效可行的手段，它能够尽早发现设计中存在的各种大小 bug，避免设计到了最后一步才返工重来。因此，仿真在整个验证中的重要性可见一斑。

提到仿真，我们通常会提 testbench 的概念。所谓 testbench，即测试平台，详细说就是给待验证的设计添加激励，同时观察它的输出响应是否符合设计要求。如图 4.1所示，测试平台就是要模拟一个和待验证设计连接的各种外围设备。

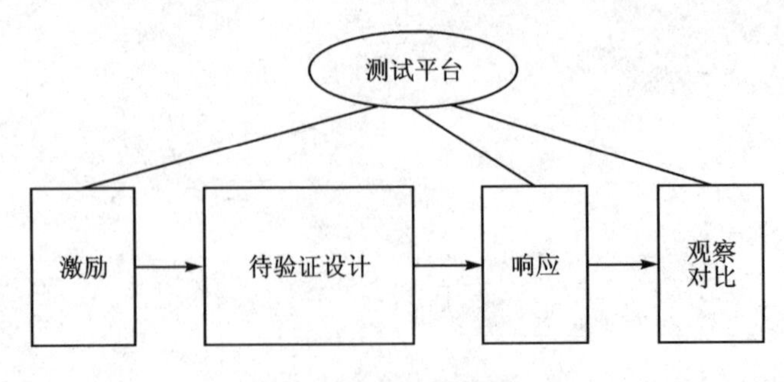

图 4.1　设计与验证

初学者在刚接触仿真这个概念的时候，可能以为仿真只是简单地用一些开发软件自带的波形发生器产生一些激励，然后观察一下最后的波形输出就完事了。但是对于大规模的设计，用波形产生激励是不现实的，观察波形的工作量也是可想而知的。例如，对于一个 16 位的输入总线，它可以有 65 536 种组合，如果每次随机产生一种输入，都用波形岂不累死人。再说输出结果的观察，对应 65 536 种输入的 65 536种输出，看波形肯定让人“眼花缭乱”。所以，testbench 应该有更高效的测试手段。对于 FPGA 的仿真，使用波形输入产生激励是可以的，观察波形输出以验证测试结果也是可以的，波形也许是最直观的测试手段，但绝不是唯一手段。

如图 4.2 所示，设计的测试结果判断不仅可以通过观察对比波形，而且可以灵活地使用脚本命令将有用的输出信息打印到终端或者产生文本进行观察，也可以写一段代码让它们自动比较输出结果。总之，testbench 的设计是多种多样的，它的语法也是很随意的，不像 RTL 级设计代码那么多讲究，它是基于行为级的语法，很多高级的语法都可以在脚本中使用。因为它不需要实现到硬件中，是运行在 PC 机上的一段脚本，所以相对 RTL 级可以做得更容易更灵活一些。但是，使用 Verilog 的验证脚本也有很多需要设计者留意的地方，它是一种基于硬件语言但是又服务于软件测试的语言，所以常常游离于并行和顺序之间让人琢磨不透。不过，只要掌握好了这些关键点，是可以很好地让它服务于我们的测试。

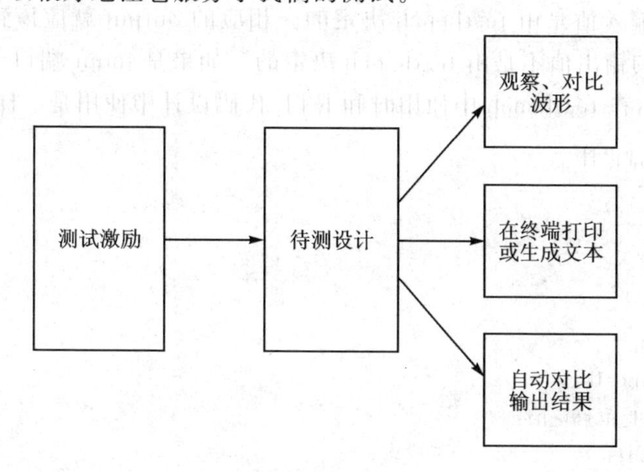

图 4.2　验证输出

二、基本 Testbench 的搭建

Testbench 的编写其实也没有想象中那么神秘，笔者简单地将其归纳为 3 个步骤。

① 对被测试设计的顶层接口进行例化。

② 给被测试设计的输入接口添加激励。

③ 判断被测试设计的输出响应是否满足设计要求。

相对而言，最后一步还要复杂一些，有时不一定只是简单地输出观察，可能还需要反馈一些输入值给待测试设计。

例化的目的就是把待测试设计和 testbench 进行对接，和 FPGA 内部的例化是一个概念。那么如何进行例化呢？下面用一个简单实例来说明。

```
//待测试的设计
module fpga_design(
        clk,rst_n,a,b,c,d
    );
input clk;
input rst_n;
input a,b,c;
output d;
always @(posedge clk or negedge rst_n) begin
    if(! rst_n) d <= 1'b0;
    else d <= a & b & c;
end
endmodule
```

对于上面这个待测试的设计，testbench 中的例化应该把 input 转换成 reg，因为待测试设计的输入值是由 testbench 决定的。相应的 output 就应该转换成 wire，因为待测试设计的输出值不是由 testbench 决定的。如果是 inout 端口，在例化中也是一个 wire 类型，在 testbench 中使用时和 RTL 代码设计中使用是一样的。

```
//例化待测试设计
reg clk;
reg rst_n;
reg a,b,c;
wire d;
fpga_design(
        .clk(clk),
        .rst_n(rst_n),
        .a(a),
        .b(b),
        .c(c),
        .d(d)
    );
```


对于激励的产生，只提最基本的时钟信号和复位信号的产生。时钟信号产生方式有很多，使用 initial 和 always 语句都是可以的。下面列出比较典型的两种产生方式供读者参考。

```
//时钟产生
parameter PERIOD = 20;     //定义时钟周期为 20ns,已定义"timescale 1ns/1ps"
initial begin
    clk = 0;
    forever
        #(PERIOD/2) clk = ~clk;
```

```
end

//时钟产生
parameter PERIOD = 20;        //定义时钟周期为20ns,已定义"timescale 1ns/1ps"
always begin
    #(PERIOD/2) clk = 0;
    #(PERIOD/2) clk = 1;
end
```

复位信号的产生也很简单,比较常用的做法是封装成一个 task,在需要复位的时候直接调用即可。

```
//复位产生
initial begin
    reset_task(100);          //复位100ns,已定义"timescale 1ns/1ps"
    ...
end
task reset_task;
input[15:0] reset_time;       //复位时间
begin
    reset = 0;
    #reset_time;
    reset = 1;
end
```


至于对测试的响应如何进行观察处理,这里不做太多描述,大家随便找本 verilog 语法方面的书籍都会有相应的介绍,只要依葫芦画瓢就能学会。

对于这个简单的设计,有 a、b 和 c 共 3 个输入,它们相与的结果 d 每个时钟周期输出一次最新的结果。因此,我们可以预见,若想完全覆盖这个设计的测试分支,则要产生 8 个不同的测试项,即分别改变 a、b 和 c 的取值,观察它们输出的结果是否符合预期。测试脚本的编写如下所示:

```
//复位产生
timescale 1ns/1ps
module tb_fpga_design;
//例化待测试设计
reg clk;
reg rst_n;
reg a,b,c;
wire d;
fpga_design(
        .clk(clk),
        .rst_n(rst_n),
```

```
        .a(a),
        .b(b),
        .c(c),
        .d(d)
    );
initial begin
    reset_task(100);     //复位 100ns,已定义"timescale 1ns/1ps"
    @(posedge clk); #2;
    a = 1'b0;
    b = 1'b0;
    c = 1'b0;
    @(posedge clk); #2;
    a = 1'b0;
    b = 1'b0;
    c = 1'b1;
    @(posedge clk); #2;
    a = 1'b0;
    b = 1'b1;
    c = 1'b0;
    @(posedge clk); #2;
    a = 1'b0;
    b = 1'b1;
    c = 1'b1;
    @(posedge clk); #2;
    a = 1'b1;
    b = 1'b0;
    c = 1'b0;
    @(posedge clk); #2;
    a = 1'b1;
    b = 1'b0;
    c = 1'b1;
    @(posedge clk); #2;
    a = 1'b1;
    b = 1'b1;
    c = 1'b0;
    @(posedge clk); #2;
    a = 1'b1;
    b = 1'b1;
    c = 1'b1;
    @(posedge clk); #2;
    $stop;
end
```

```
task reset_task;
input[15:0] reset_time;          //复位时间
begin
    reset = 0;
    #reset_time;
    reset = 1;
end
//时钟产生
parameter PERIOD = 20;           //定义时钟周期为 20ns,已定义"timescale 1ns/1ps"
always begin
    #(PERIOD/2) clk = 0;
    #(PERIOD/2) clk = 1;
end
endmodule
```

使用这个脚本对设计进行仿真，观察结果输出，在 8 种不同的设计输入情况下，输出是否和预期一致。若一致，则可以继续后面的设计流程完成设计；若不一致，则设计中一定存在问题，需要查找问题原因并对设计进行修改直到仿真结果达到预期结果。

笔记 13

Testbench 书写技巧

一、封装有用的子程序

在C语言中,有经验的软件工程师一定会为经常使用的一段代码写一个子程序,然后通过不同的参数对其进行调用。这样做可以达到代码复用的效果,减少了不必要的重复劳动,也使得代码相对简捷一些。在 Testbench 中也可以使用 task 进行代码的封装,它能够和C语言的子函数一样被灵活调用。

下面的例子给出一段很实用的封装子程序,也许在每个工程的测试脚本中都可以派上用场。

```
//封装一些做测试时有用的报告显示
//包括任务 error,warning,fatal,terminate
moduel print_task();

//显示 warning 报告,同时包含显示当前时间和警告内容(由用户输入)
task warning;
    input [80 * 8:1] msg;
    begin
        $ write("WARNING at %t: %s", $ time, msg);
    end
endtask

//显示 error 报告,同时包含显示当前时间和错误内容(由用户输入)
task error;
    input [80 * 8:1] msg;
    begin
        $ write(" - ERROR -  at %t: %s", $ time, msg);
    end
endtask

//显示 fatal 报告,同时包含显示当前时间和致命内容(由用户输入)
```

```
task fatal;
    input [80 * 8:1] msg;
    begin
        $ write(" * FATAL *  at %t: %s", $ time, msg);
    terminate;
    end
endtask

//显示 warning 报告,同时包含显示当前时间和结束信息(该任务自动生成)
task terminate;
    begin
        $ write("Simulation completed\n");
        $ finish;
    end
endtask

endmodule
```

在使用封装子程序时,如下代码所示:

```
//使用 print_task 模块里封装好的 task
module  testcase();

//例化已经编写好的 print_task.v,后面就可以调用其封装好的 task 了
print_task    print();

...

initial  begin
if (…) print.error("Unexpected response\n");     //调用 error 任务
...
print.terminate;                                 //调用 terminate 任务
end

...

endmodule
```

二、关于变量的定义

在编写 Testbench 时,关于变量的定义常犯的错误就是将一个定义好的全局变量应用到了两个不同的 always 块中(如 EX1C 所示),那么由于这两个 always 块独立并行的工作机制,很可能会导致意想不到的后果。

EX1C:

```
integer i;

always  begin
```

```
    for (i = 0; i < 32; i = i + 1) begin
        ...
    end
end

always  begin
    for (i = 0; i < 32; i = i + 1) begin
        ...
    end
end
```

实际上，在 Verilog 中（编写 Testbench 时），如果在 begin…end 之间定义了 always的块名，那么可以如 EX2C 一样申明变量。这样两个 always 块里的变量 i 就互不相关，也就不会产生不可预料的结果了。

EX2C：

```
always
begin: block_1
    integer i;
    for (i = 0; i < 32; i = i + 1) begin
    ...
    end
end

always
begin: block_2
    integer i;
    for (i = 15; i >= 0; i = i - 1) begin
    ...
    end
end
```


除此以外，在 Verilog 中的 function 和 task 也支持类似上面的局部变量定义。

三、HDL 的并行性

为什么 C 不能取代 Verilog 和 VHDL 作为硬件描述语言？因为 C 缺少了硬件描述最基本的 3 个思想：连通性（Connectivity）、时间性（Time）和并行性（Concurrency）。

连通性是使用一个简单并相互连接的模块来描述设计的能力，原理图设计工具就是连通性完美的支持工具。

时间性是表现设计状态演进的时间变化的能力，这个能力不同于衡量一个代码执行所用的时间。

并行性是描述同时发生相互独立的行为的能力。

四、结构化 Testbench

Testbench 也是能够做到可重用化的设计。下面以特权同学常用模块做一个结构化可重用的示例。

这是假设的待验证模块的顶层：

```
module prj_top(clk,rst_n,dsp_addr,dsp_data,dsp_rw…);
    input clk;
    input rst_n;
    input[23:0] dsp_addr;
    input dsp_rw;
    inout[15:0] dsp_data;
    …
    …
endmodule
```

这是 Testbench 的顶层：

```
module tf_prj_top;

//这个例化适用于被例化文件(这里是 print_task.v)不对待验证模块接口进行控制
//print_task.v 里包含常用信息打印任务封装
print_task    print();

//这个例化适用于被例化文件需要对待验证模块接口进行控制,和通常 RTL 设计中例化方法
//是一样的
//sys_ctrl_task.v 里包含系统时钟产生单元和系统复位任务
sys_ctrl_task     sys_ctrl(
                        .clk(clk),
                        .rst_n(rst_n)
                    );

//dsp_ctrl_task.v 包含 DSP 读/写控制模拟
dsp_ctrl_task     dsp_ctrl(
                        .dsp_rw(dsp_rw),
                        .dsp_addr(dsp_addr),
                        .dsp_data(dsp_data),
                        …
                    );

//这里的端口例化需要注意的是,原来被测试模块的 output 为 reg,如果被底层的例化模块
//控制,那么这个 reg 要改为 wire 类型进行定义,而底层模块要将其定义为 reg
    wire clk;
```

```
    wire rst_n;
    wire[23:0] dsp_addr;
    wire dsp_rw;
    wire[15:0] dsp_data;
    …

//例化待验证工程顶层
prj_top         uut(
.clk(clk),
.rst_n(rst_n),
.dsp_addr(dsp_addr),
.dsp_data(dsp_data),
.dsp_rw(dsp_rw),
…
);

//注意下面调用底层模块的任务的方式，例如 sys_ctrl 表示上面例化的 sys_ctrl_task.v，
//sys_reset 是例化文件中的一个任务，用“.”做分割
Initial begin
    sys_ctrl.sys_reset(32'd1000);           //系统复位 1 000 ns
    #1000;
    dsp_ctrl.task_dsp_write(SELECT_STRB0,24'h000001,16'h00ff);     //DSP 写任务调用
    #1000;
    dsp_ctrl.task_dsp_read(SELECT_STRB0,24'h000008,dsp_rd_data);   //DSP 读任务调用
…
print.terminate;
end

endmodule
```


调用层 1 代码如下：

```
//调用层 1
module print_task;

//----------------------------------------------------------------------------------------------//
//常用信息打印任务封装
//----------------------------------------------------------------------------------------------//

//警告信息打印任务
task warning;

    input[80*8:1] msg;
    begin
        $write("WARNING at %t : %s",$time,msg);
    end
```

```
endtask

//错误信息打印任务
task error;
    input[80 * 8:1] msg;
    begin
        $ write("ERROR at % t : % s", $ time,msg);
    end
endtask

//致命错误打印并停止仿真任务
task fatal;
    input[80 * 8:1] msg;
    begin
        $ write("FATAL at % t : % s", $ time,msg);
        $ write("Simulation false\n");
        $ stop;
    end
endtask

//完成仿真任务
task terminate;
    begin
        $ write("Simulation Successful\n");
        $ stop;
    end
endtask

endmodule
```

调用层 2 代码如下：

```
//调用层 2
module sys_ctrl_task(
                    clk,rst_n
                    );

output reg clk;                              //时钟信号
output reg rst_n;                            //复位信号

parameter      PERIOD = 20;                  //时钟周期,单位 ns
parameter      RST_ING = 1'b0;               //有效复位值,默认低电平复位

//-----------------------------------------------------------------------------------//
//系统时钟信号产生
//-----------------------------------------------------------------------------------//
```

```
initial begin
    clk = 0;
    forever
        #(PERIOD/2) clk = ~clk;
end

//-------------------------------------------------------------------------------------//
//系统复位任务封装
//-------------------------------------------------------------------------------------//

task sys_reset;
    input[31:0] reset_time;                 //复位时间输入,单位 ns
    begin
        rst_n = RST_ING;                     //复位中
        #reset_time;                         //复位时间
        rst_n = ~RST_ING;                    //撤销复位
    end
endtask

endmodule
```

调用层 3 任务如下：

```
//调用层 3
module dsp_ctrl_task(
                dsp_rw,dsp_strb0,dsp_strb1,dsp_iostrb,
                dsp_addr,dsp_data
                );

output reg dsp_rw;                          //DSP 读写信号,低——写,高——读
output reg dsp_strb0;                       //DSP 存储空间 STRB0 选通信号
output reg dsp_strb1;                       //DSP 存储空间 STRB1 选通信号
output reg dsp_iostrb;                      //DSP 存储空间 IOSTRB 选通信号
output reg [23:0] dsp_addr;                 //DSP 地址总线
inout wire [15:0] dsp_data;                 //DSP 数据总线
//print_task.v 里包含常用信息打印任务封装
print_task    print();
//-------------------------------------------------------------------------------------//
//模拟 DSP 读/写任务封装
//-------------------------------------------------------------------------------------//
//DSP 地址空间选择
parameter    SELECT_STRB0    = 2'd1,
             SELECT_STRB1    = 2'd2,
             SELECT_IOSTRB   = 2'd3;
reg[15:0] dsp_data_reg;                     //DSP 数据总线寄存器
```

```
assign dsp_data = dsp_rw ? 16'hzz : dsp_data_reg;
reg rd_flag;                                    //任务忙标志位,用于防止同时调用该任务
reg wr_flag;                                    //任务忙标志位,用于防止同时调用该任务
initial begin
    rd_flag = 0;                                //DSP 读任务不忙
    wr_flag = 0;                                //DSP 写任务不忙
    //DSP 信号接口初始化
    dsp_rw = 1;
    dsp_data_reg = 16'hzzzz;
    dsp_addr = 24'hzzzzzz;
    dsp_strb0 = 1;
    dsp_strb1 = 1;
    dsp_iostrb = 1;
end
reg h1;                                         //DSP 时钟模拟,h1 为 DSP 指令周期
initial begin
    h1 = 1'b0;
    forever
    #20 h1 = ~h1;
end
//模拟 DSP 读 FPGA 任务
task task_dsp_read;
    input[1:0] tcs;                             //片选输入
    input[23:0] taddr;                          //地址输入
    output[15:0] tdata;                         //数据读出
    begin
        …
    end
endtask
//模拟 DSP 写 FPGA 任务
task task_dsp_write;
    input[1:0] tcs;                             //片选输入
    input[23:0] taddr;                          //地址输入
    input[15:0] tdata;                          //数据写入
    begin
        …
    end
endtask
endmodule
```

五、读/写紊乱状态

在同一时刻对同一个寄存器进行读/写容易发生紊乱状态。如以下的例子,第一

个always块对 count 操作(写),第 2 个 always 却要显示它,那么会出现什么状态呢?

```
module rw_race(clk);
input clk;
integer count;
always @ (posedge clk)  begin
    count = count + 1;
end
always @ (posedge clk)  begin
    $write("Count is equal to %0d\n", count);
end
endmodule
```

由于 Testbench 的运行是基于 PC 机的,处理的时候也是分时复用的,所以这两个 always 块也会先后执行。也就是说,会出现两种情况。这里假设 count 在执行前为 10,若先执行第一个块,那么第 2 个块执行后的结果显示为 count=11;若先执行第 2 个块再执行第一个块,显示的结果为 count=10。

这样的紊乱状态往往不是我们希望看到的,这可能会给测试工作带来许多不必要的麻烦。那么,有什么解决办法呢?可以先看看下面这段代码。


```
module rw_race(clk);
input clk;
integer count;
always @ (posedge clk)  begin
    count <= count + 1;
end
always @ (posedge clk)  begin
    $write("Count is equal to %0d\n", count);
end
endmodule
```

采用非阻塞赋值语句后,这个紊乱的状态就会得到解决。在第一个 always 块 count 增加的同时第 2 个 always 块也在执行,那么最后显示的 count 值是 count 增 1 之前的数值。

再看下面的例子。

```
module rw_race;
wire [7:0] out;
assign out = count + 1;
```

```
integer count;
initial  begin
    count = 0;
    $ write("Out = % b\n", oul);
end
endmodule
```

以上代码执行后会得到什么结果呢？这取决于测试者使用的仿真器和命令行。一般来说，Verilog - XL 会输出“xxxxxxxx”，而 VCS 则会认为是“00000001”。那么如何改进呢？看下面的代码。

```
module rw_race;
wire [7:0] out, tmp;
assign #1 out = tmp - 1;
assign #3 tmp = count + 1;
integer count;
initial  begin
    count = 0;
    #4;          //out 的值为 0
    $ write("Out = % b\n", out);
end
endmodule
```


这些都是编写一个好的 Testbench 代码应该注意的细节。

六、防止同时调用 task

Testbench 使用的是硬件语言，而其依赖的环境却是基于 PC 的软件平台，这也就决定了其独特的代码风格。有时的的确确是以一个软件式的顺序方式在给待测试硬件代码做测试，但是写出来的 Testbench 代码中却时常布满了并行执行的陷阱。这给硬件测试者带来了不少麻烦，既然选择了 Verilog，那么就得好好领会它在硬件测试环境下的特殊性。或者说，应该掌握一些常用的技巧来避免这些问题，让 Testbench 更高效的执行。

下面给出使用 task 的一个常见冲突以及解决办法。

```
task write;
    input [7:0] wadd;
    input [7:0] wdat;
    begin
        ad_dt <= wadd;
        ale <= 1'bl;
        rw <= 1'bl;
        @ (posedge rdy) ;
```

```
            ad_dt <= wdat;
            ale <= 1'b0;
            @ (negedge rdy);
        end
    endtask

    initial write(8'h5A, 8'h00);
    initial write(8'hAD, 8'h34);
```

上面的 task 实现了向存储器的指定地址写入指定数据的功能。由于 Verilog 中 always 和 initial 在实际执行时都是并行工作的，这就很有可能出现上面两个 initial 同时进行 task 调用、同时需要写存储器的情况，冲突的结果无法预料。

那么如何解决这样的问题呢？看下面改进后的代码：

```
    task write;
        input [7:0] wadd;
        input [7:0] wdat;
        reg in_use ;
        begin
                if (in_use === 1'b1) $ stop;
                in_use = 1'b1;
                ad_dt <= wadd;
                ale <= 1'b1;
                rw <= 1'b1;
                @ (posedge rdy);
                ad_dt <= wdat;
                ale <= 1'b0;
                @ (negedge rdy);
                in_use = 1'b0;
        end
    endtask
```

粗体部分就是加入了检错机制，用 in_use 作为 task 已被调用的标志信号，从而避免被其他代码段调用。

笔记 14

测试用例设计

一、模拟串口自收发通信

该 Testbench 是针对一个串口收发实验工程的。串口通信工程的设计中，FPGA 接收到串口数据后便将其发送出去。因此，在 Testbench 的用例设计中，使用了遍历测试和随机测试，对发送出去的数据和接收到的数据进行检测对比，最后测试者只要根据打印输出的信息即可判断源代码的设计是否符合要求。

详细的测试脚本如下：

```
`timescale 1ns/1ns
module tb_uart;

reg clk;                                    //50 MHz 主时钟频率
reg rst_n;                                  //低电平复位信号

reg rs232_rx;                               //RS-232 发送数据信号,FPGA 接收
wire rs232_tx;                              //RS-232 接收数据信号,FPGA 发送

//例化被测工程 my_uart_top
my_uart_top     uut(
            .clk(clk),
            .rst_n(rst_n),
            .rs232_rx(rs232_rx),
            .rs232_tx(rs232_tx)
        );

//------------------------------------------------------------------------------------//
//FPGA 输入时钟和复位产生
//------------------------------------------------------------------------------------//

parameter     PERIOD      = 20;              //时钟周期,单位 ns
parameter     RST_ING     = 1'b0;            //有效复位值,默认低电平复位
```

```
    //时钟信号产生
initial begin
    clk = 0;
    forever
        #(PERIOD/2) clk = ~clk;
end
    //复位任务封装
task sys_reset;
    input[31:0] reset_time;                 //复位时间输入,单位 ns
    begin
        rst_n = RST_ING;                    //复位中
        #reset_time;                        //复位时间
        rst_n = ~RST_ING;                   //撤销复位
     end
endtask
//---------------------------------------------------------------------------------------------------------//
//常用信息打印任务封装
//---------------------------------------------------------------------------------------------------------//
    //警告信息打印任务
task warning;
    input[80 * 8:1] msg;
    begin
        $write("WARNING at %t : %s", $time,msg);
    end
endtask
    //错误信息打印任务
task error;
    input[80 * 8:1] msg;
    begin
        $write("ERROR at %t : %s", $time,msg);
    end
endtask
    //致命错误打印并停止仿真任务
task fatal;
    input[80 * 8:1] msg;
    begin
        $write("FATAL at %t : %s", $time,msg);
        $write("Simulation false\n");
        $stop;
    end
```

```
endtask

    //完成仿真任务
task terminate;
    begin
        $ write("Simulation Successful\n");
        $ stop;
    end
endtask

//------------------------------------------------------------------------------//
//测试用例设计
//------------------------------------------------------------------------------//

    //波特率参数
parameter     BPS9600     = 32'd104_167,     //9 600 bps
              BPS19200    = 32'd52_083,      //19 200 bps
              BPS38400    = 32'd26_041,      //38 400 bps
              BPS57600    = 32'd17_361,      //57 600 bps
              BPS115200   = 32'd8_681;       //115 200 bps

integer tx_bps;                         //串口发送波特率设置,需要在接收前设置好
integer rx_bps;                         //串口接收波特率设置,需要在接收前设置好
reg[7:0] cnt;                           //发送数据计数器

reg[7:0] data_temp;                     //串口接收数据寄存器
reg rx_flag;                            //接收标志位,下降沿表示接收一个数据完成
reg tx_data;                            //随机发送数据寄存器

initial begin
    sys_reset(500);                     //上电后进行 500 ns 的复位
    rs232_rx = 1'b1;
    #1000;                              //1 μs 延时

    rx_bps = BPS9600;                   //串口接收波特率设置
    tx_bps = BPS9600;                   //串口发送波特率设置

    //遍历测试//
    for(cnt = 0;cnt<255;cnt = cnt + 1) begin            //顺次发送 0～255
        tx_task(cnt);                                   //发送数据
        @(negedge rx_flag);                             //等待接收到数据
        if(data_temp == cnt)
            $ write("transmit: % d,receive: % d; ture\n",cnt,data_temp);
                //自收发数据正确
        else begin
            $ write("transmit: % d,receive: % d; error\n",cnt,data_temp);
                //自收发数据错误
```

```
            error("false");
        end
    end
    #10_000;                //10 μs 延时
    //随机测试//
    for(cnt = 0;cnt<255;cnt = cnt + 1) begin      //顺次发送 0~255
        tx_data = { $random};
        tx_task(tx_data);                          //发送随机数据
        @(negedge rx_flag);                        //等待接收到数据
        if(data_temp == tx_data)
            $write("transmit: %d,receive: %d; ture\n",cnt,data_temp);
                //自收发数据正确
        else begin
            $write("transmit: %d,receive: %d; error\n",cnt,data_temp);
                //自收发数据错误
            error("false");
        end
    end
    terminate;
end
    //串口发送任务
task tx_task;
    input[7:0] txdata;      //发送数据输入
    integer i;
    begin
        rs232_rx = 0;       //起始位
        #tx_bps;
        for(i = 0;i<8;i = i + 1) begin      //8 位数据发送
            rs232_rx = txdata[7 - i];
            #tx_bps;
        end
        rs232_rx = 1;  //停止位
        #tx_bps;
    end
endtask
integer j;
    //串口接收
always @(negedge rs232_tx) begin      //起始位检测
    #(tx_bps/2);
```

```
        if(rs232_tx == 0) begin
            rx_flag = 1;
            #tx_bps;
            for(j = 0;j<8;j = j + 1) begin
                data_temp[7 - j] = rs232_tx;
                #tx_bps;
            end
            rx_flag = 0;
        end
    end

    endmodule
```

图 4.3 和图 4.4 分别是该测试用例的打印信息窗口截图和波形截图。对于这两种不同的测试观测手段，虽然波形观测较直观，但是该用例中所有 512 个结果都通过肉眼来观测肯定让人看花眼，而且还很浪费时间。所以，在 Testbench 中加入自检测，通过打印窗口的信息来做观察就更加方便智能。

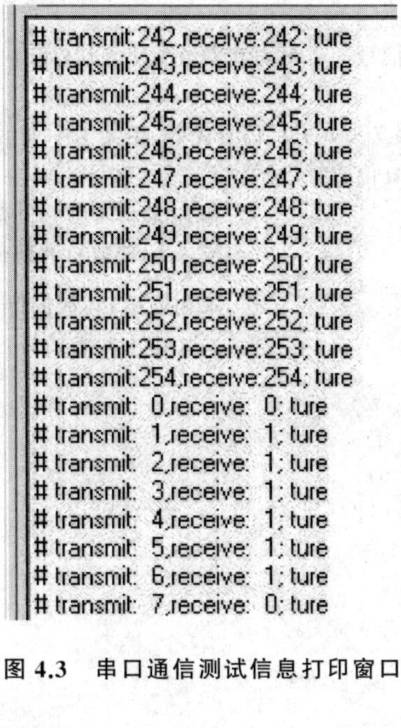

```
# transmit:242,receive:242; ture
# transmit:243,receive:243; ture
# transmit:244,receive:244; ture
# transmit:245,receive:245; ture
# transmit:246,receive:246; ture
# transmit:247,receive:247; ture
# transmit:248,receive:248; ture
# transmit:249,receive:249; ture
# transmit:250,receive:250; ture
# transmit:251,receive:251; ture
# transmit:252,receive:252; ture
# transmit:253,receive:253; ture
# transmit:254,receive:254; ture
# transmit:  0,receive:  0; ture
# transmit:  1,receive:  1; ture
# transmit:  2,receive:  1; ture
# transmit:  3,receive:  1; ture
# transmit:  4,receive:  1; ture
# transmit:  5,receive:  1; ture
# transmit:  6,receive:  1; ture
# transmit:  7,receive:  0; ture
```

图 4.3　串口通信测试信息打印窗口

二、乘法器全覆盖测试

该 Testbench 是针对一个 16 位乘法器运算工程的。该测试脚本对乘法器设计实现全覆盖测试，即连续产生所有可能的 2 个 16 位无符号数组合作为输入。在输入被乘数后，启动乘法运算器，直到 FPGA 有效运算输出标志位 done 置位时，测试脚本将乘数、被乘数以及乘积保存到 txt 文本中，并且判断该输出是否正确，输出判断

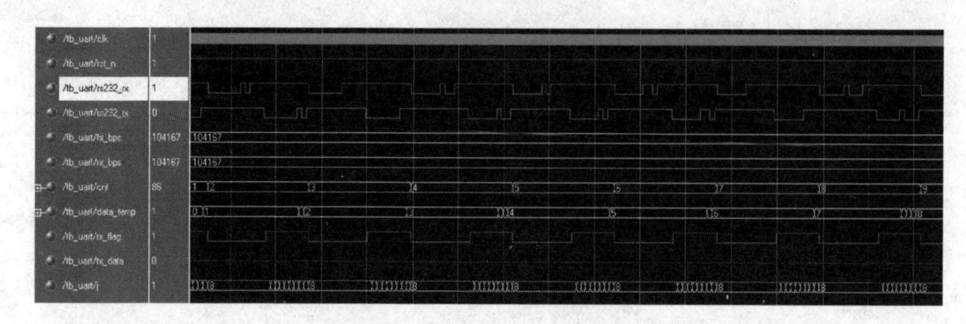

图 4.4 串口通信测试波形

结果。在所有测试完毕后,测试脚本输出统计的测试错误数量。

详细的测试脚本如下:

```
`timescale 1ns/1ns

module vtf_muxtest;

reg clk;            //芯片的时钟信号
reg rst_n;
    //低电平复位、清零信号。定义为 0 表示芯片复位;定义为 1 表示复位信号无效
reg start;
    //芯片使能信号。定义为 0 表示信号无效;定义为 1 表示芯片读入输入引脚得乘数和
    //被乘数,并将乘积复位清零
reg[15:0] ain;                          //输入 a(被乘数),其数据位宽为 16 位
reg[15:0] bin;                          //输入 b(乘数),其数据位宽为 16 位

wire[31:0] yout;                        //乘积输出,其数据位宽为 32 位
wire done;                              //芯片输出标志信号,定义为 1 表示乘法运算完成

mux16    uut(
            .clk(clk),
            .rst_n(rst_n),
            .start(start),
            .ain(ain),
            .bin(bin),
            .yout(yout),
            .done(done)
        );

initial begin
    clk = 0;
    forever
    #10 clk = ~clk;                     //产生 50 MHz 的时钟频率
end

integer i,j;
```

```
integer wrong_timer;                    //运算出错计数器
integer txt_file;                       //定义文件指针

initial begin
    //信号初始化
    start = 1'b0;
    ain = 16'd0;
    bin = 16'd0;
    wrong_timer = 0;
    //txt 初始化
    txt_file = $fopen("txt_file.txt");
    //上电复位
    rst_n = 1'b0;
    #1000;
    rst_n = 1'b1;

    $fdisplay(txt_file,"testbench is running!\n");


    for(i = 0;i<16'hffff;i = i + 1) begin
        for(j = 0;j<16'hffff;j = j + 1) begin
            mux_task(i,j);
        end
    end
    $fdisplay(txt_file," %d wrong!\n",wrong_timer);

    $fdisplay(txt_file,"testbench is over!\n");

    $stop;
end

reg[31:0] mux_result;                   //乘法输出结果寄存器
//乘法执行任务
task mux_task;
    input[15:0] mux_a;
    input[15:0] mux_b;
    begin
        ain = mux_a;                    //送乘数
        bin = mux_b;                    //送被乘数
        @(posedge clk);
        #2 start = 1;                   //启动乘法器
        @(posedge done);                //等待运算完成
        @(posedge clk);
        #2 mux_result = yout;           //读出运算结果
        @(posedge clk);
```

```
        #2 start = 0;                    //结束运算
        @(posedge clk);
    end
 endtask

always @(posedge done) begin
    @(posedge clk);
    @(posedge clk);                       //等待运算结果锁存完成
    $fdisplay(txt_file,"ain = %d,bin = %d,yout = %d\t",ain,bin,mux_result);
            //打印运算结果
    if(ain * bin == yout) $fdisplay(txt_file,"right\n");    //报告运算正确
    else begin
        $fdisplay(txt_file,"wrong\n");                       //报告运算出错
        wrong_timer = wrong_timer + 1;                        //出错计数
    end
    @(posedge clk);
end

endmodule
```

该测试用例较之于以往最大的不同是其自动化程度大大提高,不需要测试者对着一长串的波形进行观察,测试结果也可以被有效地记录下来,同时测试者也不用担心测试数据丢失。其实,这个测试脚本还可以做得更灵活一些,比如在测试出错时让测试立即终止并报错,这样测试者可以立即和设计者(如果条件许可)沟通,便于设计者快速定位问题所在,无需等到所有测试完毕后再查错。

图 4.5 是乘法器测试的 txt 文本记录。

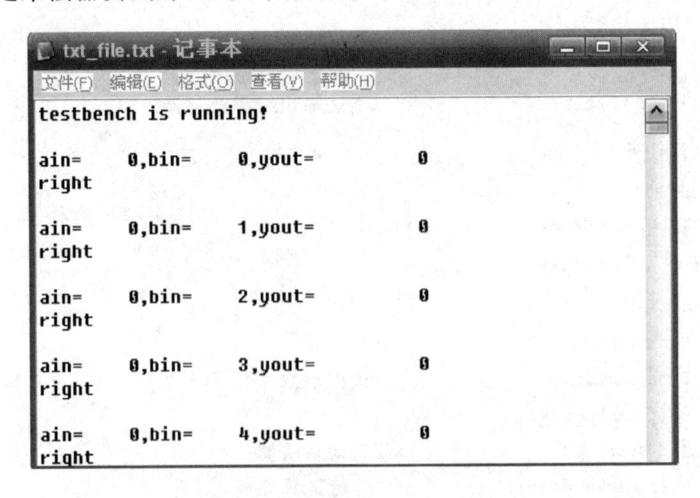

图 4.5　乘法器测试的 txt 文本记录

三、可重用 MCU 读/写设计

该测试脚本要模拟 MCU 读/写外部扩展 RAM 的时序。它将作为一个单独的测试模块，只要在测试主文件中例化好接口，就可以被调用。常见 MCU 读/写外部扩展 RAM 的时序如图 4.6 和图 4.7 所示。

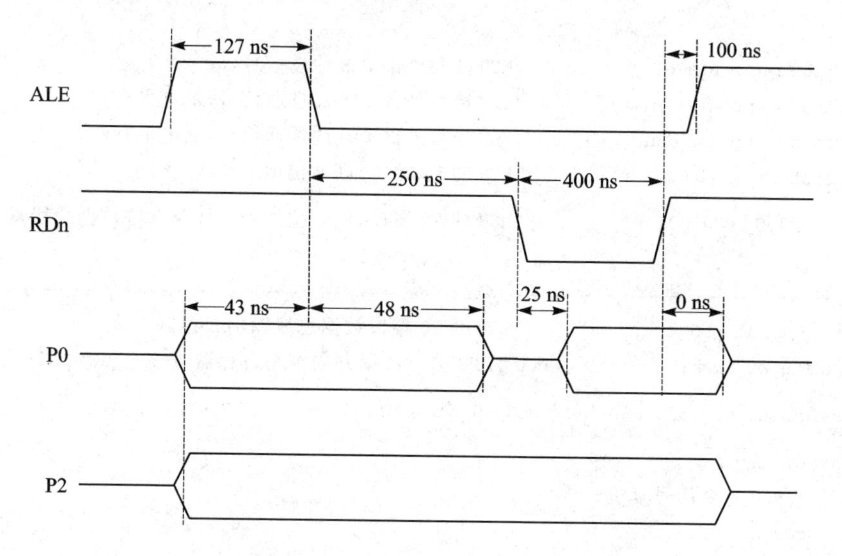

图 4.6　MCU 外部存储器读时序

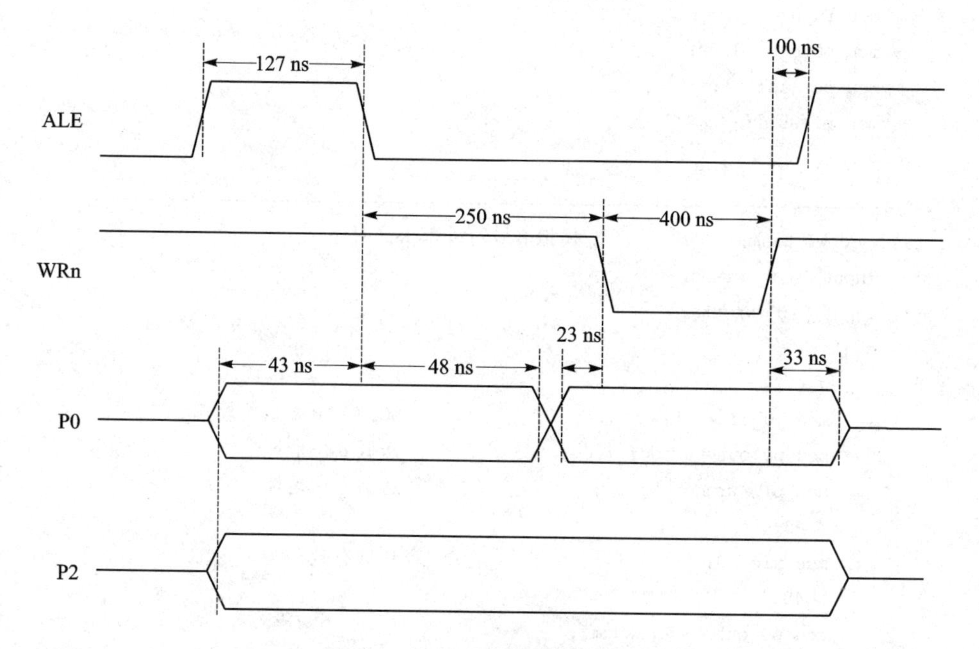

图 4.7　MCU 外部存储器写时序

该测试模块的脚本如下：

```
`timescale 1ns/1ps

module mcuram_rdwr(
                mcu_ale,mcu_wr_n,mcu_rd_n,mcu_p1,mcu_p0
                );

output reg mcu_ale;           //MCU 读写外部 RAM 片选信号,低电平有效
output reg mcu_wr_n;          //MCU 读写外部 RAM 写选通信号,低电平有效
output reg mcu_rd_n;          //MCU 读写外部 RAM 读选通信号,低电平有效
output reg [7:0] mcu_p1;      //MCU 的 P1 端口,高 8 位地址总线
inout[7:0] mcu_p0;            //MCU 的 P0 端口,低 8 位地址总线与 8 位数据总线复用

//------------------------------------------------------------------------------------------------
reg[7:0] mcu_p0_out;          //MCU 的 P0 端口数据总线输出寄存器
reg mcu_p0_link;         //MCU 的 P0 端口数据方向控制寄存器,1——output,0——input
assign mcu_p0 = mcu_p0_link ? mcu_p0_out : 8'hzz;

initial begin
    //MCU 各个信号复位
    mcu_ale = 1;
    mcu_wr_n = 1;
    mcu_rd_n = 1;
    mcu_p0_out = 8'hff;
    mcu_p0_link = 1;
    mcu_p1 = 8'hff;
end
//------------------------------------------------------------------------------------------------
task mcu_wr_task;             //模拟 MCU 写外部 RAM 时序
    input[15:0] wraddr;
    input[7:0] wrdata;
    begin
        #(127 - 43);
        mcu_p0_link = 1;                      //MCU 的 P0 端口为输出
        mcu_p0_out = wraddr[7:0];             //送低 8 位地址
        mcu_p1 = wraddr[15:8];                //送高 8 位地址
        #43;
        mcu_ale = 0;                          //片选有效
        #48;
        mcu_p0_out = { $ random};
        #(250 - 48 - 23);
        mcu_p0_out = wrdata;                  //送写入数据
```

```
        #23;
        mcu_wr_n = 0;                              //MCU 读选通
        #400;
        mcu_wr_n = 1;
        #33;
        mcu_p0_out = { $ random};
        mcu_p1 = { $ random};
        #(100 - 33);
        mcu_ale = 1;
    end
endtask

task mcu_rd_task;                                  //模拟 MCU 读外部 RAM 时序
    input[15:0] rdaddr;
    output[7:0] rddata;
    begin
        #(127 - 43);
        mcu_p0_link = 1;                           //MCU 的 P0 端口为输出
        mcu_p0_out = rdaddr[7:0];                  //送低 8 位地址
        mcu_p1 = rdaddr[15:8];                     //送高 8 位地址
        #43;
        mcu_ale = 0;                               //片选有效
        #48;
        mcu_p0_out = { $ random};
        #(250 - 48);
        mcu_rd_n = 0;                              //MCU 写选通
        #25;
        mcu_p0_link = 0;                           //MCU 的 P0 端口为输入
        #(400 - 25 - 20);
        rddata = mcu_p0;                           //读取数据
        #20;
        mcu_rd_n = 1;
        mcu_p0_link = 1;                           //MCU 的 P0 端口为输出
        mcu_p0_out = { $ random};
        mcu_p1 = { $ random};
        #100;
        mcu_ale = 1;
    end
endtask

endmodule
```

根据测试脚本模拟出来的读/写时序波形分别如图 4.8 和图 4.9 所示。

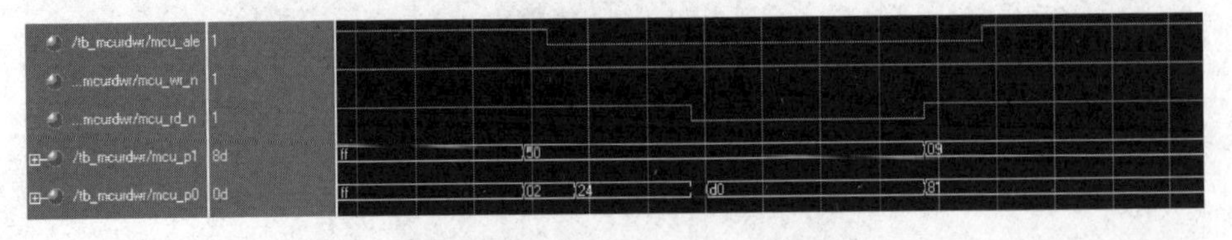

图 4.8　模拟 MCU 外部 RAM 读波形

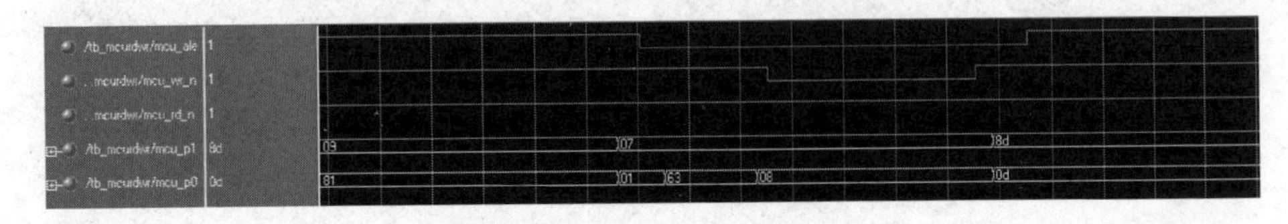

图 4.9　模拟 MCU 外部 RAM 写波形

关于如何进行测试脚本的模块调用，在前面章节中已详细地做了介绍，这里不再讨论。对于这个设计，虽然它已经达到了可以复用的目的，但是在自动化判断方面做得还不够。比如，从图 3.6 中可以看到，MCU 在读取外部存储器过程中，读选通信号 RDn 拉低后 25 ns 内，P0 数据总线上数据必须保持有效并稳定，该状态要一直保持到 RDn 拉高为止。而在测试脚本中对这样的数据读取违规时怎么来判断呢？带着这个简单的问题，读者可以举一反三做更深入的思考和实践。毕竟测试的目的除了验证设计是否满足需求外，还应该准确地定位错误的根源，帮助设计者解决问题。

第五部分　时序分析

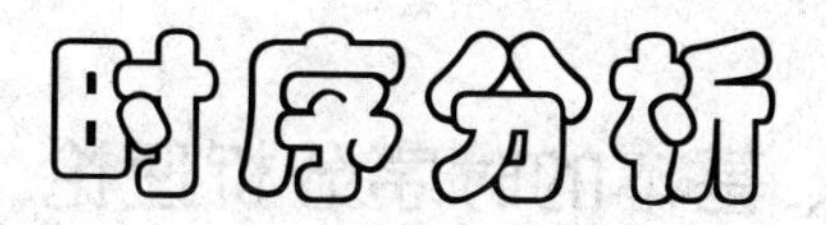

指教智慧人，他就越发有智慧；

指示义人，他就增长学识。

——箴言 9 章 9 节

笔记 15

时序分析基础

一、基本的时序分析理论

何谓时序分析(Timing Analysis)? 首先,设计者应该对 FPGA 内部的工作方式有一些认识。FPGA 的内部结构其实就好比一块 PCB(Printed Circuit Board),FPGA 的逻辑阵列就好比 PCB 板上的一些分立元器件。PCB 通过导线将具有相关电气特性的信号相连接,FPGA 也需要通过内部连线将相关的逻辑节点导通。PCB 上的信号通过任何一个元器件都会产生一定的延时,FPGA 的信号通过逻辑门传输也会产生延时。PCB 的信号走线有延时,FPGA 的信号走线也有延时。这就带来了一系列问题,一个信号从 FPGA 的一端输入,经过一定的逻辑处理后从 FPGA 的另一端输出,这期间会产生多大的延时呢? 有多个总线信号从 FPGA 的一端输入,这条总线的各个信号经过逻辑处理后从 FPGA 的另一端输出,这条总线各个信号的延时一致吗? 之所以关心这些问题,是因为过长的延时或者一条总线多个信号传输延时的不一致,不仅会影响 FPGA 本身的性能,而且也会给 FPGA 之外的电路或者系统带来诸多的问题。

言归正传,引进时序分析的理论也正是基于上述的一些思考。它可以简单地定义为:设计者提出一些特定的时序要求(或者说是添加特定的时序约束),套用特定的时序模型,针对特定的电路进行分析。分析的最终结果当然是要求系统时序满足设计者提出的要求。

下面举一个最简单的例子来说明时序分析的基本概念。假设信号需要从输入到输出在 FPGA 内部经过一些逻辑延时和路径延时。系统要求这个信号在 FPGA 内部的延时不能超过 15 ns,而开发工具在执行过程中找到了如图 5.1 所示的一些可能的布局布线方式。那么,怎样的布局布线能够达到系统的要求呢? 仔细分析发现,所有路径的延时可能为 14 ns、15 ns、16 ns、17 ns、18 ns,有两条路径能够满足要求,那么最后的布局布线就会选择满足要求的两条路径之一。

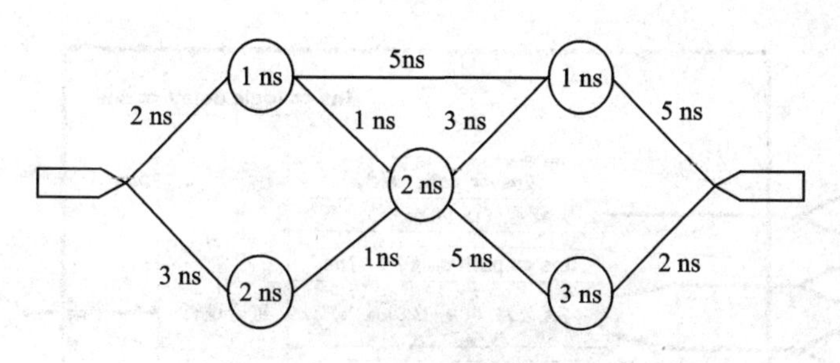

图 5.1　时序分析实例 1

时序分析的前提就是设计者先提出要求，然后时序分析工具才会根据特定的时序模型进行分析，即有约束才会有分析。若设计者不添加时序约束，那么时序分析就无从谈起。笔者常常遇见一些初学者在遇到问题时不问青红皂白就一口咬定是时序问题，当然，这是可能的，但若想准确定位到问题的所在，必须添加时序约束，之后系统的时序问题才有可能暴露出来。

下面再来看一个例子，如图 5.2 所示，假设有 4 个输入信号，经过 FPGA 内部的一些逻辑处理后到达同一个输出端。FPGA 内部的布线资源有快慢之分，就好比普通的国道和高速公路。通过高速通道所需要的路径延时假设为 3～7 ns，但只有两条可用；通过慢速通道的路径延时通常要大许多，这里假设大于 10 ns。

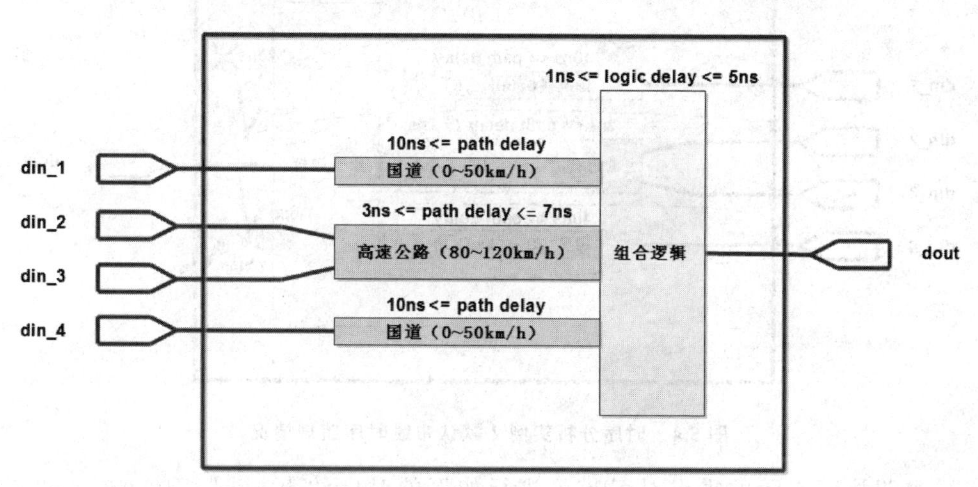

图 5.2　时序分析实例 2

默认情况下，如图 5.3 所示，离高速通道较近的 din_2 和 din_3 路径被布线到了高速通道上，当前的 4 个信号在 FPGA 内部的延时分别为：din1＝15 ns，din2＝4 ns，din3＝6 ns，din4＝13 ns。

但是，实际的系统需求是这样的：din1＜10 ns，din2＜10 ns，din3＜20 ns，din4＜20 ns。

按照前面给出的 4 个输入信号的默认布局布线情况来看，如图 5.4 所示，虽然

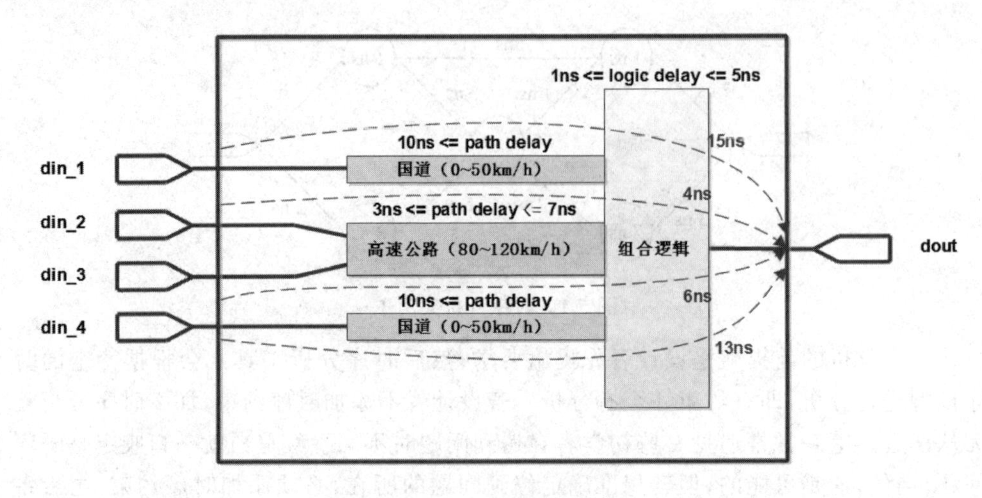

图 5.3 时序分析实例 2 默认布线延时

din2、din3 和 din4 都达到了要求，但是 din1 无法满足时序要求，我们通常认为这是时序违规。

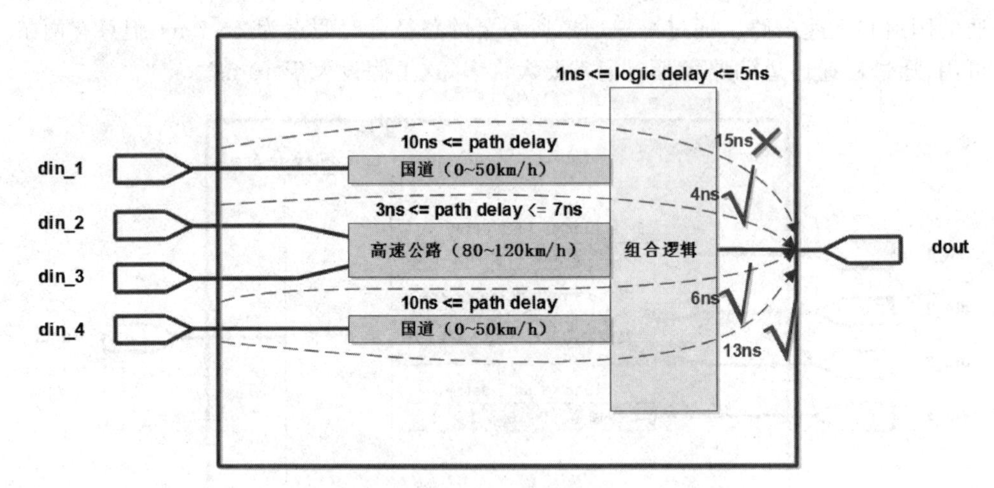

图 5.4 时序分析实例 2 默认布线时序违规情况

如果按照实际的需求对 FPGA 进行如下的时序约束：din1＜10 ns，din2＜10 ns，din3＜20 ns，din4＜20 ns。接下来，如图 5.5 所示，FPGA 将重新进行布局布线。

由于添加了时序约束，因此，FPGA 的布局布线工具会根据这个实际需求，重新做布局布线，如图 5.6 所示。重新布局布线后的路径延时如下：din1＝7 ns，din2＝4 ns，din3＝18 ns，din4＝13 ns。显然，FPGA 内部的时序全部都能够满足要求。

关于约束，这里要稍微提一下两种不恰当的约束方法，即欠约束和过约束。假设下面提到的两种情况下的原始系统实际时序要求都是一样的，即前面所说的：din1＜

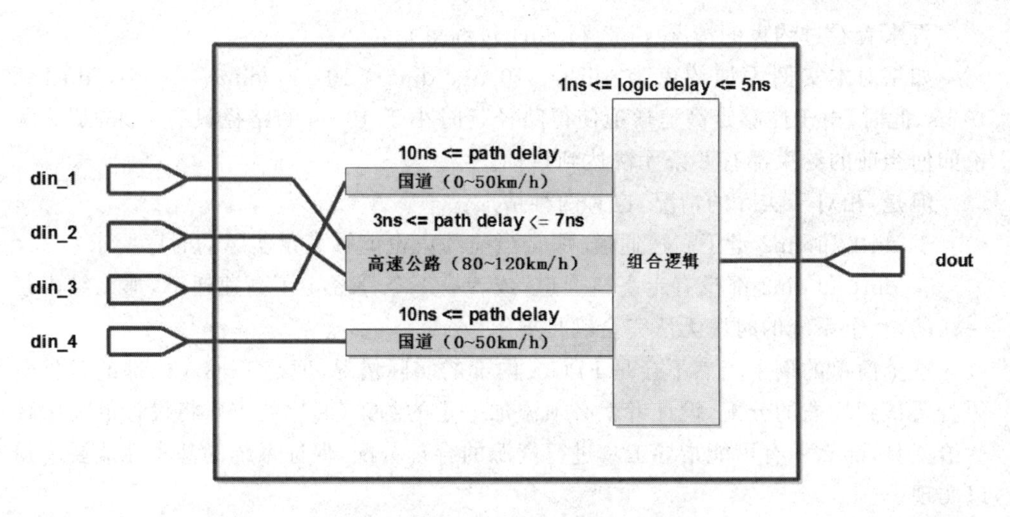

图 5.5　时序分析实例 2 重新布局布线

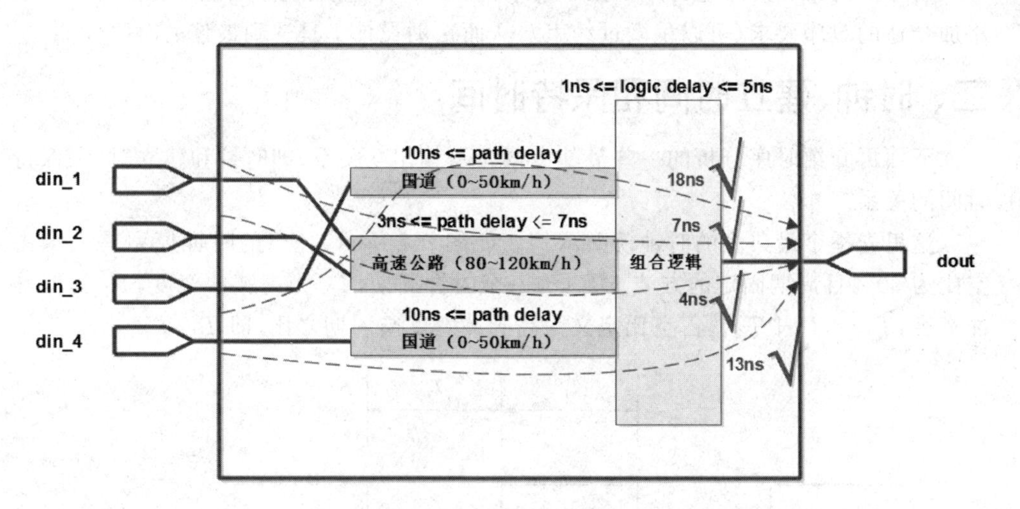

图 5.6　时序分析实例 2 重新布局布线后的时序违规情况

10 ns，din2＜10 ns，din3＜20 ns，din4＜20 ns。

但是下面这两种情况的约束不是完全按照实际系统时序需求来约束的，我们来看看这些情况下会出现什么问题？首先看看欠约束的情况（din1 和 din2 欠约束）。

如果对本实例添加约束为：din1＜20 ns，din2＜20 ns，din3＜20 ns，din4＜20 ns。此时，由于 4 条路径的延时都能够控制在 20 ns 要求之内，所以当前的约束都能够达到目标。

但是，相对于实际的情况，有两种情形：

① din1 和 din2 走了高速通道，那么当前约束也能够满足实际的时序要求；

② din1 和 din2 都没有走高速通道，或者有一条路径走了高速通道，那么结果是一样的，整个系统的时序无法完全满足要求。

再来看看过约束的情况(din3 和 din4 过约束)。

如果对本实例添加约束为：din1＜10 ns，din2＜10 ns，din3＜10 ns，din4＜10 ns。此时，由于能够走高速通道使得路径延时小于 10 ns 的路径只有 2 条，那么无论如何当前的约束都有 2 条无法达到目标。

但是，相对于实际的情况，也有两种情形：

① din1 和 din2 走了高速通道，那么当前约束也能够满足实际的时序要求；

② din1 和 din2 都没有走高速通道，或者有一条路径走了高速通道，那么结果是一样的，整个系统的时序无法完全满足要求。

这个简单的例子当然不会是 FPGA 内部的实际情况，但是 FPGA 内部的各种资源若要得到均衡的分配，设计者就必须添加一定的约束(时序约束)，将设计的需求传达给工具，那么才有可能指导工具进行资源的合理分配，保证系统的基本性能要求得以实现。

时序欠约束和时序过约束都是不可取的，设计者应该根据实际的系统时序要求添加合适的时序要求(可以稍微过约束)，从而帮助设计工具达到最佳的时序性能。

二、时钟、建立时间和保持时间

下面再介绍时序分析的一些最基本概念及其相互关系，即时钟和建立时间、保持时间的关系。

这里先举个最典型的时钟模型示例。如图 5.7 所示，理想的时钟模型是一个占空比为 50%且周期固定的方波。T_{clk} 为一个时钟周期，T_1 为高脉冲宽度，T_2 为低脉冲宽度，$T_{clk}=T_1+T_2$。占空比定义为高脉冲宽度与周期之比，即 T_1/T_{clk}。

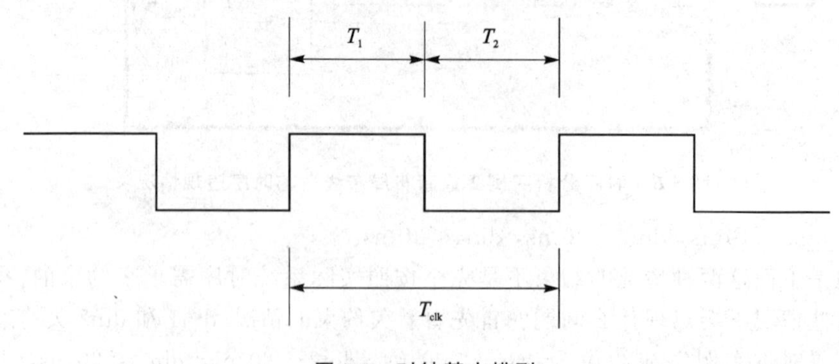

图 5.7　时钟基本模型

建立时间(T_{su})是指在时钟上升沿到来之前数据必须保持稳定的时间，保持时间(T_h)是指在时钟上升沿到来以后数据必须保持稳定的时间。一个数据需要在时钟的上升沿被锁存，那么这个数据就必须在这个时钟上升沿的建立时间和保持时间内保持稳定。换句话说，就是在这段时间内传输的数据不能发生任何的变化。时钟沿与建立时间、保持时间之间的关系如图 5.8 所示。

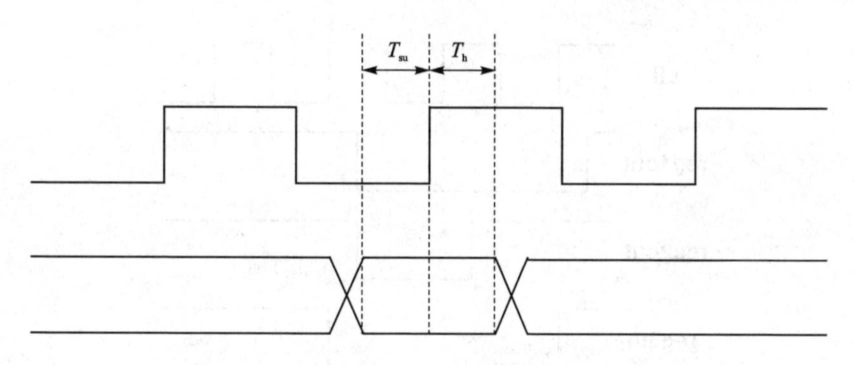

图 5.8　时钟沿与建立时间和保持时间之间的关系

这里举一个二输入与功能的时序设计模型示例，如图 5.9 所示。输入数据 data1 和 data2 会在时钟的上升沿被分别锁存到 reg2 和 reg1 的输出端，然后这两个信号分别经过各自的路径到达与门 and 的输入端，它们相与运算后将信号传送到下一级寄存器 reg3 的输入端，对应它们上一次被锁存后的下一个时钟上升沿，reg3 的输入端数据被锁存到了输出端。这个过程是一个典型的寄存器到寄存器的数据传输。下面就要以此为基础来介绍它们需要满足的建立时间和保持时间的关系。

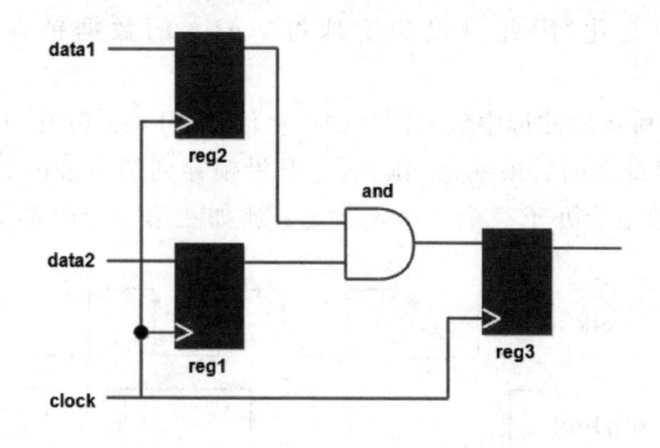

图 5.9　二输入与功能的寄存器模型

如图 5.10 的波形所示，clk 表示时钟源发出的时钟波形，它要分别到达上面例子中的源寄存器 reg1、reg2 以及目的寄存器 reg3，所经过的时间是不一样的，因此波形中给出的时钟到达 reg3 的波形 clk_r3 相对于基准时钟 clk 的波形会略有偏差（稍微延时一些，这是真实情况的模拟）。reg1out 和 reg2out 分别是数据 data1 和 data2 被锁存到各自寄存器的输出端的波形，reg3in 是 reg1out 和 reg2out 的波形经过路径延时和门延时后到达 reg3in 的波形，而 reg3out 是在 clk_r3 的上升沿来到并锁存好有效的数据后其寄存器输出端的波形。

在这个波形中可以看到，clk_r3 的前后各有一条虚线，前一条虚线到 clk_r3 上升沿的这段时间即建立时间，clk_r3 上升沿到后一条虚线的这段时间即保持时间。前面对建立时间和保持时间下定义时提到过，在这段时间内不能够有数据的变化，数

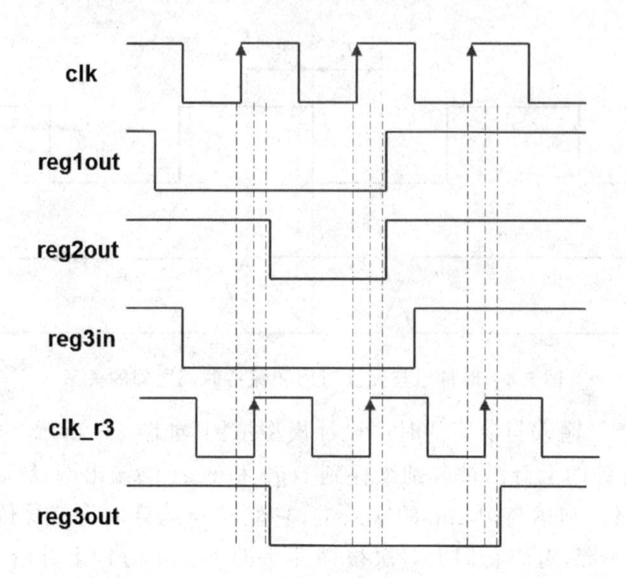

图 5.10　建立时间和保持时间都满足要求的情况

据必须保持稳定。而在这个波形中也确实没有看到在建立时间和保持时间内 reg3in 的数据有任何的变化，因此可以稳定地将 reg3in 的数据锁存到 reg3 的输出 reg3out 中。

在如图 5.11 所示的波形中包含同样的一些信号，但 reg3in 在 clk_r3 的建立时间内发生了变化，这带来的后果就是 clk_r3 上升沿锁存到的 reg3in 数据不确定，那么随后的 reg3out 值也会处于一个不确定状态。比如在第一个时钟周期，原本 reg3in

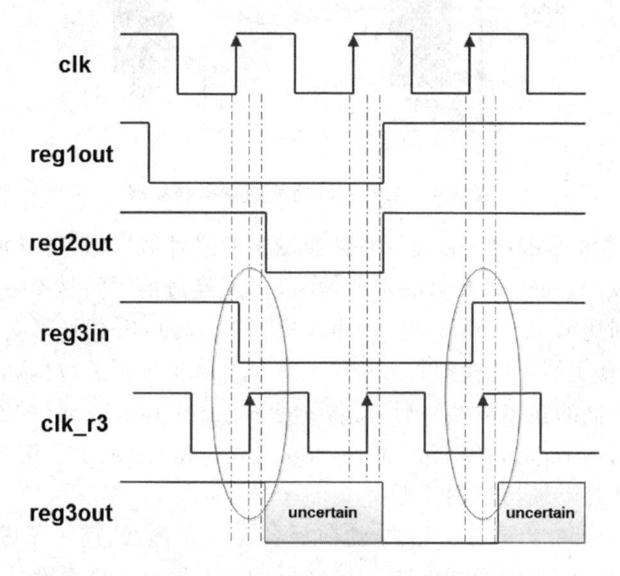

图 5.11　建立时间违规的情况

应该是稳定的低电平，但是由于整个路径上的延时时间过长，于是导致了 reg3in 在 clk_r3 的建立时间内数据还未能稳定下来，在建立时间内出现了电平正处于从高到低的变化，即不稳定的状态，那么导致的后果就是 reg3out 的最终输出不是确定的状态，很可能是忽高忽低的亚稳态，而不是原本期望的低电平。

再来看看保持时间违规的情况，如图 5.12 所示，这次是数据传输得太快了，原本应该下一个时钟周期到达 clk_r3 的数据竟然在 clk_r3 的前一个时钟周期的保持时间还未过去就来到了。因此，它出现的最终危害也是后端输出的 reg3out 处于不确定的状态。

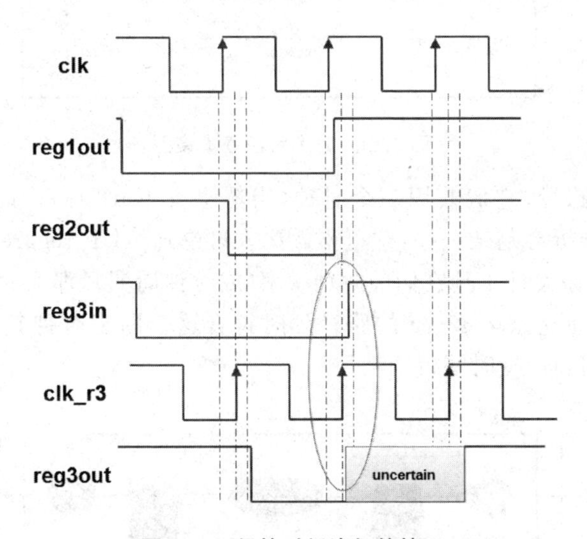

图 5.12　保持时间违规的情况

三、基本时序路径分析

对于 FPGA 内部而言，通常有 4 大类的基本时序路径，即：

- 内部寄存器之间的时序路径，即 reg2reg；
- 输入引脚到内部寄存器的时序路径，即 pin2reg；
- 内部寄存器到输出引脚的时序路径，即 reg2pin；
- 输入引脚到输出引脚之间的时序路径（不通过寄存器），即 pin2pin。

前面 3 类是和 FPGA 内部的寄存器相关的，也是和时钟相关的，所以关注的重点还是数据信号和时钟锁存沿之间的建立时间和保持时间关系。而最后一类信号的传输通常不通过时钟，因此它的时序约束也相对直接，我们一般是直接约束 pin2pin 的延时值范围。这 4 类时序路径的基本模型如图 5.13 所示。

这里逐个来看这 4 类基本路径所约束的具体时序路径。

reg2reg 路径约束的对象是路径起始的源寄存器以及最终结束的目的寄存器都在 FPGA 内部的路径。如图 5.14 所示，FPGA 内部圈起来的部分是从一个寄存器到

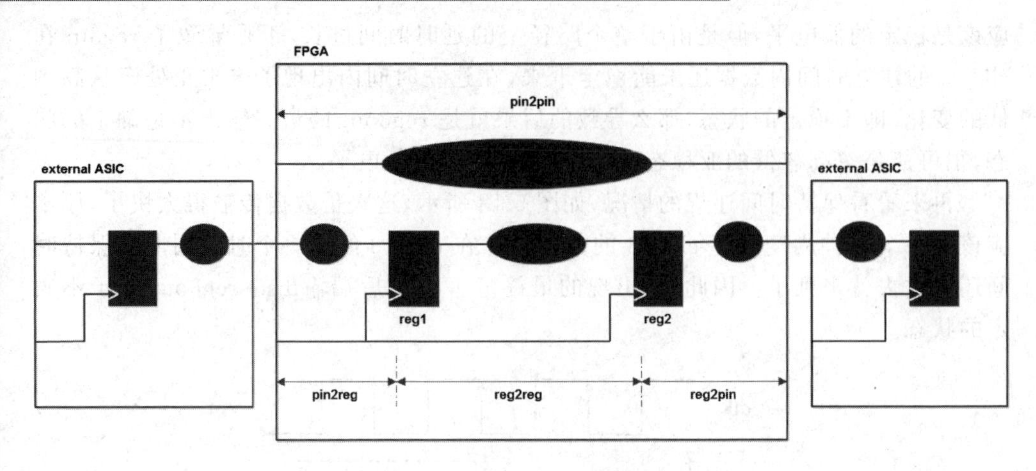

图 5.13　时序路径基本模型

另一个寄存器的路径，它们共用一个时钟（当然也有不共用一个时钟的 reg2reg 路径，这种路径的分析会复杂一些，这里不做深入讨论）。对于 reg2reg 路径，我们只要告诉 FPGA 的时序设计工具它们的时钟频率（或时钟周期），那么时序设计工具通常就"心领神会"地让这条 reg2reg 的路径延时符合这个固定时钟频率所要求的范围（即它的建立时间和保持时间得到满足）。

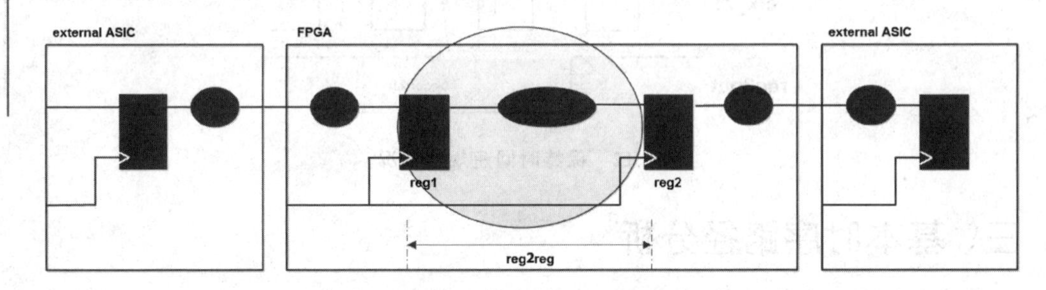

图 5.14　reg2reg 路径模型

再来看 pin2reg 的路径模型，如图 5.15 所示。虽然和 FPGA 连接的外部芯片内部寄存器的状态无从知晓（一般芯片也不会给出这么详细的内部信息），但是一般芯片都会给出针对于这个芯片引脚的一些时序信息，如 T_{CO}（数据在芯片内部的路径延时）、T_{SU}（建立时间）和 T_h（保持时间）等，也可以用图示的这个模型来剖析一下芯片所给出的这些时序参数的具体路径。在这个模型中，画圈部分所覆盖的路径代表了和 FPGA 内部 reg2reg 分析一样的模型，pin2reg 原则上只是 reg2reg 的一部分。FPGA 内部的小圈部分则表示我们实际要告诉 FPGA 的 pin2reg 约束信息。或者说，我们能够进行路径控制的就是这段小圈所覆盖的路径。但是，还需要通过整个 reg2reg 路径的情况，即小圈以外、大圈以内这部分路径的延时情况去告诉 FPGA 内部 pin2reg 路径延时应该限制在什么样的范围内。

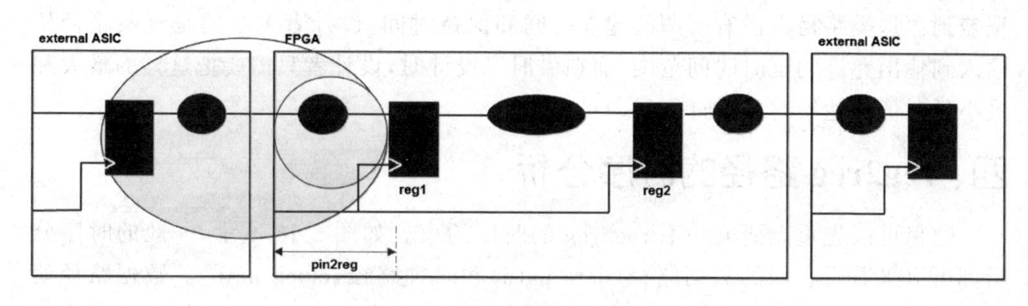

图 5.15　pin2reg 路径模型

reg2pin 的路径如图 5.16 所示。同样的，大圈部分覆盖了 FPGA 内部的源寄存器到 FPGA 外部芯片的目的寄存器为止的 reg2reg 的路径。外部芯片通常也不会给出详细的信息，而是通过相对它们的引脚给出一些时序的信息。而小圈所覆盖的路径则是需要去约束的 reg2pin 的延时。它的延时信息同样是需要通过大圈以内、小圈以外的路径情况来推测得出。

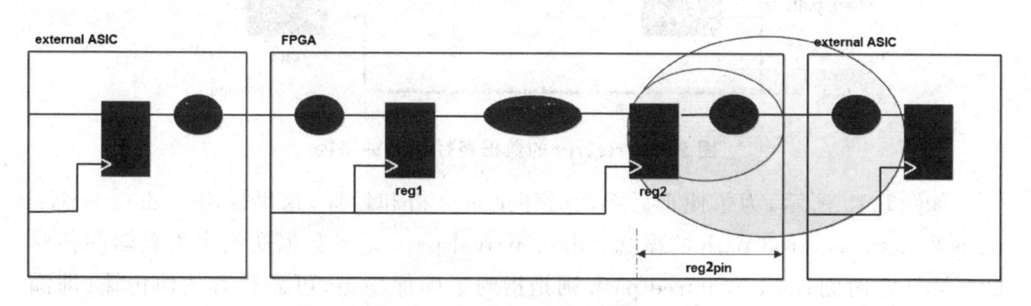

图 5.16　reg2pin 路径模型

最后来看看 pin2pin 的路径。如图 5.17 所示，FPGA 内部上方的大圈内路径是 pin2pin 的路径，即 FPGA 外部信号从 FPGA 的输入引脚到输出引脚所经过的整个路径延时，这个路径中不经过任何寄存器，它的整个路径延时基本上只是一些组合逻辑延时和走线延时。这类路径在纯组合逻辑电路中比较常见，也必须在时序分析中

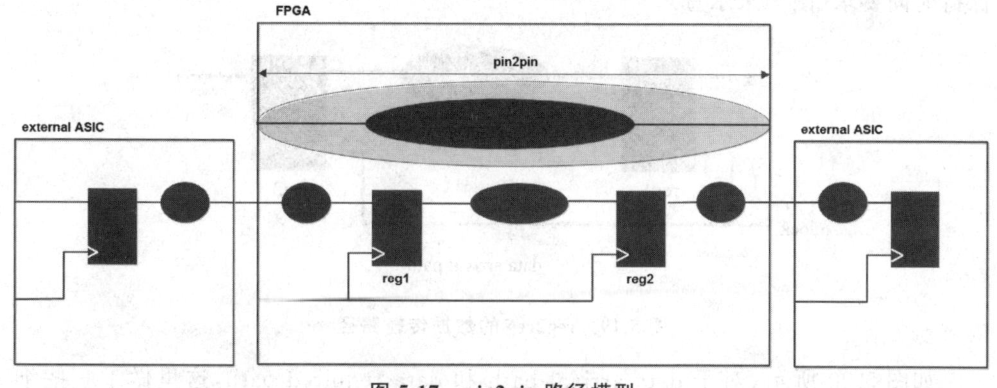

图 5.17　pin2pin 路径模型

覆盖到。这类路径也没有所谓的建立时间和保持时间，设计者关心的是这条路径从输入到输出允许的延时时间范围，而在做时序设计时，设计者只需要把这样的最大和最小延时值传达给时序设计工具即可。

四、reg2reg 路径的时序分析

这里可以先重点研究一下 reg2reg 的时序约束。如图 5.18 所示，一般的时序分析都可以来看看它们的数据路径（data path）和时钟路径（clock path）。数据路径就是数据在整个传输起点到传输终点所走过的路径，时钟路径是指时钟从源端到达各个寄存器输入端的路径。

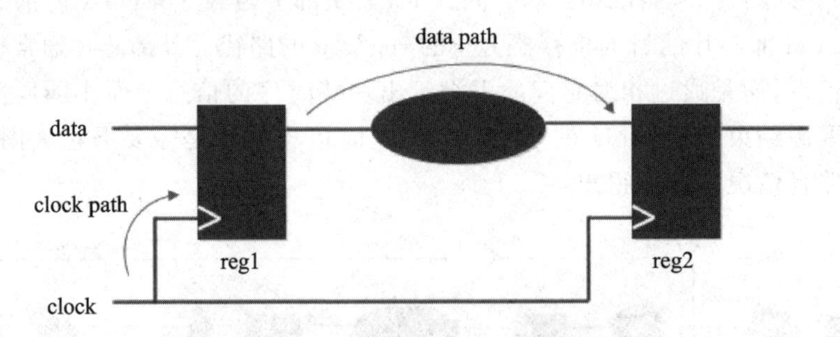

图 5.18　reg2reg 的数据路径和时钟路径

如图 5.19 所示，为了便于后续的时序余量分析和计算，这里提出了 data arrival path 和 data required path 的概念。data arrival path 是指数据在两个寄存器间传输的实际所需时间；data required path 则是指为了确保稳定、可靠且有效地传输（即满足相应的建立时间和保持时间要求），数据在两个寄存器间传输的理论所需时间（也就是最基本的必须满足的传输时间要求，对于建立时间是最大值，对于保持时间则是最小值）。很明显，从图中就可以看出 data arrival path 传输的起点是时钟源，达到源寄存器，然后是实际的数据从源寄存器到目的寄存器时间；而 data required path 的传输起点也是源时钟，但却是达到目的寄存器，然后再考虑目的寄存器的建立时间和保持时间要求（图中未示意）。

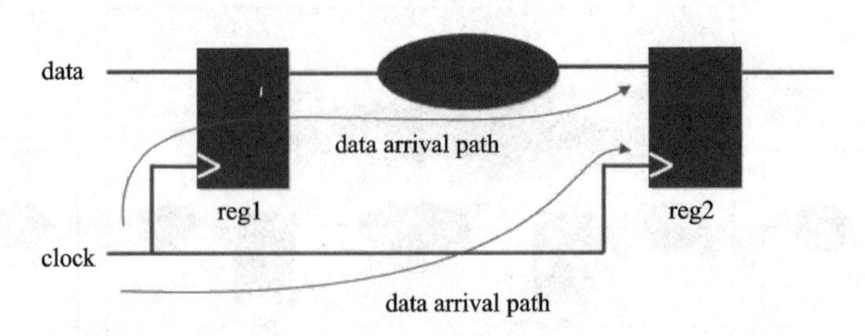

图 5.19　reg2reg 的数据传输路径

如图 5.20 所示，对于 data arrival path 和 data required path，这里做了一些细

化，将实际的各个路径示意了出来：

- T_{c2s} 表示时钟源到源寄存器 reg1 所经过的时钟网络延时。
- T_{c2r} 表示时钟源到目的寄存器 reg2 所经过的时钟网络延时。
- T_{co} 表示数据在被锁存后在寄存器内所经过的延时。
- T_{r2r} 表示数据从上一级寄存器（源寄存器）的输出端到下一级寄存器（目的寄存器）的输入端所经过的延时。
- T_{su} 表示目的寄存器的建立时间。
- T_h 表示目的寄存器的保持时间。

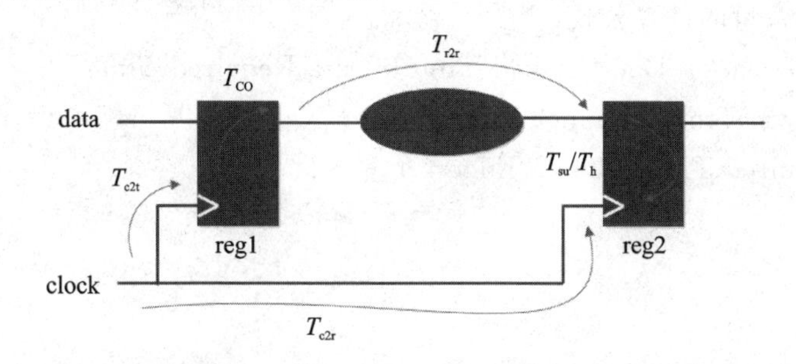

图 5.20　reg2reg 的详细路径分析

在开始这些路径公式的分析前，我们还需要了解 Setup relationship、Hold relationship 及其与 launch edge、latch edge 之间的关系。如图 5.21 所示，对于一个寄存器到寄存器的传输来说，正常情况下，各个寄存器都是在时钟的控制下每个上升沿锁存一次数据，那么也就意味着，对于两个相邻的寄存器，后一级寄存器每次锁存的数据应该是前一级寄存器上一个时钟周期锁存过的数据。基于此来讨论建立时间，即 setup relationship 时，源寄存器为 lauch clock，目的寄存器为 latch clock，而 lauch edge 从时间上看就要比 latch edge 早一个时钟周期，即它们之间通常是相差一个时钟周期的关系。反观保持时间则不然，即 hold relationship 实际上是同一个 edge，也就是说后一级寄存器的保持时间很可能遭到上一级寄存器同一个时钟周期所传输数据的“侵犯”。hold relationship 分析就是为了防备这种情况的，因此这里的 launch edge 和 latch edge 实际上是同一个时钟沿，那么它们的关系通常只是 T_{c2s}（源时钟传输到源寄存器的时间）和 T_{c2r}（源时钟传输的目的寄存器的时间）的时间差。

因此，对照图 5.20 可以看出，理想情况下，抛开什么时钟的抖动以及其他不确定时间，我们可以得到比较理想的 reg2reg 传输的建立时间和保持时间余量（slack）计算公式。

建立时间余量的计算公式：

Setup time slack＝Data Required Time－Data Arrival Time

Data Arrival Time＝Launch Edge＋T_{c2s}＋T_{co}＋T_{r2r}

Data Required Time＝Latch Edge＋T_{c2r}－T_{su}

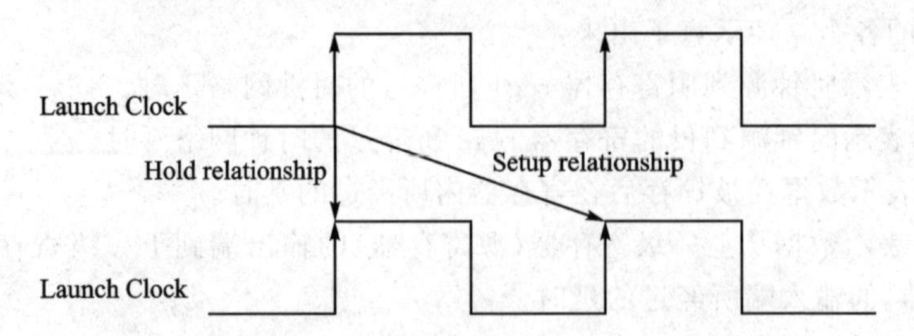

图 5.21　基本的时钟分析概念

保持时间余量的计算公式：

Hold time slack＝Data Arrival Time－Data Required Time

Data Arrival Time＝Launch Edge＋T_{c2s}＋T_{co}＋T_{r2r}

Data Required Time＝Latch Edge＋T_{c2r}＋T_{h}

笔记 16

reg2pin 时序分析案例

先看一下本实例需要约束的 FPGA 与 VGA 驱动芯片之间的硬件接口框图。如图 5.22 所示，在这个框图中主要分析 FPGA 器件和 ADV7123 芯片之间的接口，即图中示意的控制信号、R 色彩、G 色彩和 B 色彩。ADV7123 的控制信号即同步时钟 lcd_clk 和转换数据有效指示信号 adv7123_blank_n；色彩信号即 lcd_r[4：0]、lcd_g[5：0]和 lcd_b[4：0]。

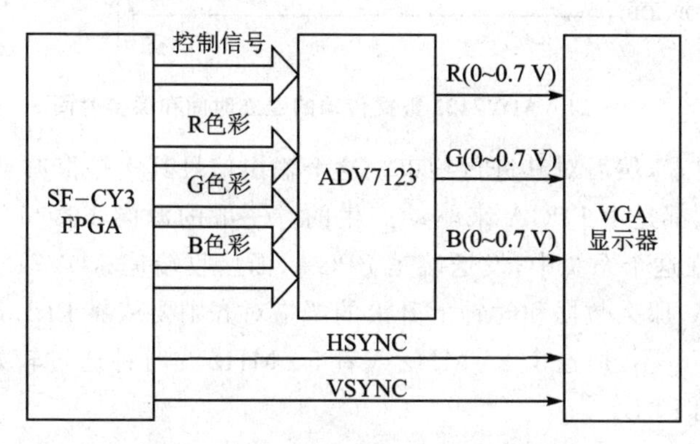

图 5.22 VGA 驱动实例硬件接口框图

要对上述输出信号的时序进行约束，使其满足设计要求，就必须先参考 ADV7123 芯片的 datasheet，了解它的一些基本时序关系和时序参数，然后把这些时序信息套入到前面给出的基本的 reg2pin 模型中进行分析。

对于 ADV7123 来说，在它的输入引脚上，理想的时钟和数据波形如图 5.23 所示。在驱动时钟 lcd_clk 信号的上升沿，将对所有的数据和控制信号进行锁存。

我们还要进一步关心这些数据锁存时，时钟信号所需要的数据建立时间和保持时间是否满足要求。再来看图 5.24，这里示意的 t_1 其实就是数据的建立时间，而 t_2 则是数据的保持时间。

从表 5.1 所列的时序表中发现，$t_1>0.2$ ns，$t_2>1.5$ ns。这样就可以分析一下这

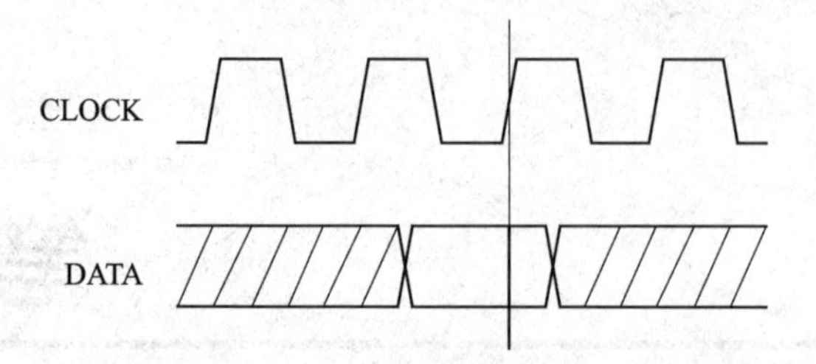

图 5.23　ADV7123 理想的时钟和数据时序波形

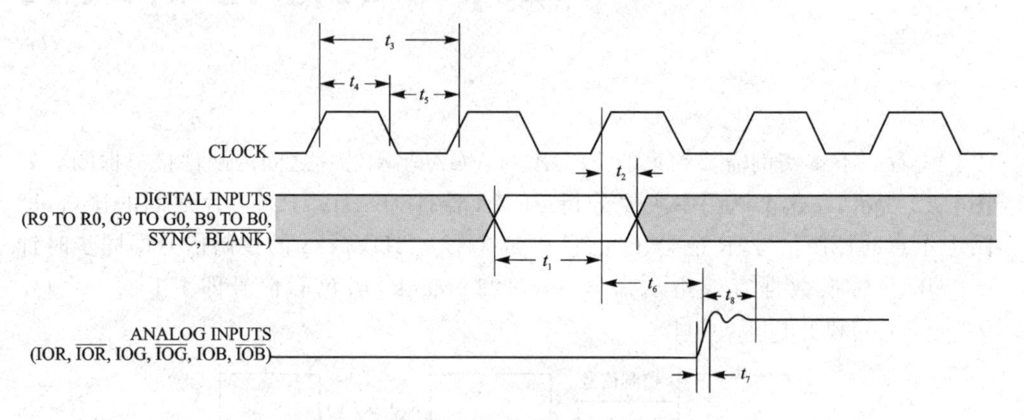

图 5.24　ADV7123 数据传输的建立时间和保持时间

个接口的时序要求，然后对其进行约束。这个输出信号其实是很典型的源同步接口，它的时钟和数据都是由 FPGA 来驱动产生的。一般的源同步接口的寄存器模型如图 5.25 所示。在这个系统中，发送端是 FPGA，而接收端是 ADV7123 芯片。如果传输的速率比较高，那么数据和时钟上升沿的严格对齐则要依靠 PLL 产生可调相位的时钟信号来保证。不过，这个 25 MHz 或者 50 MHz 的时钟通过较好的时序分析和约束后不必动用 PLL。

表 5.1　ADV7123 时序参数表

参　数	名　称	最小值　标准值　最大值	单　位
数据和控制信号建立时间	t_1	0.2	ns
数据和控制信号保持时间	t_2	1.5	ns

如图 5.26 所示，FPGA 产生的数据 data_out 和时钟 clk_out 的理想波形是时钟上升沿锁存到稳定可靠的数据。

首先，需要对系统的输入时钟（25 MHz）、PLL 产生的时钟进行约束，这是 reg2reg 的约束。在本实例中，时钟的基本约束将会覆盖如图 5.27 所示的时钟。

接着，对 lcd_clk 这个时钟进行约束，它需要约束为虚拟（virtul）时钟，将会被用于 output port 上的数据锁存时钟。因为我们这个工程可能会用到 25 MHz 的 lcd_

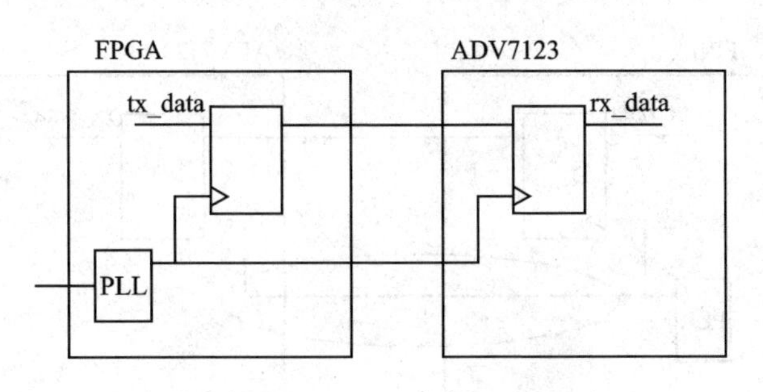

图 5.25　源同步接口寄存器模型

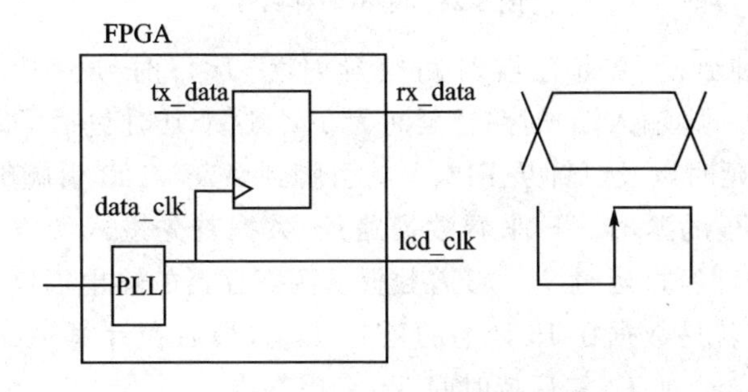

图 5.26　源同步接口寄存器和时序波形关系

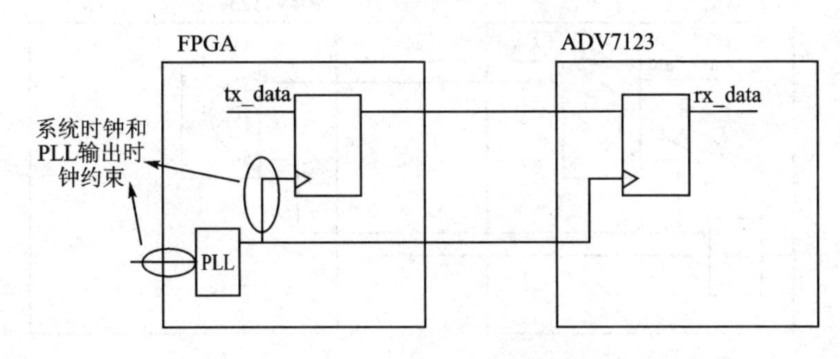

图 5.27　时钟约束可覆盖路径

clk，也会用到 50 MHz 的 lcd_clk，因此这里以频率更高的 50 MHz 为例进行说明。系统的 50 MHz 是 PLL 的 clk[1]输出的。

这个虚拟时钟将会在 FPGA 内部对 tx_data 的 reg2pin 进行时序分析时作为 latch 时钟。实际对于一般的 reg2reg 路径的分析，由于它们的 launch 和 latch 时钟都在 FPGA 内部，若像前面一样做过时钟的约束，那么 FPGA 对这些内部的时钟就已心知肚明，无需虚拟时钟。而对于 pin2reg 或 reg2pin 的路径分析，则一般都需要用户指定一个符合相关时钟要求的虚拟时钟，这个虚拟时钟就作为 pin 端的时钟来分析时序，这里约束的虚拟时钟对应的路径如图 5.28 所示。

如图 5.29 所示，有了时钟 lcd_clk，我们才能对数据路径进行合适的约束。本例中有两条关于时钟的路径延时，假设 PLL 输出的时钟是源和目的时钟的起点，以这

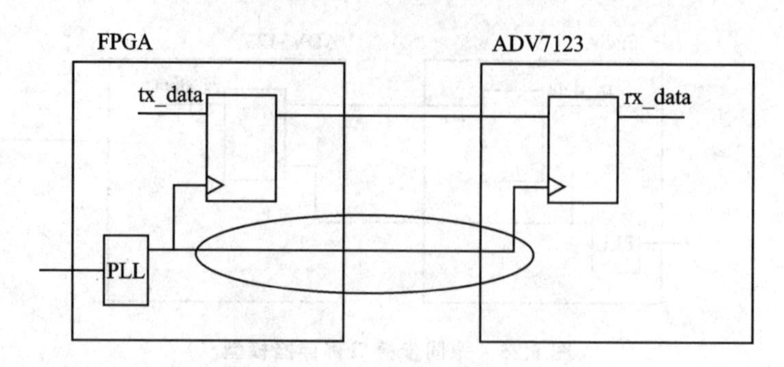

图 5.28 虚拟时钟路径

个点为基准，时钟到达源寄存器时路径延时为 T_{c2t}；时钟到达目的寄存器（即ADV7123 芯片的引脚输入端）时路径延时为 T_{c2r}，这个延时包括了时钟从 PLL 输出到 FPGA 引脚的延时以及时钟从 FPGA 的引脚到 ADV7123 引脚的延时，后者的延时是 PCB 走线产生的延时。再来看数据路径，数据首先进入源寄存器的输入端口后，在源寄存器内部经过延时 T_{co}，接着数据从源寄存器的输出端口到 FPGA 引脚上的延时 T_{r2p}，还有就是数据在 PCB 上的延时 T_{dpcb}，最后在计算 ADV7123 的时序时必须将数据的建立时间 T_{su} 和保持时间 T_h 考虑在内。

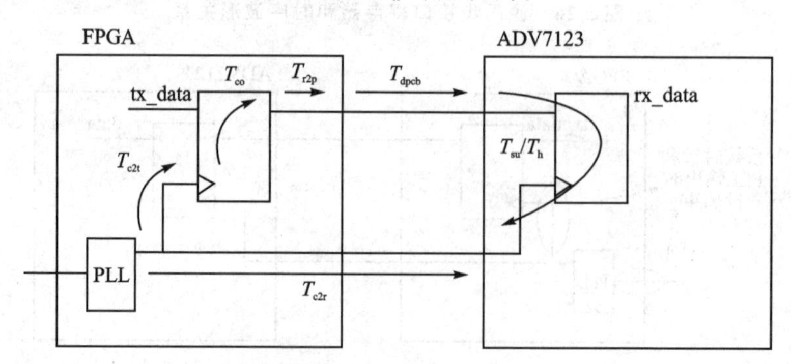

图 5.29 时序路径模型

下面简单分析一下数据的建立时间和保持时间应该满足怎样的关系才能保证被时钟 lcd_clk 稳定的锁存到 ADV7123 芯片中。首先，看看这个实例的时钟 launch edge 和 latch edge 的概念。如图 5.30 所示，这是一个源寄存器和目的寄存器传输时钟一致的理想路径，它们对应的 launch edge 和 latch edge 的示意。可以这么理解，对于 setup 时间，launch edge 是 latch edge 的上一个时钟节拍，latch edge 通常是要去采样 launch edge 已经采样过的数据。而对于 hold 时间，launch edge 和 latch edge 通常是同一个时钟沿，latch edge 的 hold 时间不被冒犯，也就意味着 latch edge 不采样它前一拍的数据。

对于建立时间，有基本的时序关系需要满足，其公式如下：

$$\text{Launch edge} + T_{c2t} + T_{co} + T_{r2p} + T_{dpcb} < \text{latch edge} + T_{c2r} - T_{su}$$

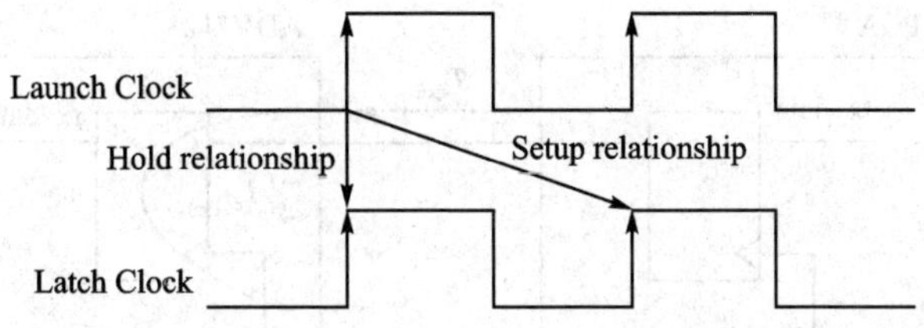

Launch Clock
Hold relationship
Setup relationship
Latch Clock

图 5.30　时钟 launch edge 和 latch edge

对于保持时间，有基本的时序关系需要满足，其公式如下：

$$\text{Launch edge}+T_{c2t}+T_{co}+T_{r2p}+T_{dpcb}>\text{latch edge}+T_{c2r}+T_{h}$$

前面已经约束好了源时钟和目的时钟（虚拟时钟），因此，latch edge 和 launch edge 都是 FPGA 已经明确的时序参数。同样的，T_{co}、T_{c2t}、T_{r2p} 和 T_{c2r} 的 FPGA 内部的延时也都是 FPGA 能够本身就能够确定的，并且 FPGA 会通过设计者的约束来控制这些内部的时序延时，使得前面给出的两个基本公式得到满足。但是，FPGA 并不知道这两个公式中 FPGA 外部的路径延时参数，所以下一步的数据路径约束要做的就是把这些参数告诉 FPGA。Quartus II 软件内部集成的 TimeQuest 中的 set output delay 约束的功能就是要传递这个信息。下面来看看 set output delay 的值如何计算。

如图 5.31 所示，这是 Altera 的 Handbook 给出了 set output delay 的 max 和 min 值计算方法。

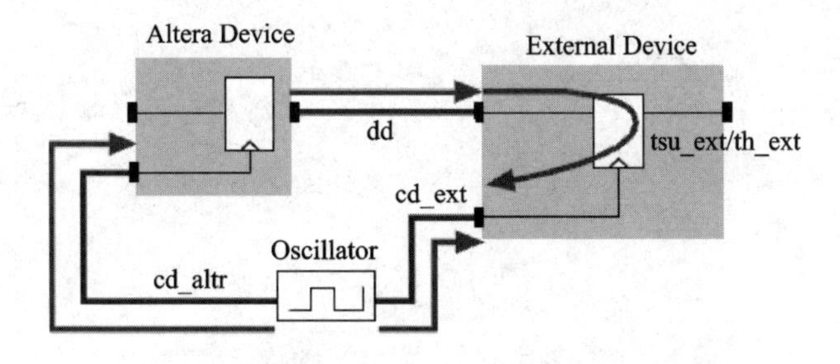

图 5.31　Altera 官方给出的 reg2pin 时序分析模型

这个路径中，output delay 参数值的计算公式如下：

output delay max＝dd_max＋tsu_ext＋(cd_altr_min－cd_ext_max)

output delay min＝dd_min－th_ext＋(cd_altr_max－cd_ext_min)

具体问题要具体分析，如果照搬这个模型的公式进行计算，那么很多参数就可能找不到或者找错了。那么，对于每一个特定的路径，往往需要根据实际情况进行适当的变通，reg2pin 的分析原理和官方给出的这个模型肯定是一致的。下面来看看我们的实例又是如何做分析的。

在我们的应用中，仿照官方的分析方法同样可以得到 set output delay 的计算公式。可以把实例的寄存器路径模型关键参数标注，如图 5.32 所示。

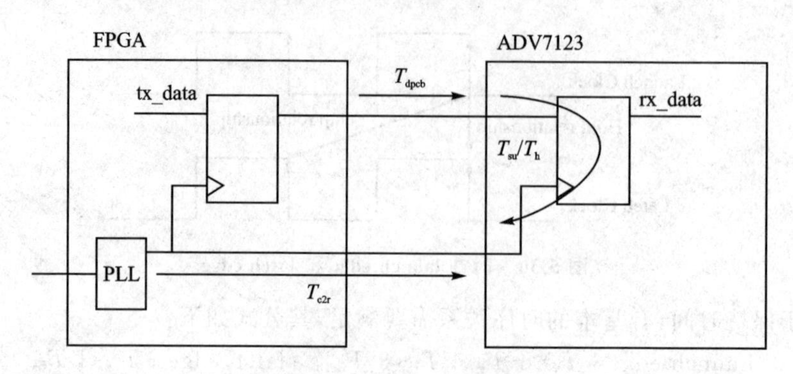

图 5.32 reg2pin 寄存器模型

而对于的 output delay 计算公式如下：

$$\text{output delay max} = T_{\text{dpcb\_max}} + T_{\text{su}} + (0 - T_{\text{c2r\_max}})$$

$$\text{output delay min} = T_{\text{dpcb\_min}} - T_{\text{h}} + (0 - T_{\text{c2r\_min}})$$

笔记 17

pin2reg 时序分析案例

CMOS Sensor 图像采集接口相对于 FPGA 来说是不折不扣的 pin2reg 所覆盖的约束类型。本实例便是以此接口作为示例介绍 pin2reg 的时序路径约束。

如图 5.33 所示，前面已经给出的这个模型覆盖了 pin2reg、reg2reg 和 reg2pin 这 3 大类时序路径。本例重点讨论的是 pin2reg 即 FPGA 和外部芯片连接时，FPGA 的输入信号从外部引脚到内部寄存器所经过的延时。图中大圈部分即 pin2reg 完整意义上的路径约束起点和终点，而图中小圈部分则是在 FPGA 内部实际的 pin2reg 路径，也是我们约束的直接对象。

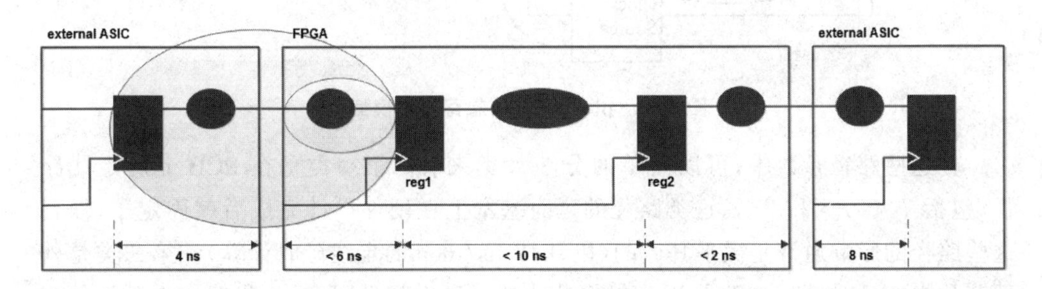

图 5.33　pin2reg 路径模型

在图 5.33 中，从前面章节的介绍中 reg2reg 分析不难推测，在外部芯片内的源寄存器和在 FPGA 内部的目的寄存器构成的 reg2reg 也是需要满足一定的时序要求的，即假设它们有同一个时钟源，是 100 MHz(对应 10 ns 周期)。那么，假设外部芯片所需要的数据路径延时是 4 ns，不考虑外部信号和 FPGA 间的 PCB 走线延时情况下，FPGA 内部 pin2reg 路径上的延时就应该是 10 ns－4 ns＝6 ns 了。时序设计工具一般支持直接约束和间接约束两种方式。所谓直接约束，即设计者自己算出 FPGA 内部的 pin2reg 约束是 6 ns，那么告诉时序设计工具 6 ns 这个数据就可以了；而间接约束就是设计者告诉时序设计工具 FPGA 外部的路径上占用了 4 ns 时间，时序设计工具自己有一套运算机制，从而运算出 FPGA 内部的 pin2reg 时间是 6 ns。

而我们这个模型和所使用的约束方式是间接方式。

如图 5.34 所示，将图 5.33 的模型放大。在这个模型中，假设外部芯片和 FPGA 都使用同一个时钟源，这个时钟源到达外部芯片（对应源寄存器）的时钟输入引脚的路径延时（即 PCB 走线延时）为 T_{c2s}，时钟源到达 FPGA 的时钟输入引脚的路径延时（即 PCB 走线延时）为 T_{c2r}。数据信号在外部芯片所经过的总延时值定义为 extTco。数据在外部信号和 FPGA 输入引脚之间所经过的 PCB 走线延时定义为 T_{pcb}。在 FPGA 内部，时钟信号的走线延时定义为 uTc2r；数据信号的 pin2reg 延时定义为 T_{p2r}；此外，FPGA 内部寄存器的建立时间定义为 uTsu，保持时间定义为 uTh。

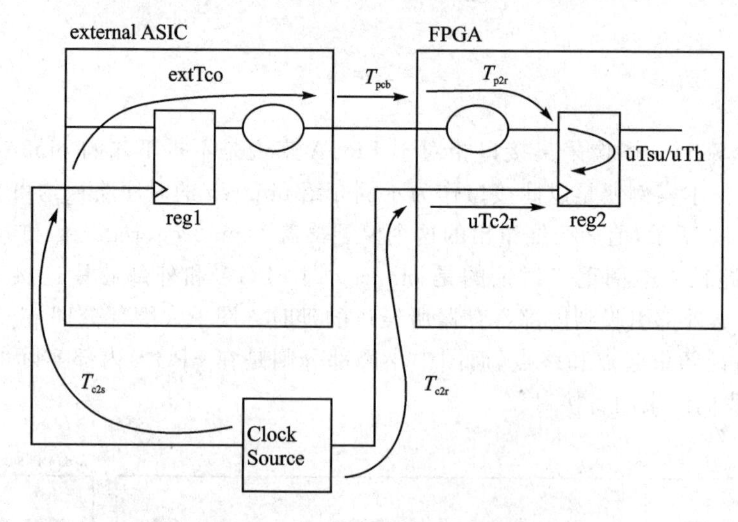

图 5.34　pin2reg 的理想寄存器模型

在这些路径参数中，可以简单的分 3 大类来看。第一类是在 PCB 上的走线路径，包括 T_{c2s}、T_{c2r} 和 T_{pcb}，这类路径的延时基本上在硬件设计完成后就固定了，而且这些路径的影响通常是微乎其微的（以 0.17 ns/inch 的走线延时计算）。第二类是外部芯片中的延时，即 extTco，因为外部芯片的时序也都是固定的，我们作为芯片的应用者，无法改变芯片内部时序。第三类是 FPGA 内部的路径，寄存器固有的 uTsu 和 uTh 是随使用的 FPGA 器件而定的，通常作为器件的应用者也无法改变，而时钟延时 uTc2r 虽然是可变的，但是因为 FPGA 内部一般都有专用的全局时钟网络，专门用于类似时钟信号这样的高扇出、低延时信号，所以 uTc2r 通常也会控制在一个比较低的范围内，而最有文章可做的就是 $T_{pin2reg}$ 的延时值大小了。因此，我们的时序约束关注的重点也就是 $T_{pin2reg}$ 延时。

对于以上的路径，参考 reg2reg 路径的分析，可以得到基本建立时间和保持时间要求。

建立时间需要满足的公式：

$$\text{Launch edge} + T_{c2s} + \text{extTco} + T_{pcb} + T_{p2r} < \text{latch edge} + (T_{c2r} + \text{uTc2r}) - \text{uTsu}$$

保持时间需要满足的公式：

$$\text{Launch edge} + T_{c2s} + \text{extTco} + T_{pcb} + T_{p2r} > \text{latch edge} + (T_{c2r} + \text{uTc2r}) + \text{uTh}$$

将这两个不等式做些变换，得到如下两个公式。

建立时间：

$$(T_{c2s} - T_{c2r}) + \text{extTco} + T_{pcb} < (\text{latch edge} - \text{Launch edge}) - \text{uTsu} + \text{uTc2r} - T_{p2r}$$

保持时间：

$$(T_{c2s} - T_{c2r}) + \text{extTco} + T_{pcb} > (\text{latch edge} - \text{Launch edge}) + \text{uTh} + \text{uTc2r} - T_{p2r}$$

如果取 input delay $= (T_{c2s} - T_{c2r}) + \text{extTco} + T_{pcb}$，对照具体的路径可以发现，这个 input delay 实际上就是 FPGA 外部所有延时参数的总和。由此可以得到：

$$\text{input delay} < (\text{latch edge} - \text{Launch edge}) + \text{uTc2r} - \text{uTsu} - T_{p2r}$$

$$\text{input delay} > (\text{latch edge} - \text{Launch edge}) + \text{uTc2r} + \text{uTh} - T_{p2r}$$

再来看 Altera 官方 handbook 中给出了 pin2reg 路径的建立时间和保持时间的 slack 计算公式。以下公式中所涉及的 input max delay 和 input min delay 也正是上面定义的 input delay 的最大值和最小值。

建立时间余量计算公式：

$$\text{Setup time slack} = \text{Data Required Time} - \text{Data Arrival Time}$$

$$\text{Data Arrival Time} = \text{Launch Edge} + \text{input max delay} + T_{p2r}$$

$$\text{Data Required Time} = \text{Latch Edge} + \text{uTc2r} - \text{uTsu}$$

保持时间余量计算公式：

$$\text{Hold time slack} = \text{Data Arrival Time} - \text{Data Required Time}$$

$$\text{Data Arrival Time} = \text{Launch Edge} + \text{input min delay} + T_{p2r}$$

$$\text{Data Required Time} = \text{Latch Edge} + \text{uTc2r} + \text{uTh}$$

以上是理想的 pin2reg 模型，下面来看看实际情况。先看看 CMOS Sensor 的 datasheet 中提供的时序波形和相应的建立、保持时间要求，如图 5.35 所示。波形中出现的时间参数定义如表 5.2 所列。

表 5.2　CMOS Sensor 时序参数定义

名　称	定　义	最小值　标准值　最大值	单　位
t_{PDV}	PCLK 下降沿到数据有效时间	5	ns
t_{SU}	D[7：0]建立时间	15	ns
t_{HD}	D[7:0]保持时间。	8	ns
t_{PHH}	PCLK 下降沿到 HREF 上升沿时间。	0 5	ns
t_{PHL}	PCLK 下降沿到 HREF 下降沿时间。	0 5	ns

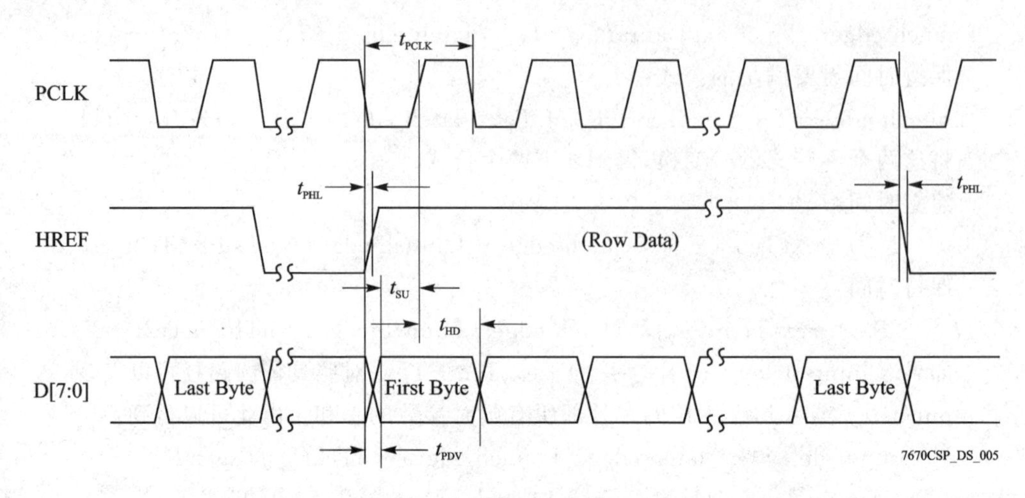

图 5.35 CMOS Sensor 时序波形

这里重点关注 PCLK 和 D[7：0]的关系，HREF 其实也可以归类到 D[7：0]中一起分析，它们的时序关系基本是一致的（如果存在偏差，也可以忽略不计）。这个波形实际上表达的是从 Sensor 的芯片封装引脚上输出的 PCLK 和 D[7：0]的关系，如图 5.36 所示。而在理想状况下，经过 PCB 走线将这组信号连接到其他芯片上（如 CPU 或 FPGA），若尽可能保持走线长度，在其他芯片的引脚上，PCLK 和 D[7：0]的关系基本还是不变的。那么，对于采集端来说，用 PCLK 的上升沿去锁存 D[7：0]就变得理所当然了。而对于 FPGA 而言，从它的引脚到寄存器传输路径上总归是有延时存在的，那么 PCLK 和 D[7：0]之间肯定不会是理想的对齐关系。而我们现在关心的是，相对于理想的对齐关系，PCLK 和 D[7：0]之间可以存在多大的相位偏差（最终可能会以一个延时时间范围来表示）。在时序图中，T_{su} 和 T_h 虽然是 PCLK 和 D[7：0]在 Sensor 内部必须保证的建立时间和保持时间关系，但它同样是在 Sensor 的输出引脚上，必须得到保证的基本时序关系。因此，可以认为，理想相位关系情况下，PCLK 上升沿之前的 T_{su} 时间（即 15 ns）到上升沿后的 T_h 时间（即 8 ns）内，

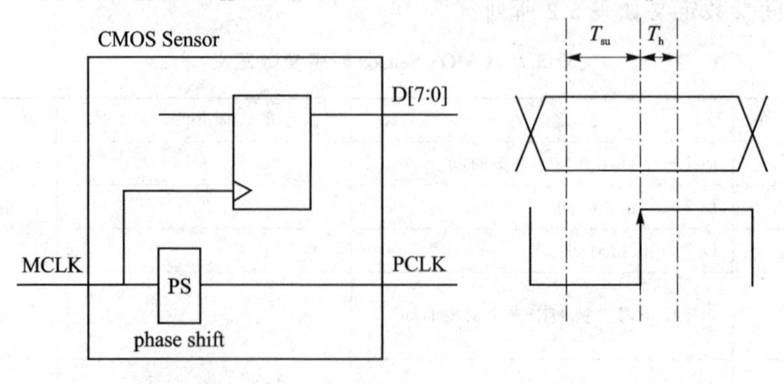

图 5.36 CMOS Sensor 输出信号模型

D[7：0]是稳定不变的。同样的，理想情况下，PCLK 的上升沿处于 D[7：0]两次数据变化的中央。换句话说，在 D[7：0]保持当前状态的情况下，PCLK 上升沿实际上在理想位置的 T_{su} 时间和 T_h 时间内都是允许的。下面需要利用这个信息对在 FPGA 内部的 PCLK 和 D[7：0]信号进行时序约束。

明确了 PCLK 和 D[7：0]之间应该保持的关系后，再来看看它们从 CMOS Sensor 的引脚输出后，到最终在 FPGA 内部的寄存器被采样锁存，这整个路径上的各种"艰难险阻"（延时）。如图 5.37 所示，这是外部 CMOS Sensor 和 FPGA 接口的寄存器路径模型。在这个路径分析中，不考虑 CMOS Sensor 内部的时序关系，我们只关心输出引脚上的信号。先看时钟 PCLK 的路径延时，在 PCB 上的走线延时为 T_{cpcb}，在 FPGA 内部，从进入 FPGA 的引脚到寄存器时钟输入端口的延时为 T_{cl}。再看数据 D[7：0]的延时，在 PCB 上的走线延时为 T_{dpcb}，在 FPGA 内部的引脚到寄存器输入端口延时为 T_{p2r}。而 FPGA 的寄存器同样有建立时间 T_{su} 和保持时间 T_h 要求，也必须在整个路径的传输时序中予以考虑。

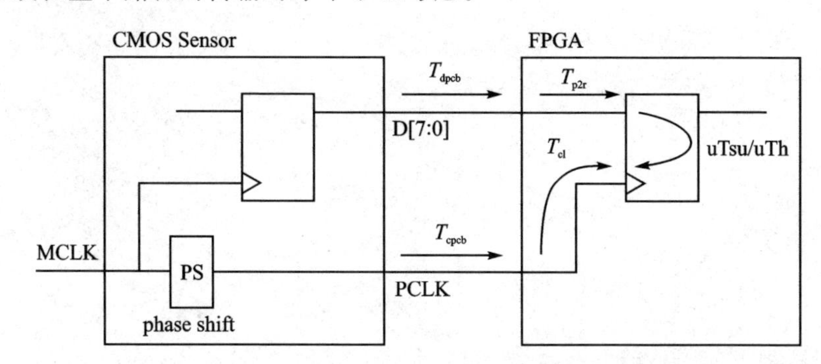

图 5.37　CMOS Sensor 和 FPGA 连接的寄存器模型

从前面的分析得到了 PCLK 和 D[7：0]之间应该满足的关系。那么，为了保证 PCLK 和 D[7：0]稳定地进行传输，可以得到以下基本的关系必须满足，

对于建立时间，有：

$$\text{Launch edge} + T_{dpcb} + T_{p2r} + T_{su} < \text{latch edge} + T_{cpcb} + T_{cl}$$

对于保持时间，有：

$$(\text{Launch edge} + T_{dpcb} + T_{r2p}) - (\text{latch edge} + T_{cpcb} + T_{cl}) > T_h$$

当前的设计中 launch edge 和 latch edge 关系如图 5.38 所示。

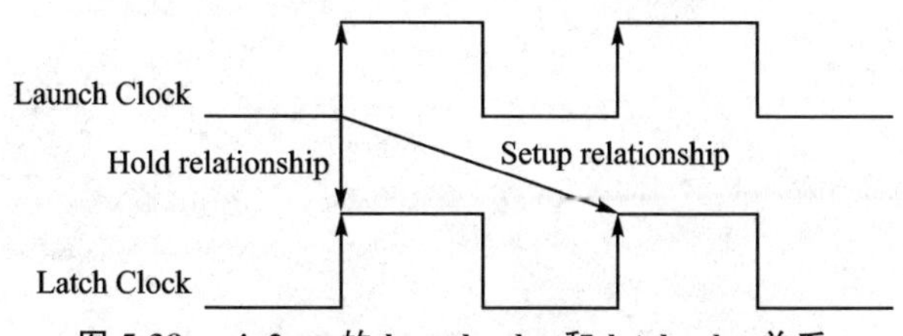

图 5.38　pin2reg 的 launch edge 和 latch edge 关系

当前的工程中,状况和理想模型略有区别。实际上在图 5.37 这个模型的源寄存器端的很多信息都不用详细分析,因为我们获得的波形是来自于 Sensor 芯片的引脚上。同理,可以得到 input delay 的计算公式如下:

$$\text{Input max delay} = (T_{dpcb\_max} - T_{cpcb\_min}) + T_{co\_max}$$

$$\text{Input min delay} = (T_{dpcb\_min} - T_{cpcb\_max}) + T_{co\_min}$$

笔记 18

基于 TimeQuest 的时序分析

一、从 Technology Map Viewer 分析 Clock Setup Slack

既然要说 Clock Setup Slack，那么不得不从最基本的概念说起。简单的说，建立时间 T_{su} 无非是指在时钟的上升沿到来前多久数据必须保持稳定，只有满足这个时间要求的数据才会被正确锁存。那么 Clock Setup Slack 就是指建立时间余量，当它为正时表示满足建立时间要求，当它为负时表示不满足建立时间要求。

建立时间余量的公式如下(有 3 种情况：输入引脚到寄存器、寄存器到寄存器以及寄存器到输出引脚，这里只讨论寄存器到寄存器的建立时间余量计算公式，具体大家也可以参考 riple 兄的博客)：

Clock Setup Slack Time = Data Required Time - Data Arrival Time

Data Arrival Time = Launch Edge + Clock Network Delay to Source Register + Input Maximum Delay of Pin + Pin - to - Register Delay

Data Required Time = Clock Arrival Time - uT_{su}

Clock Arrival Time = Latch Edge + Clock Network Delay to Destination Register

从上面的公式可以知道，建立时间余量为数据到达(满足建立时间要求)需要的时间减去数据实际到达的时间，换句话说，就是数据实际到达的时间比需要到达的时间早，那么建立时间余量就为正，达到要求，反之亦然。

步入主题吧，下面给出 Technology Map Viewer 下的视图背景大体是这样的：一个时钟约束为 10 ns(100 MHz)的工程，实际只达到了 91.5 MHz，也就是说出现了未满足时序余量要求的路径。而下面就举一个 Worst Case Slack 的例子。如图5.39所示，从 report 里可以看到，Data Arrival Time＝14.175 ns，Data Required Time＝13.348 ns。通过上面公式得出结论是 Slack＝－0.827 ns，也就是没有满足时序要求。

那么现在就用 Technology Map Viewer 来看看这条路径为何不满足建立时间的要求。

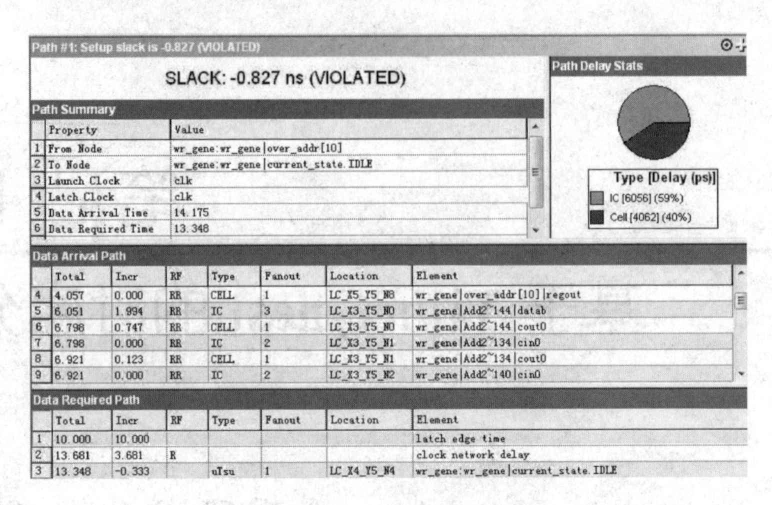

图 5.39　未满足时序余量要求的路径

先罗列出 Data Arrival Path：

Total	Incr	RF	Type	Fanout	Location	Element
0.000	0.000					launch edge time
3.681	3.681	R				clock network delay
4.057	0.376		uTco	2	LC_X5_Y5_N8	wr_gene:wr_gene|over_addr[10]
4.057	0.000	RR	CELL	1	LC_X5_Y5_N8	wr_gene|over_addr[10]|regout
6.051	1.994	RR	IC	3	LC_X3_Y5_N0	wr_gene|Add2～144|datab
6.798	0.747	RR	CELL	1	LC_X3_Y5_N0	wr_gene|Add2～144|cout0
6.798	0.000	RR	IC	2	LC_X3_Y5_N1	wr_gene|Add2～134|cin0
6.921	0.123	RR	CELL	1	LC_X3_Y5_N1	wr_gene|Add2～134|cout0
6.921	0.000	RR	IC	2	LC_X3_Y5_N2	wr_gene|Add2～140|cin0
7.044	0.123	RR	CELL	1	LC_X3_Y5_N2	wr_gene|Add2～140|cout0
7.044	0.000	RR	IC	2	LC_X3_Y5_N3	wr_gene|Add2～142|cin0
7.167	0.123	RR	CELL	1	LC_X3_Y5_N3	wr_gene|Add2～142|cout0
7.167	0.000	RR	IC	2	LC_X3_Y5_N4	wr_gene|Add2～138|cin0
7.982	0.815	RR	CELL	1	LC_X3_Y5_N4	wr_gene|Add2～138|combout
9.689	1.707	RR	IC	1	LC_X5_Y5_N8	wr_gene|over_addr[10]|datad
9.889	0.200	RR	CELL	1	LC_X5_Y5_N8	wr_gene|over_addr[10]|combout
11.024	1.135	RR	IC	1	LC_X4_Y5_N0	wr_gene|Equal2～88|datab
11.764	0.740	RR	CELL	1	LC_X4_Y5_N0	wr_gene|Equal2～88|combout
12.069	0.305	RR	IC	1	LC_X4_Y5_N1	wr_gene|Equal2～89|datad
12.269	0.200	RR	CELL	2	LC_X4_Y5_N1	wr_gene|Equal2～89|combout
12.574	0.305	RR	IC	1	LC_X4_Y5_N2	wr_gene|Selector5～116|datad
12.774	0.200	RR	CELL	1	LC_X4_Y5_N2	wr_gene|Selector5～116|combout
13.079	0.305	RR	IC	1	LC_X4_Y5_N3	wr_gene|Selector5～117|datad
13.279	0.200	RR	CELL	1	LC_X4_Y5_N3	wr_gene|Selector5～117|combout

```
13.584  0.305  RR   IC    1  LC_X4_Y5_N4  wr_gene|current_state.IDLE|datad
14.175  0.591  RR   CELL  1  LC_X4_Y5_N4  wr_gene:wr_gene|current_state.IDLE
```

再来看 Technology Map Viewer 里从源寄存器 over_addr[10]到目的寄存器 current_state.IDLE 的路径，如图 5.40 所示。两个寄存器是两个由时钟控制的触发端，也就是这个时序的起始端和结束端。只要仔细沿着起始路径一直观察到结束路径，就会发现正如上面 Data Arrival Path 所描述的：显然这个时序路径有些长了，大部分的时间都消耗在这上面，所以导致时序余量达不到要求。那么解决的办法有两个：其一是把两个时序逻辑之间的大组合逻辑分为两个小的逻辑，即采用流水线设计思想；其二是进行时序约束（例外约束）或更改一些综合和实现选项，让开发工具来解决问题。

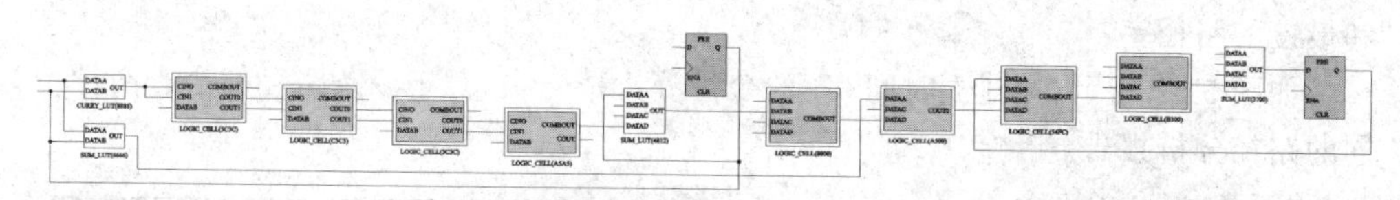

图 5.40　特定寄存器路径

二、基于 TimeQuest 的 reg2reg 之 T_h 分析

时序分析不仅建立时间 T_{su} 需要达到要求，而且保持时间 T_h 也需要达到要求。由于在实际设计中往往是 T_{su} 影响着 F_{max}，所以设计者可能在时序分析时更倾向于盯着 T_{su} 看。但是如果 T_h 没有达到时序收敛，对于一个设计来说是同样致命的。那么，Quartus Ⅱ及其TimeQuest 对 T_h 又是如何进行分析和优化的呢？

先看看 TimeQuest 如何对 I/O 引脚进行 T_h 分析，TimeQuest 主要是根据设计者添加的 input min delay 或者 output min delay 进行分析的。如图 5.41 所示，设计者在添加 input max delay 以及 output max delay 参数时，就是限定了与 FPGA 接口信号的最快最慢时序延时，TimeQuest 根据这些条件进行建立时间和保持时间的分析。

对于 I/O 的时序分析，无非是 pin2reg 或者 reg2pin 的时序分析，但是对于 FPGA 内部的寄存器还有一个 reg2reg 的时序分析是不需要添加别的时序约束的（只要对相关时钟添加全局时钟约束），那么 TimeQuest 如何进行 reg2reg 的分析呢？以往特权同学也忽略了这一点，以为 TimeQuest 只产生一种时序路径，并利用这个唯一的时序路径延时参数进行 reg2reg 的建立时间和保持时间分析，所以有时候也在疑惑这一种路径延时参数到底表示的是最快的还是最慢的延时参数。因为时序分析中经常遇到 F_{max} 达不到要求的情况，相应的 T_{su} 也就是关注的重点，那么姑

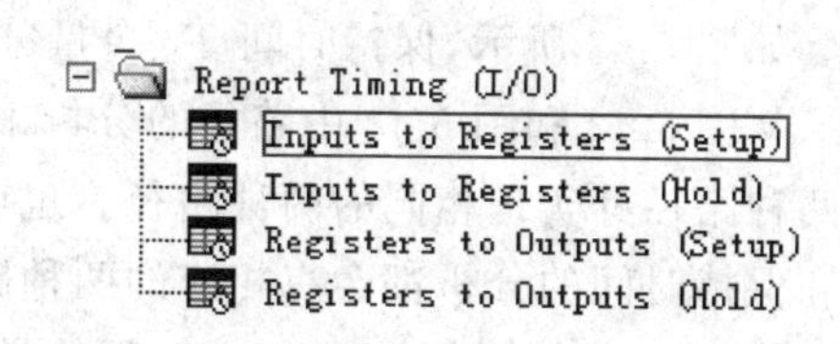

图 5.41　时序报告

且认为这唯一的路径参数代表的就是最快的路径参数吧；然后便想当然地以为在 Quartus Ⅱ的某些选项进行设置后就可以让 TimeQuest 也分析最慢的路径，找来找去好像 Optimize hold timing和 Optimize fast - corner timing 最像；但是在翻阅了一些资料后，发现这两个选项似乎是优化路径以达到 T_h 要求。看来这个天真的想法并没有事实依据。

其实 TimeQuest 对于大多数的 reg2reg 路径是有两条时序路径分析的，一条最快的用于 T_h 分析，一条最慢的用于 T_{su} 分析。特权同学在 report timing 选项里只选中一条路径进行分析时，就会产生该路径的两种不同路径参数的 slack 分析。例如图 5.42 中选择了计数器sapdiv_cnt[0]到 sapdiv_cnt[0]的路径(一条反馈逻辑的路径)，那么在 T_{su} 分析报告里出现了两条路径，它们的 slack 差别也很大，正所谓最快和最慢的路径。

如图 5.42 所示，在建立时间 T_{su} 的余量分析报告中，对于一条路径都会有两种不同的路径分析报告。

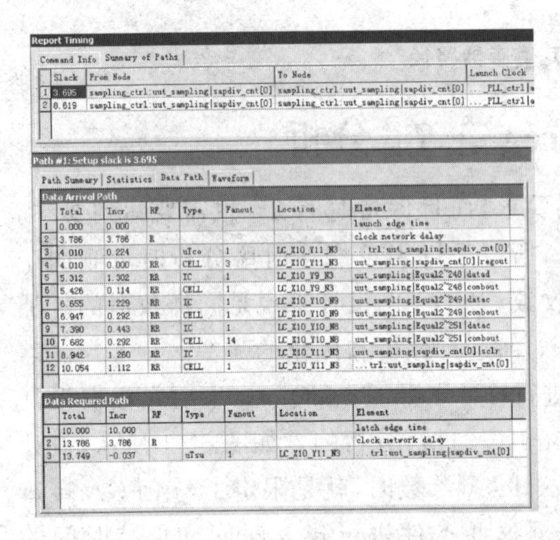

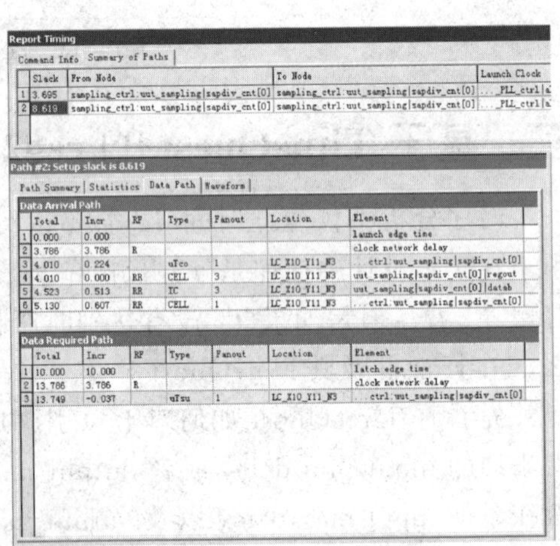

图 5.42　建立时间余量分析报告

如图 5.43 所示，保持时间 T_h 余量分析报告也同样地给出了两条路径。

从图 5.42 和图 5.43 中路径的分析来看，建立时间 T_{su} 和保持时间 T_h 各自分析的两种路径其实是相同的两种路径。也就是说，TimeQuest 对于每一条路径建立时间和保持时间的分析都会有相应的两种路径分析报告，即可能的最佳路径和最差路径的分析。换个角度来看，建立时间的最佳路径其实是保持时间分析中的最差路径，反之亦然。

如果时序分析里 T_h 无法达到要求，那么设计者可以考虑选择选项 Optimize hold timing 和 Optimize fast - corner timing 进行优化。

Report Timing

Command Info　Summary of Paths

<table>
<tr><th></th><th>Slack</th><th>From Node</th><th>To Node</th><th>Launch Clock</th></tr>
<tr><td>1</td><td>1.329</td><td>sampling_ctrl:uut_sampling|sapdiv_cnt[0]</td><td>sampling_ctrl:uut_sampling|sapdiv_cnt[0]</td><td>..._PLL_ctrl|a</td></tr>
<tr><td>2</td><td>6.253</td><td>sampling_ctrl:uut_sampling|sapdiv_cnt[0]</td><td>sampling_ctrl:uut_sampling|sapdiv_cnt[0]</td><td>..._PLL_ctrl|a</td></tr>
</table>

Path #1: Hold slack is 1.329

Path Summary　Statistics　Data Path　Waveform

Data Arrival Path

<table>
<tr><th></th><th>Total</th><th>Incr</th><th>RF</th><th>Type</th><th>Fanout</th><th>Location</th><th>Element</th></tr>
<tr><td>1</td><td>0.000</td><td>0.000</td><td></td><td></td><td></td><td></td><td>launch edge time</td></tr>
<tr><td>2</td><td>3.786</td><td>3.786</td><td>R</td><td></td><td></td><td></td><td>clock network delay</td></tr>
<tr><td>3</td><td>4.010</td><td>0.224</td><td></td><td>uTco</td><td>1</td><td>LC_X10_Y11_N3</td><td>...ctrl:uut_sampling|sapdiv_cnt[0]</td></tr>
<tr><td>4</td><td>4.010</td><td>0.000</td><td>RR</td><td>CELL</td><td>3</td><td>LC_X10_Y11_N3</td><td>uut_sampling|sapdiv_cnt[0]|regout</td></tr>
<tr><td>5</td><td>4.523</td><td>0.513</td><td>RR</td><td>IC</td><td>3</td><td>LC_X10_Y11_N3</td><td>uut_sampling|sapdiv_cnt[0]|datab</td></tr>
<tr><td>6</td><td>5.130</td><td>0.607</td><td>RR</td><td>CELL</td><td>1</td><td>LC_X10_Y11_N3</td><td>...ctrl:uut_sampling|sapdiv_cnt[0]</td></tr>
</table>

Data Required Path

<table>
<tr><th></th><th>Total</th><th>Incr</th><th>RF</th><th>Type</th><th>Fanout</th><th>Location</th><th>Element</th></tr>
<tr><td>1</td><td>0.000</td><td>0.000</td><td></td><td></td><td></td><td></td><td>latch edge time</td></tr>
<tr><td>2</td><td>3.786</td><td>3.786</td><td>R</td><td></td><td></td><td></td><td>clock network delay</td></tr>
<tr><td>3</td><td>3.801</td><td>0.015</td><td></td><td>uTh</td><td>1</td><td>LC_X10_Y11_N3</td><td>...ctrl:uut_sampling|sapdiv_cnt[0]</td></tr>
</table>

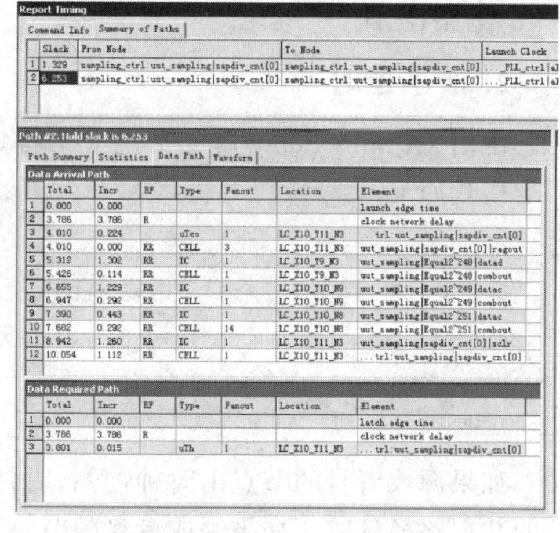

Report Timing

Command Info　Summary of Paths

<table>
<tr><th></th><th>Slack</th><th>From Node</th><th>To Node</th><th>Launch Clock</th></tr>
<tr><td>1</td><td>1.329</td><td>sampling_ctrl:uut_sampling|sapdiv_cnt[0]</td><td>sampling_ctrl:uut_sampling|sapdiv_cnt[0]</td><td>..._PLL_ctrl|al</td></tr>
<tr><td>2</td><td>6.253</td><td>sampling_ctrl:uut_sampling|sapdiv_cnt[0]</td><td>sampling_ctrl:uut_sampling|sapdiv_cnt[0]</td><td>..._PLL_ctrl|al</td></tr>
</table>

Path #2: Hold slack is 6.253

Path Summary　Statistics　Data Path　Waveform

Data Arrival Path

<table>
<tr><th></th><th>Total</th><th>Incr</th><th>RF</th><th>Type</th><th>Fanout</th><th>Location</th><th>Element</th></tr>
<tr><td>1</td><td>0.000</td><td>0.000</td><td></td><td></td><td></td><td></td><td>launch edge time</td></tr>
<tr><td>2</td><td>3.786</td><td>3.786</td><td>R</td><td></td><td></td><td></td><td>clock network delay</td></tr>
<tr><td>3</td><td>4.010</td><td>0.224</td><td></td><td>uTco</td><td>1</td><td>LC_X10_Y11_N3</td><td>...trl:uut_sampling|sapdiv_cnt[0]</td></tr>
<tr><td>4</td><td>4.010</td><td>0.000</td><td>RR</td><td>CELL</td><td>3</td><td>LC_X10_Y11_N3</td><td>uut_sampling|sapdiv_cnt[0]|regout</td></tr>
<tr><td>5</td><td>5.312</td><td>1.302</td><td>RR</td><td>IC</td><td>1</td><td>LC_X10_Y9_N3</td><td>uut_sampling|Equal2~248|datad</td></tr>
<tr><td>6</td><td>5.426</td><td>0.114</td><td>RR</td><td>CELL</td><td>1</td><td>LC_X10_Y9_N3</td><td>uut_sampling|Equal2~248|combout</td></tr>
<tr><td>7</td><td>6.655</td><td>1.229</td><td>RR</td><td>IC</td><td>1</td><td>LC_X10_Y10_N9</td><td>uut_sampling|Equal2~249|datac</td></tr>
<tr><td>8</td><td>6.947</td><td>0.292</td><td>RR</td><td>CELL</td><td>1</td><td>LC_X10_Y10_N9</td><td>uut_sampling|Equal2~249|combout</td></tr>
<tr><td>9</td><td>7.390</td><td>0.443</td><td>RR</td><td>IC</td><td>1</td><td>LC_X10_Y10_N8</td><td>uut_sampling|Equal2~251|datac</td></tr>
<tr><td>10</td><td>7.682</td><td>0.292</td><td>RR</td><td>CELL</td><td>14</td><td>LC_X10_Y10_N8</td><td>uut_sampling|Equal2~251|combout</td></tr>
<tr><td>11</td><td>8.942</td><td>1.260</td><td>RR</td><td>IC</td><td>1</td><td>LC_X10_Y11_N3</td><td>uut_sampling|sapdiv_cnt[0]|sclr</td></tr>
<tr><td>12</td><td>10.054</td><td>1.112</td><td>RR</td><td>CELL</td><td>1</td><td>LC_X10_Y11_N3</td><td>...trl:uut_sampling|sapdiv_cnt[0]</td></tr>
</table>

Data Required Path

<table>
<tr><th></th><th>Total</th><th>Incr</th><th>RF</th><th>Type</th><th>Fanout</th><th>Location</th><th>Element</th></tr>
<tr><td>1</td><td>0.000</td><td>0.000</td><td></td><td></td><td></td><td></td><td>latch edge time</td></tr>
<tr><td>2</td><td>3.786</td><td>3.786</td><td>R</td><td></td><td></td><td></td><td>clock network delay</td></tr>
<tr><td>3</td><td>3.801</td><td>0.015</td><td></td><td>uTh</td><td>1</td><td>LC_X10_Y11_N3</td><td>...trl:uut_sampling|sapdiv_cnt[0]</td></tr>
</table>

图 5.43　保持时间余量分析报告

三、添加时序例外

时序例外将会更改 TimeQuest 默认的分析处理，它的优先级最高，能够覆盖其他的约束。在添加了合理的时序例外约束后，往往能够给设计工程的时序收敛带来一些帮助。时序例外约束包括以下 4 种：

① 忽略路径(false path)；

② 最小延时(minimum delay)；

③ 最大延时(maximum delay)；

④ 多周期路径(multicycle path)。

1. 忽略路径

false path 是指在时序分析时可以被忽略的路径，被指定 false path 的路径在 TimeQuest 中不进行时序分析，即系统不关心它的时序，布局布线工具也不会考虑它。

使用 set_false_path 命令指定设计中的 false path，其约束脚本的基本格式如下：

```
set_false_path
[-fall_from<clocks>|-rise_from<clocks>|-from<names>]
[-fall_to<clocks>|-rise_to<clocks>|-to<names>]
[-hold]
[-setup]
[-through<names>]
<delay>
```

当约束目标是一个时序节点时，false path 仅应用于两个节点之间；而当约束目标是一个时钟时，false path 将应用于所有该时钟控制的源节点(-from)到目标节点

(-to)的路径。

2. 最小延时

使用 set_min_delay 命令指定一个特定路径的绝对最小延时值，其约束脚木的基本格式如下：

```
set_min_delay
[-fall_from<clocks>|-rise_from<clocks>|-from<names>]
[-fall_to<clocks>|-rise_to<clocks>|-to<names>]
[-through<names>]
<delay>
```

如果源或者目的节点由时钟控制，时钟路径必须计算在内，以允许有更多或者更少的数据路径延时。如果源或者目的节点有输入或者输出延时，那么这个延时也必须包括在最小延时检测中。

当(约束)目标是一个时序节点时，minimum delay 仅应用于两个节点之间；而当(约束)目标是一个时钟时，minimum delay 将应用于所有该时钟控制的源节点(-from)到目标节点(-to)的路径。

设计者可以将时序例外命令 set_min_delay 应用于输出引脚而不使用 set_output_delay 对其进行约束，这样一来，这些路径的 setup summary 和 hold summary 报告的时钟列就将是空的(没有时钟)。因为没有时钟关联到输出引脚，这些路径也就没有时钟(时钟列为空)，无法生成它们的时序报告。

为使用了 set_min_delay 命令的输出引脚报告时序，设计者可以使用 set_output_delay 命令(设置值为 0)约束输出引脚。在 set_output_delay 命令中可以使用设计中存在的时钟或者虚拟时钟作为参考时钟。

3. 最大延时

使用 set_max_delay 命令指定一个特定路径的绝对最大延时值，其约束脚本的基本格式如下：

```
set_max_delay
[-fall_from<clocks>|-rise_from<clocks>|-from<names>]
[-fall_to<clocks>|-rise_to<clocks>|-to<names>]
[-through<names>]
<delay>
```

如果源或者目的节点由时钟控制，时钟路径必须计算在内，以允许有更多或者更少的数据路径延时。如果源或者目的节点有输入或者输出延时，那么这个延时也必须包括在最大延时检测中。

当(约束)目标是一个时序节点时，maximum delay 仅应用于两个节点之间；而当(约束)目标是一个时钟时，maximum delay 将应用于所有该时钟控制的源节点

(-from)到目标节点(-to)的路径。

设计者可以将时序例外命令 set_max_delay 应用于输出引脚而不使用 set_output_delay 对其进行约束，这样一来，这些路径的 setup summary 和 hold summary 报告的时钟列就将是空的(没有时钟)。因为没有时钟关联到输出引脚，这些路径也就没有时钟(时钟列为空)，无法生成它们的时序无法报告。

为使用了 set_max_delay 命令的输出引脚报告时序，设计者可以使用 set_output_delay 命令(设置值为 0)约束输出引脚。在 set_output_delay 命令中可以使用设计中存在的时钟或者虚拟时钟作为参考时钟。

4. 多周期路径

此部分内容在下一节会详细讨论。

四、多周期约束的基本用法

该部分内容参考了 Altera 应用笔记《AN 481：Applying Multicycle Exceptions in the TimeQuest Timing Analyzer》。

1. 多周期建立时间

建立时间关系(setup relationship)定义为在发射沿(launch edge)和锁存沿(latch edge)之间一定数量的时钟周期数(latch edge－launch edge)。对于每个寄存器到寄存器(register-to-register)的路径，TimeQuest 会计算该路径的建立时间余量。建立时间余量的计算如下所示：

$$\begin{aligned}\text{Setup Slack} &= \text{data required time} - \text{data arrival time}\\ &= (\text{latch edge} + T_{CLK2} - T_{su}) - (\text{launch edge} + T_{CLK1} + T_{co} + T_{data})\\ &= (\text{latch edge} - \text{launch edge}) + (T_{CLK2} - T_{CLK1}) - (T_{co} + T_{data} + T_{su})\end{aligned}$$

① T_{CLK1} = the propagation delay from clock source to clock input on source register(即时钟信号从时钟源到达源寄存器输入端口的传播延时)。

② T_{CLK2} = the propagation delay from clock source to clock input on destination register(即时钟信号从时钟源到达目的寄存器输入端口的传播延时)。

③ T_{data} = the propagation delay from source register to data input on destination register(即数据信号从源寄存器到达目的寄存器输入端口的传播延时)。

④ T_{co} = the clock to output delay of source register(即时钟在源寄存器内部的延时)。

⑤ T_{su} = the setup requirement of destination register(目的寄存器的建立时间)。

⑥ T_h = the hold requirement of destination register(目的寄存器的保持时间)。

当执行建立时间检查时，距离目的寄存器锁存沿最近的那个源时钟发射沿将作为该路径分析的发射沿。

特权同学曾困惑于为什么在一个 reg2pin 的分析中，使用 20 ns 的源时钟和一个 8 ns 的目的时钟进行输出延时分析时，竟然出现了 launch edge＝20 ns，latch edge＝

24 ns 的奇怪现象。按常理想，应该是 launch edge＝0 ns，latch edge＝8 ns 才对啊，事实并非如此。前一段话已经给出了解答，对于一个 20 ns 的源时钟和一个8 ns的目的时钟来说，如果它们的零起点对齐，从每个 8 ns 刻度（比如 8 ns、16 ns、24 ns、32 ns、40 ns 为一个循环周期）中寻找它们与源时钟每 20 ns 刻度最近的一个值（比如 0 ns、20 ns 为一个循环周期），结果发现目的时钟的 24 ns 时刻和源时钟的20 ns时刻是最近的，TimeQuest 在默认情况下就是如此寻找两个沿的，所以对于这样不同频率的时钟在进行路径分析时设计者可要注意了。

Setup Check＝current latch edge－closest previous launch edge

对于多周期建立时间（multicycle setup），其建立时间检查有所不同。默认情况下，TimeQuest 执行单周期建立时间分析，这将导致建立时间关系（setup relationship）总是等于一个时钟周期（latch edge－launch edge）。通过多周期建立时间值添加到设计约束中，建立时间关系将会得到增强，或者说是缓解。

EMS（End Multicycle Setup）模式通过默认锁存沿的右移修改了目的时钟的锁存沿，图 5.44 显示了不同 EMS 值及其相应的锁存沿。

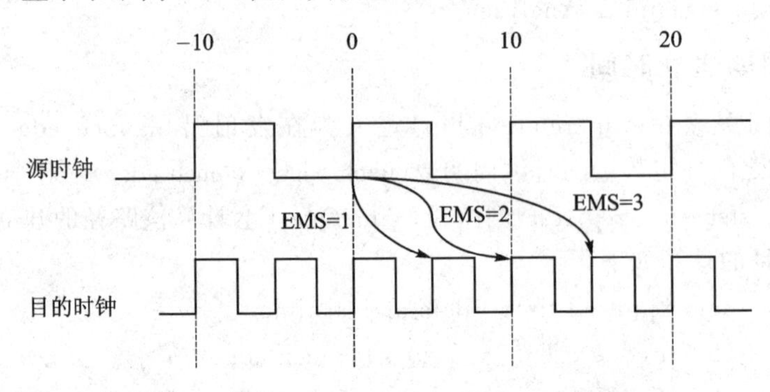

图 5.44 不同 EMS 值及其相应的锁存沿

EMS 值（时钟周期数量）是锁存沿相对发射沿右移时钟周期的个数。

SMS（Start Multicycle Setup）模式是通过左移默认源时钟的发射沿达到多周期约束的目的。图 5.45 显示了不同 SMS 值及其相应的发射沿。

TimeQuest 不会报告负的建立时间和保持时间关系。当一个负的建立时间或者负的保持时间被计算在内时，TimeQuest 将会移动发射沿和锁存沿使其满足建立时间和保持时间关系。

图 5.46 显示了由 TimeQuest 报告的图 5.45 中负的建立时间。

图 5.45 和图 5.46 都是表示 SMS 模式下 launch edge 和 latch edge 的关系，但是为什么又有所不同呢？其实仔细观察可以发现，图 5.45 是实际中 SMS 模式时钟沿变化的一种情况，而图 5.46 则是 TimeQuest 分析中的一个模型。

2. 多周期保持时间

保持时间关系（hold relationship）被定义为在发射沿和锁存沿之间一定数量的

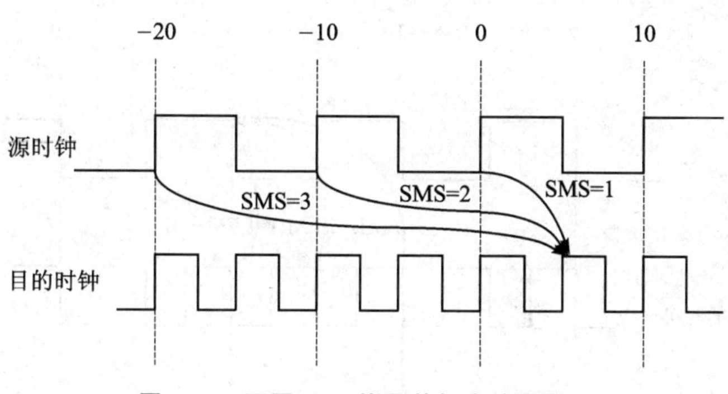

图 5.45　不同 SMS 值及其相应的发射沿

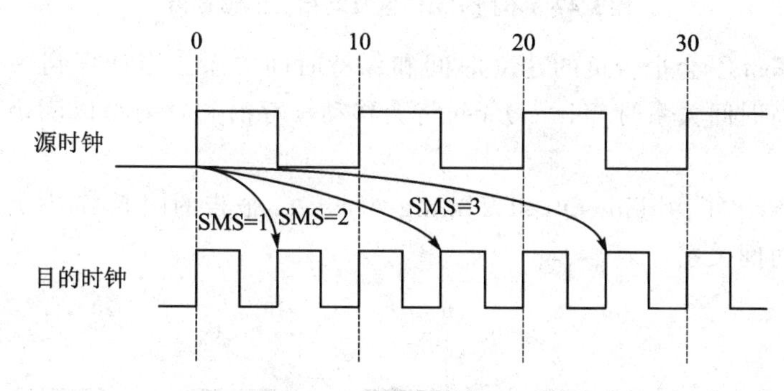

图 5.46　实际不同 SMS 值分析

时钟周期数(launch edge－latch edge)。对于每个寄存器到寄存器路径而言，TimeQuest 会计算保持时间余量。保持时间余量的计算如下所示：

Hold Slack ＝data arrival time－data required time

$$=(\text{launch edge}+T_{\text{CLK1}}+T_{\text{co}}+T_{\text{data}})-(\text{latch edge}+T_{\text{CLK2}}-T_{\text{h}})$$

$$=(\text{launch edge}-\text{latch edge})-(T_{\text{CLK2}}-T_{\text{CLK1}})+(T_{\text{co}}+T_{\text{data}}-T_{\text{h}})$$

TimeQuest 执行 2 次保持时间检查：第一次用于确定当前发射沿的数据不会被前一个锁存沿捕获；第 2 次用于确定下一个发射沿的数据不会被当前锁存沿捕获。

Hold Check 1＝current launch edge－previous latch edge

Hold Check 2＝next launch edge－current latch edge

TimeQuest 为每个可能的建立时间执行保持时间检查，而不只是最坏的建立时间关系；然而，只有最坏的时间关系才会被报告。通常情况下，对于单周期保持时间分析，保持时间关系被定义为：launch edge－latch edge＝0 时钟周期。

保持时间关系也指在发射沿和锁存沿之间的一定数量的时钟周期。正如建立时间的分析，TimeQuest 默认进行单周期的保持时间分析。如果在实际工程中有多周期关系，使用多周期约束可以放宽被作为单周期保持时间来计算的多周期保持时间路径。多周期保持时间通过添加多个指定时钟周期放宽了保持时间余量。

EMH 左移默认的锁存沿。图 5.47 显示了不同 EMH 值及其相应的锁存沿。

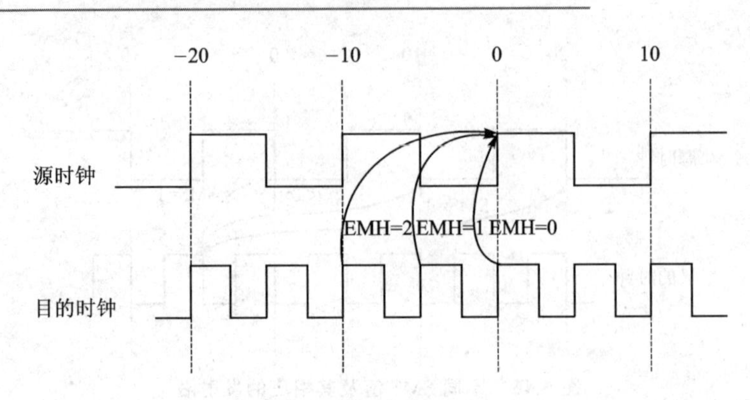

图 5.47　不同 EMH 值及其相应的锁存沿

TimeQuest 不会报告负的建立时间和保持时间关系。当计算到一个负的建立时间或者保持时间关系时，TimeQuest 将会移动锁存沿和发射沿以满足建立和保持时间关系。

图 5.48 给出了由 TimeQuest Timing Analyzer 报告的图 5.47 中负的保持时间对应的保持时间关系。

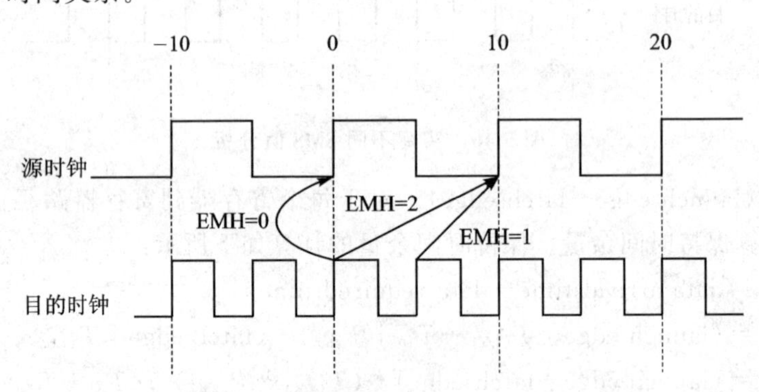

图 5.48　实际不同 EMH 值分析

SMH 右移默认发射沿对应的锁存沿。图 5.49 给出了不同 SMH 值及其对应的发射沿。

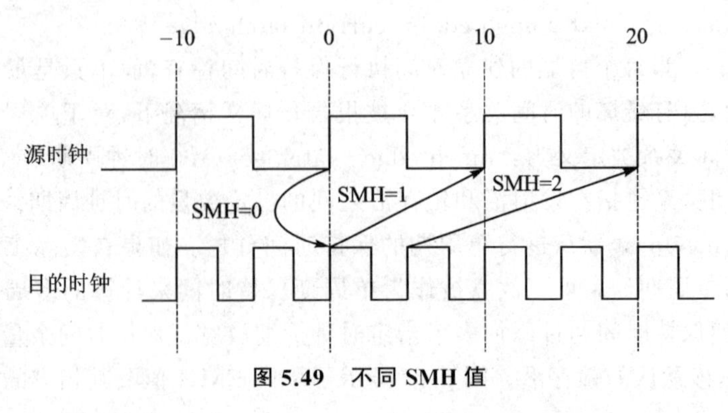

图 5.49　不同 SMH 值

五、Quartus Ⅱ流水线均衡负载设置实例

受网友 riple 的博文《图解用 register balancing 方法解决时序收敛问题一例》启发，特权同学对 Quartus Ⅱ组合逻辑的流水线优化功能做了一些深入的研究，下面列举一个小例子的测试结果进行分析。

该工程希望系统时钟频率能达到 100 MHz，对主时钟做了如下约束：

```
create_clock - name {clk} - period 10.000 - waveform { 0.000 5.000 } [get_ports {clk}]
```

在不进行任何时序优化的情况下，最后 timing report 显示 F_{max} 只有 95.41 MHz，未达到预期要求。一些不满足时序需求的路径如图 5.50 所示。

Setup: clk

	S...	From Node	To Node	Launch Clock	Latch Clock
1	-0.481	wr_gene:wr_gene|addr_reg[6]	wr_gene:wr_gene|addr_reg[10]	clk	clk
2	-0.481	wr_gene:wr_gene|addr_reg[6]	wr_gene:wr_gene|addr_reg[14]	clk	clk
3	-0.481	wr_gene:wr_gene|addr_reg[6]	wr_gene:wr_gene|addr_reg[15]	clk	clk
4	-0.481	wr_gene:wr_gene|addr_reg[6]	wr_gene:wr_gene|addr_reg[16]	clk	clk
5	-0.481	wr_gene:wr_gene|addr_reg[6]	wr_gene:wr_gene|addr_reg[17]	clk	clk
6	-0.481	wr_gene:wr_gene|addr_reg[6]	wr_gene:wr_gene|addr_reg[11]	clk	clk
7	-0.481	wr_gene:wr_gene|addr_reg[6]	wr_gene:wr_gene|addr_reg[12]	clk	clk
8	-0.481	wr_gene:wr_gene|addr_reg[6]	wr_gene:wr_gene|addr_reg[13]	clk	clk
9	-0.418	wr_gene:wr_gene|addr_reg[3]	wr_gene:wr_gene|addr_reg[14]	clk	clk
10	-0.418	wr_gene:wr_gene|addr_reg[3]	wr_gene:wr_gene|addr_reg[15]	clk	clk
11	-0.418	wr_gene:wr_gene|addr_reg[3]	wr_gene:wr_gene|addr_reg[16]	clk	clk
12	-0.418	wr_gene:wr_gene|addr_reg[3]	wr_gene:wr_gene|addr_reg[17]	clk	clk
13	-0.418	wr_gene:wr_gene|addr_reg[3]	wr_gene:wr_gene|addr_reg[10]	clk	clk
14	-0.418	wr_gene:wr_gene|addr_reg[3]	wr_gene:wr_gene|addr_reg[11]	clk	clk
15	-0.418	wr_gene:wr_gene|addr_reg[3]	wr_gene:wr_gene|addr_reg[12]	clk	clk
16	-0.418	wr_gene:wr_gene|addr_reg[3]	wr_gene:wr_gene|addr_reg[13]	clk	clk
17	-0.326	wr_gene:wr_gene|over_addr[11]	wr_gene:wr_gene|current_state.IDLE	clk	clk
18	-0.275	wr_gene:wr_gene|over_addr[11]	wr_gene:wr_gene|current_state.IDLE	clk	clk
19	-0.214	wr_gene:wr_gene|cmd_reg[0]	wr_gene:wr_gene|num[1]	clk	clk
20	-0.213	wr_gene:wr_gene|over_addr[12]	wr_gene:wr_gene|current_state.IDLE	clk	clk
21	-0.174	wr_gene:wr_gene|over_addr[12]	wr_gene:wr_gene|current_state.IDLE	clk	clk
22	-0.157	wr_gene:wr_gene|over_addr[10]	wr_gene:wr_gene|current_state.IDLE	clk	clk
23	-0.131	wr_gene:wr_gene|cmd_reg[0]	wr_gene:wr_gene|addr_reg[18]	clk	clk
24	-0.105	wr_gene:wr_gene|over_addr[10]	wr_gene:wr_gene|current_state.IDLE	clk	clk
25	-0.071	wr_gene:wr_gene|over_addr[13]	wr_gene:wr_gene|current_state.IDLE	clk	clk
26	-0.044	wr_gene:wr_gene|over_addr[13]	wr_gene:wr_gene|current_state.IDLE	clk	clk
27	-0.022	wr_gene:wr_gene|addr_reg[2]	wr_gene:wr_gene|addr_reg[16]	clk	clk
28	-0.022	wr_gene:wr_gene|addr_reg[2]	wr_gene:wr_gene|addr_reg[17]	clk	clk
29	-0.022	wr_gene:wr_gene|addr_reg[2]	wr_gene:wr_gene|addr_reg[15]	clk	clk
30	-0.022	wr_gene:wr_gene|addr_reg[2]	wr_gene:wr_gene|addr_reg[14]	clk	clk
31	-0.022	wr_gene:wr_gene|addr_reg[2]	wr_gene:wr_gene|addr_reg[10]	clk	clk
32	-0.022	wr_gene:wr_gene|addr_reg[2]	wr_gene:wr_gene|addr_reg[13]	clk	clk

图 5.50 优化前的时序报告

查看关键路径，发现不满足 Setup Slace 的路径主要是寄存器 addr_reg 和 over_addr。为了进行优化以达到时序收敛，于是在这些寄存器间再添加一级寄存器做流水线处理，并且在 Quartus Ⅱ的 Synthesis Netlist Optimizations 设置选项中，选择 Perform gate - level register retiming，同时在 Quartus Ⅱ的 Physical Synthesis Optimizations 设置选项中，选择 Perform register duplication 和 Perform register retiming 两个选项，让 Quartus 自动优化寄存器间的组合逻辑。此时，综合并布局布线后再查看 timing report 会达到预期的目的吗？

时序报告显示 F_{max} =100.49 MHz,对于约束的 100 MHz 时钟频率没有时序违规,但是在达到速度的同时也付出了面积的代价(优化前使用了 EPM570 的 358 个 LC,而优化后使用了 373 个 LC)。

另外要说明的是,在没有选择 Quartus Ⅱ 的相应优化选项而只是简单地增加一级流水线的情况下,时钟依然达到了 100.37 MHz(几乎和优化后的最高频率一样),而付出的 LC 仅有 359 个,那么所谓的优化到底又是优化了什么呢?带着这个疑问,特权同学反复对比了 3 种不同情况下的 Technology Map Viewer 后,发现了问题所在。

图 5.51 和图 5.52 是在不添加流水线寄存器时,时序违规中最坏路径(源寄存器 addr_reg[6]到目的寄存器 addr_reg[10])的时序报告和Technology Map Viewer,可以看到这两个寄存器间的组合逻辑还是比较复杂的,也难怪会出现时序违规。

Data Arrival Path

	Total	Incr	RF	Type	Fanout	Location	Element
1	0.000	0.000					launch edge time
2	3.681	3.681	R				clock network delay
3	4.057	0.376		uTco	1	LC_X8_Y6_N5	wr_gene:wr_gene|addr_reg[6]
4	4.057	0.000	RR	CELL	5	LC_X8_Y6_N5	wr_gene|addr_reg[6]|regout
5	5.328	1.271	RR	IC	1	LC_X9_Y6_N6	wr_gene|over_addr[6]|dataa
6	6.242	0.914	RR	CELL	1	LC_X9_Y6_N6	wr_gene|over_addr[6]|combout
7	7.994	1.752	RR	IC	1	LC_X8_Y5_N8	wr_gene|Equal1~99|datab
8	8.734	0.740	RR	CELL	3	LC_X8_Y5_N8	wr_gene|Equal1~99|combout
9	9.927	1.193	RR	IC	1	LC_X7_Y5_N1	wr_gene|addr_reg[17]~985|datad
10	10.127	0.200	RR	CELL	1	LC_X7_Y5_N1	wr_gene|addr_reg[17]~985|combout
11	11.283	1.156	RR	IC	1	LC_X6_Y5_N7	wr_gene|addr_reg[17]~986|datad
12	11.483	0.200	RR	CELL	8	LC_X6_Y5_N7	wr_gene|addr_reg[17]~986|combout
13	12.586	1.103	RR	IC	1	LC_X5_Y5_N9	wr_gene|addr_reg[10]|ena
14	13.829	1.243	RR	CELL	1	LC_X5_Y5_N9	wr_gene:wr_gene|addr_reg[10]

图 5.51　特定路径选项优化前的时序报告

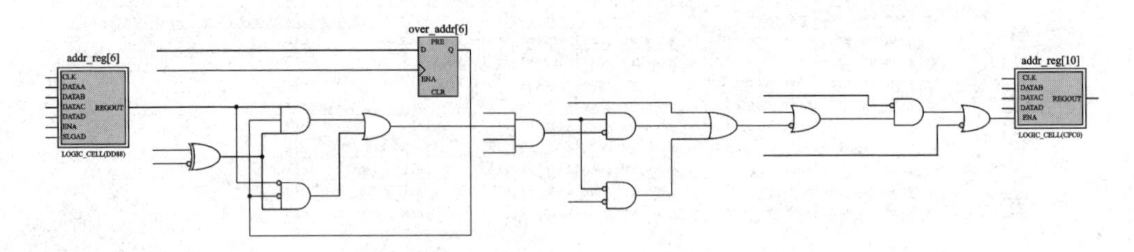

图 5.52　特定路径选项优化前寄存器视图

那么再看看对相同的路径添加了一级流水线寄存器的情况(未进行优化选项设置)。如图 5.53 和图 5.54 所示,分别是源寄存器 addr_reg[6]到目的寄存器 addr_reg[10]添加了一级流水线的时序报告和 Technology Map Viewer。

最后看添加一级流水线寄存器并且进行综合选项优化后的视图。如图 5.55 和图 5.56 所示,分别是源寄存器 addr_reg[6]到目的寄存器 addr_reg[10]整体优化后的时序报告和Technology Map Viewer。

比较这三者,给人感觉优化后的效果并不明显。先看不进行整体优化而只是添

Data Arrival Path

	Total	Incr	RF	Type	Fanout	Location	Element
1	0.000	0.000					launch edge time
2	3.681	3.681	R				clock network delay
3	4.057	0.000	RR	CELL	5	LC_X3_Y6_N5	wr_gene|addr_reg[6]|regout
4	4.057	0.376		uTco	1	LC_X3_Y6_N5	wr_gene:wr_gene|addr_reg[6]
5	5.427	1.370	RR	IC	1	LC_X4_Y6_N6	wr_gene|over_addr[6]|datad
6	5.627	0.200	RR	CELL	1	LC_X4_Y6_N6	wr_gene|over_addr[6]|combout
7	7.340	1.713	RR	IC	1	LC_X6_Y6_N1	wr_gene|Equal1~99|datab
8	8.080	0.740	RR	CELL	4	LC_X6_Y6_N1	wr_gene|Equal1~99|combout
9	8.795	0.715	RR	IC	1	LC_X6_Y6_N6	wr_gene|addr_reg[10]~985|datad
10	8.995	0.200	RR	CELL	1	LC_X6_Y6_N6	wr_gene|addr_reg[10]~985|combout
11	9.765	0.770	RR	IC	1	LC_X6_Y6_N4	wr_gene|addr_reg[10]~986|datac
12	10.276	0.511	RR	CELL	8	LC_X6_Y6_N4	wr_gene|addr_reg[10]~986|combout
13	11.366	1.090	RR	IC	1	LC_X7_Y6_N1	wr_gene|addr_reg[10]|ena
14	12.609	1.243	RR	CELL	1	LC_X7_Y6_N1	wr_gene:wr_gene|addr_reg[10]

图 5.53 特定路径添加流水线后的时序报告

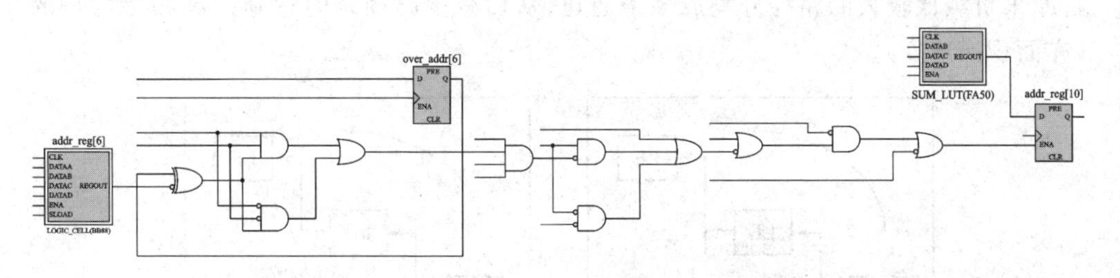

图 5.54 特定路径添加流水线后寄存器视图

Path #1: Setup slack is 0.828

Path Summary | Statistics | Data Path | Waveform

Data Arrival Path

	Total	Incr	RF	Type	Fanout	Location	Element
1	0.000	0.000					launch edge time
2	3.681	3.681	R				clock network delay
3	4.057	0.376		uTco	1	LC_X5_Y5_N3	wr_gene:wr_gene|addr_reg[6]
4	4.057	0.000	RR	CELL	5	LC_X5_Y5_N3	wr_gene|addr_reg[6]|regout
5	5.396	1.339	RR	IC	1	LC_X4_Y5_N4	wr_gene|over_addr[6]~_Duplicate|dataa
6	6.310	0.914	RR	CELL	1	LC_X4_Y5_N4	wr_gene|over_addr[6]~_Duplicate|combout
7	8.110	1.800	RR	IC	1	LC_X6_Y5_N1	wr_gene|Equal1~99|datac
8	8.621	0.511	RR	CELL	4	LC_X6_Y5_N1	wr_gene|Equal1~99|combout
9	9.346	0.725	RR	IC	1	LC_X6_Y5_N6	wr_gene|addr_reg[10]~985|datad
10	9.546	0.200	RR	CELL	1	LC_X6_Y5_N6	wr_gene|addr_reg[10]~985|combout
11	9.851	0.305	RR	IC	1	LC_X6_Y5_N7	wr_gene|addr_reg[10]~986|datad
12	10.051	0.200	RR	CELL	8	LC_X6_Y5_N7	wr_gene|addr_reg[10]~986|combout
13	11.929	1.878	RR	IC	1	LC_X7_Y6_N9	wr_gene|addr_reg[10]_RTM029|datad
14	12.520	0.591	RR	CELL	1	LC_X7_Y6_N9	wr_gene:wr_gene|addr_reg[10]_RTM029

图 5.55 特定路径整体优化后的时序报告

加一级流水线的情况，组合逻辑没有任何改善，但是时钟频率的提高应该是因为多了一级的寄存器锁存，从而使得底层的布局布线更加游刃有余。而给予厚望的最后一种整体优化后的效果其实并不尽如人意(至少从寄存器 addr_reg[6]到 addr_reg[10]路径上看是这样)。

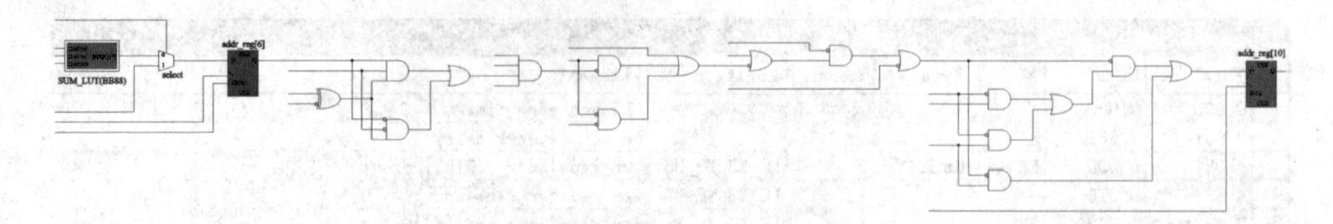

图 5.56 特定路径整体优化后寄存器视图

做了半天,才发现其实最后的结论和预期的结果相去甚远,这让特权同学很是郁闷,最后只能求救于 quartusii_handbook 了,找到了关于前面的 Perform register duplication 和 Perform register retiming 两个选项的说明。

Perform register duplication 顾名思义应该就是指执行寄存器逻辑复制功能,图 5.57 很生动地给出了示例。如此优化的效果应该是要通过减轻扇出较大的 LE,将原来负载比较大的路径分割成多条通道,从而减少路径延时达到提高频率的目的(亦面积换速度)。

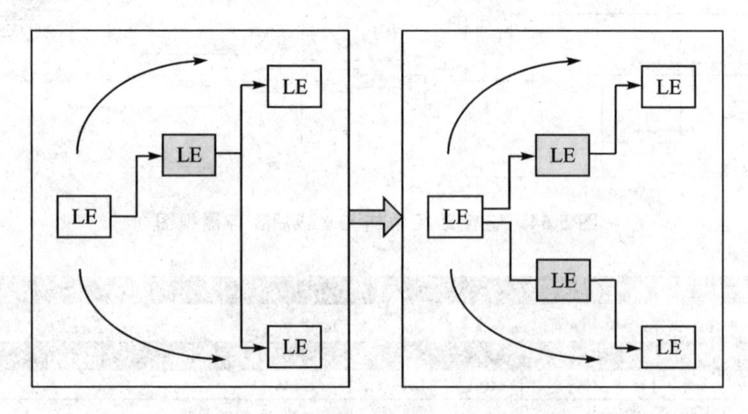

图 5.57 寄存器逻辑复制功能示意图

Perform register retiming 选项仅从以上理解并不够,还要参考 gate - level register retiming 选项,于是给出如图 5.58 和图 5.59 所示的说明。

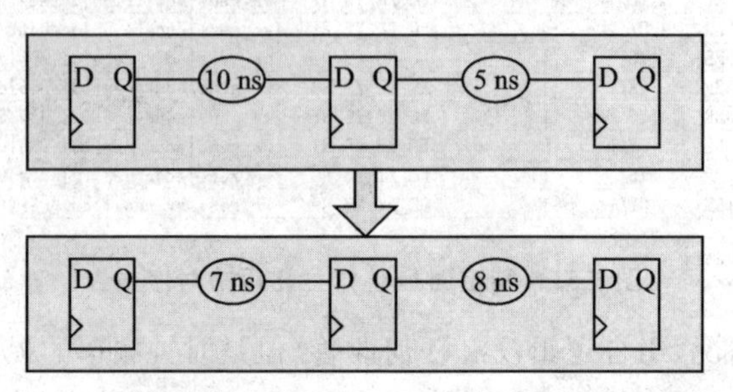

图 5.58 gate - level register retiming 功能示意图

从图中就可以很容易地明白了 Perform register retiming 选项的优化效果,确实是实现了将两个寄存器间大的组合逻辑均衡成两个小的组合逻辑,从而提高系统频

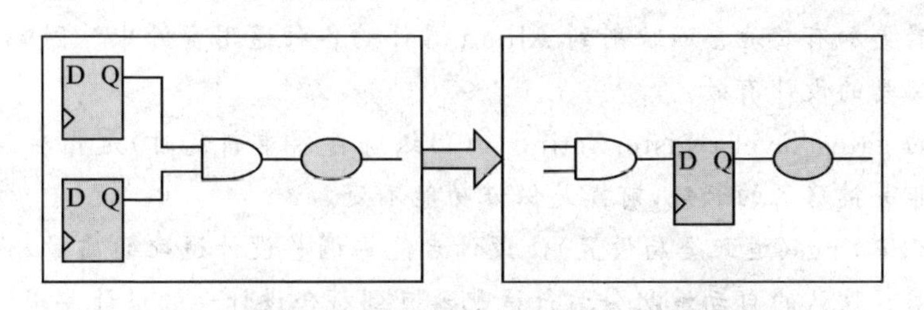

图 5.59　结合 register retiming 功能示意图

率。但是该优化选项其实是有例外的，原文如下：

The Quartus Ⅱ software does not perform register retiming on logic cells that have the following propertier:

- *Are part of a cascade chain*
- *Contain registers that drive asynchronous control signals on another*
- *register*
- *Contain registers that drive the clock of another register*
- *Contain registers that drive a register in another clock domain*
- *Contain registers that are driven by a register in another clock*
- *domain*
- *Contain registers that are constrained to a single LAB location*
- *Contain registers that are connected to SERDES*
- *Are considered virtual I/O pins*
- *Registers that have the Netlist Optimizations logic option set to*
- *Never Allow*

又绕了那么一圈，再回头仔细分析路径上的组合逻辑。对比后二者的视图（图 5.54和图 5.56）发现，最后优化的逻辑视图（图 5.56）中明显地发生了一些微妙的变化。首先，多了一些逻辑路径；其次，有些 LUT 的位置也发生了变化；最后来说，总的数据到达时间缩短了，也就是说速度提高了。

也许是上面提出来这条路径（源寄存器 addr_reg[6]到目的寄存器 addr_reg[10]的时序路径）不太恰当，说明不了太多问题。很巧的是后来在听 Altera 的官方培训课程时遇上了这一段讲解，回过头来，发现正好是上面这个实例的最好结论。下面引用原文讲解（记得当年老师总是教育我们“好记性不如烂笔头”，那么特权同学就做了同声记录）：

Synthesis Netlist Optimizations（综合网表优化）可以提高当前设计的性能，它提供了根据适配器结果来调整综合的选项，默认情况下并没有打开该选项。设计者可以执行 What you see is what you get 机元重新综合来改进第三方综合工具的结果，或者使用门级寄存器重新定时来均衡寄存器之间的时序延时。What you see is what you get 是将第三方工具产生的网表还原为基本的逻辑门，然后再由 Quartus

Ⅱ的综合器更加有效地重新映射到 Altera 器件的各种通用资源中。因此，它仅为使用第三方工具的设计有效。

这里的 gate-level register retiming（门级寄存器重新定时）是指在门级重新调整关键和非关键路径的长短，前提是保证功能不变。

Fitter Settings（适配全局设置）使设计者能够调整设计适配的质量，代价是额外的编译时间。默认的自动适配会运行适配器直到符合设计者的设计要求。标准适配运行适配器直到找到可能的绝对最佳结果，而不论是否符合或者超过设计者的要求。快速适配将编译时间缩短了近 50%，但可能导致设计性能的降低。

最后，在适配全局设置的子菜单中，可以设置物理综合的相关选项。设计者可以根据布局布线或者时序要求，利用所选择的综合网表优化选项使能物理综合与重新综合。物理综合平均能提高 5%的性能，但是根据设计和所选择的选项最大达到 25%～30%。和其他选项类似，设计者可以选择优化的努力等级。

下面一起来看看物理综合选项是如何完成优化的。

对组合逻辑的物理综合，是通过 LUT 端口的交换来减少一些关键路径经过的逻辑单元数量来提高 F_{max}。如图 5.60 中的 b 和 e 交换，使关键路径 b 的延时大大减少，从而大大地提高了它的工作频率。

异步信号流水线的物理综合是将快速时钟域的异步控制信号，如图 5.61 中的 clr 信号，从全局时钟资源移到局部时钟资源，从而减少各级时钟信号的延时，使异步电路的 remove 和 recover 条件得到满足，优化它们的性能。

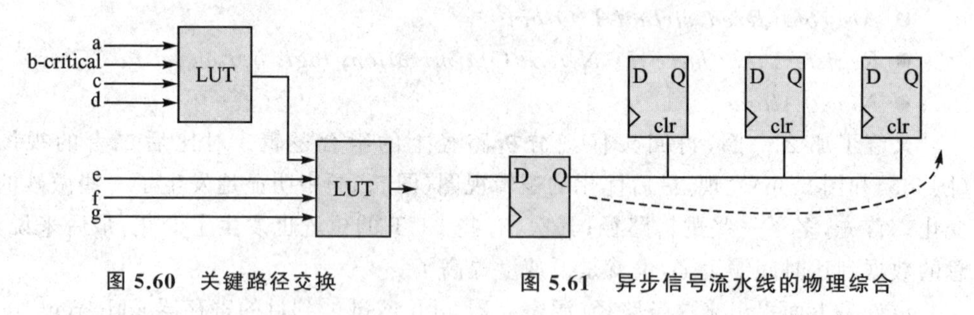

图 5.60　关键路径交换　　　　图 5.61　异步信号流水线的物理综合

物理综合中的复制是将大扇出的逻辑单元完全不变地复制到设计的空余资源中，从而减少它们的扇出，这样也能够提高当前设计的工作频率（和特权同学上文里分析的是一个意思）。

总之，刚才介绍的所有物理综合选项都是针对布局布线的网表进行，不会影响任何综合和源代码。

六、读 SRAM 时序约束分析

这里使用的 SRAM 是 ISSI 公司的 61LV5128（8 位宽，19 条地址线）。FPGA 内部有一个地址产生单元，由于硬件设计中已经把 SRAM 的读使能信号接地，所以

FPGA 读取的数据值只和 FPGA 当前输出的地址总线有关。因为希望快速读取 SRAM 中的数据，所以使用状态机进行设计时，第一个时钟周期输出地址，第 2 个时钟周期读取数据。系统时钟频率为50 MHz(周期为 20 ns)。SRAM 的标称读/写速度可以达到 8 ns，感觉上使用 20 ns 操作一个8 ns的 SRAM 似乎很可行，但实际情况却并不一定如此。

图 5.62 为 SRAM 的读时序。$T_{RC}=8$ ns，就是说地址稳定后最多只要等待8 ns，数据总线上的数据就会是有效的(上面的说明只是相对于 SRAM 引脚而言，不考虑其他条件)。可以说 8 ns 是一个很保守的读取时间，但是 8 ns 以后一直到数据地址发生变化后的 T_{OHA}时间内的数据一定是稳定的。

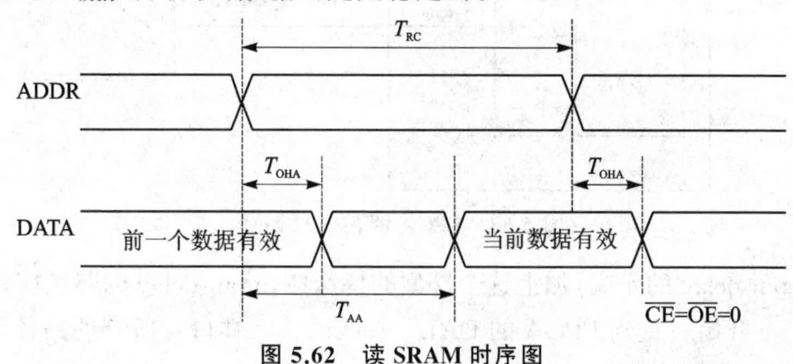

图 5.62　读 SRAM 时序图

下面步入正题。计算 FPGA 和 SRAM 的数据总线接口上的 input delay 值公式如下：

$$\text{input max/min delay}=\text{外部器件的 max/min } T_{co}+\text{数据的 PCB 延时}-\text{PCB 时钟偏斜}$$

先计算一下地址总线最终稳定在 SRAM 输入引脚的时间，应该是 FPGA 内部时钟的 launch edge 开始到 FPGA 输出引脚的延时与地址总线的 PCB(FPGA 引脚到 SRAM 引脚)延时之和。前者的值为 5.546～9.315 ns(由 FPGA 时序分析得到，不包括 launch edge 的 clock network delay)，后者的值为 0.081～0.270 ns(由 PCB 走线长度换算得到)，那么地址总线最终稳定在 SRAM 输入引脚的时间最大为 9.585 ns，最小为 5.627 ns。

其次，可以从 SRAM 的 datasheet 查到(也就是图 5.62 中的 T_{RC})地址稳定 8 ns (T_{co})后数据稳定在 SRAM 数据总线的输出引脚上，数据总线从 SRAM 引脚到达 FPGA 输入引脚的 PCB 延时为 0.085～0.220 ns。

从以上提到的一些数据里，需要理出一条思路。首先需要对这个时序进行建模，和 FPGA 内部的寄存器到寄存器的路径类似，这个时序模型也是从 FPGA 内部寄存器(输出引脚)到 FPGA 内部寄存器(输入引脚)，不同的是这个寄存器到寄存器间的路径不只在 FPGA 内部，而是先从寄存器的输出端到 FPGA 的输出引脚，再从 PCB 走线到外部器件 SRAM 的输入引脚，然后经过了 SRAM 内部 T_{co}时间后，又从 SRAM 的输出引脚经 PCB 走线达到 FPGA 的输入引脚，这个输入引脚还需要有一些逻辑走线后才达到 FPGA 内部寄存器的输入端。整个模型就是这样，下面看这个输入引脚的 input delay 如何取值。大体路径如图 5.63 所示，也可以简单地把两个寄存器之间的路径理解为 FPGA 内部的一个大的组合逻辑路径。

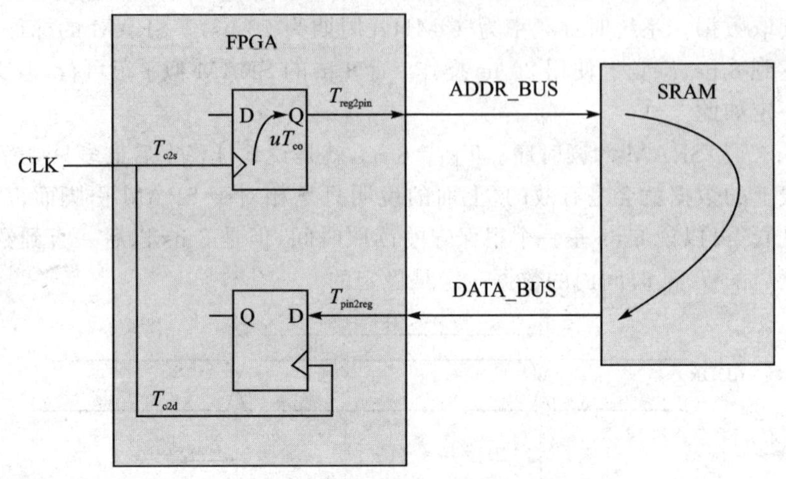

图 5.63　FPGA 读 SRAM 路径

根据 input delay 的定义，加上这个模型的特殊性，input delay 的路径应该是从 CLK 的 launch edge 开始一直到 FPGA 的 DATA 总线的输入端口。所有的路径延时值在前文都给出了，最后计算得到 input max delay＝17.765 ns，input min delay＝13.731 ns。

无疑，上一段话里计算出来的 input delay 参数都有些偏高了。该工程使用器件为 Altera MAX Ⅱ EPM570，内部资源有限，速度也不快，加之工程的其他控制模块也相对有些复杂，所以这对于该工程在 20 ns 内操作 8 ns 的 SRAM 带来了一定的挑战。

下面进行时序分析，即建立时间和保持时间余量的计算。

建立时间：

```
  Data Arrival Time
= Launch Edge + Clock Network Delay + Input Maximum Delay of Pin + Pin-to-Register Delay
= 0 + 3.681 ns + 17.765 ns + Pin-to-Register Delay
= 21.446 ns + Pin-to-Register Delay
  Data Required Time
= Latch Edge + Clock Network Delay to Destination Register - uTsu
= 20 ns + 3.681 ns - 0.333 ns = 22.348 ns
  Clock Setup Slack
= Time Data Required - Time Data Arrival Time
= 22.348 ns - (21.446 ns + Pin-to-Register Delay)
= 0.902 ns - Pin-to-Register Delay
```

若满足时序要求，则：0.902 ns－Pin-to-Register Delay ＞ 0，即 Pin-to-Register Delay＜0.902 ns 。

保持时间：

```
    Data Arrival Time
 = Launch Edge + Clock Network Delay + Input Minimum Delay of Pin + Pin-to-Register Delay
 = 0 + 3.681ns + 13.731ns + Pin-to-Register Delay
 = 17.412 ns + Pin-to-Register Delay
    Data Required Time
 = Latch Edge + Clock Network Delay to Destination Register + uTh
 = 0 + 3.681 ns + 0.221 ns = 3.901 ns
    Clock Hold Slack
 = Time Data Arrival - Time Data Required Time
 = 17.412 ns + Pin-to-Register Delay - 3.901 ns
 = 13.511 ns + Pin-to-Register Delay
```

若满足时序要求，则：13.511 ns＋Pin-to-Register Delay ＞ 0，即 Pin-to-Register Delay＞－13.511 ns。

综上所述，为了达到时序收敛，则必须满足：－13.511 ns＜Pin-to-Register Delay ＜0.902 ns。

Pin-to-Register Delay 时间从时序报告里得出在 4.711～6.105ns 范围内，建立时间余量显然不满足，建立时间时序违规，而保持时间则不会违规。

这个工程如此这般分析下来，似乎在这个工程条件下用 50 MHz 的速率来读存取时间为 8 ns 的 SRAM 是不可行的。但是在特权同学初步调试这个工程的时候，在没有进行时序约束和时序分析的情况下就进行了板级调试，而且调试的最终结果没有发现问题，读/写 SRAM 的操作好像没有出现预想之外的问题。这不免让人有些纳闷，为什么理论上进行静态时序分析不可行的时序最后却通过了板级调试呢？对于可能存在的问题不容易暴露出来，有下述 3 种可能性：

① 时序分析得有些太苛刻，可能有些地方都是想到了最坏的情况（当然这是必要的，有些时序违规不是一天两天能出现的，甚至有些很多年才会出现一次的问题，这是最让人郁闷的事）；

② 有些违规最严重的路径可能是地址的高位，因为操作的时候都是递增地址读数据的，高位地址变化周期长，它的时序违规表现得不是那么明显；

③ SRAM 标称的 8 ns 是最大的等待时间，或许 SRAM 实际上数据有效等待时间不需要那么长，也就是上面分析中外部器件的 T_{co} 减小了。

虽然开始的时候问题没有暴露，但是理论上没有通过的 SRAM 读时序最终还是没有经受住时间的考验，在后来的调试中，SRAM 操作的时序问题时不时地就暴露出来了。因此，在 FPGA 开发设计过程中，时序分析是必须的，也是很关键的一个环节。

七、源同步接口的时序模型

特权同学之前在 VXP306 板子上对三星的 K4S641632 SDRAM 做的一些测试代码，后来移植到了自己的 EPM570 板子上。因为之前刚做好的时候进行测试时，一直有个“奇怪”的问题，就是数据收发会间隔地在高位出现“0”，似乎有一定的规律，那块板子停下快半年没动了，所以现在就以它做测试，好好分析一下 SDRAM 的时序，于是就有了下文。

这个 EPM570 是 MAX Ⅱ中资源较少的芯片，但是做 SDRAM 的控制器基本还是可以满足要求的。不过也有一些不利因素：一方面是设计了一个数据写模块、串口发模块，资源占用也超过了 80%；另一方面是 MAX Ⅱ系列 CPLD 不支持 Fast input/ output register，也没有内部的 PLL，所以在上一节“读 SRAM 时序约束分析”中使用的 EPM240 是不足以胜任这样的“快速”存储器操作的（用了 50 MHz 的时钟频率，后来根据系统状态妥协了改成 25 MHz），这个 EPM570 也有同样的劣势。

此外，推荐读者可以去看看 Altera 官方提供的应用笔记《AN433：Constraining and Analyzing Source-Synchronous Interfaces》以及 Altera 官方网站免费提供的与此相应的英文视频教程。特权同学只是希望拿 SDRAM 模型做个具体问题具体分析的范例。

1. 源同步接口时序模型

源同步接口是指与 FPGA 接口的外部器件的数据源和时钟源都是来自 FPGA 内部。一般异步 RAM（SRAM）的读/写由 $\overline{WE}$、$\overline{OE}$控制，对数据地址有一定的时序要求，但是个人感觉建模上好像和源同步接口不是很吻合，因为在工程应用中很难把 $\overline{WE}$、$\overline{OE}$信号当时钟控制。而典型的源同步接口当属 SDRAM，具备经典的数据和时钟接口控制。

图 5.64 是一个源同步接口的模型，一般假定 FPGA 是发射方。时钟在 FPGA 内部的走线或延时是可以根据设计需要进行调整的，最方便快捷而且高效稳定的调整当属使用 PLL 的输出时钟。而数据和时钟的关系一般是中心对齐方式，如图 5.65 和图 5.66 所示。

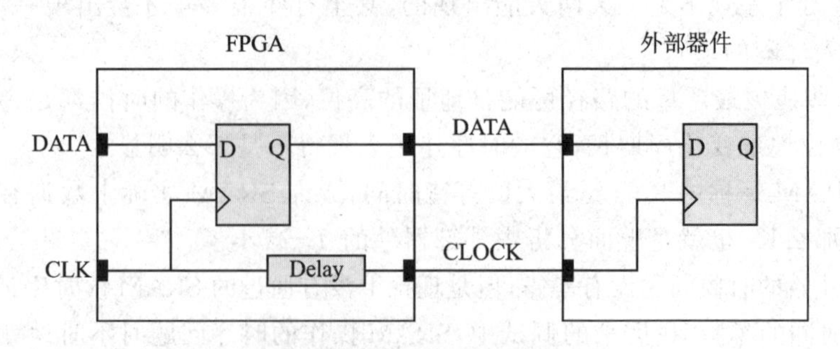

图 5.64　基本源同步接口

图 5.65 是时钟单沿采样模型（SDR SDRAM）；图 5.66 是时钟双沿采样模型（DDR SDRAM），也就是说，对于接收方而言，它一般是在 CLK 的上升沿或者下降沿采样 DATA 总线。如果有些器件的时序是边沿对齐（即数据和时钟同时变化），那么这个器件一定是在内部做了一些时钟的偏移工作，最终采样时刻的 CLOCK 和

DATA 关系一定是中心对齐。

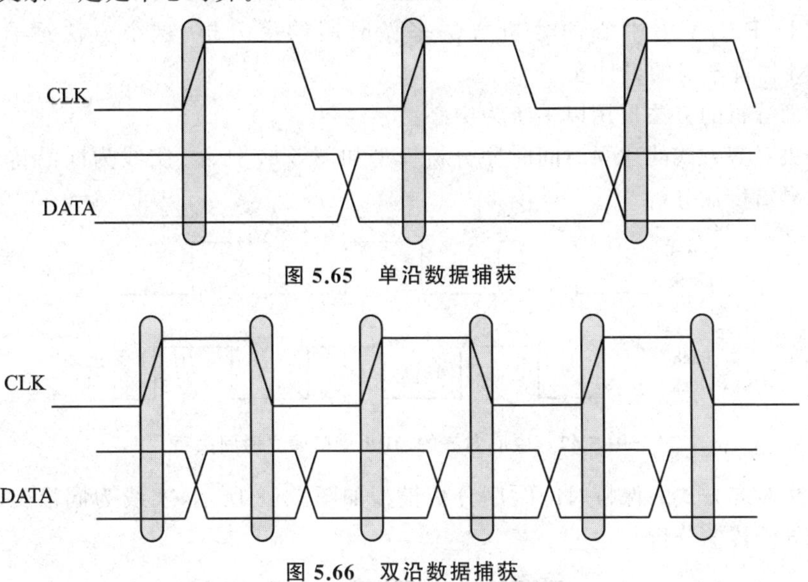

图 5.65　单沿数据捕获

图 5.66　双沿数据捕获

关于源同步接口的时序约束一般有 3 种：

① 时钟 CLOCK 约束；

② I/O 的 input / output delay 约束；

③ 时序例外。

（这里先假设读者对 SDRAM 的接口和操作有一定的了解，具体可以参考 SDRAM 芯片 K4S641632 的 datasheet。）

该 SDRAM 模型的时钟约束是针对 SDRAM 的输入时钟 sdr_clk，I/O 口的约束主要包括地址总线 sdr_ab、数据总线 sdr_db 以及块地址信号 sdr_bank，还有一些控制接口如 sdr_cs_n、sdr_we_n、sdr_ras_n、sdr_cas_n。对于 SDRAM 时钟有效信号 sdr_cke，除了上电等待的200 μs是低电平，其他时候都拉高了，所以可以设置为 false 路径。其实对于该设计中 sdr_cs_n 也和 sdr_cke 一样，只有上电时等待的 200 μs 内为高（无效），此后一直处于片选状态，所以也可以设置为 false 路径。当然了，设置为 false 的路径也必须充分考虑它们在跳变的那一个状态如果时序违规（即超出一个时钟周期）会不会对系统的性能造成影响。如果会，那么它就不应该是 false 路径，但是经过特权同学分析，发现在此不存在这样的问题。设置 false 路径是让实现工具在布局布线时不考虑这个路径，那么在同等条件下，就可以把一些走线资源让给关键路径，帮助达到时序收敛。简单的说，时序例外无非就是在允许的条件下放松时序要求，从而整体上提高时序性能。

关于源同步接口的分析方法，Altera 介绍了以系统为中心的方法和以 FPGA 为中心的方法。以系统为中心的分析，是针对 FPGA 与外部器件接口，并且外部器件的时序以及 PCB 板的走线延时等参数都明确的情况，例如 SDRAM 接口设计就可以采用此方法分析。假设在外部与 FPGA 接口的器件的任何参数都不明确的情况下，则采用以 FPGA 为中心的分析方法来做时序约束分析，这个方法适合于诸如 SDRAM 器件本身的设计实现。

下面分析的方法采用以系统为中心。

中央对齐方式的建立时间时序分析模型如图 5.67 所示，实线为同沿传输分析，虚线为异沿传输分析。

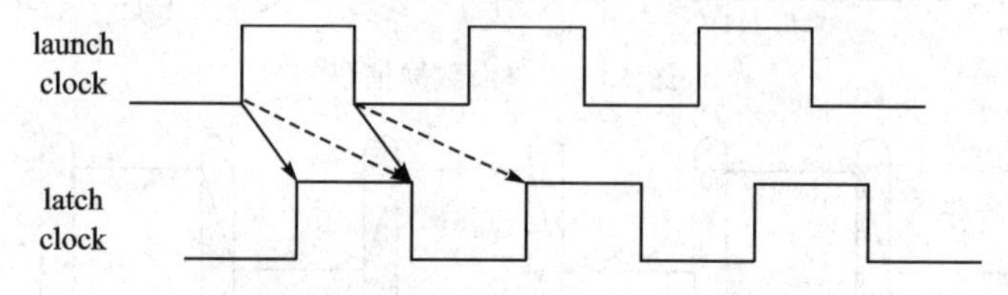

图 5.67　中心对齐的 DDR 接口建立时间关系

中央对齐方式的保持时间时序分析模型如图 5.68 所示，实线为同沿传输分析，虚线为异沿传输分析。

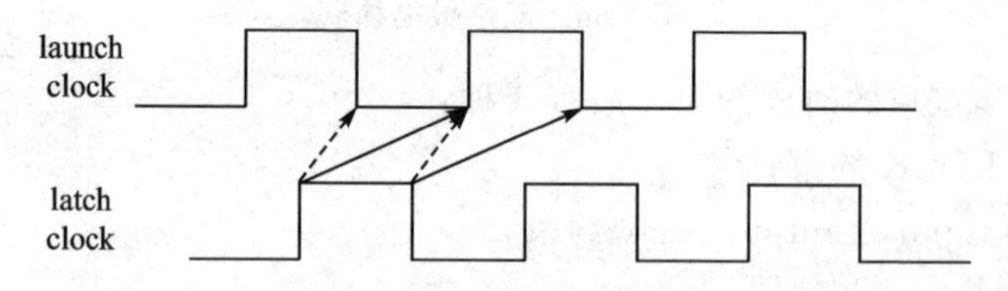

图 5.68　中心对齐的 DDR 接口保持时间关系

一般而言，如果设计中只采用同沿传输方式，那么必须对异沿传输方式做一个 false 的例外约束；而相反的，如果设计中只采用异沿传输方式，那么必须对同沿传输方式做一个 false 的例外约束。在该设计中，需要对异沿传输方式做一个 false 例外。

2. 源同步输出

时钟的产生方式有很多，比较稳定可控的是 PLL 时钟、内部逻辑如状态机等产生的时钟或者直接使用系统输入时钟（正向或者反向）。下面设计中由于器件所限，只能采取将输入时钟反向的方式产生 SDRAM 的时钟，基本的路径模型如图 5.69 所示。

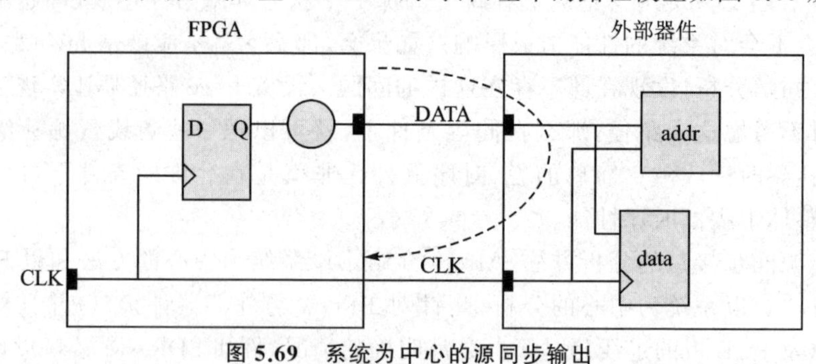

图 5.69　系统为中心的源同步输出

时钟的约束包括 creat clock、creat generated clock 等。sdr_clk 时钟是 FPGA 系统主时钟的反向；使用 creat clock 命令生成一个 rise time＝10、fall time＝20 的 20 ns的时钟。

```
create_clock - name {sys_clk} - period 20.000 - waveform { 0.000 10.000 } [get_ports {clk}]
create_clock - name {sdr_clk} - period 20.000 - waveform { 10.000 20.000 } [get_ports {sdram_clk}]
```

时序分析中涉及的 output delay 的计算公式如下：

Output max delay＝max trace delay for data＋T_{su} of external device－min trace delay for clock

Output min delay＝min trace delay for data－T_h of external device－max trace delay for clock

Output max delay 主要用于建立时间分析，而 output min delay 主要用于保持时间分析。

由于 output clock（作为 SDRAM 时钟）是 data clk（FPGA 输入时钟）的反向，那么这个 output clk 除了有一定的逻辑延时外，还包括 reg2pin 的延时，最后在输出端口相当于图 5.70 所示的模型。因为 SDRAM 的数据锁存等操作还是使用 sdr_clk 的上升沿，所以对于 output delay 时序分析中 launch edge 到 latch edge 应该如图 5.70 的实线所示了。

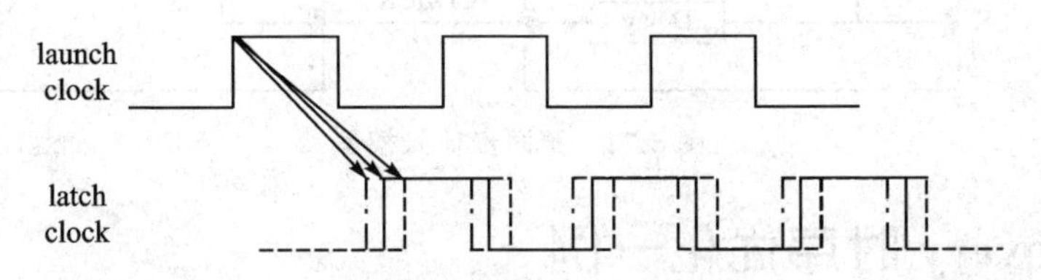

图 5.70 相位偏移的同沿捕获

由于使用 sdr_clk 的 latch edge 无法得到想要 clock network latency，所以使用 chip planner 查看从 sys_clk 到 sdr_clk 的 pin2pin 的延时，如图 5.71 所示。

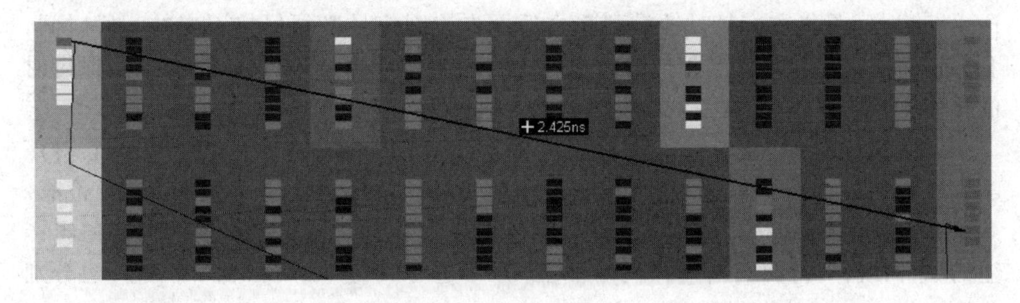

图 5.71 chip planner 查看时钟路径

在 SDC 中添加了该时钟网络延时：

```
set_clock_latency - source    2.425 [get_clocks {sdr_clk}]
```

接下来的时序收敛与否就需要查看时序分析报告，如果这些与 SDRAM 相关的 setup slack 和 hold slack 都是正值，那么说明 SDRAM 控制所需要的建立时间和保持时间是满足要求的。但是一般最理想的状态是 setup slack 和 hold slack 保持平衡，这样对于有效的数据采样窗口是最有利的，尤其对于高速接口更是如此，至于低速接口也许对这个 slack 的要求低一些。为了保持两个 slack 的平衡，设计者一般会调整 SDRAM 的时钟 sdr_clk 以达到设计的需要。

3. 源同步输入

典型的源同步输入的模型如图 5.72 所示，其实也就是将源同步输出模型中 FPGA 与外部器件的角色互换。这里的时钟是由外部信号驱动的，但是设计中在 FPGA 内部锁存数据时使用的还是 FPGA 内部的主时钟 CLK，其分析的过程其实和之前对 SRAM 的时序分析是差不多的，具体就不讨论了。

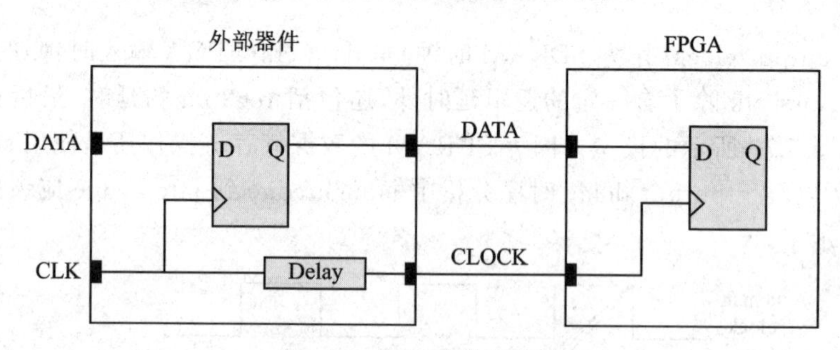

图 5.72　源同步输入模型

八、recovery 时序优化一例

TimeQuest 中的 recovery/removal 检查是对工程中的各种异步控制信号(包括异步复位信号、异步使能信号等)的时序进行分析。recovery 时间是指在有效时钟沿到来之前异步控制信号必须保持稳定的一段时间，和数据建立时间的概念是相似的；removal 时间是指在有效时钟沿到来之后异步控制信号必须保持不变的一段时间，和数据保持时间的概念是相似的。它们的时序余量计算公式也和建立时间、保持时间相似。

如图 5.73 所示，查看某实例工程在 TimeQuest 中的 recovery 检查报告，它对该实例工程的 3 个异步清除信号(sysrst_nr2、sdwrad_clr 和 vga_validr)进行检查。sysrst_nr2 是该工程的系统复位信号，而 sdwrad_clr 和 vga_validr 是由内部逻辑产生的，它们既作为内部逻辑的同步清除信号(不进行 recovery/removal 检查)，也分别作为内部两个 FIFO 的异步复位信号(这部分路径将进行 recovery/removal 检查)。

由于数据 setup time/hold time 检查和控制信号的 recovery/removal 检查都是对信号与时钟沿关系的时序分析，而且它们的分析计算公式都是类似的，所以一般信

<table>
<tr><th colspan="4">Core Clock Recovery: sys_ctrl:uut_sysctrl|PLL_ctrl:uut_PLL_ctrl|altpll:altpll_component|_clk0</th></tr>
<tr><th></th><th>Slack</th><th>From Node</th><th>To Node</th></tr>
<tr><td>13</td><td>14.078</td><td>sdcard_ctrl:uut_sdcartctrl|sd_ctrl:uut_sdctrl|sdwrad_clr</td><td>...fifo_component|dcfifo_qgl1:auto_generated|alt_sync_fifo_0oi:sync_fifo|dffe9a[8]</td></tr>
<tr><td>14</td><td>14.078</td><td>sdcard_ctrl:uut_sdcartctrl|sd_ctrl:uut_sdctrl|sdwrad_clr</td><td>...fifo_component|dcfifo_qgl1:auto_generated|alt_sync_fifo_0oi:sync_fifo|dffe9a[6]</td></tr>
<tr><td>15</td><td>14.078</td><td>sdcard_ctrl:uut_sdcartctrl|sd_ctrl:uut_sdctrl|sdwrad_clr</td><td>...fifo_component|dcfifo_qgl1:auto_generated|alt_sync_fifo_0oi:sync_fifo|dffe9a[9]</td></tr>
<tr><td>16</td><td>14.078</td><td>sdcard_ctrl:uut_sdcartctrl|sd_ctrl:uut_sdctrl|sdwrad_clr</td><td>...fifo_component|dcfifo_qgl1:auto_generated|alt_sync_fifo_0oi:sync_fifo|dffe9a[5]</td></tr>
<tr><td>17</td><td>14.078</td><td>sdcard_ctrl:uut_sdcartctrl|sd_ctrl:uut_sdctrl|sdwrad_clr</td><td>...fifo_component|dcfifo_qgl1:auto_generated|alt_sync_fifo_0oi:sync_fifo|dffe7a[9]</td></tr>
<tr><td>18</td><td>14.078</td><td>sdcard_ctrl:uut_sdcartctrl|sd_ctrl:uut_sdctrl|sdwrad_clr</td><td>...fifo_component|dcfifo_qgl1:auto_generated|alt_sync_fifo_0oi:sync_fifo|dffe9a[3]</td></tr>
<tr><td>19</td><td>14.078</td><td>sdcard_ctrl:uut_sdcartctrl|sd_ctrl:uut_sdctrl|sdwrad_clr</td><td>...fifo_component|dcfifo_qgl1:auto_generated|alt_sync_fifo_0oi:sync_fifo|dffe7a[8]</td></tr>
<tr><td>20</td><td>14.078</td><td>sdcard_ctrl:uut_sdcartctrl|sd_ctrl:uut_sdctrl|sdwrad_clr</td><td>...fifo_component|dcfifo_qgl1:auto_generated|alt_sync_fifo_0oi:sync_fifo|dffe9a[2]</td></tr>
<tr><td>21</td><td>14.078</td><td>sdcard_ctrl:uut_sdcartctrl|sd_ctrl:uut_sdctrl|sdwrad_clr</td><td>...fifo_component|dcfifo_qgl1:auto_generated|alt_sync_fifo_0oi:sync_fifo|dffe7a[7]</td></tr>
<tr><td>22</td><td>14.078</td><td>sdcard_ctrl:uut_sdcartctrl|sd_ctrl:uut_sdctrl|sdwrad_clr</td><td>...fifo_component|dcfifo_qgl1:auto_generated|alt_sync_fifo_0oi:sync_fifo|dffe9a[1]</td></tr>
<tr><td>23</td><td>14.078</td><td>sdcard_ctrl:uut_sdcartctrl|sd_ctrl:uut_sdctrl|sdwrad_clr</td><td>...fifo_component|dcfifo_qgl1:auto_generated|alt_sync_fifo_0oi:sync_fifo|dffe7a[6]</td></tr>
<tr><td>24</td><td>14.078</td><td>sdcard_ctrl:uut_sdcartctrl|sd_ctrl:uut_sdctrl|sdwrad_clr</td><td>...fifo_component|dcfifo_qgl1:auto_generated|alt_sync_fifo_0oi:sync_fifo|dffe9a[0]</td></tr>
<tr><td>25</td><td>14.078</td><td>sdcard_ctrl:uut_sdcartctrl|sd_ctrl:uut_sdctrl|sdwrad_clr</td><td>...fifo_component|dcfifo_qgl1:auto_generated|alt_sync_fifo_0oi:sync_fifo|dffe7a[5]</td></tr>
<tr><td>26</td><td>14.078</td><td>sdcard_ctrl:uut_sdcartctrl|sd_ctrl:uut_sdctrl|sdwrad_clr</td><td>...fifo_component|dcfifo_qgl1:auto_generated|alt_sync_fifo_0oi:sync_fifo|dffe7a[4]</td></tr>
<tr><td>27</td><td>14.078</td><td>sdcard_ctrl:uut_sdcartctrl|sd_ctrl:uut_sdctrl|sdwrad_clr</td><td>...fifo_component|dcfifo_qgl1:auto_generated|alt_sync_fifo_0oi:sync_fifo|dffe7a[3]</td></tr>
<tr><td>28</td><td>14.078</td><td>sdcard_ctrl:uut_sdcartctrl|sd_ctrl:uut_sdctrl|sdwrad_clr</td><td>...fifo_component|dcfifo_qgl1:auto_generated|alt_sync_fifo_0oi:sync_fifo|dffe7a[2]</td></tr>
<tr><td>29</td><td>14.078</td><td>sdcard_ctrl:uut_sdcartctrl|sd_ctrl:uut_sdctrl|sdwrad_clr</td><td>...fifo_component|dcfifo_qgl1:auto_generated|alt_sync_fifo_0oi:sync_fifo|dffe7a[1]</td></tr>
<tr><td>30</td><td>14.078</td><td>sdcard_ctrl:uut_sdcartctrl|sd_ctrl:uut_sdctrl|sdwrad_clr</td><td>...fifo_component|dcfifo_qgl1:auto_generated|alt_sync_fifo_0oi:sync_fifo|dffe7a[0]</td></tr>
<tr><td>31</td><td>23.098</td><td>sys_ctrl:uut_sysctrl|sysrst_nr2</td><td>sdcard_ctrl:uut_sdcartctrl|sd_ctrl:uut_sdctrl|wait_cnt8[0]</td></tr>
<tr><td>32</td><td>23.098</td><td>sys_ctrl:uut_sysctrl|sysrst_nr2</td><td>sdcard_ctrl:uut_sdcartctrl|sd_ctrl:uut_sdctrl|wait_cnt8[1]</td></tr>
<tr><td>33</td><td>23.098</td><td>sys_ctrl:uut_sysctrl|sysrst_nr2</td><td>sdcard_ctrl:uut_sdcartctrl|sd_ctrl:uut_sdctrl|wait_cnt8[2]</td></tr>
<tr><td>34</td><td>23.098</td><td>sys_ctrl:uut_sysctrl|sysrst_nr2</td><td>sdcard_ctrl:uut_sdcartctrl|sd_ctrl:uut_sdctrl|wait_cnt8[3]</td></tr>
<tr><td>35</td><td>23.098</td><td>sys_ctrl:uut_sysctrl|sysrst_nr2</td><td>sdcard_ctrl:uut_sdcartctrl|sd_ctrl:uut_sdctrl|wait_cnt8[4]</td></tr>
<tr><td>36</td><td>23.098</td><td>sys_ctrl:uut_sysctrl|sysrst_nr2</td><td>sdcard_ctrl:uut_sdcartctrl|sd_ctrl:uut_sdctrl|wait_cnt8[5]</td></tr>
<tr><td>37</td><td>23.098</td><td>sys_ctrl:uut_sysctrl|sysrst_nr2</td><td>sdcard_ctrl:uut_sdcartctrl|sd_ctrl:uut_sdctrl|wait_cnt8[6]</td></tr>
<tr><td>38</td><td>23.098</td><td>sys_ctrl:uut_sysctrl|sysrst_nr2</td><td>sdcard_ctrl:uut_sdcartctrl|sd_ctrl:uut_sdctrl|wait_cnt8[7]</td></tr>
<tr><td>39</td><td>23.500</td><td>sdfifo_ctrl:uut_sdffifoctrl|vga_validr</td><td>...fifo_component|dcfifo_qgl1:auto_generated|alt_sync_fifo_0oi:sync_fifo|dffe8a[1]</td></tr>
<tr><td>40</td><td>23.501</td><td>sdfifo_ctrl:uut_sdffifoctrl|vga_validr</td><td>...fifo_component|dcfifo_qgl1:auto_generated|alt_sync_fifo_0oi:sync_fifo|dffe5a[0]</td></tr>
<tr><td>41</td><td>23.501</td><td>sdfifo_ctrl:uut_sdffifoctrl|vga_validr</td><td>...fifo_component|dcfifo_qgl1:auto_generated|alt_sync_fifo_0oi:sync_fifo|dffe5a[1]</td></tr>
<tr><td>42</td><td>23.501</td><td>sdfifo_ctrl:uut_sdffifoctrl|vga_validr</td><td>...fifo_component|dcfifo_qgl1:auto_generated|alt_sync_fifo_0oi:sync_fifo|dffe5a[2]</td></tr>
<tr><td>43</td><td>23.501</td><td>sdfifo_ctrl:uut_sdffifoctrl|vga_validr</td><td>...fifo_component|dcfifo_qgl1:auto_generated|alt_sync_fifo_0oi:sync_fifo|dffe5a[3]</td></tr>
<tr><td>44</td><td>23.501</td><td>sdfifo_ctrl:uut_sdffifoctrl|vga_validr</td><td>...fifo_component|dcfifo_qgl1:auto_generated|alt_sync_fifo_0oi:sync_fifo|dffe5a[4]</td></tr>
<tr><td>45</td><td>23.501</td><td>sdfifo_ctrl:uut_sdffifoctrl|vga_validr</td><td>...fifo_component|dcfifo_qgl1:auto_generated|alt_sync_fifo_0oi:sync_fifo|dffe5a[5]</td></tr>
<tr><td>46</td><td>23.501</td><td>sdfifo_ctrl:uut_sdffifoctrl|vga_validr</td><td>...fifo_component|dcfifo_qgl1:auto_generated|alt_sync_fifo_0oi:sync_fifo|dffe5a[6]</td></tr>
<tr><td>47</td><td>23.501</td><td>sdfifo_ctrl:uut_sdffifoctrl|vga_validr</td><td>...fifo_component|dcfifo_qgl1:auto_generated|alt_sync_fifo_0oi:sync_fifo|dffe5a[7]</td></tr>
<tr><td>48</td><td>23.501</td><td>sdfifo_ctrl:uut_sdffifoctrl|vga_validr</td><td>...fifo_component|dcfifo_qgl1:auto_generated|alt_sync_fifo_0oi:sync_fifo|dffe5a[8]</td></tr>
</table>

图 5.73　recovery 检查报告

号的路径进行 setup time/hold time 检查，而异步控制信号的路径则进行 recovery/removal 检查。TimeQuest 不会同时对信号既进行 setup time/hold time 检查又进行 recovery/removal 检查，只是二者取一。

在该工程中，sdwrad_clr 的产生是由 5.4 s 定时器 cnt5s 控制。当状态机 sdinit_nstate 处于 SD_DELAY 状态时，cnt5s 开始计数，值为 28'hffffff0 时 sdwrad_clr 将产生一个时钟周期宽度的高脉冲，这个高脉冲将作为 FIFO 的异步清除信号。下述代码即 sdwrad_clr 信号的产生逻辑：

```
reg[27:0] cnt5s;      //5.4 s 定时计数器
//5.4 s 计数
always @(posedge clk or negedge rst_n)   begin
    if(!rst_n) cnt5s <= 28'd0;
    else if(sdinit_nstate == SD_DELAY) cnt5s <= cnt5s + 1'b1;
    else cnt5s <= 28'd0;
end
//SDRAM 写控制相关信号清零复位信号,高有效
wire sdwrad_clr = (cnt5s == 28'hffffff0);
```

下面来看看时序分析报告中异步清除信号 sdwrad_clr 的 recovery 检查，如图 5.74 所示。由于时序分析的起点和终点都是以寄存器为基础的，所以作为 wire 的

sdwrad_clr 不会出现在 recovery 检查的“From Node”中，取而代之的是直接控制 sdwrad_clr 输出的计数器 cnt5s 的全部 28 位寄存器。很显然，这里需要进行 recovery 检查的路径会比预想多得多。这里最坏 recovery 检查 Slack＝11.453 ns（远远满足我们的要求了）。

<table>
<tr><th></th><th>Slack</th><th>From Node</th><th>To Node</th></tr>
<tr><td>1</td><td>11.453</td><td>sdcard_ctrl:uut_sdcartctrl|sd_ctrl:uut_sdctrl|cnt5s[19]</td><td>...fifo_component|dcfifo_qgl1:auto_generated|alt_sync_fifo_0oi:sync_fifo|dffe9a[5]</td></tr>
<tr><td>2</td><td>11.456</td><td>sdcard_ctrl:uut_sdcartctrl|sd_ctrl:uut_sdctrl|cnt5s[19]</td><td>...dcfifo_qgl1:auto_generated|alt_sync_fifo_0oi:sync_fifo|cntr_kua:cntr1|safe_q[8]</td></tr>
<tr><td>3</td><td>11.456</td><td>sdcard_ctrl:uut_sdcartctrl|sd_ctrl:uut_sdctrl|cnt5s[19]</td><td>...dcfifo_qgl1:auto_generated|alt_sync_fifo_0oi:sync_fifo|cntr_kua:cntr1|safe_q[4]</td></tr>
<tr><td>4</td><td>11.456</td><td>sdcard_ctrl:uut_sdcartctrl|sd_ctrl:uut_sdctrl|cnt5s[19]</td><td>...dcfifo_qgl1:auto_generated|alt_sync_fifo_0oi:sync_fifo|cntr_kua:cntr1|safe_q[7]</td></tr>
<tr><td>5</td><td>11.456</td><td>sdcard_ctrl:uut_sdcartctrl|sd_ctrl:uut_sdctrl|cnt5s[19]</td><td>...dcfifo_qgl1:auto_generated|alt_sync_fifo_0oi:sync_fifo|cntr_kua:cntr1|safe_q[0]</td></tr>
<tr><td>6</td><td>11.456</td><td>sdcard_ctrl:uut_sdcartctrl|sd_ctrl:uut_sdctrl|cnt5s[19]</td><td>...dcfifo_qgl1:auto_generated|alt_sync_fifo_0oi:sync_fifo|cntr_kua:cntr1|safe_q[1]</td></tr>
<tr><td>7</td><td>11.456</td><td>sdcard_ctrl:uut_sdcartctrl|sd_ctrl:uut_sdctrl|cnt5s[19]</td><td>...dcfifo_qgl1:auto_generated|alt_sync_fifo_0oi:sync_fifo|cntr_kua:cntr1|safe_q[2]</td></tr>
<tr><td>8</td><td>11.456</td><td>sdcard_ctrl:uut_sdcartctrl|sd_ctrl:uut_sdctrl|cnt5s[19]</td><td>...dcfifo_qgl1:auto_generated|alt_sync_fifo_0oi:sync_fifo|cntr_kua:cntr1|safe_q[3]</td></tr>
<tr><td>9</td><td>11.456</td><td>sdcard_ctrl:uut_sdcartctrl|sd_ctrl:uut_sdctrl|cnt5s[19]</td><td>...dcfifo_qgl1:auto_generated|alt_sync_fifo_0oi:sync_fifo|cntr_kua:cntr1|safe_q[5]</td></tr>
<tr><td>10</td><td>11.456</td><td>sdcard_ctrl:uut_sdcartctrl|sd_ctrl:uut_sdctrl|cnt5s[19]</td><td>...dcfifo_qgl1:auto_generated|alt_sync_fifo_0oi:sync_fifo|cntr_kua:cntr1|safe_q[6]</td></tr>
<tr><td>11</td><td>11.456</td><td>sdcard_ctrl:uut_sdcartctrl|sd_ctrl:uut_sdctrl|cnt5s[19]</td><td>...dcfifo_qgl1:auto_generated|alt_sync_fifo_0oi:sync_fifo|cntr_kua:cntr1|safe_q[9]</td></tr>
<tr><td>12</td><td>11.456</td><td>sdcard_ctrl:uut_sdcartctrl|sd_ctrl:uut_sdctrl|cnt5s[19]</td><td>...fifo_component|dcfifo_qgl1:auto_generated|alt_sync_fifo_0oi:sync_fifo|dffe9a[8]</td></tr>
<tr><td>13</td><td>11.456</td><td>sdcard_ctrl:uut_sdcartctrl|sd_ctrl:uut_sdctrl|cnt5s[19]</td><td>...fifo_component|dcfifo_qgl1:auto_generated|alt_sync_fifo_0oi:sync_fifo|dffe9a[7]</td></tr>
<tr><td>14</td><td>11.456</td><td>sdcard_ctrl:uut_sdcartctrl|sd_ctrl:uut_sdctrl|cnt5s[19]</td><td>...fifo_component|dcfifo_qgl1:auto_generated|alt_sync_fifo_0oi:sync_fifo|dffe9a[6]</td></tr>
<tr><td>15</td><td>11.456</td><td>sdcard_ctrl:uut_sdcartctrl|sd_ctrl:uut_sdctrl|cnt5s[19]</td><td>...fifo_component|dcfifo_qgl1:auto_generated|alt_sync_fifo_0oi:sync_fifo|dffe9a[9]</td></tr>
<tr><td>16</td><td>11.456</td><td>sdcard_ctrl:uut_sdcartctrl|sd_ctrl:uut_sdctrl|cnt5s[19]</td><td>...fifo_component|dcfifo_qgl1:auto_generated|alt_sync_fifo_0oi:sync_fifo|dffe9a[4]</td></tr>
<tr><td>17</td><td>11.456</td><td>sdcard_ctrl:uut_sdcartctrl|sd_ctrl:uut_sdctrl|cnt5s[19]</td><td>...fifo_component|dcfifo_qgl1:auto_generated|alt_sync_fifo_0oi:sync_fifo|dffe7a[9]</td></tr>
<tr><td>18</td><td>11.456</td><td>sdcard_ctrl:uut_sdcartctrl|sd_ctrl:uut_sdctrl|cnt5s[19]</td><td>...fifo_component|dcfifo_qgl1:auto_generated|alt_sync_fifo_0oi:sync_fifo|dffe9a[3]</td></tr>
<tr><td>19</td><td>11.456</td><td>sdcard_ctrl:uut_sdcartctrl|sd_ctrl:uut_sdctrl|cnt5s[19]</td><td>...fifo_component|dcfifo_qgl1:auto_generated|alt_sync_fifo_0oi:sync_fifo|dffe7a[8]</td></tr>
<tr><td>20</td><td>11.456</td><td>sdcard_ctrl:uut_sdcartctrl|sd_ctrl:uut_sdctrl|cnt5s[19]</td><td>...fifo_component|dcfifo_qgl1:auto_generated|alt_sync_fifo_0oi:sync_fifo|dffe9a[2]</td></tr>
<tr><td>21</td><td>11.456</td><td>sdcard_ctrl:uut_sdcartctrl|sd_ctrl:uut_sdctrl|cnt5s[19]</td><td>...fifo_component|dcfifo_qgl1:auto_generated|alt_sync_fifo_0oi:sync_fifo|dffe7a[7]</td></tr>
<tr><td>22</td><td>11.456</td><td>sdcard_ctrl:uut_sdcartctrl|sd_ctrl:uut_sdctrl|cnt5s[19]</td><td>...fifo_component|dcfifo_qgl1:auto_generated|alt_sync_fifo_0oi:sync_fifo|dffe9a[1]</td></tr>
<tr><td>23</td><td>11.456</td><td>sdcard_ctrl:uut_sdcartctrl|sd_ctrl:uut_sdctrl|cnt5s[19]</td><td>...fifo_component|dcfifo_qgl1:auto_generated|alt_sync_fifo_0oi:sync_fifo|dffe7a[6]</td></tr>
<tr><td>24</td><td>11.456</td><td>sdcard_ctrl:uut_sdcartctrl|sd_ctrl:uut_sdctrl|cnt5s[19]</td><td>...fifo_component|dcfifo_qgl1:auto_generated|alt_sync_fifo_0oi:sync_fifo|dffe9a[0]</td></tr>
<tr><td>25</td><td>11.456</td><td>sdcard_ctrl:uut_sdcartctrl|sd_ctrl:uut_sdctrl|cnt5s[19]</td><td>...fifo_component|dcfifo_qgl1:auto_generated|alt_sync_fifo_0oi:sync_fifo|dffe7a[5]</td></tr>
<tr><td>26</td><td>11.456</td><td>sdcard_ctrl:uut_sdcartctrl|sd_ctrl:uut_sdctrl|cnt5s[19]</td><td>...fifo_component|dcfifo_qgl1:auto_generated|alt_sync_fifo_0oi:sync_fifo|dffe7a[4]</td></tr>
<tr><td>27</td><td>11.456</td><td>sdcard_ctrl:uut_sdcartctrl|sd_ctrl:uut_sdctrl|cnt5s[19]</td><td>...fifo_component|dcfifo_qgl1:auto_generated|alt_sync_fifo_0oi:sync_fifo|dffe7a[3]</td></tr>
<tr><td>28</td><td>11.456</td><td>sdcard_ctrl:uut_sdcartctrl|sd_ctrl:uut_sdctrl|cnt5s[19]</td><td>...fifo_component|dcfifo_qgl1:auto_generated|alt_sync_fifo_0oi:sync_fifo|dffe7a[2]</td></tr>
<tr><td>29</td><td>11.456</td><td>sdcard_ctrl:uut_sdcartctrl|sd_ctrl:uut_sdctrl|cnt5s[19]</td><td>...fifo_component|dcfifo_qgl1:auto_generated|alt_sync_fifo_0oi:sync_fifo|dffe7a[1]</td></tr>
<tr><td>30</td><td>11.456</td><td>sdcard_ctrl:uut_sdcartctrl|sd_ctrl:uut_sdctrl|cnt5s[19]</td><td>...fifo_component|dcfifo_qgl1:auto_generated|alt_sync_fifo_0oi:sync_fifo|dffe7a[0]</td></tr>
<tr><td>31</td><td>11.624</td><td>sdcard_ctrl:uut_sdcartctrl|sd_ctrl:uut_sdctrl|cnt5s[14]</td><td>...fifo_component|dcfifo_qgl1:auto_generated|alt_sync_fifo_0oi:sync_fifo|dffe9a[5]</td></tr>
<tr><td>32</td><td>11.627</td><td>sdcard_ctrl:uut_sdcartctrl|sd_ctrl:uut_sdctrl|cnt5s[14]</td><td>...dcfifo_qgl1:auto_generated|alt_sync_fifo_0oi:sync_fifo|cntr_kua:cntr1|safe_q[8]</td></tr>
<tr><td>33</td><td>11.627</td><td>sdcard_ctrl:uut_sdcartctrl|sd_ctrl:uut_sdctrl|cnt5s[14]</td><td>...dcfifo_qgl1:auto_generated|alt_sync_fifo_0oi:sync_fifo|cntr_kua:cntr1|safe_q[4]</td></tr>
<tr><td>34</td><td>11.627</td><td>sdcard_ctrl:uut_sdcartctrl|sd_ctrl:uut_sdctrl|cnt5s[14]</td><td>...dcfifo_qgl1:auto_generated|alt_sync_fifo_0oi:sync_fifo|cntr_kua:cntr1|safe_q[7]</td></tr>
<tr><td>35</td><td>11.627</td><td>sdcard_ctrl:uut_sdcartctrl|sd_ctrl:uut_sdctrl|cnt5s[14]</td><td>...dcfifo_qgl1:auto_generated|alt_sync_fifo_0oi:sync_fifo|cntr_kua:cntr1|safe_q[0]</td></tr>
<tr><td>36</td><td>11.627</td><td>sdcard_ctrl:uut_sdcartctrl|sd_ctrl:uut_sdctrl|cnt5s[14]</td><td>...dcfifo_qgl1:auto_generated|alt_sync_fifo_0oi:sync_fifo|cntr_kua:cntr1|safe_q[1]</td></tr>
</table>

图 5.74　优化前的 recovery 检查报告

如图 5.75 和图 5.76 所示，分别是从 Chip Planner 中查看到 cnt5s[27：0]在器件中的布局（右侧深色部分）以及扇出路径。

单从功能和时序上，上述代码已经满足了要求，只是最后的布局布线让人有些不满意。显然，它可以进一步的优化，办法很简单，只要把异步复位信号 sdwrad_clr 的输出用一个寄存器锁存一拍后再输出即可。下面是优化后的代码：

```
reg[27:0] cnt5s;      //5.4 s 定时计数器
//5.4 s 计数
always @(posedge clk or negedge rst_n)   begin
    if(!rst_n) cnt5s <= 28'd0;
    else if(sdinit_nstate == SD_DELAY) cnt5s <= cnt5s + 1'b1;
    else cnt5s <= 28'd0;
end
reg sdwrad_clr;      //SDRAM 写控制相关信号清零复位信号,高有效
always @(posedge clk or negedge rst_n)   begin
    if(!rst_n) sdwrad_clr <= 1'b0;
```

```
    else if(cnt5s == 28'hffffff0) sdwrad_clr <= 1'b1;
    else sdwrad_clr <= 1'b0;
end
```

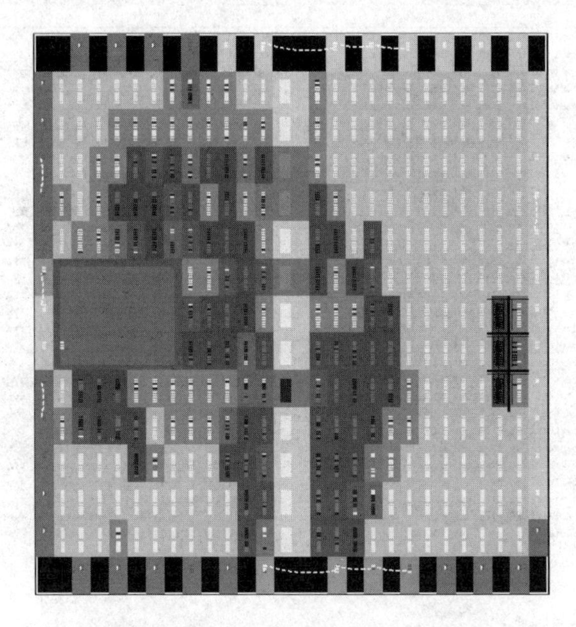

图 5.75　优化前的 cnt5s 寄存器组布局

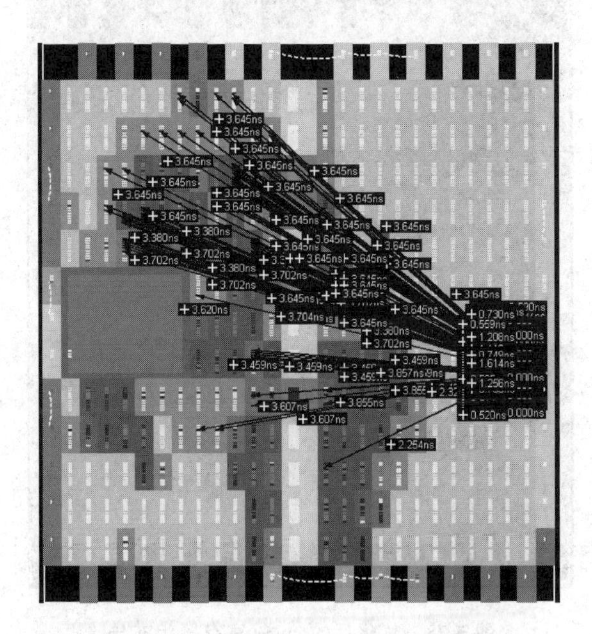

图 5.76　优化前的 cnt5s 寄存器组扇出

如图 5.77 所示，优化后的 recovery 检查的路径大大减少，只有原来的 1/28。现在的“From Node”是寄存器 sdwrad_clr，最坏的 recovery 检查 Slack＝14.077 ns，相比之前有了大幅度的提高。

Core Clock Recovery: sys_ctrl:uut_sysctrl|PLL_ctrl:uut_PLL_ctrl|altpll:altpll_component|_clk0

	Slack	From Node	To Node
1	14.077	sdcard_ctrl:uut_sdcartctrl|sd_ctrl:uut_sdctrl|sdwrad_clr	...fifo_component|dcfifo_qgl1:auto_generated|alt_sync_fifo_0oi:sync_fifo|dffe9a[7]
2	14.077	sdcard_ctrl:uut_sdcartctrl|sd_ctrl:uut_sdctrl|sdwrad_clr	...fifo_component|dcfifo_qgl1:auto_generated|alt_sync_fifo_0oi:sync_fifo|dffe9a[4]
3	14.078	sdcard_ctrl:uut_sdcartctrl|sd_ctrl:uut_sdctrl|sdwrad_clr	...dcfifo_qgl1:auto_generated|alt_sync_fifo_0oi:sync_fifo|cntr_kua:cntr1|safe_q[8]
4	14.078	sdcard_ctrl:uut_sdcartctrl|sd_ctrl:uut_sdctrl|sdwrad_clr	...dcfifo_qgl1:auto_generated|alt_sync_fifo_0oi:sync_fifo|cntr_kua:cntr1|safe_q[4]
5	14.078	sdcard_ctrl:uut_sdcartctrl|sd_ctrl:uut_sdctrl|sdwrad_clr	...dcfifo_qgl1:auto_generated|alt_sync_fifo_0oi:sync_fifo|cntr_kua:cntr1|safe_q[7]
6	14.078	sdcard_ctrl:uut_sdcartctrl|sd_ctrl:uut_sdctrl|sdwrad_clr	...dcfifo_qgl1:auto_generated|alt_sync_fifo_0oi:sync_fifo|cntr_kua:cntr1|safe_q[0]
7	14.078	sdcard_ctrl:uut_sdcartctrl|sd_ctrl:uut_sdctrl|sdwrad_clr	...dcfifo_qgl1:auto_generated|alt_sync_fifo_0oi:sync_fifo|cntr_kua:cntr1|safe_q[1]
8	14.078	sdcard_ctrl:uut_sdcartctrl|sd_ctrl:uut_sdctrl|sdwrad_clr	...dcfifo_qgl1:auto_generated|alt_sync_fifo_0oi:sync_fifo|cntr_kua:cntr1|safe_q[2]
9	14.078	sdcard_ctrl:uut_sdcartctrl|sd_ctrl:uut_sdctrl|sdwrad_clr	...dcfifo_qgl1:auto_generated|alt_sync_fifo_0oi:sync_fifo|cntr_kua:cntr1|safe_q[3]
10	14.078	sdcard_ctrl:uut_sdcartctrl|sd_ctrl:uut_sdctrl|sdwrad_clr	...dcfifo_qgl1:auto_generated|alt_sync_fifo_0oi:sync_fifo|cntr_kua:cntr1|safe_q[5]
11	14.078	sdcard_ctrl:uut_sdcartctrl|sd_ctrl:uut_sdctrl|sdwrad_clr	...dcfifo_qgl1:auto_generated|alt_sync_fifo_0oi:sync_fifo|cntr_kua:cntr1|safe_q[6]
12	14.078	sdcard_ctrl:uut_sdcartctrl|sd_ctrl:uut_sdctrl|sdwrad_clr	...dcfifo_qgl1:auto_generated|alt_sync_fifo_0oi:sync_fifo|cntr_kua:cntr1|safe_q[9]
13	14.078	sdcard_ctrl:uut_sdcartctrl|sd_ctrl:uut_sdctrl|sdwrad_clr	...fifo_component|dcfifo_qgl1:auto_generated|alt_sync_fifo_0oi:sync_fifo|dffe9a[8]
14	14.078	sdcard_ctrl:uut_sdcartctrl|sd_ctrl:uut_sdctrl|sdwrad_clr	...fifo_component|dcfifo_qgl1:auto_generated|alt_sync_fifo_0oi:sync_fifo|dffe9a[6]
15	14.078	sdcard_ctrl:uut_sdcartctrl|sd_ctrl:uut_sdctrl|sdwrad_clr	...fifo_component|dcfifo_qgl1:auto_generated|alt_sync_fifo_0oi:sync_fifo|dffe9a[9]
16	14.078	sdcard_ctrl:uut_sdcartctrl|sd_ctrl:uut_sdctrl|sdwrad_clr	...fifo_component|dcfifo_qgl1:auto_generated|alt_sync_fifo_0oi:sync_fifo|dffe9a[5]
17	14.078	sdcard_ctrl:uut_sdcartctrl|sd_ctrl:uut_sdctrl|sdwrad_clr	...fifo_component|dcfifo_qgl1:auto_generated|alt_sync_fifo_0oi:sync_fifo|dffe7a[9]
18	14.078	sdcard_ctrl:uut_sdcartctrl|sd_ctrl:uut_sdctrl|sdwrad_clr	...fifo_component|dcfifo_qgl1:auto_generated|alt_sync_fifo_0oi:sync_fifo|dffe9a[3]
19	14.078	sdcard_ctrl:uut_sdcartctrl|sd_ctrl:uut_sdctrl|sdwrad_clr	...fifo_component|dcfifo_qgl1:auto_generated|alt_sync_fifo_0oi:sync_fifo|dffe7a[8]
20	14.078	sdcard_ctrl:uut_sdcartctrl|sd_ctrl:uut_sdctrl|sdwrad_clr	...fifo_component|dcfifo_qgl1:auto_generated|alt_sync_fifo_0oi:sync_fifo|dffe9a[2]
21	14.078	sdcard_ctrl:uut_sdcartctrl|sd_ctrl:uut_sdctrl|sdwrad_clr	...fifo_component|dcfifo_qgl1:auto_generated|alt_sync_fifo_0oi:sync_fifo|dffe7a[7]
22	14.078	sdcard_ctrl:uut_sdcartctrl|sd_ctrl:uut_sdctrl|sdwrad_clr	...fifo_component|dcfifo_qgl1:auto_generated|alt_sync_fifo_0oi:sync_fifo|dffe9a[1]
23	14.078	sdcard_ctrl:uut_sdcartctrl|sd_ctrl:uut_sdctrl|sdwrad_clr	...fifo_component|dcfifo_qgl1:auto_generated|alt_sync_fifo_0oi:sync_fifo|dffe7a[6]
24	14.078	sdcard_ctrl:uut_sdcartctrl|sd_ctrl:uut_sdctrl|sdwrad_clr	...fifo_component|dcfifo_qgl1:auto_generated|alt_sync_fifo_0oi:sync_fifo|dffe9a[0]
25	14.078	sdcard_ctrl:uut_sdcartctrl|sd_ctrl:uut_sdctrl|sdwrad_clr	...fifo_component|dcfifo_qgl1:auto_generated|alt_sync_fifo_0oi:sync_fifo|dffe7a[5]
26	14.078	sdcard_ctrl:uut_sdcartctrl|sd_ctrl:uut_sdctrl|sdwrad_clr	...fifo_component|dcfifo_qgl1:auto_generated|alt_sync_fifo_0oi:sync_fifo|dffe7a[4]
27	14.078	sdcard_ctrl:uut_sdcartctrl|sd_ctrl:uut_sdctrl|sdwrad_clr	...fifo_component|dcfifo_qgl1:auto_generated|alt_sync_fifo_0oi:sync_fifo|dffe7a[3]
28	14.078	sdcard_ctrl:uut_sdcartctrl|sd_ctrl:uut_sdctrl|sdwrad_clr	...fifo_component|dcfifo_qgl1:auto_generated|alt_sync_fifo_0oi:sync_fifo|dffe7a[2]
29	14.078	sdcard_ctrl:uut_sdcartctrl|sd_ctrl:uut_sdctrl|sdwrad_clr	...fifo_component|dcfifo_qgl1:auto_generated|alt_sync_fifo_0oi:sync_fifo|dffe7a[1]
30	14.078	sdcard_ctrl:uut_sdcartctrl|sd_ctrl:uut_sdctrl|sdwrad_clr	...fifo_component|dcfifo_qgl1:auto_generated|alt_sync_fifo_0oi:sync_fifo|dffe7a[0]

图 5.77　优化后的 recovery 检查报告

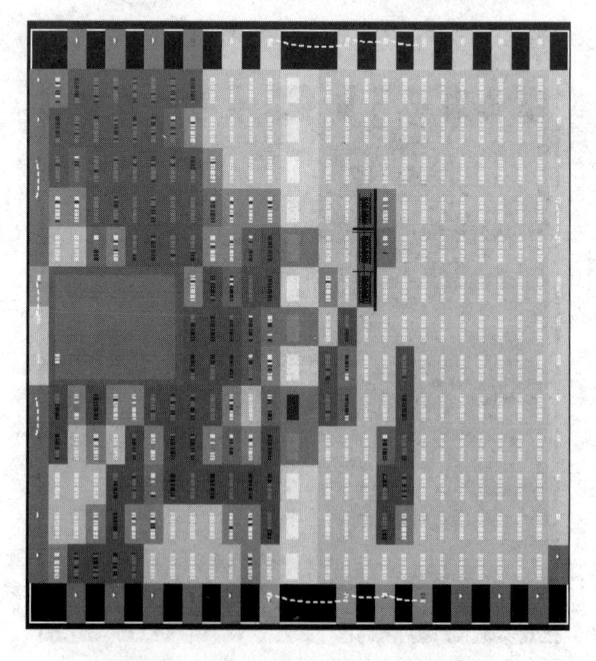

图 5.78　优化后的 cnt5s 寄存器组布局

下面来看看代码优化后布局布线的变化，如图 5.78 和图 5.79 所示，分别为代码优化后从 Chip Planner 中查看到的 cnt5s[27：0]在器件中的布局（中间偏右上的深色部分)以及扇出路径。很明显,计数器 cnt5s[27∶0]的布局布线较之前有了很大的改观。

从这个实例中可以很深刻的体会到,使用一些简单的代码优化技巧给系统时序性能带来的改善。尤其是 FPGA 内部产生的控制信号(不论是要作为后续电路的同步还是异步控制的信号),该信号在输出前应尽可能地减少组合逻辑数量,如果有可能,可以像实例中那样先用寄存器锁存一拍再输出,尽量让控制信号"干干净净"地驱动后级电路。

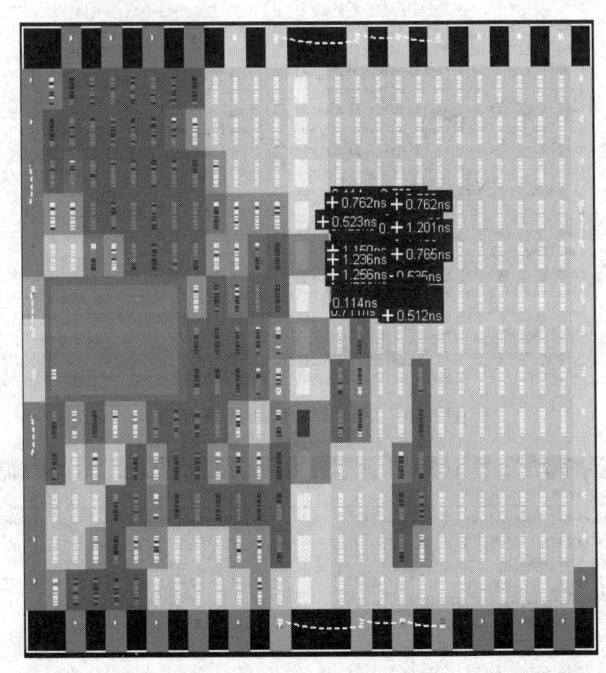

图 5.79　优化后的 cnt5s 寄存器组扇出

另外,有一点需要注意,优化后的 sdwrad_clr 信号产生的高脉冲会比优化前慢一个时钟周期,该实例中这个问题不敏感,所以不做处理。但是设计中若对晚一个时钟周期输出控制信号有严格的要求,设计者则需要考虑这个问题。

九、基于 Chip Planner 的时序优化一例

Quartus Ⅱ的 Chip Planner 为用户提供了一个器件资源的可见视图,能够形象真实地表现出逻辑资源的布局布线、引脚分配以及详细的寄存器间扇入、扇出、延时等信息。此外,用户也可以使用 Chip Planner 手动进行布局布线的更改,给不同的模块划分区域。本节就通过 Chip Planner 优化时序的一个简单实例来介绍它的使用。

如图 5.80 和图 5.81 所示,分别取实例工程两个内部时钟 clk1 与 clk0 建立时间分析报告中的 30 条最坏路径。它们都没有违规,余量还算让人满意,这里列举它们主要是为了与下文优化后的时序对比。

<table>
<tr><th colspan="4">Core Clock Setup: sys_ctrl:uut_sys_ctrl|PLL_ctrl:uut_PLL_ctrl|altpll:altpll_component|_clk1</th></tr>
<tr><th></th><th>Slack</th><th>From Node</th><th>To Node</th></tr>
<tr><td>1</td><td>1.524</td><td>sampling_ctrl:uut_sampling|sampling_end</td><td>sampling_ctrl:uut_sampling|sft_r0[63]</td></tr>
<tr><td>2</td><td>1.528</td><td>sampling_ctrl:uut_sampling|sampling_end</td><td>sampling_ctrl:uut_sampling|sft_r1[63]</td></tr>
<tr><td>3</td><td>1.861</td><td>sampling_ctrl:uut_sampling|sampling_end</td><td>sampling_ctrl:uut_sampling|sft_r2[63]</td></tr>
<tr><td>4</td><td>2.011</td><td>sampling_ctrl:uut_sampling|sampling_rate[2]</td><td>sampling_ctrl:uut_sampling|sapdiv_cnt[0]</td></tr>
<tr><td>5</td><td>2.011</td><td>sampling_ctrl:uut_sampling|sampling_rate[2]</td><td>sampling_ctrl:uut_sampling|sapdiv_cnt[1]</td></tr>
<tr><td>6</td><td>2.011</td><td>sampling_ctrl:uut_sampling|sampling_rate[2]</td><td>sampling_ctrl:uut_sampling|sapdiv_cnt[2]</td></tr>
<tr><td>7</td><td>2.011</td><td>sampling_ctrl:uut_sampling|sampling_rate[2]</td><td>sampling_ctrl:uut_sampling|sapdiv_cnt[3]</td></tr>
<tr><td>8</td><td>2.011</td><td>sampling_ctrl:uut_sampling|sampling_rate[2]</td><td>sampling_ctrl:uut_sampling|sapdiv_cnt[4]</td></tr>
<tr><td>9</td><td>2.011</td><td>sampling_ctrl:uut_sampling|sampling_rate[2]</td><td>sampling_ctrl:uut_sampling|sapdiv_cnt[5]</td></tr>
<tr><td>10</td><td>2.011</td><td>sampling_ctrl:uut_sampling|sampling_rate[2]</td><td>sampling_ctrl:uut_sampling|sapdiv_cnt[6]</td></tr>
<tr><td>11</td><td>2.161</td><td>sampling_ctrl:uut_sampling|sampling_rate[1]</td><td>sampling_ctrl:uut_sampling|sapdiv_cnt[0]</td></tr>
<tr><td>12</td><td>2.161</td><td>sampling_ctrl:uut_sampling|sampling_rate[1]</td><td>sampling_ctrl:uut_sampling|sapdiv_cnt[1]</td></tr>
<tr><td>13</td><td>2.161</td><td>sampling_ctrl:uut_sampling|sampling_rate[1]</td><td>sampling_ctrl:uut_sampling|sapdiv_cnt[2]</td></tr>
<tr><td>14</td><td>2.161</td><td>sampling_ctrl:uut_sampling|sampling_rate[1]</td><td>sampling_ctrl:uut_sampling|sapdiv_cnt[3]</td></tr>
<tr><td>15</td><td>2.161</td><td>sampling_ctrl:uut_sampling|sampling_rate[1]</td><td>sampling_ctrl:uut_sampling|sapdiv_cnt[4]</td></tr>
<tr><td>16</td><td>2.161</td><td>sampling_ctrl:uut_sampling|sampling_rate[1]</td><td>sampling_ctrl:uut_sampling|sapdiv_cnt[5]</td></tr>
<tr><td>17</td><td>2.161</td><td>sampling_ctrl:uut_sampling|sampling_rate[1]</td><td>sampling_ctrl:uut_sampling|sapdiv_cnt[6]</td></tr>
<tr><td>18</td><td>2.257</td><td>sampling_ctrl:uut_sampling|sampling_end</td><td>sampling_ctrl:uut_sampling|sft_r3[63]</td></tr>
<tr><td>19</td><td>2.337</td><td>sampling_ctrl:uut_sampling|sampling_rate[1]</td><td>sampling_ctrl:uut_sampling|sapdiv_cnt[0]</td></tr>
<tr><td>20</td><td>2.337</td><td>sampling_ctrl:uut_sampling|sampling_rate[1]</td><td>sampling_ctrl:uut_sampling|sapdiv_cnt[1]</td></tr>
<tr><td>21</td><td>2.337</td><td>sampling_ctrl:uut_sampling|sampling_rate[1]</td><td>sampling_ctrl:uut_sampling|sapdiv_cnt[2]</td></tr>
<tr><td>22</td><td>2.337</td><td>sampling_ctrl:uut_sampling|sampling_rate[1]</td><td>sampling_ctrl:uut_sampling|sapdiv_cnt[3]</td></tr>
<tr><td>23</td><td>2.337</td><td>sampling_ctrl:uut_sampling|sampling_rate[1]</td><td>sampling_ctrl:uut_sampling|sapdiv_cnt[4]</td></tr>
<tr><td>24</td><td>2.337</td><td>sampling_ctrl:uut_sampling|sampling_rate[1]</td><td>sampling_ctrl:uut_sampling|sapdiv_cnt[5]</td></tr>
<tr><td>25</td><td>2.337</td><td>sampling_ctrl:uut_sampling|sampling_rate[1]</td><td>sampling_ctrl:uut_sampling|sapdiv_cnt[6]</td></tr>
<tr><td>26</td><td>2.364</td><td>sampling_ctrl:uut_sampling|sampling_rate[3]</td><td>sampling_ctrl:uut_sampling|sapdiv_cnt[0]</td></tr>
<tr><td>27</td><td>2.364</td><td>sampling_ctrl:uut_sampling|sampling_rate[3]</td><td>sampling_ctrl:uut_sampling|sapdiv_cnt[1]</td></tr>
<tr><td>28</td><td>2.364</td><td>sampling_ctrl:uut_sampling|sampling_rate[3]</td><td>sampling_ctrl:uut_sampling|sapdiv_cnt[2]</td></tr>
<tr><td>29</td><td>2.364</td><td>sampling_ctrl:uut_sampling|sampling_rate[3]</td><td>sampling_ctrl:uut_sampling|sapdiv_cnt[3]</td></tr>
<tr><td>30</td><td>2.364</td><td>sampling_ctrl:uut_sampling|sampling_rate[3]</td><td>sampling_ctrl:uut_sampling|sapdiv_cnt[4]</td></tr>
</table>

图 5.80　clk1 的 30 条最坏路径

<table>
<tr><th colspan="4">Core Clock Setup: sys_ctrl:uut_sys_ctrl|PLL_ctrl:uut_PLL_ctrl|altpll:altpll_component|_clk0</th></tr>
<tr><th></th><th>Slack</th><th>From Node</th><th>To Node</th></tr>
<tr><td>1</td><td>17.061</td><td>vga_ctrl:uut_vga_ctrl|x_cnt[5]</td><td>vga_ctrl:uut_vga_ctrl|vga_rgb[0]</td></tr>
<tr><td>2</td><td>17.879</td><td>vga_ctrl:uut_vga_ctrl|x_cnt[5]</td><td>vga_ctrl:uut_vga_ctrl|vga_rgb[2]</td></tr>
<tr><td>3</td><td>18.148</td><td>vga_ctrl:uut_vga_ctrl|x_cnt[5]</td><td>vga_ctrl:uut_vga_ctrl|vga_rgb[0]</td></tr>
<tr><td>4</td><td>18.188</td><td>vga_ctrl:uut_vga_ctrl|x_cnt[5]</td><td>vga_ctrl:uut_vga_ctrl|vga_rgb[0]</td></tr>
<tr><td>5</td><td>18.238</td><td>vga_ctrl:uut_vga_ctrl|x_cnt[6]</td><td>vga_ctrl:uut_vga_ctrl|vga_rgb[0]</td></tr>
<tr><td>6</td><td>18.388</td><td>vga_ctrl:uut_vga_ctrl|x_cnt[6]</td><td>vga_ctrl:uut_vga_ctrl|vga_rgb[0]</td></tr>
<tr><td>7</td><td>18.489</td><td>vga_ctrl:uut_vga_ctrl|x_cnt[6]</td><td>vga_ctrl:uut_vga_ctrl|vga_rgb[0]</td></tr>
<tr><td>8</td><td>18.732</td><td>vga_ctrl:uut_vga_ctrl|x_cnt[6]</td><td>vga_ctrl:uut_vga_ctrl|vga_rgb[0]</td></tr>
<tr><td>9</td><td>18.966</td><td>vga_ctrl:uut_vga_ctrl|x_cnt[5]</td><td>vga_ctrl:uut_vga_ctrl|vga_rgb[2]</td></tr>
<tr><td>10</td><td>19.006</td><td>vga_ctrl:uut_vga_ctrl|x_cnt[5]</td><td>vga_ctrl:uut_vga_ctrl|vga_rgb[2]</td></tr>
<tr><td>11</td><td>19.051</td><td>vga_ctrl:uut_vga_ctrl|x_cnt[5]</td><td>vga_ctrl:uut_vga_ctrl|vga_rgb[0]</td></tr>
<tr><td>12</td><td>19.056</td><td>vga_ctrl:uut_vga_ctrl|x_cnt[6]</td><td>vga_ctrl:uut_vga_ctrl|vga_rgb[2]</td></tr>
<tr><td>13</td><td>19.102</td><td>vga_ctrl:uut_vga_ctrl|x_cnt[6]</td><td>vga_ctrl:uut_vga_ctrl|vga_rgb[0]</td></tr>
<tr><td>14</td><td>19.204</td><td>vga_ctrl:uut_vga_ctrl|x_cnt[7]</td><td>vga_ctrl:uut_vga_ctrl|vga_rgb[0]</td></tr>
<tr><td>15</td><td>19.206</td><td>vga_ctrl:uut_vga_ctrl|x_cnt[6]</td><td>vga_ctrl:uut_vga_ctrl|vga_rgb[2]</td></tr>
<tr><td>16</td><td>19.307</td><td>vga_ctrl:uut_vga_ctrl|x_cnt[6]</td><td>vga_ctrl:uut_vga_ctrl|vga_rgb[2]</td></tr>
<tr><td>17</td><td>19.308</td><td>vga_ctrl:uut_vga_ctrl|x_cnt[6]</td><td>vga_ctrl:uut_vga_ctrl|vga_rgb[0]</td></tr>
<tr><td>18</td><td>19.354</td><td>vga_ctrl:uut_vga_ctrl|x_cnt[7]</td><td>vga_ctrl:uut_vga_ctrl|vga_rgb[0]</td></tr>
<tr><td>19</td><td>19.383</td><td>vga_ctrl:uut_vga_ctrl|x_cnt[8]</td><td>vga_ctrl:uut_vga_ctrl|vga_rgb[0]</td></tr>
<tr><td>20</td><td>19.391</td><td>vga_ctrl:uut_vga_ctrl|x_cnt[5]</td><td>vga_ctrl:uut_vga_ctrl|vga_rgb[0]</td></tr>
<tr><td>21</td><td>19.533</td><td>vga_ctrl:uut_vga_ctrl|x_cnt[8]</td><td>vga_ctrl:uut_vga_ctrl|vga_rgb[0]</td></tr>
<tr><td>22</td><td>19.541</td><td>vga_ctrl:uut_vga_ctrl|x_cnt[5]</td><td>vga_ctrl:uut_vga_ctrl|vga_rgb[0]</td></tr>
<tr><td>23</td><td>19.550</td><td>vga_ctrl:uut_vga_ctrl|x_cnt[6]</td><td>vga_ctrl:uut_vga_ctrl|vga_rgb[2]</td></tr>
<tr><td>24</td><td>19.576</td><td>vga_ctrl:uut_vga_ctrl|x_cnt[6]</td><td>vga_ctrl:uut_vga_ctrl|vga_rgb[0]</td></tr>
<tr><td>25</td><td>19.581</td><td>vga_ctrl:uut_vga_ctrl|x_cnt[6]</td><td>vga_ctrl:uut_vga_ctrl|vga_rgb[0]</td></tr>
<tr><td>26</td><td>19.616</td><td>vga_ctrl:uut_vga_ctrl|x_cnt[6]</td><td>vga_ctrl:uut_vga_ctrl|vga_rgb[0]</td></tr>
<tr><td>27</td><td>19.698</td><td>vga_ctrl:uut_vga_ctrl|x_cnt[7]</td><td>vga_ctrl:uut_vga_ctrl|vga_rgb[0]</td></tr>
<tr><td>28</td><td>19.869</td><td>vga_ctrl:uut_vga_ctrl|x_cnt[5]</td><td>vga_ctrl:uut_vga_ctrl|vga_rgb[2]</td></tr>
<tr><td>29</td><td>19.877</td><td>vga_ctrl:uut_vga_ctrl|x_cnt[8]</td><td>vga_ctrl:uut_vga_ctrl|vga_rgb[0]</td></tr>
<tr><td>30</td><td>19.885</td><td>vga_ctrl:uut_vga_ctrl|x_cnt[5]</td><td>vga_ctrl:uut_vga_ctrl|vga_rgb[0]</td></tr>
</table>

图 5.81　clk0 的 30 条最坏路径

该实例工程未进行任何逻辑锁定(LogicLock),它的 Chip Planner 视图如图 5.82 所示,这个布局视图比较松散,位置也比较随意。

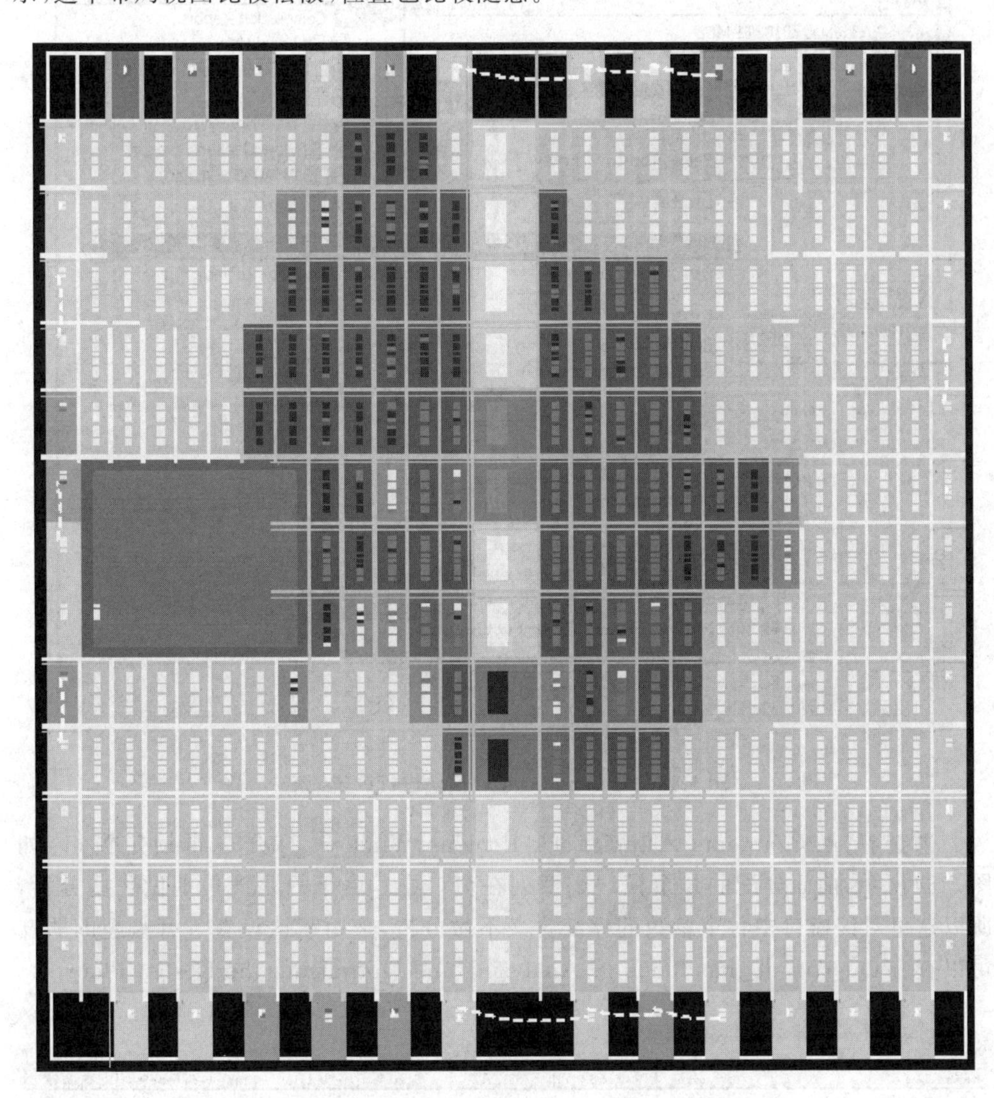

图 5.82　未进行逻辑锁定的 Chip Planner 视图

下面对该工程实例的 3 个主模块进行逻辑锁定。首先对 sampling_ctrl 模块进行逻辑锁定,在工程视图窗口中找到 sampling_ctrl 模块,在上面右击,依次选择 LogicLock Region→Create New LogicLock Region,如图 5.83 所示;其他两个模块也做相同操作。

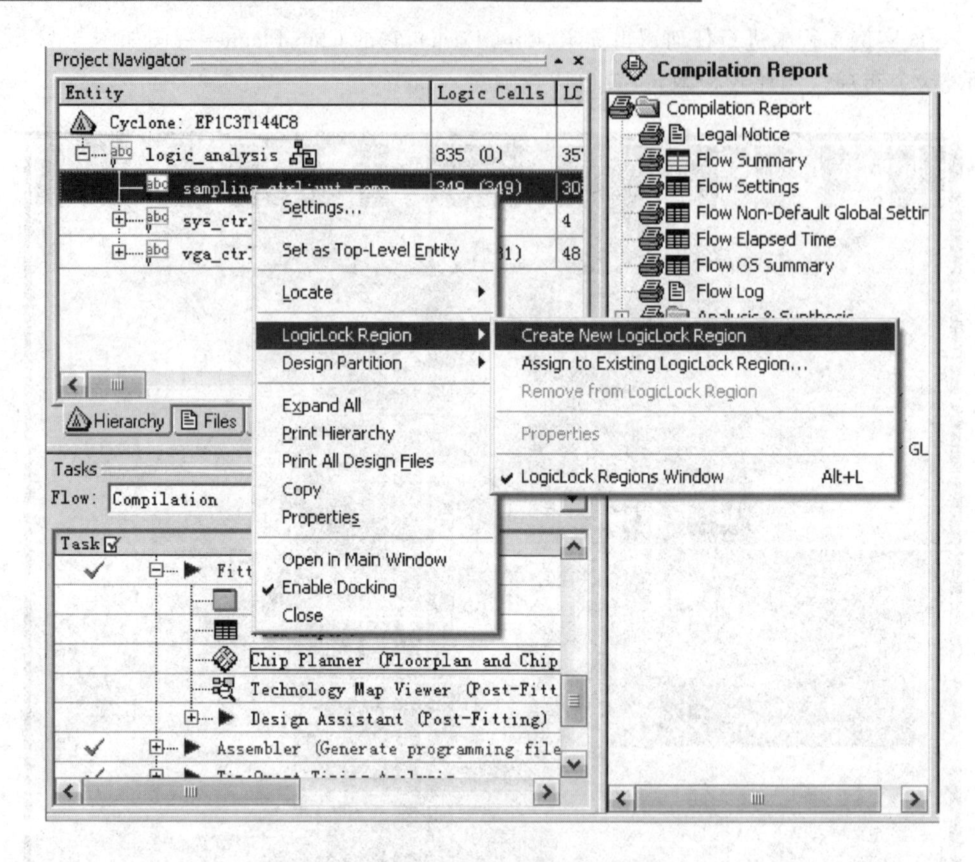

图 5.83　对 sampling_ctrl 模块进行逻辑锁定

再选择 Assignments→LogicLock Regions Window，打开逻辑锁定窗口，如图 5.84 所示，前面分配的 3 个模块都罗列在窗口中。由于只是简单地做一些分析，所以这里对该窗口中各个参数的详细含义不做分析，采用默认设置。有兴趣的朋友可以查看 Quartus Ⅱ_handbook 的 Analyzing and Optimizing the Design Floorplan 一节。

Region Name	Size	Width	Height	State	Origin	Reserved	Soft	Enabled
LogicLock Regions								
Root Region	Fixed	28	15	Locked	X0_Y0	Off	Off	Enabled
<<new>>								
sampling_ctrl:uut_sampling	Auto	Undetermined	Undetermined	Floating	Undetermined	Off	Off	Enabled
sys_ctrl:uut_sys_ctrl	Auto	Undetermined	Undetermined	Floating	Undetermined	Off	Off	Enabled
vga_ctrl:uut_vga_ctrl	Auto	Undetermined	Undetermined	Floating	Undetermined	Off	Off	Enabled

图 5.84　逻辑锁定窗口

在逻辑锁定设置完成后，重新编译工程。新的 Chip Planner 视图如图 5.85 所示，工程的 3 个模块明显地被划分出来了。

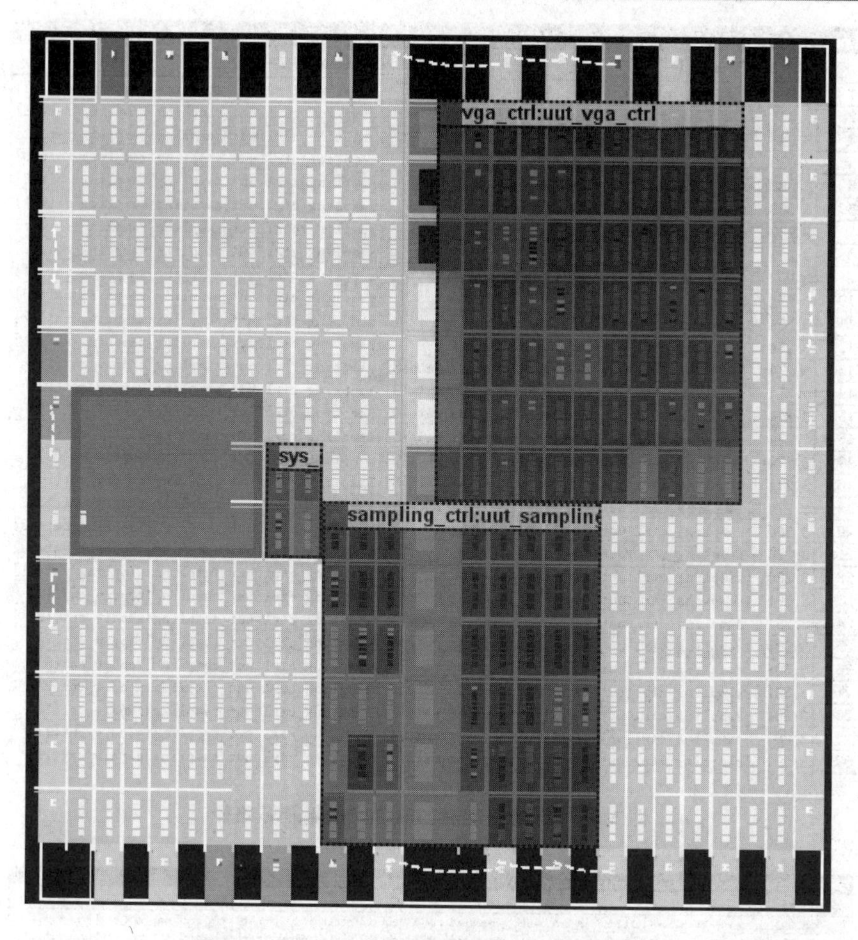

图 5.85　进行逻辑锁定后的 Chip Planner 视图

那再来看看系统的时序是否因此得到了改善。进行逻辑锁定后，工程中两个内部时钟 clk1 与 clk0 的建立时间分析报告 30 条最坏路径分别如图 5.86 和图 5.87 所示。与前面不进行逻辑锁定的时序余量(图 5.80 和图 5.81)对比发现，逻辑锁定后系统的整体时序性能明显得到改善。

逻辑锁定和区域约束是一个概念，设计者对各个模块进行区域划分，能够从一定程度上引导布局布线器的工作，从而优化系统性能。该实例只是一个简单的优化，设计者可以更进一步地手动设定锁定区域，或许能够达到更优化的效果。另外，对于某些关键路径，设计者也可以在 Chip Planner 中进行拉拽挪移，从而使得特定的路径时序性能得到改善。Chip Planner 给用户打开了一个最底层的窗口，熟悉器件本身特性将有助于设计者更加熟练灵活地在此基础上优化系统性能。

Core Clock Setup: sys_ctrl:uut_sys_ctrl|PLL_ctrl:uut_PLL_ctrl|altpll:altpll_component|_clk1

	Slack	From Node	To Node
1	3.048	sampling_ctrl:uut_sampling|delay[11]	sampling_ctrl:uut_sampling|sampling_rate[3]
2	3.048	sampling_ctrl:uut_sampling|delay[11]	sampling_ctrl:uut_sampling|sampling_rate[2]
3	3.048	sampling_ctrl:uut_sampling|delay[11]	sampling_ctrl:uut_sampling|sampling_rate[1]
4	3.083	sampling_ctrl:uut_sampling|delay[4]	sampling_ctrl:uut_sampling|sampling_rate[3]
5	3.083	sampling_ctrl:uut_sampling|delay[4]	sampling_ctrl:uut_sampling|sampling_rate[2]
6	3.083	sampling_ctrl:uut_sampling|delay[4]	sampling_ctrl:uut_sampling|sampling_rate[1]
7	3.253	sampling_ctrl:uut_sampling|delay[5]	sampling_ctrl:uut_sampling|sampling_rate[3]
8	3.253	sampling_ctrl:uut_sampling|delay[5]	sampling_ctrl:uut_sampling|sampling_rate[2]
9	3.253	sampling_ctrl:uut_sampling|delay[5]	sampling_ctrl:uut_sampling|sampling_rate[1]
10	3.254	sampling_ctrl:uut_sampling|delay[3]	sampling_ctrl:uut_sampling|sampling_rate[3]
11	3.254	sampling_ctrl:uut_sampling|delay[3]	sampling_ctrl:uut_sampling|sampling_rate[2]
12	3.254	sampling_ctrl:uut_sampling|delay[3]	sampling_ctrl:uut_sampling|sampling_rate[1]
13	3.274	sampling_ctrl:uut_sampling|sampling_rate[3]	sampling_ctrl:uut_sampling|sapdiv_cnt[11]
14	3.274	sampling_ctrl:uut_sampling|sampling_rate[3]	sampling_ctrl:uut_sampling|sapdiv_cnt[12]
15	3.274	sampling_ctrl:uut_sampling|sampling_rate[3]	sampling_ctrl:uut_sampling|sapdiv_cnt[7]
16	3.274	sampling_ctrl:uut_sampling|sampling_rate[3]	sampling_ctrl:uut_sampling|sapdiv_cnt[8]
17	3.274	sampling_ctrl:uut_sampling|sampling_rate[3]	sampling_ctrl:uut_sampling|sapdiv_cnt[9]
18	3.274	sampling_ctrl:uut_sampling|sampling_rate[3]	sampling_ctrl:uut_sampling|sapdiv_cnt[10]
19	3.274	sampling_ctrl:uut_sampling|sampling_rate[3]	sampling_ctrl:uut_sampling|sapdiv_cnt[13]
20	3.380	sampling_ctrl:uut_sampling|delay[6]	sampling_ctrl:uut_sampling|sampling_rate[3]
21	3.380	sampling_ctrl:uut_sampling|delay[6]	sampling_ctrl:uut_sampling|sampling_rate[2]
22	3.380	sampling_ctrl:uut_sampling|delay[6]	sampling_ctrl:uut_sampling|sampling_rate[1]
23	3.381	sampling_ctrl:uut_sampling|sampling_rate[3]	sampling_ctrl:uut_sampling|sapdiv_cnt[11]
24	3.381	sampling_ctrl:uut_sampling|sampling_rate[3]	sampling_ctrl:uut_sampling|sapdiv_cnt[12]
25	3.381	sampling_ctrl:uut_sampling|sampling_rate[3]	sampling_ctrl:uut_sampling|sapdiv_cnt[7]
26	3.381	sampling_ctrl:uut_sampling|sampling_rate[3]	sampling_ctrl:uut_sampling|sapdiv_cnt[8]
27	3.381	sampling_ctrl:uut_sampling|sampling_rate[3]	sampling_ctrl:uut_sampling|sapdiv_cnt[9]
28	3.381	sampling_ctrl:uut_sampling|sampling_rate[3]	sampling_ctrl:uut_sampling|sapdiv_cnt[10]
29	3.381	sampling_ctrl:uut_sampling|sampling_rate[3]	sampling_ctrl:uut_sampling|sapdiv_cnt[13]
30	3.391	sampling_ctrl:uut_sampling|sampling_rate[3]	sampling_ctrl:uut_sampling|sapdiv_cnt[11]

图 5.86　逻辑锁定后 clk1 的 30 条最坏路径

Core Clock Setup: sys_ctrl:uut_sys_ctrl|PLL_ctrl:uut_PLL_ctrl|altpll:altpll_component|_clk0

	Slack	From Node	To Node
1	22.933	...ncram_component|altsyncram_fc61:auto_generated|ram_block1a10~porta_address_reg0	vga_ctrl:uut_vga_ctrl|vga_rgb[1]
2	22.933	...ncram_component|altsyncram_fc61:auto_generated|ram_block1a10~porta_address_reg1	vga_ctrl:uut_vga_ctrl|vga_rgb[1]
3	22.933	...ncram_component|altsyncram_fc61:auto_generated|ram_block1a10~porta_address_reg2	vga_ctrl:uut_vga_ctrl|vga_rgb[1]
4	22.933	...ncram_component|altsyncram_fc61:auto_generated|ram_block1a10~porta_address_reg3	vga_ctrl:uut_vga_ctrl|vga_rgb[1]
5	22.933	...ncram_component|altsyncram_fc61:auto_generated|ram_block1a10~porta_address_reg4	vga_ctrl:uut_vga_ctrl|vga_rgb[1]
6	22.933	...ncram_component|altsyncram_fc61:auto_generated|ram_block1a10~porta_address_reg5	vga_ctrl:uut_vga_ctrl|vga_rgb[1]
7	22.933	...ncram_component|altsyncram_fc61:auto_generated|ram_block1a10~porta_address_reg6	vga_ctrl:uut_vga_ctrl|vga_rgb[1]
8	22.933	...ncram_component|altsyncram_fc61:auto_generated|ram_block1a10~porta_address_reg7	vga_ctrl:uut_vga_ctrl|vga_rgb[1]
9	22.933	...ncram_component|altsyncram_fc61:auto_generated|ram_block1a10~porta_address_reg8	vga_ctrl:uut_vga_ctrl|vga_rgb[1]
10	23.432	...ncram_component|altsyncram_fc61:auto_generated|ram_block1a10~porta_address_reg0	vga_ctrl:uut_vga_ctrl|vga_rgb[1]
11	23.432	...ncram_component|altsyncram_fc61:auto_generated|ram_block1a10~porta_address_reg1	vga_ctrl:uut_vga_ctrl|vga_rgb[1]
12	23.432	...ncram_component|altsyncram_fc61:auto_generated|ram_block1a10~porta_address_reg2	vga_ctrl:uut_vga_ctrl|vga_rgb[1]
13	23.432	...ncram_component|altsyncram_fc61:auto_generated|ram_block1a10~porta_address_reg3	vga_ctrl:uut_vga_ctrl|vga_rgb[1]
14	23.432	...ncram_component|altsyncram_fc61:auto_generated|ram_block1a10~porta_address_reg4	vga_ctrl:uut_vga_ctrl|vga_rgb[1]
15	23.432	...ncram_component|altsyncram_fc61:auto_generated|ram_block1a10~porta_address_reg5	vga_ctrl:uut_vga_ctrl|vga_rgb[1]
16	23.432	...ncram_component|altsyncram_fc61:auto_generated|ram_block1a10~porta_address_reg6	vga_ctrl:uut_vga_ctrl|vga_rgb[1]
17	23.432	...ncram_component|altsyncram_fc61:auto_generated|ram_block1a10~porta_address_reg7	vga_ctrl:uut_vga_ctrl|vga_rgb[1]
18	23.432	...ncram_component|altsyncram_fc61:auto_generated|ram_block1a10~porta_address_reg8	vga_ctrl:uut_vga_ctrl|vga_rgb[1]
19	23.769	...ncram_component|altsyncram_fc61:auto_generated|ram_block1a10~porta_address_reg0	vga_ctrl:uut_vga_ctrl|vga_rgb[1]
20	23.769	...ncram_component|altsyncram_fc61:auto_generated|ram_block1a10~porta_address_reg1	vga_ctrl:uut_vga_ctrl|vga_rgb[1]
21	23.769	...ncram_component|altsyncram_fc61:auto_generated|ram_block1a10~porta_address_reg2	vga_ctrl:uut_vga_ctrl|vga_rgb[1]
22	23.769	...ncram_component|altsyncram_fc61:auto_generated|ram_block1a10~porta_address_reg3	vga_ctrl:uut_vga_ctrl|vga_rgb[1]
23	23.769	...ncram_component|altsyncram_fc61:auto_generated|ram_block1a10~porta_address_reg4	vga_ctrl:uut_vga_ctrl|vga_rgb[1]
24	23.769	...ncram_component|altsyncram_fc61:auto_generated|ram_block1a10~porta_address_reg5	vga_ctrl:uut_vga_ctrl|vga_rgb[1]
25	23.769	...ncram_component|altsyncram_fc61:auto_generated|ram_block1a10~porta_address_reg6	vga_ctrl:uut_vga_ctrl|vga_rgb[1]
26	23.769	...ncram_component|altsyncram_fc61:auto_generated|ram_block1a10~porta_address_reg7	vga_ctrl:uut_vga_ctrl|vga_rgb[1]
27	23.769	...ncram_component|altsyncram_fc61:auto_generated|ram_block1a10~porta_address_reg8	vga_ctrl:uut_vga_ctrl|vga_rgb[1]
28	23.865	vga_ctrl:uut_vga_ctrl|x_cnt[8]	vga_ctrl:uut_vga_ctrl|vga_rgb[0]
29	23.949	vga_ctrl:uut_vga_ctrl|x_cnt[8]	vga_ctrl:uut_vga_ctrl|vga_rgb[2]
30	24.025	vga_ctrl:uut_vga_ctrl|x_cnt[8]	vga_ctrl:uut_vga_ctrl|vga_rgb[0]

图 5.87　逻辑锁定后 clk0 的 30 条最坏路径

第六部分　实践经验与感悟

你们要给人，就必有给你们的，

用十足的量器，连摇带按，上尖下流的倒在你们怀里；

因为你们用什么量器量给人，也必用什么量器量给你们。

——路加福音6章38节

笔记 19

系统架构思想

一、FPGA 到底能做什么

初学者爱问这个问题，就特权同学个人的理解可以回答你：逻辑粘合是 FPGA 早期的任务，实时控制让 FPGA 变得有用武之地，FPGA 实现的各种协议灵活度很高，信号处理让 FPGA 越来越高端，片上系统让 FPGA 取代一切……

但是，这几天的特权很纠结，一直在问自己“FPGA 到底能做什么”。事情源于马上要启动的 DVR 项目，视频搞定了，也显示了，下一步要存储，传输带宽和存储容量放出话来了——必须要压缩。那么，图片要用 JPEG，视频要用 H.264。各种方案虽然只是初步了解一些，但是发现这方面尽管有类似 SOPC 概念的海思和 TI 双核解决方案，而且是专门干这个的，但这玩意是有门槛的，对于人力物力极为有限的小团队那叫“望‘芯’兴叹”。成本不仅仅是 money 的问题，还有工程师熟悉一个新的高复杂度的开发环境的时间和精力投入。那么退而求其次，貌似一个 DSP 也很难搞定，市场上常见的是 DSP+FPGA，或者也有一些专用的 ASIC 能够胜任诸如 H.264 的编码，不过看看芯片价格只能用“死贵死贵”来形容了。

折衷下来，上午还寻思着就再来一个 DSP 吧，也看好了 ADI 的 Blackfin，准备下一步慢慢筹备 DSP 之旅。但是，也许这几天一直萦绕在我脑子里的问题越发强烈起来，FPGA 到底能做什么，很显然，如果要在通用控制器或处理器和 FPGA 之间做一些比较，特权会很快地送上图 6.1～图 6.3。

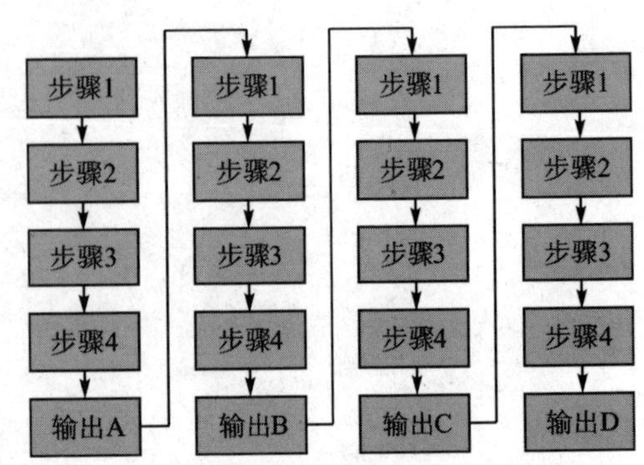

图 6.1　基于控制器或处理器的一般处理流程

很显然，图 6.1 中的一般控制器或处理器由于软件固有的顺序特性，决定了它的工作必须是按部就班，一个输出

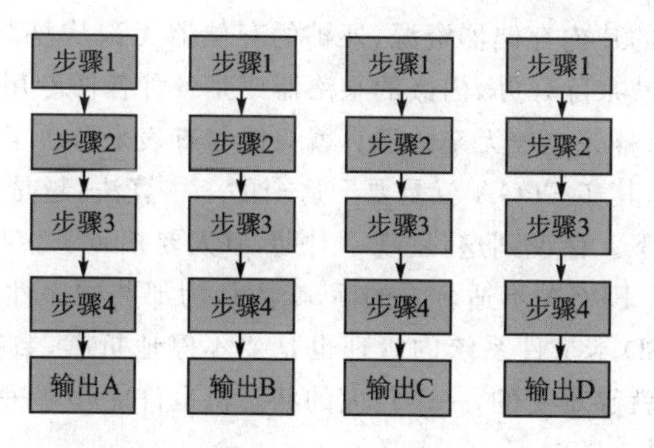

图 6.2　基于 FPGA 的并行处理流程

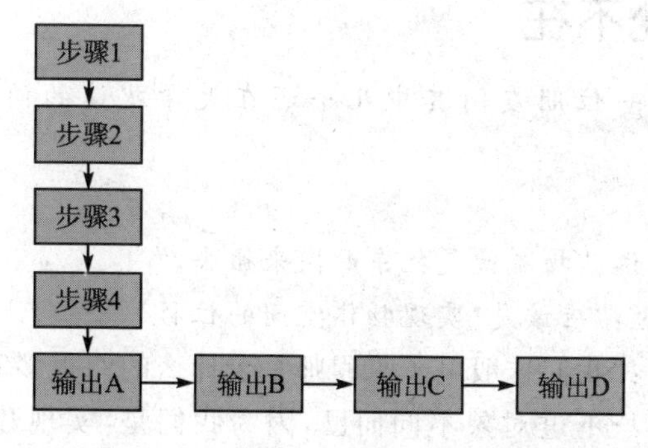

图 6.3　基于 FPGA 的流水线处理流程

的 4 个步骤完成后才能接着开始下一个输出的 4 个步骤，那么它完成 4 个输出就需要 20 个步骤单位时间(假定输出也算一个步骤，一个输出需要 5 个步骤)。虽然现在很多 DSP 中也带有功能强大的硬件加速引擎，如简单搬运数据的 DMA 等，但是它所做的工作量，或者说和软件并行执行的工作量其实是很局限的。这里说的局限是指它的灵活性上很差，协调性不够好也会让处理速度大打折扣。

而反观图 6.2 和图 6.3 的 FPGA 处理，先说图 6.2，并行处理方式很好很强大，是前面的软件处理速度的 4 倍。并行是 FPGA 最大的优势，只不过需要用大量的资源来换速度，通俗的说就是要用大量的 money 换性能，我想这并不是人人都能够承受的解决方案。而看图 6.3，这是一个不错的折衷方案，流水线处理是 FPGA 乃至整个信号处理领域最经典的一种方法，能够在基本不消减处理速度的前提下只用并行处理方法的 1/4 资源就完成任务了。

那么话题回到 JPEG 和 H.264 的压缩上来，其实 FPGA 足以胜任，网络上一搜一箩筐这样的解决方案。其实退一万步来讲，算法再复杂，实时性要求再高，都难不倒 FPGA，尤其是采用流水线方法，也许第一个数据输出的时间需要很长(一般系统是许可的)，但是这并不妨碍后续数据的实时输出。我想，这就是成本(器件资源)和性能最好的折衷办法。

那么，这些复杂的算法中无外乎存储和运算。实时处理中的存储其实很大程度上是要依赖于器件的片内存储器资源，外扩的存储器无论从复杂度和速度上都只会降低处理性能。加减乘除好办，内嵌的乘法器或是各种各样专用的 DSP 处理单元就能搞定；但是开方求幂等比较无奈的运算就只能靠查表来解决了。

如此这般下来，其实 FPGA 就是要干这个的——算法，越是大家搞不定的问题，FPGA 越是不在话下。话说到这，发现不对劲，有人要拍砖了。其实还真没有 FPGA 干不了的活，但是有 FPGA 不适合干的活，个人认为那些顺序性很强的活，比如文件系统，就算简单的 SD 卡文件系统的管理也是要不停地折腾，数据这里读那里写的，FPGA 代码写起来就够难受的，一个偌大的状态机也许能够解决问题，但是很容易让设计者深陷其中，晕头转向。

二、DMA 无处不在

在一次闲聊中，一位朋友问其中几个还在大学就读的同学："你们是什么专业的？"

答曰："物流。"

那位朋友就调侃说："物流就是把东西搬来搬去。"

同学不服，纠正说："应该是'实现物体空间的位移'。"

然后我就问自己："我们这般电子工程师是干什么的？很多时候（当然不完全是）不也是在做物流吗？只不过对象不同而已，因为我们是'实现数据（信息）的空间位移'。"哈哈，说得通俗一点，"通信"不也是"物流"吗？

言归正传，数据的传输可以通过各种各样的途径，载体可以是模拟的，也可以是数字的；协议可以五花八门，位宽也可以或大或小，速度当然也是各有千秋，电平不同，稳定性也有差异……而这里要提一种在 CPU 系统数据传输中很常见的通信方式——DMA（Direct Memory Access），即直接存储存取。在很多较高端的 DSP 或是 MCU 中，都存在着这样一种数据传输功能，引一段网络上常见的对 DAM 的解释，如下：

DMA 是一种不经过 CPU 而直接从内存存取数据的数据交换模式。在 DMA 模式下，CPU 只需向 DMA 控制器下达指令，让 DMA 控制器来处理数据的传送，数据传送完毕再把信息反馈给 CPU，这样就很大程度上减轻了 CPU 资源占有率，可以大大节省系统资源。

那么也就是说，DMA 工作时可以和 CPU 的其他工作毫不相关，CPU 可以控制（或者确切的说是配置）DMA，而 DMA 和 CPU 可以并行工作。大家都明白 CPU 工作大多要有软件程序运行，而软件的顺序决定了它的速度和性能是有瓶颈的，但是一旦有了 DMA 这个功能，就能够给系统带来一定性能上的提升。打个不恰当的比方，还是和前面提到的物流相关，在 A 和 B 地之间原本只有一条铁轨（对应一条总线）、一列火车（对应一个 CPU）进行运输，那么如果要在一个月或一年之内多运一些东西（加大数据吞吐量），除了加快火车速度外别无选择，但是 DMA 就相当于在火车运转过程中的空闲路段上（不被总线占用的模块）增加了一列火车，它不负责全程运输，只负责一个路段的运输（局部数据传输），并且只能在主运火车不占用该路段的情况下工作（由总线仲裁器进行判断）。

换句话说，DMA 可以提升系统的数据吞吐量。因为 DMA 能够传送 CPU 配置好的起始地址到目的地址之间的数据，在初始化并启动之后不需要 CPU 程序的任何其他控制，直到传输结束递交一个中断信号。DMA 的吞吐量很大程度上决定于与它所连接的模块（可以是存储器、总线、各种外设芯片等）。当然，越多的 DMA 通道也就越能够加大系统的数据吞吐量，就如图 6.4 所示，从一个 DMA 到两个 DMA，可以在系统运行中，让每个模块都不处于闲置状态。

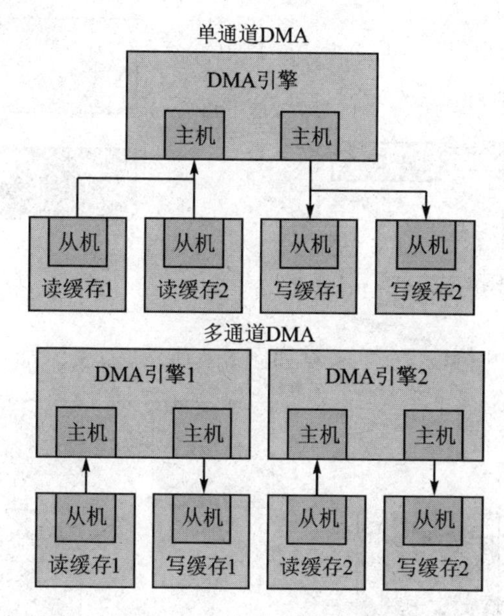

图 6.4　单通道和多通道的 DMA

举一个很简单的 CPU 系统中使用 DMA 的例子。如图 6.5 所示，在不使用 DMA 的 CPU 系统中，需要完成一个数据采集（输入）、数据处理、数据传输（输出）的功能，就需要 CPU 从始至终不停的运转。这 3 个步骤都是由 CPU 的程序来控制，采集到数据，然后扔进 Buffer（通常是存储器），处理的时候也需要从 Buffer 里取数据，处理完成还要送出去。同样的功能，在如图 6.6 所示的含有 DMA 的系统中对数据的传输就显得游刃有余，CPU 可以专注于数据处理，数据输入/输出这等搬运工干的活就交给 DMA 来做。DMA 和 CPU 可以共用一片存储区，并且采用乒乓操作进行交互，这样一来，系统性能得到大大提高，CPU 的运算能力也可以最大限度地得到发挥。

说完 CPU 系统中的 DMA，不得不转移话题来解释一下本节的题目“DMA 无处不在”。没错，特权同学就是想说 FPGA，一个 FPGA 原型开发系统中“DMA 无处不在”。因为一个数据流的处理中,往往是一个流水线式的一刻都不停歇的工作机制,并且任意两个相关模块的通信都有一套握手机制,都有专用的数据地址通道,当然也可以复用,这时就会涉及总线仲裁。对于点到点数据传输,特权同学最喜欢的一种简单握手机制如图 6.7 所示,模块 A 要向模块 B 写入或读出数据,只要发出 req 请求,然后送地址 ab 和数据 db,直到模块 B 发出传输完成应答 ack 信号,那么模块 A 撤销请求 req 完成一次传输。

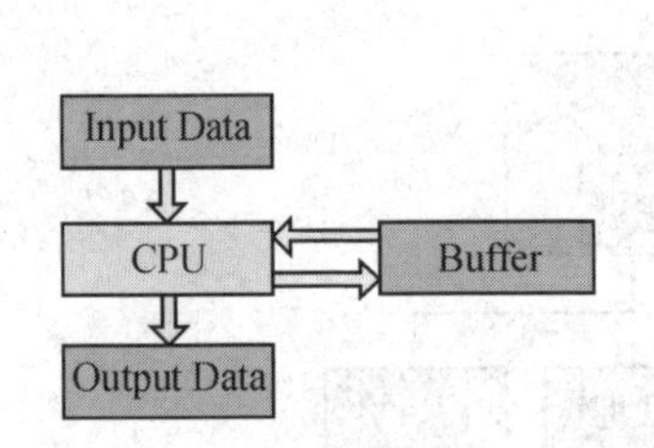

图 6.5　传统不带 DMA 的 CPU 系统

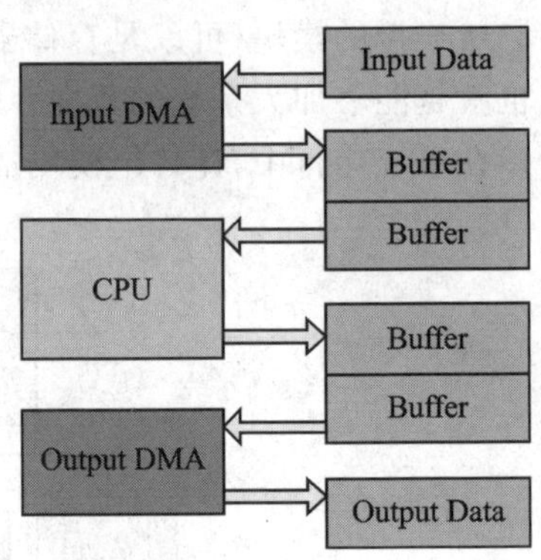

图 6.6　带 DMA 的 CPU 系统

而对于多点到点的传输,简单来看如图 6.8 所示,需要添加一个仲裁逻辑。

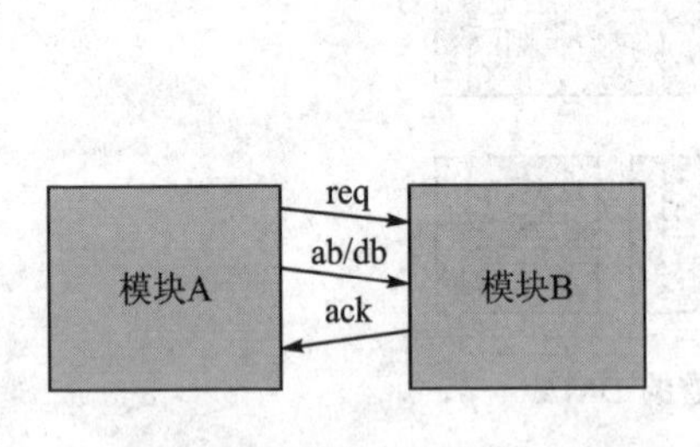

图 6.7　简单握手机制

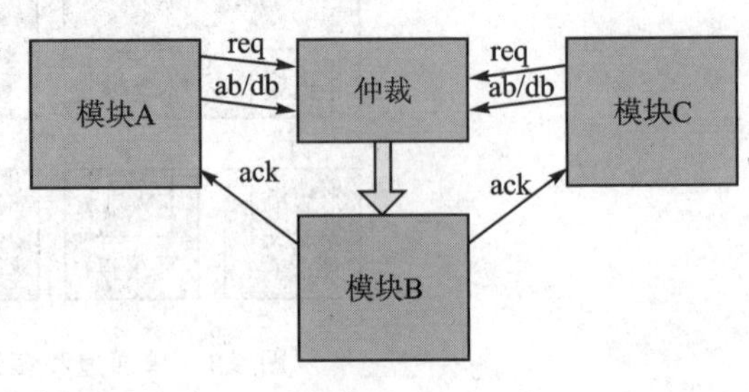

图 6.8　带仲裁控制的多模块握手机制

再看整个系统的传输,最简单的顺序流传输如图 6.9 所示。

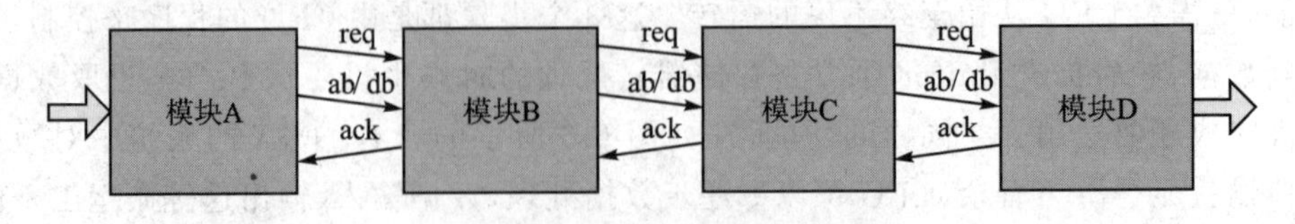

图 6.9　多个模块顺序数据流传输

对于稍复杂一些的互联架构的系统,如图 6.10 所示。

从上面的几个图中不难发现,尤其是图 6.10,系统的利用率很高,可以做到同一时刻整个系统都在运转,并且可以是毫不相关的。这就是 FPGA 的硬件特性所决定的,软件系统的硬件架构其实就是 FPGA 设计的精髓,在 FPGA 系统中的 DMA 是

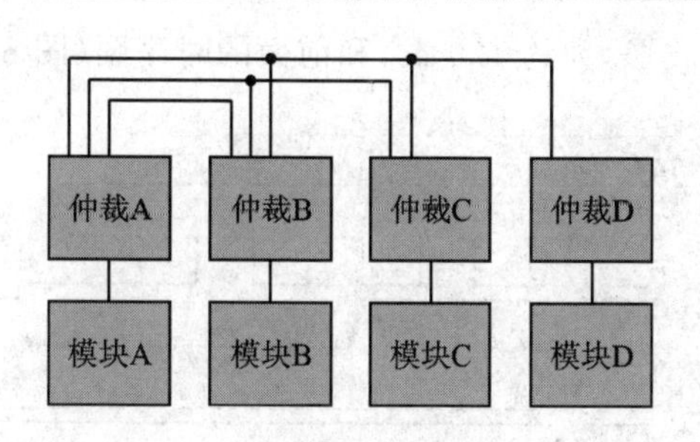

图 6.10 负载多模块数据流传输

无处不在的。

三、图片显示速度测试报告

在评估设计方案时，常常需要考虑数据吞吐量问题，数据吞吐量的高低与否取决于硬件的频率、带宽或是软件的运行速度、复杂度等。因此，本节将一个项目启动前的数据吞吐量评估测试报告活生生地展现在读者面前，希望作为借鉴，读者能够举一反三、活学活用。

该测试主要是检验 CPU 执行读/写操作，从而实现图片数据从 Flash 搬运到 SDRAM 中进行实时缓存显示的可行性。

1. 测试硬件平台

CPU：32 位 NIOS/e　50 MHz

RAM：片上存储器　50 MHz

2. 测试软件程序

```
for(y = 0;y<480;y + + )
{
    for(x = 0;x<800;x + + )
        {
          //送显示数据
          IOWR_16DIRECT(MCULCD_CTRL_0_BASE,((y<<11) + (x<<1)), 0x001f);
        }
}
```

3. 测试接口时序

一次 IOWR_16DIRECT()函数产生的时序波形如图 6.11 所示。clk 即 CPU 的时钟周期 50 MHz，也就是 20 ns，从图 6.11 可以推断出：一次显示数据（对应一个显示像素点）的写入时间大约为 6×20 ns=120 ns。

4. 测试结果分析

下面是实际示波器采集到的被专门拉出来观察的写入片选信号 cs_n 的波形。

图 6.12 是单次选通的波形，大约 120 ns，和前面的时序图（图 6.11）是一致的。

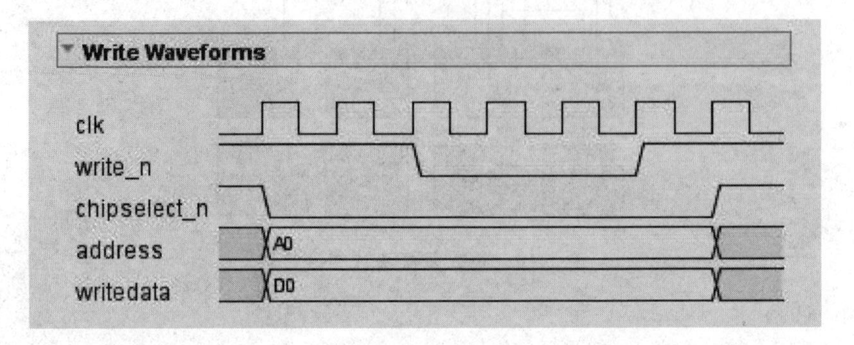

图 6.11　写操作时序波形

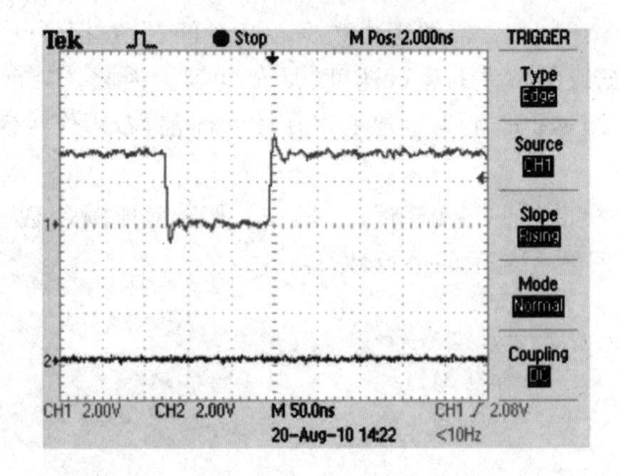

图 6.12　单次片选波形波捕获

而图 6.13 是多次（3 次）连续地写入操作产生的片选信号 cs_n 的波形。让人感到意外的是，即便只是简单的 x＜800 和 x＋＋以及（y＜＜11）＋（x＜＜1））程序的执

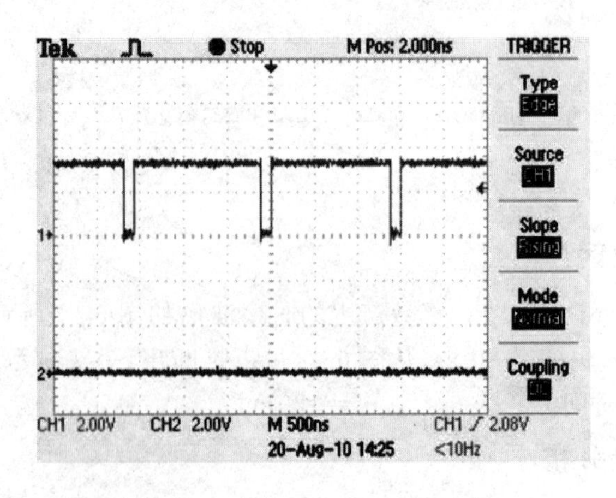

图 6.13　多次片选操作波形捕获

行，竟然占到了大约 1 500 ns 的执行时间。仔细想想，这是软件运行，虽然 CPU 的时钟达到 50 MHz，但是一条指令的执行(我们姑且认为指令周期能够达到 40 ns)，不仅包括执行这条语句本身，还有变量读/写需要访问存储器(RAM)的额外时间开销，这些操作一算下来，1 500 ns 也就不足为怪了。

有了上面的这组数据，我们可以做一个简单的预算。对于特权同学的这个写入操作，不计算执行写入坐标地址换算上的时间开销，单纯只执行写数据显示一满屏的色彩数据(分辨率 800×480，写入的色彩固定)，需要的时间是：

$$120\ \text{ns}\times 800\times 480=46.08\ \text{ms}$$

通常来说，如果一幅图片的显示切换能够达到这个速度，换算成 1 s 的频率是 1 s/46.08 ms＝21 Hz(通常视频的显示是 25 Hz)，那么应该说这个切换是还不错的性能，人眼也是完全可以接受的。

而对于一个 CPU，它要显示一幅图片，不可能只是一味地做前面的简单写时序，它还需要一些坐标计数、一些变量存储器的读/写。而对于这个测试中，只是一个简单的清屏函数，它也是考核 CPU 性能的一个方式，如果这样简单数据的搬运所需要的时间过长，以致无法让人眼接受(切换时间过长)，那么说明软件送图片到显示外设实现显示界面切换的方案不是很可行。下面可以算算目前的平台下，软件送一个屏的数据大约需要的时间：

$$1\,500\ \text{ns}\times 800\times 480=576\ \text{ms}$$

这个数据可以说是当前软硬件平台上，真正软件送图片不可逾越的速度瓶颈了。但是，这个时间也只是客户勉强可以接受的切换图片的效果。对于图片需要预存储在 Flash 或 SD 卡等非易失存储器中的应用，软件一般要先从这些非易失存储器中读取数据，然后再送给显示外设缓存，而如此一来，一幅图片切换的时间要远远大于 576 ms 了，2 倍甚至 3 倍都不足为怪。

5. 优化尝试与考虑

(1) 提升 CPU 的性能

提高 CPU 的时钟频率，提高 CPU 读/写 RAM 存储器的速度，这个代价比较高，不仅关系到成本，而且可能需要开发人员换一个处理器和软件开发环境，相应的开发时间会受到很大影响。

(2) 纯硬件加速

由 FPGA 底层逻辑来控制非易失存储器(图片存储器，如 Flash)的读/写。用 FPGA 来控制这些非易失存储器的读/写，开发灵活性较低，对图片的管理和地址的分配都不够灵活。此时速度的瓶颈在于非易失存储器的读速度。

(3) 软硬件协同加速

这种考虑是在 FPGA 显存中开辟一大块图片预存储空间，上电后 CPU 做的第一件事就是不断地搬运数据，把需要显示的数据预先从非易失存储器中读出来，并送给显存。这可能在系统刚上电过程中有一段较长的 boot 时间，但是 boot 结束后，软件需要切换显示画面时，只要发出一些定制指令，那么 FPGA 内部逻辑自动实现两块显存的数据映射（从不显示存储区搬数据到显示区）。这种显示方式相较于前两种优化方案是最可行的，而且切换画面的速度也是最快的。

基于前面的测试，提出的这 3 种方案也各有优劣，当然实际可行的方案也许不局限于这 3 种方式，但是基本思路大同小异。而无论采取哪种方式，事先进行理论论证甚至实际测试都是很有必要的。

四、仲裁逻辑设计要点

用中文在 Google 中搜索“仲裁逻辑”，结果很令人失望，除了一些 PCI 总线仲裁方面的论文只言片语地谈到那么点仲裁设计细节外，其他的文章基本无任何参考价值。不过，树挪死人挪活，咱可以改用 English 搜，特权同学用 Arbitration logic、Arbitration design、Arbiters 等各种可以想到的相关词汇，终于找到了几篇不错的文章，这里推荐一篇叫作 *Arbiters：Design Ideas and Coding Styles* 的文章。初看标题，还以为要说软件编程方面的知识，再看内容才发现正是我所寻觅的。

花时间细读了一遍，作者由浅入深，探讨了一种效率高、可靠稳定的仲裁逻辑设计方法，有详细的理论叙述，也有一些实例图示，很是形象生动。也许放到一两年前看到这篇文章，特权同学很可能瞥一两眼就不再搭理，因为用不上；但是当项目中遇到这方面的难点或是困惑的时候，它的出现绝对就是救命粮草，受用正当时。呵呵，有些夸张了，也许因为作者提到的一些设计思路和需要注意的问题也正和特权同学现在脑子里的想法相契合，所以……

不啰唆了，下面谈正题。特权同学不想规规矩矩地去翻译那篇文章，只想取其精华的内容，再结合自己的项目就实践谈理论。特权同学认为以下 4 个点是比较容易让设计者纠结的地方：

① 复位状态；

② 切换时序；

③ 轮流响应；

④ 超时退出。

通常，若是直接采用最底层的与或非等关系来做这个仲裁逻辑，未免让人感觉难度太大，有时候脑袋都会想大了。因此，利用状态机来实现（当然最终实现的也就是最底层的与或非逻辑，不过可以把这中间的转换工作交给工具来完成）会大大简化这个设计，帮助设计者理清思路。

特权同学虽然只是面对了多个简单的 2 选 1（最多也只是 3 选 1）仲裁器，但是在多次思考尝试之后，还是选择使用状态机来实现。如图 6.14 所示，基本上这个状态机示意图已经能够完全涵盖前面提到的 4 个点了。

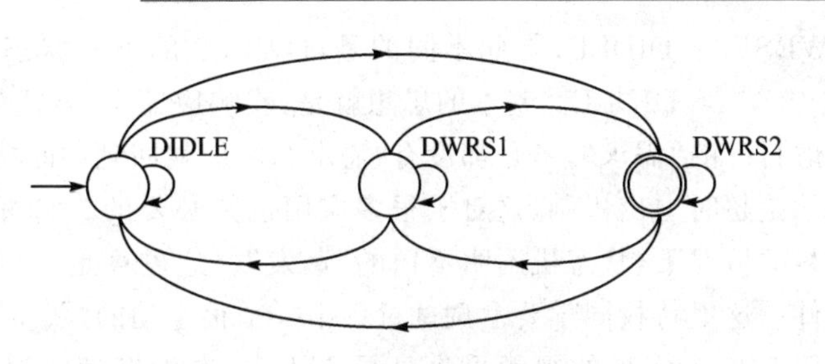

图 6.14　仲裁轮转状态机

首先是复位，需要进入一个中间仲裁状态。对于这个 2 选 1 仲裁器，在这个中间仲裁状态，应该可以确保产生的请求 1 或者请求 2 都可能得到响应。对应的这个中间状态就是 DIDLE，若某一时刻请求 1 和请求 2 都无效，那么将一直保持原状态(DIDLE)不变；如果请求 1 或者请求 2 有一方有效，则进入相应的响应状态（状态 DWRS1 或 DWRS2）；如果请求 1 和请求 2 同时有效，则优先级高的请求首先获得响应（即进入对应的响应状态中）。

切换时序，其实前面描述 DIDLE 的状态保持或状态迁移就包含切换的概念。再说已经进入的某个响应状态（DWRS1 或 DWRS2），如果每次响应完成后只是简单地返回中间仲裁状态，也许没有问题，相对也不容易出现各种因仲裁响应切换带来的问题，但是在一些系统吞吐量要求很高的场合，这种简单的切换会造成仲裁响应性能的下降。因此，就很有必要像图 6.14 一样，在某个正在响应的状态中，一旦当前响应结束，就可以继续仲裁并响应下一个有效的请求。对于这个 2 选 1 的仲裁来说，如果当前处于仲裁请求 1 的响应状态（DWRS1），一旦响应结束，那么下一个状态就可以继续仲裁并决定是停留在当前状态继续响应请求 1、进入另一响应状态（DWRS2）以响应请求 2 的请求还是无请求返回中间仲裁状态（DIDLE）。这里要强调的不只是提高响应速度（降低因切换状态造成的性能下降），更多的需要设计者注意对切换过程中（尤其是不同响应状态的切换中）具体相关的锁存信号的赋值。因为，很可能在切换时快一拍（一个时钟周期）或者慢一拍而造成整个数据的锁存紊乱（特权同学吃过这个亏，所以印象深刻，给各位提个醒）。

轮流响应，在 *Arbiters: Design Ideas and Coding Styles* 文章的最后一部分，提到了 Round - Robin Arbiter 的设计。Round - Robin Arbiter 要是深入探讨也是很有趣的。其最核心思想就是在有优先级响应的情况下，依然需要制定一套轮流响应的机制，以避免某些优先级高的请求长期霸占总线。这对于大多数设计是有用的，就拿特权同学这个仲裁器来说，SDRAM 的写入有 AV 视频信号、也有 MCU 图像 DIY 层的写入信号，如果其中一方长期霸占总线，使得另一方的数据缓存 FIFO 溢出，那么很可能导致在液晶显示的时候部分图像的数据丢失，甚至出现某一帧图像的闪烁。因此，这里轮流响应机制的加入就会大大降低这种事件发生的概率。在具体实现中，比如图 6.14 的 DWRS1 可以在响应结束时选择下一状态，它的优先级关系就是

DWRS2 > DWRS1 > DIDLE；与此不同的是，DWRS2 的下一状态优先级关系为 DWRS1 > DWRS2 > DIDLE。基本的思想就是：我响应完了，就优先考虑你的“需求”，然后再考虑自己的“需求”，若是都没有“需求”，咱们就回到中间状态。

最后要提的是超时退出机制，这对于很多应用也是必要的。它可以有效地防止在某些不可预料的情况下，状态机不明不白的“蒸发”。这也算是一个健壮的状态机必须具备的条件。这里特权同学要拿调试过程中一个很生动的“蒸发”实例让大家引以为戒。一个用 FPGA 实现的视频采集显示应用中，在没有超时退出机制的情况下，出现过上电瞬间视频显示死机（图像定格），但是只要 MCU 执行 SDRAM 写入（产生新的仲裁请求），则死机解除。这个现象出现的概率非常低，并且只发生在上电瞬间的图像显示切换后（感觉上电期间有很多不确定的因素），以至于很难确定到底问题出在了什么地方。有一点是可以肯定的，那就是视频采集写入 SDRAM 的请求长期得不到响应，状态机“死”在了另一个响应状态里，直到新的变化条件出现。所以，在加入超时退出机制后，问题不再复现。可以肯定的是，超时退出机制对解决此类突发问题相当有效。

到这里，想说的 4 点都讲完了，回头却发现围绕一个简单的例子谈了很多理论。其实感觉很多时候，对于一个做具体开发的工程师来说，细节的东西是很难用文字分享出来的，能够把设计思想和设计理念阐释清楚，本身就是一件相当不简单的事。细节的设计实现，需要工程师在思路清晰的状况下认真细致地来完成。

五、硬件加速：用起来很美

其实在硬件加速方面，特权同学早想写点东西，只是苦于没有合适的对比题材。赶上最近的一个系统平台，整个 SOPC 完全自己 DIY 外设系统，所以很大程度上会去考量外设到底是作为硬件外设还是软件模拟外设，抑或是软硬兼施。在本笔记第三节“图片显示速度测试报告”中展现了相当让人无法忍受的软件运行效率，因此，系统必须优化，优化的最好途径就是用硬件来加速。

2010 年上海 Freescale Technology Forum 上展示了一款叫作 Killer 的游戏硬件加速引擎，给特权同学留下了较为深刻的印象。在广告片中，用了两个相同的游戏界面作为对比，一个是基于通常的 PC 平台，另一个则是在原有 PC 平台上加入了这款游戏硬件加速引擎 Killer（估计是一个 PCI 外设，相当于给用户加了一个优化系统显示性能的“显卡加速器”）。先说个题外话，特权同学对游戏不是很在行，不过还记得大学时候比较痴迷的一款 NBA live 的游戏，由于显卡不堪重负，玩久了，在比赛中就经常卡死。一个很经典的界面：两个球员一前一后，通常是你跑一步，我跑一步，两个球员的“慢速跑动”镜头把 CPU 的顺序工作机制“穿帮”了。好，回到原话题，在广告游戏中的普通游戏界面里两个人的走动就好似前面的“穿帮”镜头一前一后；而 Killer 平台里两个人则非常协调，看上去“很美”地并行跑动。我想，Killer 带来的就是一种纯粹硬件的加速，其实并不知道那两个人是否真正的在并行工作。因为，在视频面前，人眼是靠不住的。但是，有一点是可以确定的：硬件加速不仅看上去很美，而且用起来也很美。

如果说广告片中 Killer 有掺水分之嫌，不能让各位看官信服，那么下面特权同学就要用数据和波形来证实这一点：硬件加速确实很美！

使用以下程序测试一幅图片的显示速度。

```
IOWR_ALTERA_AVALON_PIO_DATA(PIO_LED_BASE,0x00);     //LED OFF
Flash_photo_display(0,0);                           //送第 0 幅图片
IOWR_ALTERA_AVALON_PIO_DATA(PIO_LED_BASE,0xff);     //LED ON
```

用示波器观察 LED 引脚输出的低脉冲时间，即可得出显示一幅图片运行的时间。

在第三节中一段简单的遍历坐标地址清屏程序：

```
for(y = 0;y<480;y + + )
{
      for(x = 0;x<800;x + + )
        {
        //送显示数据
        IOWR_16DIRECT(MCULCD_CTRL_0_BASE,((y<<11) + (x<<1)),0x001f);
      }
}
```


上面这段程序执行的 LED 低脉冲情况如图 6.15 所示，这个清屏的时间大约需要 575 ms。在第三节中已经提到了，这个显示的大部分时间是消耗在了软件变量的读/写访问时间上，纯粹硬件接口层（显示外设）的写时间（46 ms）占的比例很小。因此，软件程序或者说处理器性能将是优化的重点。

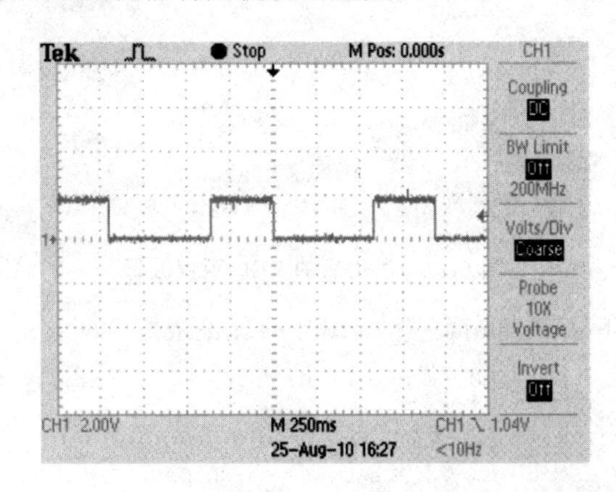

图 6.15　常规清屏时间测试 LED 观察波形

图 6.16 是在图 6.15 基础上，读 Flash 中预存储的一幅图片，然后逐个像素点地

送一幅图片给显示外设所耗费的时间。这幅图片的显示大约要 1.6 s,如果看着这样一幅图片慢慢地自上而下显示出来,用户体验可想而知。优化势在必行。

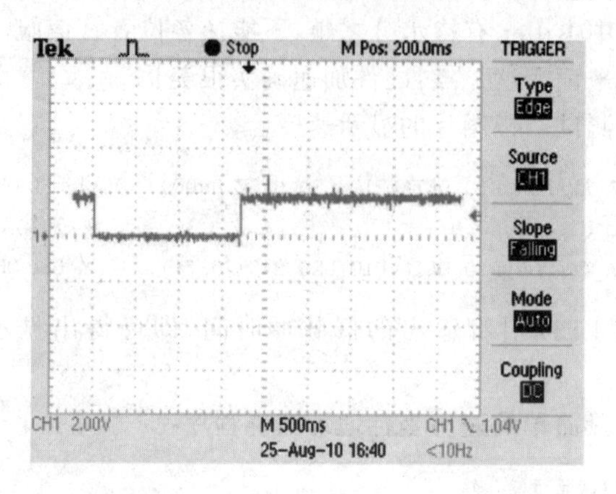

图 6.16 Flash 显示图片时间测试 LED 观察波形

不说如何优化,先看结果,如图 6.17 所示。优化后一幅图片的显示只需要70 ms左右,基本已经接近了理论的最短时间 46 ms。其实对于优化后的系统来说,理论的最短时间其实已经不是 46 ms 了,要远比这个值小。Why? 不卖关子了,后面要步入正题:因为,硬件加速了!

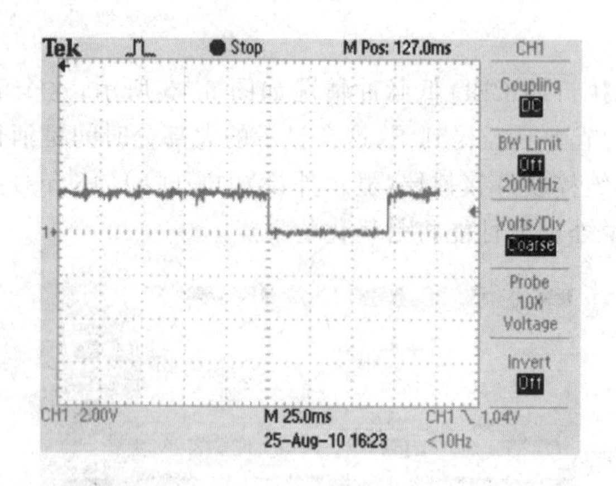

图 6.17 优化后的 LED 观察波形

粗略地计算一下从 Flash 读一整幅图片的理论最短时间:

$$(25\ \mu s + 25\ ns \times 2\ 048\ byte) \times 375\ page = 28.575\ ms$$

而实际上在硬件层读 Flash 每个字节的周期是 100 ns,那么理论时间应该是:

$$(25\ \mu s + 80\ ns \times 2\ 048\ byte) \times 375\ page = 70.815\ ms$$

在硬件优化后显示一幅图片的时间完全取决于硬件外设本身,基本与软件以及处理器性能没有太大关系了。硬件加速真的有这么神吗?真的这么管用吗?在这个测试中,特权同学也很震撼,平时我们不仅高估了软件(或是处理器)的性能,而且大大低估了硬件的性能。在这一点上，会让我今后对手中的 FPGA 更有信心。

最后，简单说一下这个硬件加速系统是如何工作的。如图 6.18 所示，是这个系统优化之前的一个简单系统架构，Flash 的读/写控制完全交给了 CPU，而 CPU 的每次执行都依赖于 RAM 上的程序和变量，然后 CPU 还需要把读出来的数据送给 LCD Controller。

再来看硬件加速后的系统框图，如图 6.19 所示。CPU 负责 Flash 的控制管理，而 Flash 读出来的数据不需要通过 CPU，直接送给 LCD Controller，读数据省下来的时间使得系统性能发生了翻天覆地的改变，也使得系统的最优化成为可能(图片显示的速度瓶颈最终在于 Flash 这个外设)。

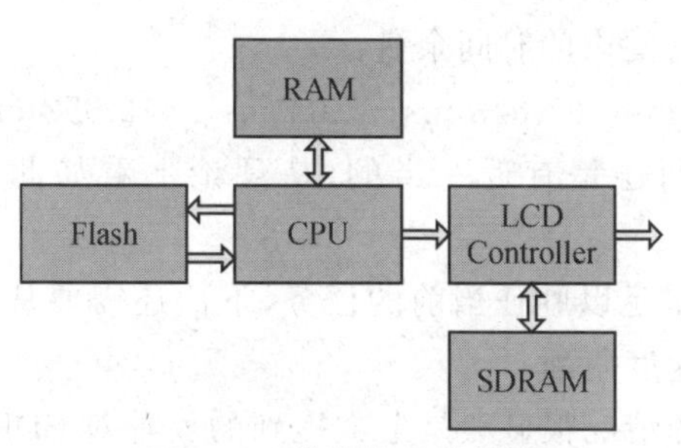

图 6.18　优化前系统框图

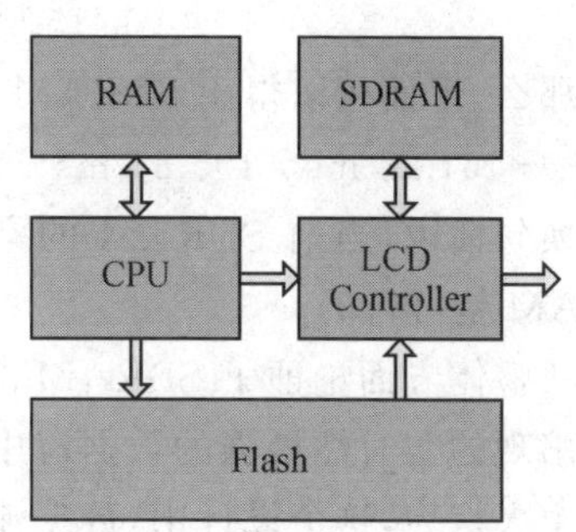

图 6.19　优化后系统框图

六、数据吞吐量预估一例

所谓优化，除了设计本身，即性能的优化，进一步降低成本应该也算优化的一个目标。原本设计中花费了两个存储器、一片 SRAM 和一片 SDRAM，因此要想方设法地省去那个“死贵”的 SRAM。所以，对于 SDRAM 的吞吐量需要重新评估，尤其对于某些实时性很强的地方，需要考虑好在出现数据读/写拥塞的情况下该如何处理。还有就是因为涉及多个数据流需要和 SDRAM 发生关系，仲裁逻辑的设计也是特权同学近来颇有感触的一个地方。

先说 SDRAM 数据吞吐量方面的一些思考。由于在一个液晶屏上要显示的两个层的数据都存储在 SDRAM 中，因此初步预计，SDRAM 每秒需要处理的数据流大体有以下 4 块：

① 实时采集的视频写入数据量：640×480×16 bit×50 Hz；

② 实时显示的视频读出数据量：＜640×480×16 bit×60 Hz；

③ 叠加层读出数据量：640×480×16 bit×60 Hz；

④ 叠加层写入数据量：不确定，假设写入一帧的图像数据，为 640×480×16 bit。

对于该项目中使用的 SDRAM，每次写入 N 个数据的时间开销为：N×10 ns＋80 ns；而每次读出 N 个数据的时间开销为：N×10 ns＋100 ns。而视频数据读/写和叠加层数据读都是以 160 个数据为一页进行操作的，唯有叠加层写入数据是单独

一个数据一个数据操作(即单字突发写)。因此,初步计算上面 4 块数据每秒的时间开销为:

① (640×480×16 bit×50 Hz/160)×(160×10 ns+80 ns)=161.28 ms

② (640×480×16 bit×60 Hz/160)×(160×10 ns+100 ns)=195.84 ms

③ (640×480×16 bit×60 Hz/160)×(160×10 ns+100 ns)=195.84 ms

④ 640×480×(10 ns+80 ns)=27.648 ms

此外,需要额外再计算一下 SDRAM 每隔 15.625 μs(64 ms 一次全部地址预刷性周期)一次的预刷新操作所占用的时间开销(每次预刷新时间<110 ns,这里就以 110 ns 为准):

$$(1\ \text{s}/15.625\ \mu\text{s})\times 110\ \text{ns}=7.04\ \text{ms}$$

那么,下面可以得出 SDRAM 在 1s 时间内的时间余量:

$$1\ \text{s}-161.28\ \text{ms}-195.84\ \text{ms}-195.84\ \text{ms}-27.648\ \text{ms}-7.04\ \text{ms}=412.352\ \text{ms}$$

换句话说,当前 SDRAM 的空闲时间还是有近一半的,从理论上看如此利用 SDRAM 是可行的。

从整体方面论证了 SDRAM 的吞吐量足以胜任当前的任务,下面还需要从一些可能出现的实时性最强的数据流中找寻速度瓶颈。

个人认为,这个设计中,数据流最大的情况很显然是上文提到的 4 种对 SDRAM 的操作同时出现。而此时由于每个读或写操作对应的都有一个 1 024 字节的缓冲 FIFO,所以在这些操作同时出现于某一个显示行中,也不需要过于担心数据会出现被丢弃的现象。下面也简单地计算一下余量,由于叠加层写入是特别需要验证的数据流,所以这里就计算其他 3 种操作同时发生时可以执行多少次叠加数据写入操作。

液晶显示某一行的时间为:

$$800\times 40\ \text{ns}=32\ \mu\text{s}$$

视频层显示一行数据的操作时间为:

$$4\times(160\times 10\ \text{ns}+80\ \text{ns})=6.72\ \mu\text{s}$$

叠加层显示一行数据的操作时间为:

$$4\times(160\times 10\ \text{ns}+80\ \text{ns})=6.72\ \mu\text{s}$$

视频层写入一行的时间为:

$$4\times(160\times 10\ \text{ns}+100\ \text{ns})=6.8\ \mu\text{s}$$

自刷新的时间为:

$$(32\ \mu\text{s}/15.625\ \mu\text{s})\times 110\ \text{ns}=0.33\ \mu\text{s}$$

因此剩下的时间为:

$$32\ \mu\text{s}-6.72\ \mu\text{s}-6.72\ \mu\text{s}-6.8\ \mu\text{s}-0.33\ \mu\text{s}=11.43\ \mu\text{s}$$

为了给足余量,这里取剩余时间的 60%作为叠加层可写入的时间,那么可以执行的叠加层写入数据次数为:(11.43 μs×60%)/90 ns=76 次。因此,需要尽量控制叠加层数据量。如果从最保险的操作看,叠加层写入一次数据的平均时间应该大于

32 μs/76＝420 ns。

如此理了一下思路，感觉清晰很多，对于正在进行的设计也显得更加有把握。这种理论的评估是很有用的，至少可以让自己在实际设计中少走一些弯路，对可能出现的问题尽早做一些预判甚至避免。

设计思路的梳理和知识的梳理一样重要，随着当前项目的深入，特权同学在这一点上感受极为深刻。

七、秒杀 FPGA 片间通信

在工程实践中，常常需要涉及多个主芯片间的数据传输。尤其在多个 FPGA 级联的系统中，不同吞吐量的数据传输可以采取不同的接口方式来实现。但无论如何，一个基本的条件是必须考虑的，即采取的通信方式能够使得相互间的数据传输可靠、稳定，又满足吞吐量的需求。

这里要分享一个 FPGA 片间通信的项目案例。在这个工程中，两片 FPGA 分别实现 NIOS Ⅱ软核＋扩展逻辑（数据传输端，简称 TX－FPGA）和纯逻辑（数据接收端，简称 RX－FPGA）的功能。TX－FPGA 与 RX－FPGA 进行数据交互，数据传输方向由 TX－FPGA 端到 RX－FPGA 端。

图 6.20 为两片 FPGA 通信的接口示意图。这里的两片 FPGA 之间通过简单的一条控制和数据总线进行传输，而在两片 FPGA 内部则分别有一个用于缓存数据的 FIFO（至于 FIFO 和传输控制信号的设计，设计者应根据具体项目的需求来考虑）。

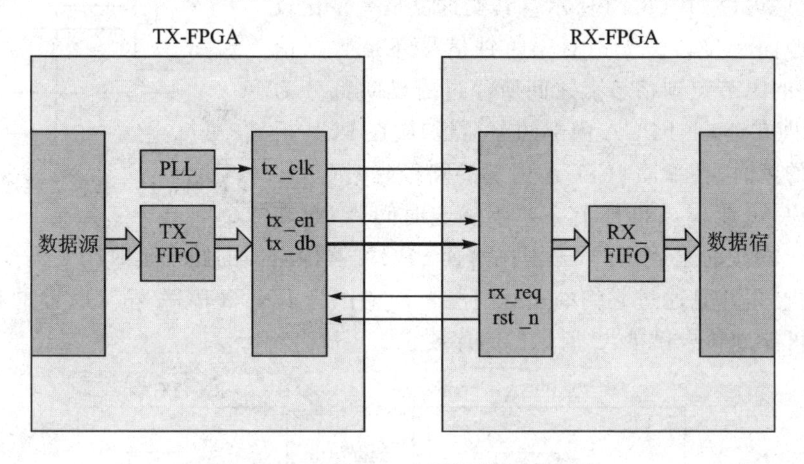

图 6.20　两片 FPGA 通信接口示意图

基本的通信是这样的：RX－FPGA 端产生复位信号 rst_n，低电平有效。在复位期间，TX－FPGA 的选通信号 tx_en 始终为低电平（即当前传输数据处于无效状态）。复位结束后（即 rst_n 拉高后再延时若干个 clk），只要 TX_FPGA 端接收到请求信号 rx_req 为高电平，则 TX－FPGA 发起每次连续 160 个数据的发送操作（在 clk 的上升沿若 tx_en 为高电平，则此时写入数据总线 tx_db 为有效）。

下面来关注两片 FPGA 之间进行通信最重要的问题，即时序的建模与约束。其接口与时序参数定义如图 6.21 所示。

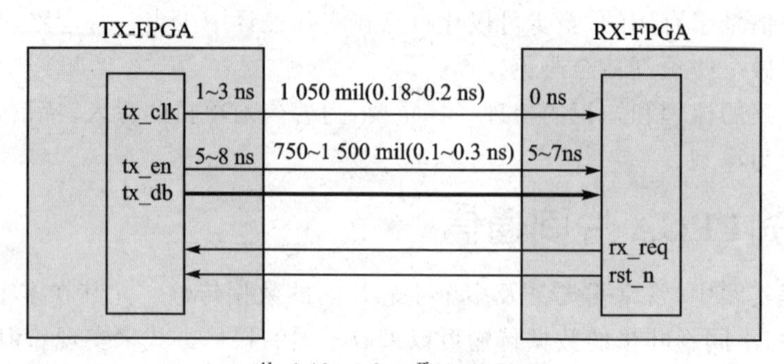

clk：1.18～3.2 ns 取 1～3.5 ns

db：10.1～15.3 ns 取 10～15.5 ns

图 6.21　两片 FPGA 之间通信的基本时序参数

图 6.21 已经给出了每段路径数据传输的基本时间范围，RX－FPGA 端发出的 rx_req 和 rst_n 信号时序要求均不高，可以简单的约束或者直接作为 false 路径。

主要关注的时序是 tx_clk、tx_en、tx_db 三者，它们必须满足如图 6.22 所示的关系。即希望能用 tx_clk 的上升沿采样到稳定的 tx_en 和 tx_db 信号。也就是说，tx_clk 的上升沿最好能够对准 tx_en 和 tx_db 的有效信号窗口中央。

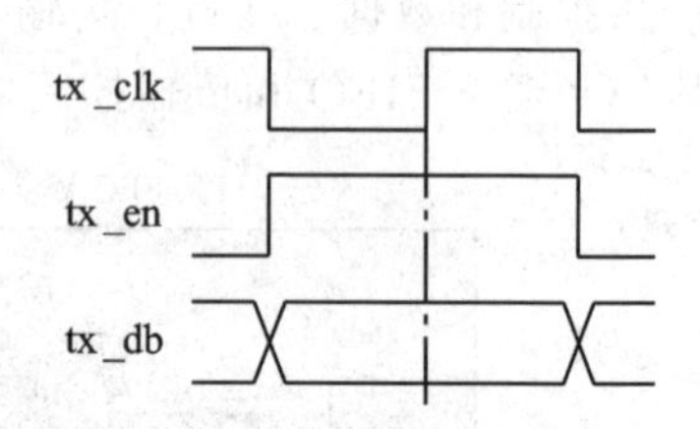

图 6.22　数据采样模型

从寄存器级来看 tx_clk 与 tx_en/tx_db 之间的关系，大体可以如图 6.23 所示。其实这也是一个比较典型的源同步接口。无论对于时钟信号还是数据信号，它们的源节点到宿节点之间所经过的延时都分为 3 部分，即在 TX－FPGA 内部的路径延时、在 PCB 板上走线的延时、在 RX－FPGA 内部的路径延时（当然确切的说，可能应该再加上一些不确定时间）。而在 PCB 板上的延时是固定的，分别在两片 FPGA 器件内部的路径延时则是需要进行约束和分析的，并且通过它们的实际情况来调整作为 RX－FPGA 输入时钟的相位，以确保尽可能地符合图 6.22 所示的时序要求。

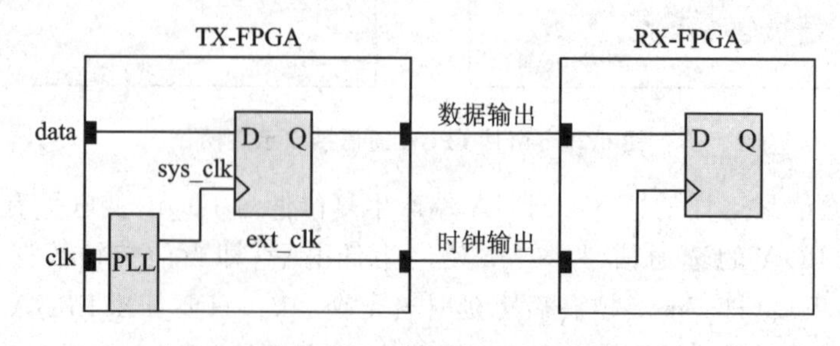

图 6.23　两片 FPGA 间通信时序模型

图 6.21 其实已经标注出了实际的一个大致延时范围。通过这个范围以及实际情况的不断校准，最终是希望能够计算出一个比较合适的 tx_clk 相位偏移。

按照图 6.24 的方式来定义 clk(tx_clk)和 data 总线(tx_en/tx_db)的路径延时，那么 clk 总的路径延时为 $T_{c1}+T_{c2}+T_{c3}$(每一个值可能都有一个取值范围，不是固定的)，data 总的路径延时为 $T_{d1}+T_{d2}+T_{d3}$。我们可以取 $T_{c1}+T_{c2}+T_{c3}$ 的最大值为 T_{cmax}，最小值为 T_{cmin}，并且取 $T_{d1}+T_{d2}+T_{d3}$ 的最大值为 T_{dmax}，最小值为 T_{dmin}。

再来看图 6.25 所示的波形，其中 sysclk 是 tx_clk 内部时钟，也是源寄存器时钟；data 即输出到 RX－FPGA 的数据总线(包括 tx_en/tx_db 信号)；outclk 是从 PLL 输出的时钟波形，inclk 则是最终到达目的寄存器(RX－FPGA 端)的时钟波形。

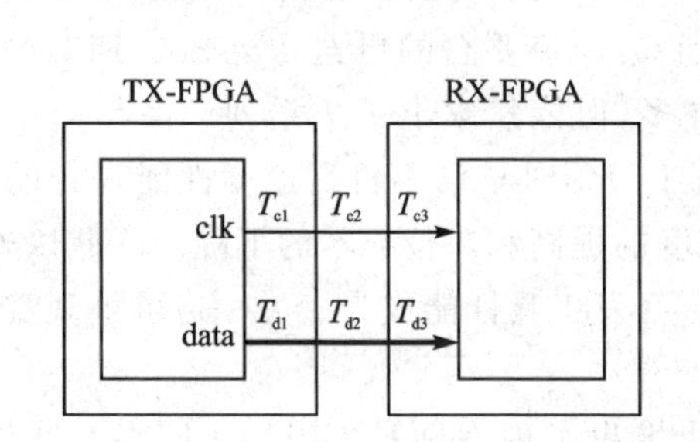

图 6.24　时钟和数据传输路径时序模型

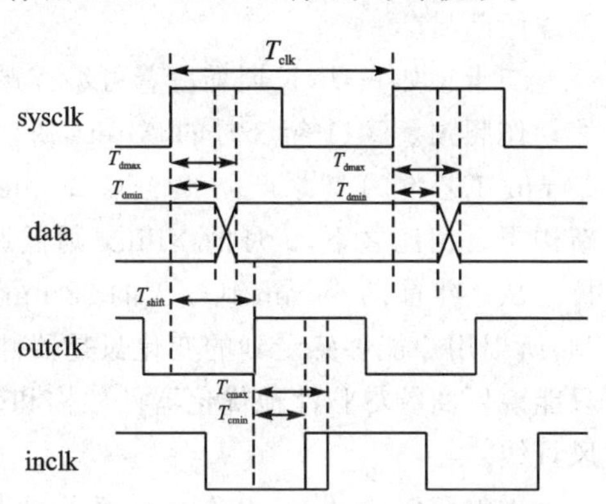

图 6.25　时钟和数据传输时序波形

从图 6.25 所示的一些时间关系中，不难理出一个 T_{shift} 取值的公式。步骤如下：

① 令 data 总线的有效数据窗口为(T_{dv1}，T_{dv2})，则：

$$T_{dv1}=T_{dmax},T_{dv2}=T_{clk}+T_{dmin}\text{，中间值为 }T_{dv}=(T_{dmax}+T_{clk}+T_{dmin})/2$$

② 令 clk 信号的上升沿有效窗口为(T_{cv1}，T_{cv2})，则：

$$T_{cv1}=T_{shift}+T_{cmin},T_{cv2}=T_{shift}+T_{cmax}\text{，中间值为 }T_{cv}=T_{shift}+(T_{cmin}+T_{cmax})/2$$

③ 若要得到最佳的采样结果，则：

$$T_{dv}=T_{cv}\text{，即}(T_{dmax}+T_{clk}+T_{dmin})/2=T_{shift}+(T_{cmin}+T_{cmax})/2$$

也就是要满足：

$$T_{shift}=(T_{clk}+T_{dmax}+T_{dmin}-T_{cmin}-T_{cmax})/2$$

这个系统的 tx_clk 使用了 50 MHz 的时钟，即 $T_{clk}=20$ ns。另外已经通过图 6.21的分析得到了一些参数值，即 $T_{dmin}=10$ ns，$T_{dmax}=15.5$ ns，$T_{cmin}=1$ ns，$T_{cmax}=3.5$ ns。所以可以算得 $T_{shift}=20.5$ ns，因为 $T_{clk}=20$ ns，所以可以取 $T_{shift}=0.5$ ns。

有了 tx_clk 的这个 T_{shift}，加上前面已经给出的 T_{dmin}、T_{dmax}、T_{cmin}、T_{cmax} 等一系列参数，便可以完成 TX－FPGA 和 RX－FPGA 的时序约束。

八、FPGA+CPU:并行处理大行其道

深亚微米时代,传统材料、结构乃至工艺都在趋于极限状态,摩尔定律已有些捉襟见肘。而步入深亚纳米时代,晶体管的尺寸就将接近单个原子,无法再往下缩减。传统 ASIC 和 ASSP 设计不可避免地遭遇了诸如设计流程复杂、生产良率降低、设计周期过长、研发制造费用剧增等难题,从某种程度上大大放缓了摩尔定律的延续。

显而易见的是,在巨额的流片成本面前,很多中小规模公司不得不改变策略,更多地转向 FPGA 的开发和设计。反观 FPGA 市场,即便是 5 年前,其相对于 ASIC 的市场增速还是相当迟缓的。但在近些年,尤其是迈进 90 nm 节点之后,其成本优势逐渐凸显。

二十年如一日,长期霸占着可编程逻辑器件市场的两大巨头 Xilinx 和 Altera 依然动作频频。2011 年 8 月的 Altera 研讨会,13 个城市的技术巡演,大张旗鼓地力推 28 nm 工艺上的 V 系产品、SOPC Builder 到 Qsys 新平台的更迭乃至 SoC FPGA 的新构想。相比之下,9 月的 Xilinx 则低调许多,但依然拿出了 7 系列产品与对手叫板。从一年前的 65 nm 到今天的 28 nm,由于门延时早已不再是速度性能提升的瓶颈,所以用户能够感受到的变化只是器件密度的提高和单位成本的下降。除此以外,只能说厂商绞尽脑汁地优化器件架构和改善开发工具性能成为了另一道可供观赏的风景线。

无独有偶,Xilinx 和 Altera 都纷纷加快推出了内嵌硬核 CPU 的 FPGA 器件。FPGA+CPU 的解决方案并不稀奇,早在 5 年前就被提出并付诸实践,Xilinx 和 Altera也一直在致力于自己的软核 CPU 的推进,但市场反应显然没有达到预期。穷则思变,Xilinx 顺应市场需求,率先于 2010 年 4 月发布了集成 ARM Cortex - A9 CPU 和 28 nm FPGA 的可扩展式处理平台(Extensible Processing Platform)架构。时隔不到一年,可扩展处理平台 Zynq - 7000 系列又被搬上了前台,Xilinx 的用心良苦可见一斑。Altera 也不示弱,英特尔在 2010 年秋季发布的凌动 E600C 可配置处理器中就集成了 Altera 的 FPGA,并且 Altera 推出的同样集成 Cortex - A9 CPU 的 SoC FPGA 明显是要与 Xilinx 唱对台戏。

厂商的明争暗斗不是咱们这些芯片级的小喽啰们真正关心和在意的,我们更多的是需要去探讨和思索这种新的开发平台是否真能满足我们的客户日益增长的"物质文化"需求。我们也不禁会问:FPGA+CPU 的集成架构到底是顺应了历史发展的趋势,还是仅仅昙花一现转眼即逝?

如图 6.26 所示,一个比较简化的传统嵌入式系统如左图,单片集成了 CPU 的 FPGA 架构则如右图。单从硬件架构层面来看,好像没有太大的花头,仅仅只是二合一而已。但是真正做过系统开发的工程师都知道,这个二合一所带来的不仅是 Bom 和 Layout 的简化,更多的利好是我们肉眼看不到的软硬件底层衔接的优化、无形之中的灵活性以及潜在的性能提升。

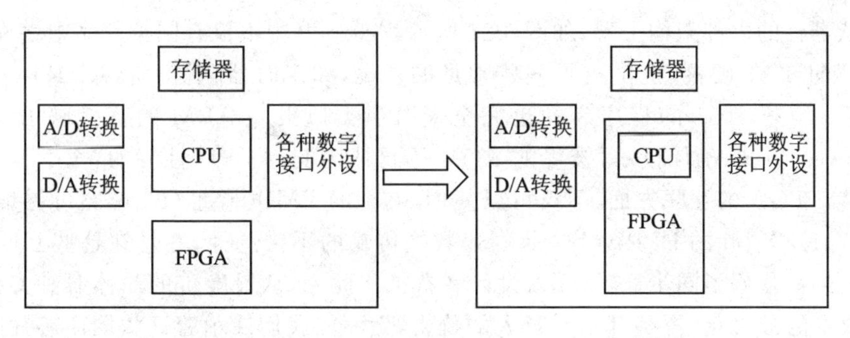

图 6.26　CPU 和 FPGA 器件从分立到集成的转换

这里可以罗列出基于 FPGA 的 CPU 集成带来的一些潜在优势：

- 更易于满足大多数系统的功能性需求；
- 潜在地改善了系统的性能；
- 在某些应用中的灵活性和可升级性大大提高；
- 处理器到外设的接口能够得到优化；
- 软硬件互联的接口性能获得极大的提升；
- 有利于设计的重用和新设计的快速成型；
- 简化单芯片甚至整板的 PCB 布局布线。

FPGA＋CPU 的单片集成相较于传统应用的优势可见一斑，但从另一个角度看，正如 CPU 从单核到多核演进在延续着摩尔定律的“魔咒”，FPGA＋CPU 的强势出击更像是并行处理在嵌入式应用的大行其道。

延续 Xilinx 和 Altera 一贯的作风，在它们嵌入 CPU 的 FPGA 器件上都不约而同地选择了性能出色的 ARM Cortex－A9 内核，可见它们目前瞄准的市场趋向于中高端应用客户。而在低端方面，即便是网络爆炸的时代，默默无闻的 Capital－Micro 依然不为广大工程师们所熟知，但它们辛勤耕耘的可重构系统芯片（CSoC，Configurable SoC）却能够悄然无声地在中低端的市场应用中杀出一片血路。值得一提的是，这是一家地地道道的中国本土 FPGA 厂商，相信说到这里就能够让很多读者欣喜和好奇，那么接下来会把目光转向低端应用，把篇幅留给本土的 FPGA 新贵。

有意思的是从 1971 年 Intel 的第一片 4 位处理器问世至 2011 年恰好 40 个年头，虽然嵌入式行业经历了可谓是翻天覆地的巨变，但即便你认为它是“土得掉牙”却简单实用的 8 位 MCS－51 单片机却依然独树一帜，尤其是在国内的整个工控行业中还是有着很强的生命力。从 2005 年成立至今，Capital－Micro 脚踏实地，先是不声不响地收购了某 8051 设计公司，在此基础之上先后推出了 Astro 和 Astro Ⅱ 两代 CSoC。另外值得一提的是，其内嵌的 8051 在两代器件上分别可以稳定地运行到 100 MHz和 150 MHz。虽然 FPGA 制造工艺还处于 0.13 μm，大大制约了逻辑性能，但目前的这两代产品至少可以满足包括步进电机控制、LCD 驱动控制、接口扩展、LED 控制卡、微型打印机在内的工业应用需求。

从器件的内部架构上看，如图 6.27 所示，Astro Ⅱ中不仅有同类产品中堪称性能“卓越”的 8051 硬核，也集成了一些常见的外设，如定时器、看门狗、UART、I²C 和 SPI 等。当然，8051 的程序启动也完全采取了类似很多 ARM 的直接映射（Fully Shadowed）方式，确保读/写缓慢的 ROM 不再成为制约 CPU 性能的“杀手锏”。而 8051 与 FPGA 的互联方面，不仅可以使用 8051 的 EMIF 寻址（23 位宽可寻址地址总线），4K×8 bit 的 DPRAM 也是高速数据传输的不错选择，并且在这些互联接口上都已经固化好了同步逻辑，无须设计者费神。此外，从最廉价的晶体时钟支持，到 I/O 数量的最大化，再到其平易近人的价格，无不向我们展示着这款国产芯片的“经济适用”。

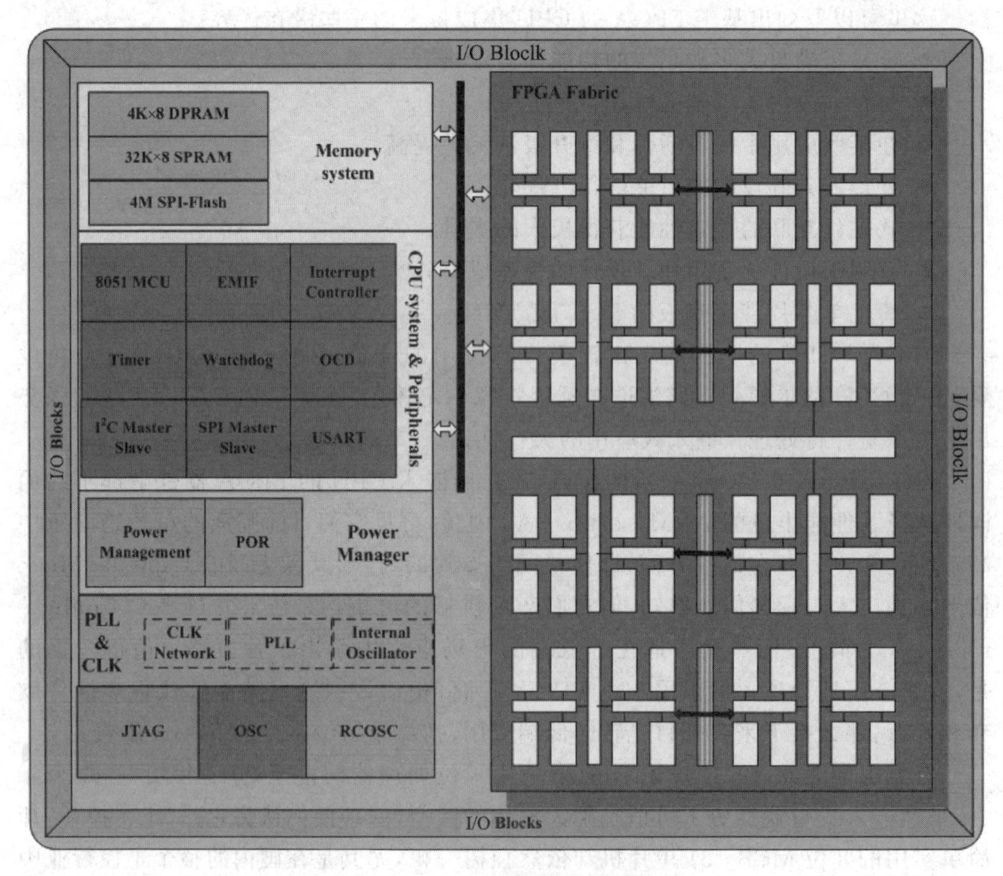

图 6.27　Astro Ⅱ器件内部架构

总而言之，无论是 Xilinx 还是 Altera，或是横空出世的 Capital - Micro，它们所力推的全新单片集成器件，无不预示着 FPGA＋CPU 的并行处理架构将在嵌入式应用中开辟出一片崭新的天地，在这个单片性能提升即将迈入极限的深亚纳米时代，灵活多变的 FPGA 凭借其独有的并行性，必将助力传统 CPU 的性能再次迈向新的高度。

笔记 20

实践应用技巧

一、被综合掉的寄存器

记得之前遇到过一个很蹊跷的仿真问题，见特权同学的博文《Altera 调用 ModelSim 仿真奇怪的复位问题》。这次也遇上了一个很类似的问题，但是发现了根本原因之所在。

问题是这样的，一个被测试的工程包含如下的一段代码：

```
//色彩信号产生
reg[23:0] vga_rgb;      // 色彩显示寄存器
always @ (posedge clk or negedge rst_n)  begin
    if(!rst_n) vga_rgb<= 24'd0;
    else if(!valid) vga_rgb<= 24'd0;
    else vga_rgb<= 24'hff_00_ff;
end
//r,g,b 控制液晶屏颜色显示
assign lcd_r = vga_rgb[23:16];
assign lcd_g = vga_rgb[15:8];
assign lcd_b = vga_rgb[7:0];
```

很明显，这段代码里的 vga_rgb 寄存器的位 15～8 是不变的，始终为 0。而这样的代码在仿真时，vga_rgb 的值却出现了一些意外，如图 6.28 所示。

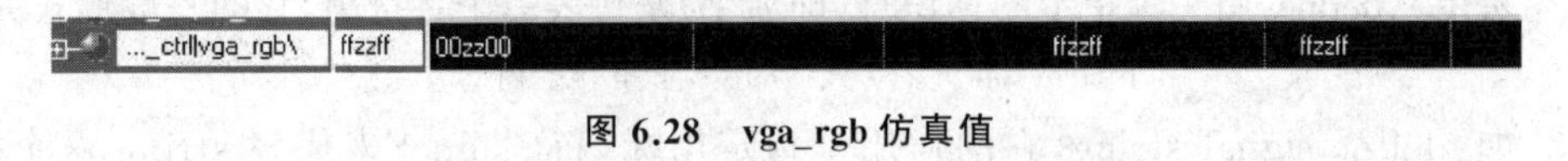

图 6.28　vga_rgb 仿真值

在代码中，寄存器 vga_rgb 的位 15～8 虽然始终保持低电平，但是仿真结果却是高阻态。为什么呢？回头看看综合报告，如图 6.29 所示。

说明 vga_rgb[15：8]被综合掉了，即所谓 removed registers，所以这个 8 位寄存器不存在了，仿真时也就只能以 8'hzz 代替了。若将代码改成：

	Registers Removed During Synthesis		
	Register name	Reason for Removal	
1	vga_ctrl:vga_ctrl|vga_rgb[8..15]	Stuck at GND due to stuck port data_in	
2	Total Number of Removed Registers = 8		

图 6.29 综合报告

```
// 色彩信号产生
reg[23:0] vga_rgb;    // 色彩显示寄存器
always @ (posedge clk or negedge rst_n)  begin
    if(!rst_n) vga_rgb<= 24'd0;
    else if(!valid) vga_rgb<= 24'd0;
    else vga_rgb<= 24'hff_ff_ff;
end
//r,g,b 控制液晶屏颜色显示
assign lcd_r = vga_rgb[23:16];
assign lcd_g = vga_rgb[15:8];
assign lcd_b = vga_rgb[7:0];
```

这样 vga_rgb 的所有 24 个寄存器都可能出现变化，也就不会被综合掉，那仿真后是否正常呢？如图 6.30 所示，得到预期的结果。因此，在代码中如果是从始至终没有变化的信号值很可能让“智能”的综合工具优化了。

..._ctrl|vga_rgb\	000000	000000	ffffff

图 6.30 修改后 vga_rgb 仿真值

二、Verilog 中宏定义位宽带来的问题

宏定义在 C 语言程序中的使用司空见惯，它的好处就在于可以大大提高代码的可读性和可移植性。而在 Verilog 中，也支持这个语法，在很多开源代码中也都能看到`define 的身影。但是它的使用和 C 语言可不完全一样，很多时候需要非常小心和谨慎。其中最可能让设计者犯错的就是它的位宽问题。特权同学就吃过这个亏，因此有必要在此专门讨论一下，不仅给自己提个醒，也希望读者您少走弯路。

先简单复习一下 define 在 Verilog 基本语法书中的一些定义和简单的使用说明。

宏定义`define：用一个指定的标识符（即名字）来代表一个字符串，它的一般形式为：

`define 标识符（宏名）字符串（宏内容）

如：`define signal string，它的作用是指定用标识符 signal 来代替 string 这个字符串，在编译预处理时，把代码中在该命令以后所有的 signal 都替换成 string。这种方法使用户能以一个简单的名字代替一个长的字符串，也可以用一个有含义的名字来代替没有含义的数字和符号，因此把这个标识符（名字）称为“宏名”，在编译预处理时将宏名替换成字符串的过程称为“宏展开”。`define 是宏定义命令。

例：

```
`define     SIZE     8
module reg[`SIZE:1] db;      //相当于定义寄存器 reg[8:1] db
```

下面特权同学拿一个简单的实例来说明 define 使用时容易遇到的位宽问题，其实也是特权同学自己遇到的，感觉很有典型性。

```
input clk;                    //外部输入时钟,25 MHz
input rst_n;                  //外部输入复位信号,低电平有效
input[9:0] mcu_wr_addr;       //原始地址数据
output[9:0] mcu_wr_ab;        //译码后地址数据
`define LCDX_DIS      800
`define LCDSD_PAGE      `LCDX_DIS/4
`define LCDSD_2PAGE     `LCDSD_PAGE * 2
`define LCDSD_3PAGE     `LCDSD_PAGE * 3
reg[11:0] mcu_wr_abr;
always @(posedge clk or negedge rst_n) begin
    if(! rst_n) mcu_wr_abr<= 12'd0;
    else if((mcu_wr_addr[9:0] >= 10'd0)
        && (mcu_wr_addr[9:0]<`LCDSD_PAGE))
      mcu_wr_abr<= {2'b00,mcu_wr_addr[9:0]};
    else if((mcu_wr_addr[9:0] >= `LCDSD_PAGE)
        && (mcu_wr_addr[9:0]<`LCDSD_2PAGE))
      mcu_wr_abr<= {2'b01,mcu_wr_addr[9:0] - `LCDSD_PAGE};
    else if((mcu_wr_addr[9:0] >= `LCDSD_2PAGE)
        && (mcu_wr_addr[9:0]<`LCDSD_3PAGE))
      mcu_wr_abr<= {2'b10,mcu_wr_addr[9:0] - `LCDSD_2PAGE};
    else mcu_wr_abr<= {2'b11,mcu_wr_addr[9:0] - `LCDSD_3PAGE};
end
assign mcu_wr_ab = {mcu_wr_abr[11:10],mcu_wr_abr[7:0]};
```

上面一段代码希望实现的功能为：对输入地址总线 mcu_wr_addr[9：0]进行译码，当它的值比`LCDX_DIS/4 小(肯定比 256 小)，则 mcu_wr_addr[9:0]直接赋值 mcu_wr_ab[9：0]，并且此时的 mcu_wr_ab[9：8]＝2'b00；当它的值大等于`LCDX_DIS/4 且小于(`LCDX_DIS/4)×2，则 mcu_wr_addr[9:0]－`LCDX_DIS/4 的值(肯定比 256 小)赋给 mcu_wr_ab[7：0]，并且此时的 mcu_wr_ab[9：8]＝＝2'b01；依此类推。

写了一段简单的测试脚本，分别依次输入 mcu_wr_addr＝55/255/455/655，预计的输出应该是 55/(55＋256)/(55＋512)/(55＋768)，即 55/311/567/823。而查看波形如图 6.31 所示，得到的结果 mcu_wr_ab 却都是 55，很显然没有达到既定的期望。

那么是谁在作怪？很显然，是位宽。我们再返回源代码，其实在综合的时候，Quartus Ⅱ给出了 3 条警告：

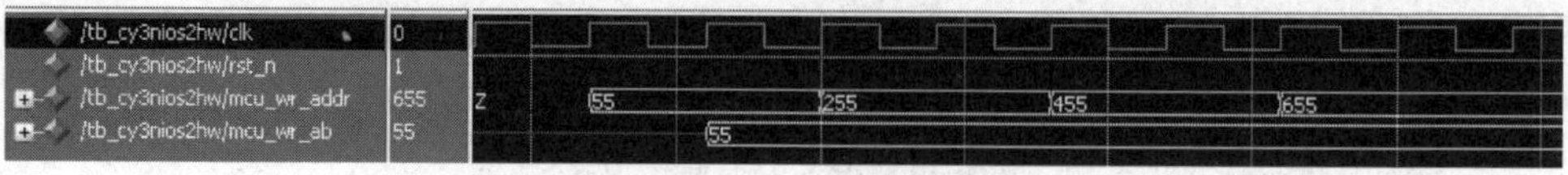

图 6.31 错误的仿真波形

Warning (10230): Verilog HDL assignment warning at cy3mcutest.v(39): truncated value with size 34 to match size of target (12)

Warning (10230): Verilog HDL assignment warning at cy3mcutest.v(40): truncated value with size 34 to match size of target (12)

Warning (10230): Verilog HDL assignment warning at cy3mcutest.v(41): truncated value with size 34 to match size of target (12)

分别就是指前面 always 中的 3 个 else if/else if/else 语句。问题也就是出在这里,因为通常定义的宏参数都是 32 位的常量(也可能是 64 位的,和运行的 PC 有关),哪怕是定义了这个宏参数的位宽。LCDX_DIS 是 32 位的常量,而后面几个宏参数都是由 LCDX_DIS 进行运算得到,也是 32 位常量。运算式(mcu_wr_addr[9:0]-`LCDSD_PAGE)的结果当然也就是 32 位宽,它前面再补 2 位,整个运算结果就是 34 位宽,因此给出的 Warning 是说式子左侧的 12 位寄存器和右边的 34 位结果位宽不符合。那么,这也就容易明白为什么仿真得出的结果中,原本译码的最高两位赋值始终为 0 不变了。

针对这个例子,可以对源代码的 always 块做如下修改:

```
always @(posedge clk or negedge rst_n) begin
    if(! rst_n) mcu_wr_abr[9:0]<= 10'd0;
    else if((mcu_wr_addr[9:0] >= 10'd0)
        && (mcu_wr_addr[9:0]<`LCDSD_PAGE))
      mcu_wr_abr[9:0]<= mcu_wr_addr[9:0];
    else if((mcu_wr_addr[9:0] >= `LCDSD_PAGE)
        && (mcu_wr_addr[9:0]<`LCDSD_2PAGE))
      mcu_wr_abr[9:0]<= (mcu_wr_addr[9:0]-`LCDSD_PAGE);
    else if((mcu_wr_addr[9:0] >= `LCDSD_2PAGE)
        && (mcu_wr_addr[9:0]<`LCDSD_3PAGE))
      mcu_wr_abr[9:0]<= (mcu_wr_addr[9:0]-`LCDSD_2PAGE);
    else mcu_wr_abr[9:0]<= (mcu_wr_addr[9:0]-`LCDSD_3PAGE);
end
always @(posedge clk or negedge rst_n) begin
    if(! rst_n) mcu_wr_abr[11:10]<= 2'd0;
    else if((mcu_wr_addr[9:0] >= 10'd0)
        && (mcu_wr_addr[9:0]<`LCDSD_PAGE))
      mcu_wr_abr[11:10]<= 2'b00;
    else if((mcu_wr_addr[9:0] >= `LCDSD_PAGE)
        && (mcu_wr_addr[9:0]<`LCDSD_2PAGE))
```

```
        mcu_wr_abr[11:10]<= 2'b01;
    else if((mcu_wr_addr[9:0] >= `LCDSD_2PAGE)
        && (mcu_wr_addr[9:0]< `LCDSD_3PAGE))
        mcu_wr_abr[11:10]<= 2'b10;
    else mcu_wr_abr[11:10]<= 2'b11;
end
```

当然，重新修改后的代码虽然没有解决位宽不匹配的问题（第一个 always 块仍会有 Warning），但是对输出的高位独立处理，避免了无法正常赋值输出的问题，重新仿真后的结果如图 6.32 所示，达到了设计要求。

图 6.32 正确的仿真波形

个人认为，一种比较稳妥的做法应该如下代码所示：

```
wire[31:0] mcu_abreg1 = mcu_wr_addr[9:0] - `LCDSD_PAGE;
wire[31:0] mcu_abreg2 = mcu_wr_addr[9:0] - `LCDSD_2PAGE;
wire[31:0] mcu_abreg3 = mcu_wr_addr[9:0] - `LCDSD_3PAGE;
always @(posedge clk or negedge rst_n) begin
    if(! rst_n) mcu_wr_abr<= 12'd0;
    else if((mcu_wr_addr[9:0] >= 10'd0)
        && (mcu_wr_addr[9:0]< `LCDSD_PAGE))
      mcu_wr_abr<= {2'b00,mcu_wr_addr[9:0]};
    else if((mcu_wr_addr[9:0] >= `LCDSD_PAGE)
        && (mcu_wr_addr[9:0]< `LCDSD_2PAGE))
      mcu_wr_abr<= {2'b01,mcu_abreg1[9:0]};
    else if((mcu_wr_addr[9:0] >= `LCDSD_2PAGE)
        && (mcu_wr_addr[9:0]< `LCDSD_3PAGE))
      mcu_wr_abr<= {2'b10,mcu_abreg2[9:0]};
    else mcu_wr_abr<= {2'b11,mcu_abreg3[9:0]};
end
```

这样做不会产生任何 Warning，也能够从某种程度上看出设计者非常重视位宽的问题，甚至在不是很确定需要在 always 块里取多大位宽的时候，也有宏定义来说明这个最高的位宽值。

另外，这里提一下，其实很多时候使用 parameter 能够达到和`define 一样的效果。这个实例如果做如下的修改，实现的功能也是一样的。

```
parameter LCDX_DIS =         800;
parameter LCDSD_PAGE =       LCDX_DIS/4;
parameter LCDSD_2PAGE =      LCDSD_PAGE * 2;
```

```
parameter LCDSD_3PAGE =       LCDSD_PAGE * 3;
reg[11:0] mcu_wr_abr;
always @(posedge clk or negedge rst_n) begin
    if(! rst_n) mcu_wr_abr<= 12'd0;
    else if((mcu_wr_addr[9:0] >= 10'd0)
        && (mcu_wr_addr[9:0]<LCDSD_PAGE[9:0]))
      mcu_wr_abr<= {2'b00,mcu_wr_addr[9:0]};
    else if((mcu_wr_addr[9:0] >= LCDSD_PAGE[9:0])
        && (mcu_wr_addr[9:0]<LCDSD_2PAGE[9:0]))
      mcu_wr_abr<= {2'b01,mcu_wr_addr[9:0] - LCDSD_PAGE[9:0]};
    else if((mcu_wr_addr[9:0] >= LCDSD_2PAGE[9:0])
        && (mcu_wr_addr[9:0]<LCDSD_3PAGE[9:0]))
      mcu_wr_abr<= {2'b10,mcu_wr_addr[9:0] - LCDSD_2PAGE[9:0]};
    else mcu_wr_abr<= {2'b11,mcu_wr_addr[9:0] - LCDSD_3PAGE[9:0]};
end
```

三、Verilog 代码可移植性设计

1. 参数定义

localparam,实例代码如下:


```
module tm1(
            clk,rst_n,
            pout
        );
input clk;
input rst_n;
output[M:0] pout;
localparam N  = 4;
localparam M  = N - 1;
reg[M:0] cnt;
always @(posedge clk or negedge rst_n) begin
    if(! rst_n) cnt< = 0;
    else cnt< = cnt + 1'b1;
end
assign pout = cnt;
endmodule
```

其实所谓 localparam,即 local parameter(本地参数定义)。简单的说,通常我们习惯用 parameter 在任何一个源代码文件中进行参数定义,如果不在例化当前代码模块的上层代码中更改这个参数值,那么这个 parameter 可以用 localparam 代替。而 localparam 定义的参数是可以如 parameter 在上层文件中被更改的。具体的区别

待 parameter 的用法实例后大家就能明白。

parameter，实例代码如下：

```
module tm1
        #(parameter N = 4)
        (
            clk,rst_n,
            pout
        );
input clk;              //外部输入 25 MHz 时钟
input rst_n;            //外部输入复位信号，低电平有效
output[M:0] pout;
localparam M = N - 1;
reg[M:0] cnt;
always @(posedge clk or negedge rst_n) begin
    if(! rst_n) cnt <= 0;
    else cnt <= cnt + 1'b1;
end
assign pout = cnt;
endmodule
```

tm1.v 的上层模块中，可以用 lvdsprj.v 模块中的方式对其已经定义的 parameter 参数进行重新定义，而相应的 localparam 定义是不可以在 lvdsprj.v 模块中进行重新设定的。Lvdsprj.v 模块的代码如下：

```
module lvdsprj(
            clk,rst_n,
            pout
        );
input clk;
input rst_n;
output[M:0] pout;
localparam N = 5;
localparam M = N - 1;
tm1     #(.N(5))
        uut1(
            .clk(clk),
            .rst_n(rst_n),
            .pout(pout)
        );
endmodule
```

在 Verilog 设计中，我们习惯将状态机的状态量用 parameter 来声明定义，它的适用范围通常是某个代码模块，或者其相关的上一层模块可对其进行重新声明定义。而

如果工程中有多个模块要用到同样的子模块，这个 parameter 就提供了一定的灵活性。

2. 宏定义

从定义方式上看，Verilog 语法中的宏定义和 C 语言还是略有区别，如 Verilog 中的宏定义如下：

```
`define    M    5
```

在使用该宏定义值时，通常 M 应该表示为`M。之所以不是很提倡滥用宏定义，是因为它不像 parameter 那么"中规中矩"的作用在某几个特定的源代码文件中。一旦`define 被编译，其在整个编译过程中都有效，只有当遇到`undef 命令才能使之失效。也即它通常会影响工程的其他模块，尤其当多个同样宏名定义时，如果不注意有可能照成定义的混乱。

3. 条件编译

`ifdef、`else 和`endif，这些编译指令用于条件编译，如下所示：

```
`ifdef windows
parameter  SIZE = 16
`else
parameter  SIZE = 32
`endif
```


在编译过程中，如果已定义了名字为 windows 的文本宏，就选择第一种参数声明，否则选择第二种参数说明。`else 程序指令对于`ifdef 指令是可选的。

条件编译其实是很有用的，尤其在代码移植过程中。在工程中，如果编写某段代码逻辑（可能不止一段），而在实际应用中并不需要（或者只是作为调试使用，或者可能在别的工程中使用），通常的做法可能是将该部分逻辑进行注释。而当再次希望使用这部分代码的时候，一个常见的问题出现了，取消注释的时候往往可能不记得哪些逻辑是和这个功能块相关并被注释了。因此，这时条件编译就派上用场，可以省去很多的郁闷时间。特权同学过去对这个命令很不"感冒"，通常只是感觉很多有用的没用的代码在那里显得很紊乱，殊不知其实某些情况下它还是很"给力"的。

以上提到的 3 种常见参数定义和编译指令，在一个好的工程中应该是频频出现，毕竟用好了它们对于代码的重用（移植）和升级是非常有帮助的。特权同学在工作中常常需要重用以前的设计模块，也常常需要将工程移植到新的器件或类似的应用中。遇到过不少恼人的问题，也许只是简单的几个小疏忽，却常常花费数日在纠错。究其根本原因，都是因为代码的原型设计不够规范，代码的可重用性考虑欠缺。总结过去遇到的一些常见问题，简单的归纳几点心得：

① 工程中一些通用常量的定义多用 parameter 或`define，便于更改。

② 部分暂时不需要的功能块用`ifdef 来"注释"。

③ 模块的进出信号接口尽量标准化(可以是比较“官方”的标准化,当然也可以是自定义的“草根”标准化),利于将来的复用。

④ 注释要清晰明了,不说废话,即便在一个代码源文件里,也尽量将各个不同的功能块代码“隔离”。

⑤ 配套文档和说明必不可少。

⑥ 信号命名尽量“中性”化。比如某模块的时钟输入是 25 MHz,那么可以取个中性的信号名 clk,而不需要取 clk_25m,但必须在注释中标明频率。这样做的好处是将来移植到时钟输入为 50MHz 或是其他频率的应用中,不必再费劲地改 clk_25m 为 clk_50m 了。

四、Cyclone 器件全局时钟尽在掌控

首先感谢 wind330 的一篇博文《掌控全局时钟网络资源》带给我的启发。本节结合 Cyclone 器件对 FPGA 的时钟资源进行一些探讨,或者说是特权同学的一点认识和大家分享。

翻开 Cyclone_Handbook 的 Clock Management 一章,主要介绍了 Cyclone 器件的 PLL 资源相关的内容,但是对于大家了解 FPGA 的全局时钟网络还是很有参考价值的。

Cyclone 系列的器件基本都有 2 个 PLL,只有 EP1C3 是一个 PLL。Cyclone 系列器件的全局时钟网络分配情况大体如图 6.33 所示。CLK0/CLK1 可以作为 PLL1 的输入,CLK2/CLK3 可以作为 PLL2(EP1C3 没有)的输入。当然了,如果尝试用上面规定的时钟引脚以外的引脚作为 PLL 的输入,那么只会换来 Quartus Ⅱ 的报错信息。

而从图 6.33 中可以看到 PLL 最多可以有 3 个输出:C0,C1,E0。C0 和 C1 一般作为内部时钟使用,而 E0 只能作为外部输出使用的时钟,也就是说这个 E0 必须直

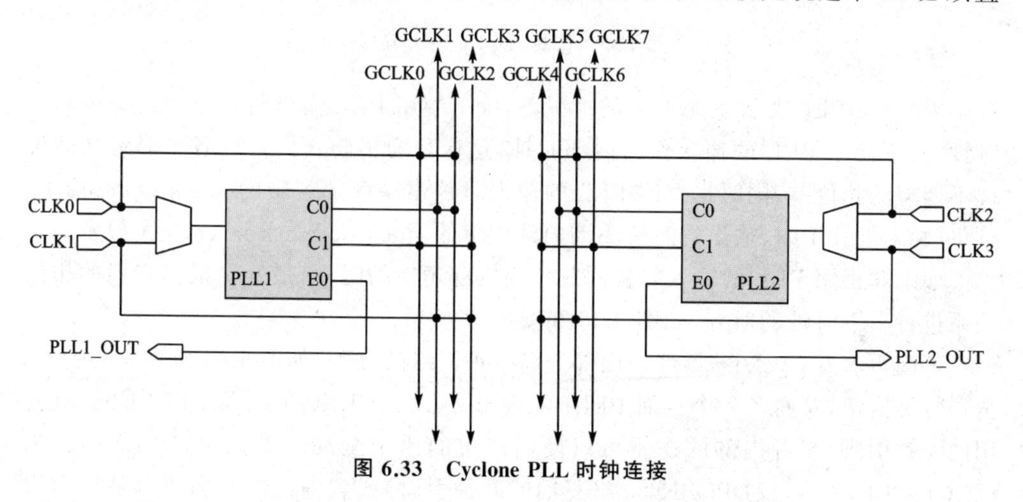

图 6.33　Cyclone PLL 时钟连接

接连接到器件外部的引脚上。如果尝试在 FPGA 内部逻辑使用 E0 作为时钟，那么同样只能换来 Quartus Ⅱ的报错信息。

另外有一点必须提一下，先看图 6.34。

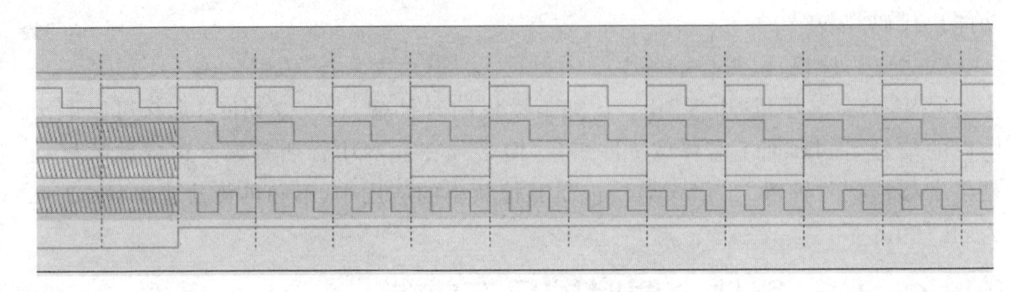

图 6.34　标准 PLL 输出波形

第 2 条方波是作为 PLL 输入的时钟 clk，而往下第 3 条、第 4 条、第 5 条波形分别是 C0、C1、E0，最后面一个是所谓的 lock 信号（高电平表示 PLL 输出有效）。也就是当 PLL 复位完成或者使能（到底要复位还是使能是可以在配置 PLL 时选择的）若干个时钟周期后 PLL 的输出才会有效，那么在 lock 拉高以后的 PLL 才是我们想要的。图 6.34 输入的时钟和输出的时钟之间似乎没有相位差，是很理想的一个状态。但是实际上 PLL 出来的时钟和输入的时钟之间总是存在相位差的，可以看看仿真后的波形，如图 6.35 所示。

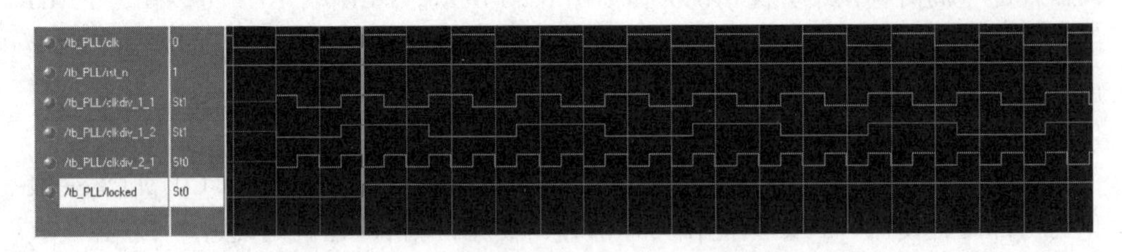

图 6.35　仿真后 PLL 输出波形

因此，在 PLL 时钟资源充裕的情况下，统一使用 PLL 输出时钟作为内部逻辑的时钟，而不使用 PLL 的输入作为内部时钟，这样是为了防止内部的各个时钟之间出现不期望的相位差，同时也发现 PLL 的输入时钟驱动内部逻辑的 clock network latency 相对要比 PLL 输出的时钟驱动内部逻辑的 clock network lacency 大得多。

如果非得用 PLL 的输入时钟同时作为内部逻辑的时钟，最好是根据它们的相位关系进行一下时钟的对齐，如图 6.36 和图 6.37 所示。

下面再看看 Cyclone 器件的内部全局时钟网络的分配，如图 6.38 所示，一共 8 个全局时钟网络，左右各 4 个。而 PLL1 的输出 C0、C1、CLK0/1 以及 DPCLK0～3（复用的时钟引脚）或者内部的逻辑可以使用左边的 4 个全局时钟网络；PLL2 的输出 C0、C1、CLK2/3 以及DPCLK4～7（复用的时钟引脚）或者内部的逻辑可以使用右边的 4 个全局时钟网络。PLL 输出作为外部时钟的 E0 是不会(也没有必要)分配到全局时钟网络的。

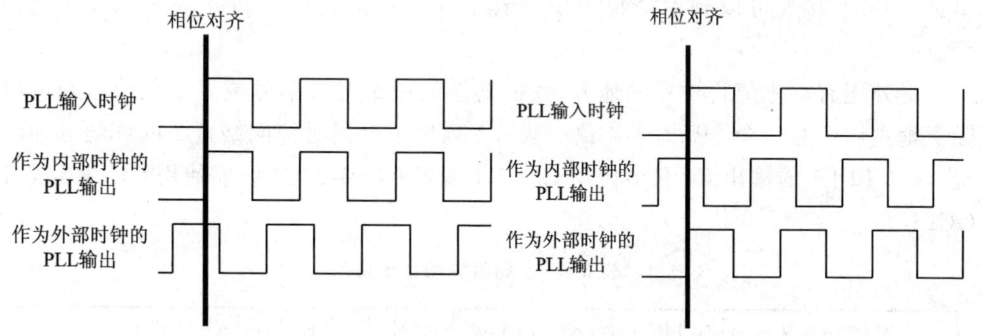

图 6.36　正常模式下 PLL 时钟的相位关系

图 6.37　零延时缓冲模式下 PLL 时钟的相位关系

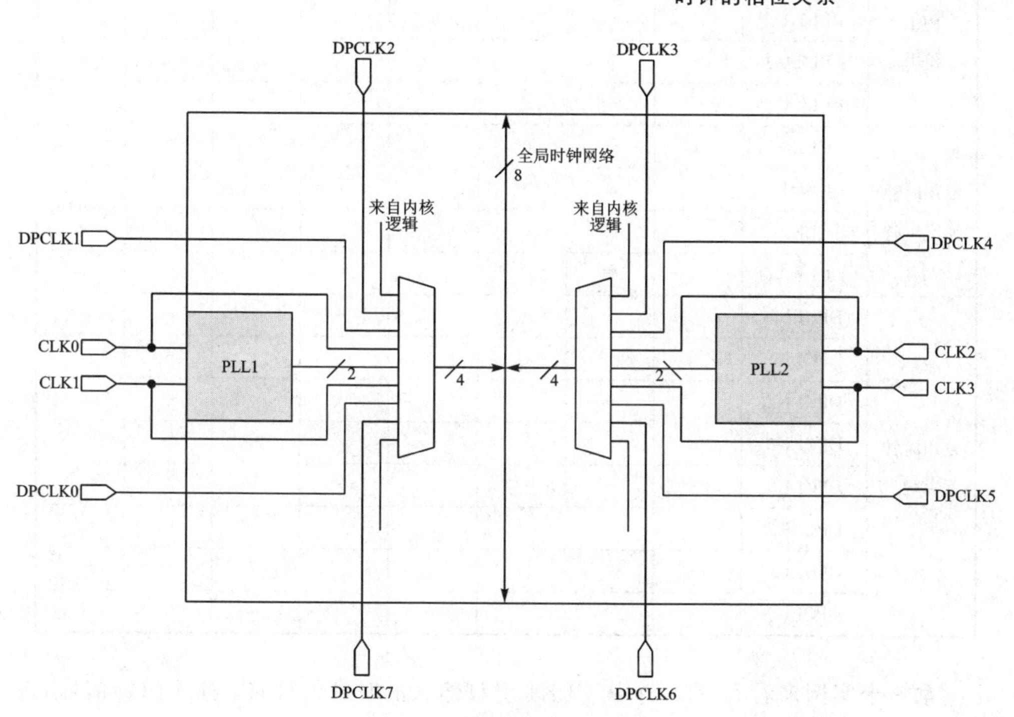

图 6.38　全局时钟网络覆盖

就拿左侧来说,可以使用 4 个全局时钟网络的信号其实不少,它们之中到底谁使用有限的全局时钟网络呢？这都是可以由设计者来掌控的。当然了,在设计者不进行设置时,综合工具会根据开发软件的默认设置来分配。

如果选择 Setting→Fitter Setting→More Setting 里的 Auto Global Clock,Quartus Ⅱ在实现时会根据内部逻辑的实际情况自动分配全局时钟,就是说谁占用全局时钟网络软件谁说了算(一般系统的时钟和复位信号会占用全局时钟网络)。当然，也可以人为关闭它，然后自己来分配，这时可以到 Assignment Edit 中 Global Signals 里进行分配，接着可以到编译报告里查看 Fitter→Rescource Section→Global 里的信息。

另外还有一个值得注意的地方，并不是任何一个时钟信号或者复位信号都可以随意地占用任意一个全局时钟网络。表 6.1 列出了全局时钟网络资源的详细分配情况，比如 PLL1 的输出 C0 只能使用 GCLK1 或者 GCLK2，C1 只能使用 GCLK0 或者 GCLK3。

表 6.1 全局时钟网络资源

全局时钟资源		GCLK0	GCLK1	GCLK2	GCLK3	GCLK4	GCLK5	GCLK6	GCLK7
PLL 输出	PLL1 C0	—	√	√	—	—	—	—	—
	PLL1 C1	√	—	—	√	—	—	—	—
	PLL2 C0	—	—	—	—	—	√	√	—
	PLL2 C1	—	—	—	—	√	—	—	√
专用时钟输入引脚	CLK0	√	—	√	—	—	—	—	—
	CLK1	—	√	—	√	—	—	—	—
	CLK2	—	—	—	—	√	—	√	—
	CLK3	—	—	—	—	—	√	—	√
复用时钟引脚	DPCLK0	—	—	—	√	—	—	—	—
	DPCLK1	—	—	√	—	—	—	—	—
	DPCLK2	√	—	—	—	—	—	—	—
	DPCLK3	—	—	—	—	√	—	—	—
	DPCLK4	—	—	—	—	—	—	√	—
	DPCLK5	—	—	—	—	—	—	—	√
	DPCLK6	—	—	—	—	—	√	—	—
	DPCLK7	—	√	—	—	—	—	—	—

拿一个实例来看看，有一个从 CLK1 引脚输入的时钟信号 clk，这个时钟信号 clk 同时是 PLL1 的输入，用于产生两个 PLL1 输出 C0 和 C1；系统本身有一个复位信号 rst_n。此外，内部逻辑产生一个时钟 clk_divown，在 Auto Global Clock 开启的情况下得到了如图 6.39 所示的全局时钟网络的分配结果。

PLL1 的 C0 分配到了 GCLK2，C1 分配到了 GCLK3，PLL1 的输入时钟即 clk 分配到了 GCLK1，它们都分配到了规定的全局时钟网络内。另外，clk_div_own 和 rst_n 随机分配。

这个器件的全局时钟网络对于我们的实例还是绰绰有余的，但是一个大的系统，

Global & Other Fast Signals

	Name	Location	Fan-Out	Global Resource Used	Global Line Name
1	PLL_ctrl:PLL_ctrl_inst|altpll:altpll_component|_clk0	PLL_1	1	Global Clock	GCLK2
2	PLL_ctrl:PLL_ctrl_inst|altpll:altpll_component|_clk1	PLL_1	5	Global Clock	GCLK3
3	clk	PIN_17	6	Global Clock	GCLK1
4	clk_div_own	LC_X26_Y6_N2	5	Global Clock	GCLK7
5	rst_n	PIN_16	14	Global Clock	GCLK0

图 6.39　全局时钟网络综合报告

时钟交错，高扇出的信号层出不穷，那么对于全局时钟信号的掌控就需要格外小心了。

对于设计者来说，最重要的是要做到一切尽在掌握。

五、Cyclone Ⅲ原型开发调试

最近设计的 Cyclone Ⅲ原型板是特权同学第一次接触 Cyclone Ⅲ的器件。原理图、PCB 绘制、引脚分配上都碰到了一些问题，这些问题或多或少都是由于个人对新器件不熟悉、设计的时候有一些粗心大意造成的。主要针对板级的硬件设计，这里凌乱地罗列一下，做一点总结，今后要多吸取教训，低级的失误要尽量避免。

① EP3C5E144/EP3C10E144/ EP3C16E144/ EP3C25E144（是引脚完全兼容的不同资源的器件，Altera 在这一点上是非常值得称道的）器件的 PIIN11 和 PIN12 存在不可同时使用的问题，这个问题出现在一个 NIOS Ⅱ系统里集成了 EPCS 控制器的时候，在 Cyclone Ⅱ 中不需要分配这个 EPCS 控制器的引脚（内部自动映射），而 Cyclone Ⅲ则需要手动分配（事先需要到 Setting 里动动手脚）。EPCS 的 DCLK 需要分配到 PIN12 上，工程中分配了一个 SDRAM 的 D0 脚给 PIN11，编译到 Fitting 阶段就 Error 了。

在《Quartus Ⅱ Handbook，Volume 5：Embedded Peripherals.pdf》的 EPCS Device Controller Core 中，把作为手动分配的 Cyclone Ⅲ需要做的注意事项提得很清楚。如图 6.40 所示，PIN12 引脚分配给了 EPCS 控制器的时钟 DCLK，而 PIN11 分配给了 SDRAM 的 D0。在这个设计中，特权同学很认真仔细地做了引脚分配，然后编译，得到的回报却是如下所示的 error 信息：

```
Error: Cannot place I/O pin sdram_data[0] with I/O standard 3.3 - V LVTTL in pin location
11 - - possible switch coupling with I/O pin epcs_dclk in pin location 12.
```

虽然已经猜到了是工具在编译的时候特别地对器件的相邻引脚间一些电气特性做了特殊的检查，检查的初衷当然是好的，但是问题是也许设计者的设计本身好像不存在这方面的问题，也似乎没有这个检查的必要。

后来，在 AN466:*Cyclone* Ⅲ*Design Guidelines* 中关于 Pad Placement Consid-

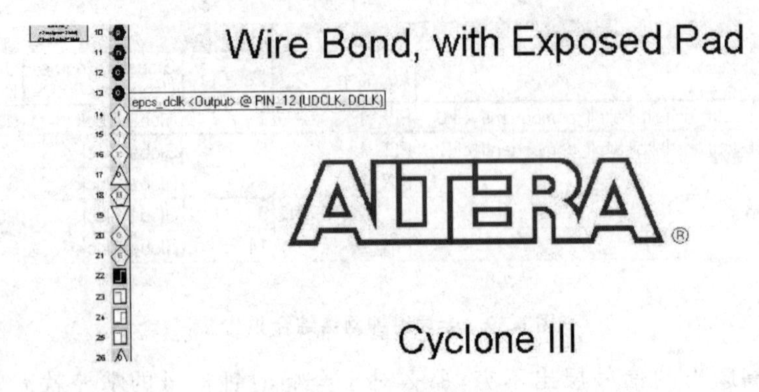

图 6.40 引脚分配

eration 一节有如下描述：

> In specific applications, you can relax the restriction checks in the Quartus II software.For instance, if you have a non-toggling single-ended pin, you can place it closer to a differential pin safely, thereby bypassing pin placement checks. To set this in the Quartus II software, assign 0 MHz toggle rate to Toggle Rate assignments for the pin in the Assignment Editor. The Output Enable Group assignment is another setting that is useful especially in external memory interfaces to allow efficient placement of output or bidirectional pins in a VREF group when a voltage referenced input is used in the group.

其大意是：对于一些挨着差分信号的引脚，如果这个引脚本身并非是频繁变化的信号，那么可以放宽它的检查要求，前提当然是设计者可以确保它能够安全地和差分信号挨着并且正常工作。至于设置避开对用户来说过于严厉的检查，方法也很简单，在 Pin Planner 中将相应引脚的 Toggle Rate 设置为 0 MHz 即可。如图 6.41 所示，这里是设置 PIN_12 的 Toggle Rate 为 0 MHz。当然，设置 PIN_11 为 0 MHz 也是没有问题的。

	Node Name	Direction	Location	Toggle Rate
1	clk	Input	PIN_22	
2	epcs_data0	Input	PIN_13	
3	epcs_dclk	Output	PIN_12	0 MHz
4	epcs_sce	Output	PIN_8	
5	epcs_sdo	Output	PIN_6	

图 6.41 设置 Toggle Rate

② 再说两个很低级的错误，没有什么技术含量，只能给自己敲个警钟：干活的时候脑子一定要清醒。两个错误分别和 BOM 表、网络标号有关。先说和 BOM 表有关的，这个错误源于原理图上两个三端稳压器－1.2 和－2.5 的标示刚好反过来了，因为引脚定义和封装都一样所以也没留意，好在最后只影响 BOM 表的标示，但这也导致了第一块样板焊接的时候出现了 1.2 V 和 2.5 V 互换位置的惨剧。结果可想而

知,EP3C10E144C7 就这样挂了,非常心疼。另一个失误有点让人啼笑皆非,特权同学做板子一般都习惯加个 LED 灯到闲置端口,FPGA 初始调试的第一件事就是让它闪起来,平时工作的时候也习惯让 LED 灯闪烁着作为工作运行的指示。绘制原理图的时候直接 copy 了以前的一份图纸,没有注意网络标号,结果这个 LED 灯的 GND 和系统通用的 DGND 根本没有连上,最终调试的时候居然怀疑 Cyclone Ⅲ的输出电流太小以致连个 LED 灯都要罢工。

③ Cyclone Ⅲ的几挡电压也是和之前系列器件有所区别,VCCIO 不提了,主要根据用户需求设计;VCCINT 是 1.2 V,和 Cyclone Ⅱ是一样的;特别需要留意的是 PLL 的供电部分,即 VCCA 和 VCCD,VCCD 与核压一样供 1.2 V 没有问题,VCCA 通常需要加一些推荐的去耦电路,它不是 1.2 V,必须供 2.5 V,这里特权同学也犯错了,好在两个 VCCA 的电源入口都通过磁珠了,因此在发现问题后及时飞了两条线出来算是临时应急。

④ Cyclone Ⅲ的标准 JTAG 推荐接口电压是 2.5 V,当然貌似 3.3 V 的时候也能够下载,不过大家还是按照官方推荐的电压来工作,以免出现一些不必要的麻烦。

⑤ 还有,就是要说原型设计的一些电路调试顺序,也许不仅是原型设计需要这样做,很多时候用我们熟悉的芯片重新搭系统调试的第一块板子也是需要讲究调试顺序。简单的说,一般从电源开始入手,首先要保证各挡电压正常;其次,焊接晶振和复位电路、FPGA 以及下载电路,然后进行板级验证,保证 FPGA 的配置电路和器件正常工作;最后焊接其他外围电路。

⑥ Cyclone Ⅲ器件底部有个大大的接地焊盘,方形的。特权同学画板的时候没有注意,直接调用了 Altium Designer 库里的封装。拿到板子有一点发愁了,因为通常习惯制板的时候把过孔都覆油埋起来,以免一些意外金属物掉落板子连接过孔照成短路,而 Cyclone Ⅲ器件封装的底部打了很多小孔,焊接的时候却变得一筹莫展,没法给焊盘底部加热,也无法保证器件底部的 GND 被有效的连接上了。最终只能出下策,拿个钻孔工具打了个洞,焊接的时候过了些锡才确保把地连接上。因此,将来应该考虑将这个焊盘下面的孔打大一些,保证其可焊接性。

⑦ 学会使用丰富的开发文档,如对第一次上手 Cyclone Ⅲ的用户,Altera 官方的 *AN 466:Cyclone Ⅲ Design Guidelines* 就是一篇非常不错的参考文档,网络上翻译的中文版本也是漫天飞舞。特权同学也是到后来出问题了才找到这篇文章,有点相见恨晚的感觉,准备下载的时候才发现其实这篇 Application Note 已经在自己的硬盘里躺着没有翻过而已,确实应该早早地拜读这篇应用笔记。

⑧ PLL 相位补偿默认为 c0,在其他系列器件里 c0 一般不会是用于输出外部引脚的时钟,而 Cyclone Ⅲ的 c0 是唯一的可以用于直接输出给外部引脚做时钟的 PLL 输出。特权同学在实践中发现这个 c0 不可以作为相位补偿,如果使用了默认的 c0 作为补偿引脚,那么除了 Quartus Ⅱ会给个 Warning 外,更可怕的是很可能会给系统中这个 c0 输出的时钟控制芯片带来一些时序上的麻烦。应该改用其他 PLL 输出

内部驱动时钟作为相位补偿。

六、M4K 使用率

在使用 Cyclone 的 M4K 时发现了一个问题，设计中需要配置一个数据宽度为 224 位、深度为 32 的 Signal-Port ROM。原则上这样一个 ROM 占用的存储空间应该为 224 位×32=7 168位，这样最多两个 M4K(4 096 位×2=8 192 位)也足够了，但是发现 MegaWizard 里显示的资源利用是 7 个 M4K。挺纳闷的，于是查看了 datasheet。

datasheet 罗列了一个 M4K 可以配置的 ROM 或者 RAM 为 4 kbit×1、2 kbit×2、1 kbit×4、512 bit×8、512 bit×9、256 bit×16、256 bit×18、128 bit×32、128 bit×36。注释里这么说：Altera Quartus Ⅱ自动层叠或连接多个 M4K 块以满足更宽或者更深的 RAM/ROM 配置。

这下明白了，应该说一个 M4K 最多可以配置 36 位宽，如果再大了，那么就会占用其他的 M4K 块，所以特权同学设计中的 224 位至少时需要 7 个 M4K 块(7×36=252 > 224，而 6×36=216<224)。

至于到底是配置大位宽还是提高 M4K 利用率，还是看设计需要。鱼和熊掌不可兼得！

七、榨干 FPGA 片上存储资源

在上一节“M4K 使用率”中提到了 Cyclone 器件的内嵌存储块 M4K 的配置问题：这个 M4K 块除了存储大小是有限的 4 Kb，它的可配置的 Port 数量也是有限的，通常为最大 36 个可用 Port。

第一节只是简单地提到有这么回事，提醒使用者注意，也没有具体谈到如何解决或者确切的说应该是避免 M4K 使用率偏低的状况出现。因此，本节将结合特权同学在使用 FPGA 时，配置片内存储器遇到的一些片内资源无法得到充分利用的问题，更深入地探讨如何在既有基础上优化我们的配置，我们的目标是“榨干 FPGA 的片上存储资源”。

关于如何在综合或布局布线后查看 FPGA 片上存储资源的使用情况，就 Quartus Ⅱ软件，这里要先教读者几招，让读者在系统设计完后对自己的存储资源情况做到明明白白、心中有数，这对将来的产品维护、升级乃至完全推倒重来都是有助益的。很好，想必您已经等不及了，那么就 Ready→Go!

在一个工程完全编译后，Quartus Ⅱ会弹出一个全新的 Compilation Report，首先映入设计者眼帘的是 Flow Summary 页面。当然设计者也可以如图 6.42 所示，直接找到菜单栏选择 Processing→Compilation Report 选项查看。

再看 Flow Summary 页面，如图 6.43 所示，其他选项这里不说了，就看 Total memory bits 后圈出来的部分：103,264/165,888(62%)。这里意思也很明白，特权使用的器件 EP2C8Q208C8 的片内存储器总大小是 165 888 bit，而在该工程中使用了 103 264 bit，使用率是 62%。

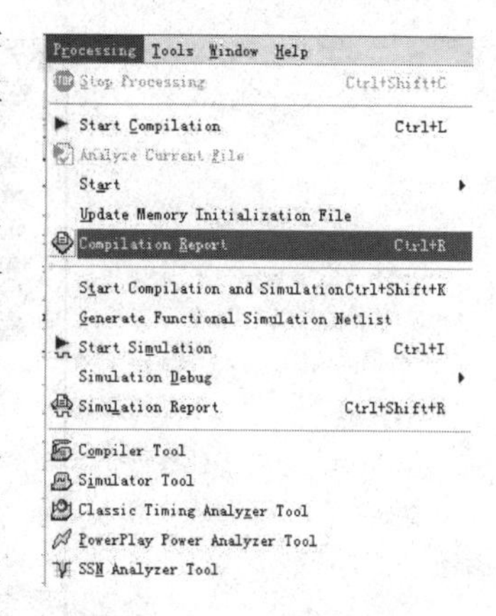

图 6.42　打开编译报告

OK，那么再来看看详细的存储资源都用在哪里了，如图 6.44 所示，选择编译报告的 Analysis & Synthesis→RAM Summary。

同时在页面右侧就弹出如图 6.45 所示的详细的存储资源分配情况。在这个页面的报告中，只能简单地看到存储资源的详细使用位置、存储资源类型（即是使用了专用的片内存储资源还是用逻辑资源构造的，显然用逻辑资源是很浪费甚至说不现实的）、存储器类型（即 RAM/ROM/FIFO 等）、存储器的位宽和深度信息以及存储量大小，还有就是是否有初始化文件映射等信息。

Flow Status	Successful - Fri Jul 30 16:22:18 2010
Quartus II Version	9.1 Build 304 01/25/2010 SP 1 SJ Full Version
Revision Name	avprj
Top-level Entity Name	avprj
Family	Cyclone II
Device	EP2C8Q208C8
Timing Models	Final
Met timing requirements	N/A
Total logic elements	3,145 / 8,256 (38 %)
Total combinational functions	2,634 / 8,256 (32 %)
Dedicated logic registers	1,649 / 8,256 (20 %)
Total registers	1665
Total pins	91 / 138 (66 %)
Total virtual pins	0
Total memory bits	103,264 / 165,888 (62 %)
Embedded Multiplier 9-bit elements	20 / 36 (56 %)
Total PLLs	1 / 2 (50 %)

图 6.43　查看编译报告

因为是综合报告的一部分，所以不针对特定的器件给出一些信息，如这里可能还会关心 M4K 块使用数量甚至是我们所例化的存储器具体都使用了哪些 M4K 块。不用担心，咱的这点好奇心，开发商还是能够满足的。下面就接着打开编译报告里的 Fitter→Resource Section→RAM Summary 选项（方法同图 6.44）。我们可以看到如图 6.46 所示，由于页宽有限，所以 name 一栏没有完全显示，Location 一栏也只是“小荷才露尖尖角”，但是不要紧，只要你领会精神即可。先说这个 Location 一栏，它就是前面提到的设计者可能关心的具体的 M4K 块都是哪些，而 M4Ks 一栏就是使用

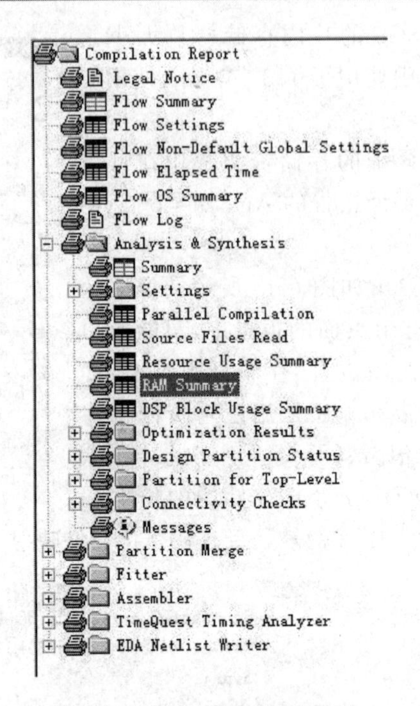

图 6.44　打开 RAM 使用报告

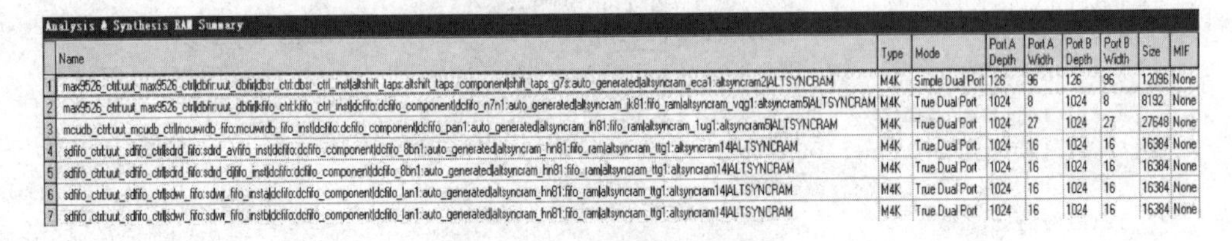

Analysis & Synthesis RAM Summary

	Name	Type	Mode	Port A Depth	Port A Width	Port B Depth	Port B Width	Size	MIF
1	max9526_ctrl:uut_max9526_ctrl|dbfir:uut_dbfir|dbsr_ctrl:dbsr_ctrl_inst|altshift_taps:altshift_taps_component|shift_taps_g7s:auto_generated|altsyncram_eca1:altsyncram2|ALTSYNCRAM	M4K	Simple Dual Port	126	96	126	96	12096	None
2	max9526_ctrl:uut_max9526_ctrl|dbfir:uut_dbfir|kfifo_ctrl:kfifo_ctrl_inst|dcfifo:dcfifo_component|dcfifo_n7n1:auto_generated|altsyncram_jk81:fifo_ram|altsyncram_vqg1:altsyncram5|ALTSYNCRAM	M4K	True Dual Port	1024	8	1024	8	8192	None
3	mcudb_ctrl:uut_mcudb_ctrl|mcuwrdb_fifo:mcuwrdb_fifo_inst|dcfifo:dcfifo_component|dcfifo_pan1:auto_generated|altsyncram_ln81:fifo_ram|altsyncram_1ug1:altsyncram5|ALTSYNCRAM	M4K	True Dual Port	1024	27	1024	27	27648	None
4	sdfifo_ctrl:uut_sdfifo_ctrl|sdrd_fifo:sdrd_avfifo_inst|dcfifo:dcfifo_component|dcfifo_8bn1:auto_generated|altsyncram_hn81:fifo_ram|altsyncram_ttg1:altsyncram14|ALTSYNCRAM	M4K	True Dual Port	1024	16	1024	16	16384	None
5	sdfifo_ctrl:uut_sdfifo_ctrl|sdrd_fifo:sdrd_djfifo_inst|dcfifo:dcfifo_component|dcfifo_8bn1:auto_generated|altsyncram_hn81:fifo_ram|altsyncram_ttg1:altsyncram14|ALTSYNCRAM	M4K	True Dual Port	1024	16	1024	16	16384	None
6	sdfifo_ctrl:uut_sdfifo_ctrl|sdwr_fifo:sdwr_fifo_insta|dcfifo:dcfifo_component|dcfifo_lan1:auto_generated|altsyncram_hn81:fifo_ram|altsyncram_ttg1:altsyncram14|ALTSYNCRAM	M4K	True Dual Port	1024	16	1024	16	16384	None
7	sdfifo_ctrl:uut_sdfifo_ctrl|sdwr_fifo:sdwr_fifo_instb|dcfifo:dcfifo_component|dcfifo_lan1:auto_generated|altsyncram_hn81:fifo_ram|altsyncram_ttg1:altsyncram14|ALTSYNCRAM	M4K	True Dual Port	1024	16	1024	16	16384	None

图 6.45　查看 RAM 使用报告

的 M4K 块的数量，其他选项类同，读者可以自己分析。看到这些，估计已经是一目了然了，设计者对自己例化的每一个片内存储器的具体使用情况都应该有所了解。

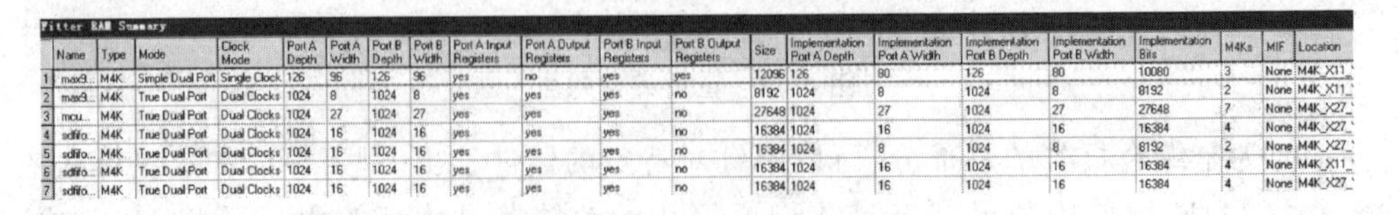

Fitter RAM Summary

	Name	Type	Mode	Clock Mode	Port A Depth	Port A Width	Port B Depth	Port B Width	Port A Input Registers	Port A Output Registers	Port B Input Registers	Port B Output Registers	Size	Implementation Port A Depth	Implementation Port A Width	Implementation Port B Depth	Implementation Port B Width	Implementation Bits	M4Ks	MIF	Location
1	max9...	M4K	Simple Dual Port	Single Clock	126	96	126	96	yes	no	yes	yes	12096	126	80	126	80	10080	3	None	M4K_X11_
2	max9...	M4K	True Dual Port	Dual Clocks	1024	8	1024	8	yes	yes	yes	no	8192	1024	8	1024	8	8192	2	None	M4K_X11_
3	mcu...	M4K	True Dual Port	Dual Clocks	1024	27	1024	27	yes	yes	yes	no	27648	1024	27	1024	27	27648	7	None	M4K_X27_
4	sdfifo...	M4K	True Dual Port	Dual Clocks	1024	16	1024	16	yes	yes	yes	no	16384	1024	16	1024	16	16384	4	None	M4K_X27_
5	sdfifo...	M4K	True Dual Port	Dual Clocks	1024	16	1024	16	yes	yes	yes	no	16384	1024	8	1024	8	8192	2	None	M4K_X27_
6	sdfifo...	M4K	True Dual Port	Dual Clocks	1024	16	1024	16	yes	yes	yes	no	16384	1024	16	1024	16	16384	4	None	M4K_X11_
7	sdfifo...	M4K	True Dual Port	Dual Clocks	1024	16	1024	16	yes	yes	yes	no	16384	1024	16	1024	16	16384	4	None	M4K_X27_

图 6.46　详细的 RAM 资源使用情况报告

但是，估计细心的读者会问，我知道了我所例化的每个存储器的 M4K 块使用数量，那么我怎么知道是否超出了器件所有的数量，难道非要等到编译出错才行吗？或者自己在这个页面掐指算算再找来 Handbook 比对一下吗？非也，其实用户只要选择 Fitter→Resource Section→Resource Usage Summary，如图 6.47 所示，里面罗列了非常详细的 FPGA 所有片上资源的使用情况，圈出来的部分也是这里需要重点关注的地方。M4Ks 里指明器件的 36 个 M4K 块使用了 26 个，占用率 72%；而 Total block memory bits 和前面综合报告里是一样的，严格的说，这个数据应该算是片内存储资源的绝对使用情况；最后说 Total block memory implementation bits 选项，它是最终实现到 FPGA 器件上的片上资源占用情况（注意这里只能是占用而非使用，汉语文字真是博大精深，也许有些时候两个词怎么用都差不多，但是这里特权同学想区分这个概念，所以刻意要提醒大家注意，因为，它还涉及本节的主题），它的占用率和 M4Ks 是一致的，并且必须是一致的。

Fitter Resource Usage Summary

	Resource	Usage
1	⊟ Total logic elements	3,145 / 8,256 (38 %)
2	-- Combinational with no register	1496
3	-- Register only	511
4	-- Combinational with a register	1138
5		
6	⊟ Logic element usage by number of LUT inputs	
7	-- 4 input functions	776
8	-- 3 input functions	1049
9	-- <=2 input functions	809
10	-- Register only	511
11		
12	⊟ Logic elements by mode	
13	-- normal mode	1708
14	-- arithmetic mode	926
15		
16	⊟ Total registers*	1,665 / 8,646 (19 %)
17	-- Dedicated logic registers	1,649 / 8,256 (20 %)
18	-- I/O registers	16 / 390 (4 %)
19		
20	Total LABs: partially or completely used	251 / 516 (49 %)
21	User inserted logic elements	0
22	Virtual pins	0
23	⊟ I/O pins	91 / 138 (66 %)
24	-- Clock pins	2 / 4 (50 %)
25	Global signals	6
26	M4Ks	26 / 36 (72 %)
27	Total block memory bits	103,264 / 165,888 (62 %)
28	Total block memory implementation bits	119,808 / 165,888 (72 %)
29	Embedded Multiplier 9-bit elements	20 / 36 (56 %)
30	PLLs	1 / 2 (50 %)
31	Global clocks	6 / 8 (75 %)
32	JTAGs	0 / 1 (0 %)

图 6.47　Fitter 报告中的 RAM 资源使用情况

那么好，“工欲善其事，必先利其器”，我们利完器，就来说正事。特权同学提出一个概念，就是 FPGA 片上资源的利用率，公式为：（Total block memory bits/Total block memory implementation bits），对于该设计就是（62% / 72%）=86.11%，应该说是个不错的数据（呵呵，悄悄告诉你，这个实例可是被特权同学优化过了）。

说完这些概念，我们可以真刀真枪地玩一玩了，理论永远只是理论，要提高必须靠实践。其实可以把这个工程打回原形，退回优化前的情况。由于篇幅关系，这里只讨论它优化过程中的一个最显著的例子。

在这个工程中，有一连串的 8 bit 数据流，第一个数据要和第 1 280 个数据做一些处理。因此，最简单的想法就是例化一个 1 280×8 bit 的移位寄存器，并且这个移位寄存器在第一个移入的数据移出时，要和此时正要移入的数据做一些处理。但是，在配置移位寄存器的时候遇到了一些麻烦，如图 6.48 所示，移位寄存器的深度一般是用配置的 taps 数量乘以 distance 值。而这里 distance 值最大只能配置为 256，需要 1 280 个寄存器，并且只用一个 taps 的想法破灭了，于是思考了一下：发现 256×5/128×10/64×20 都是可行的办法。

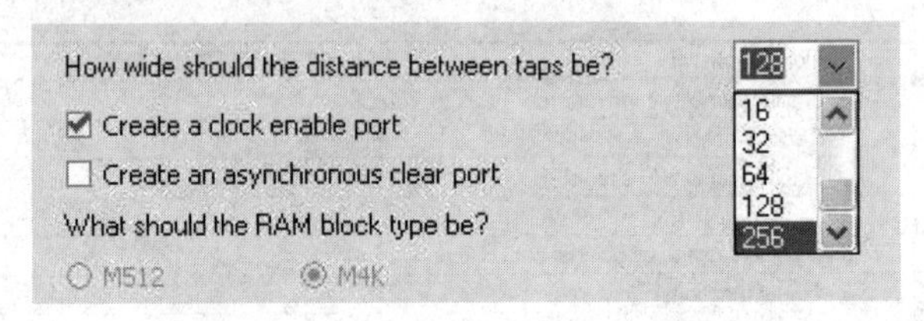

图 6.48 移位寄存器 taps 配置

刚开始配置的时候没有太多考虑，就选择了 64×20 的方案，即配置 taps＝24(因为 taps 值只能为可选的 1/2/3/4/5/6/7/8/12/16/24/32/48/64/96/128，这里配置为 24 个 taps，而使用的时候取 taps 输出的 bit159～152，实际综合的时候其实会把 4 个不用的 taps 优化掉)，distance＝64。

如图 6.49 所示，如果你够细心，应该发现了左下角的 Resource Usage 是 6 M4K。

然后就着这样的配置，在编译后可以使用前面提到的方法查看一下存储器资源的使用情况。因为重点要计算 FPGA 片上资源的利用率，所以还是查看 Fitter→Resource Section→Resource Usage Summary 这个报告。如图 6.50 所示，这个报告中的 Total block memory bits 和之前没有变，都是 62%，而 M4Ks 占用多了 2 个，相应的 M4Ks 占用率和 Total block memory implementation bits 占用率增加到了 78%。计算一下，(62% / 78%)＝79.5%，下降了近 7 个百分点。也许这个参数说明不了问题，但是在资源紧张的时候，这个问题就是最挠人的问题。

再提特权同学发现问题之后，如何处置优化提高了这里的利用率(实际上，如果真用 EP2C8Q 完成这个工程，也不是非得做这个优化的工作，只不过最终的设计是要实现在向下兼容的 EP2C5Q 上)？很简单，前面其实都已经给了大家暗示，移位寄存器的存储资源利用率不高不是因为本身存储量大(只有 1 280×8 bit＝10 kbit，需要 3 个 M4K 足够)，而是因为生成的 taps 占用的 Port 过多，前面配置 24 个 taps 就占用了 6 个 M4K 块，那么如果配置成 12 个 taps，distance 值为 128 会怎样呢？6 个 taps，distance 值为 256 会怎样呢？答案马上揭晓，如图 6.51 所示。其实两者都是占

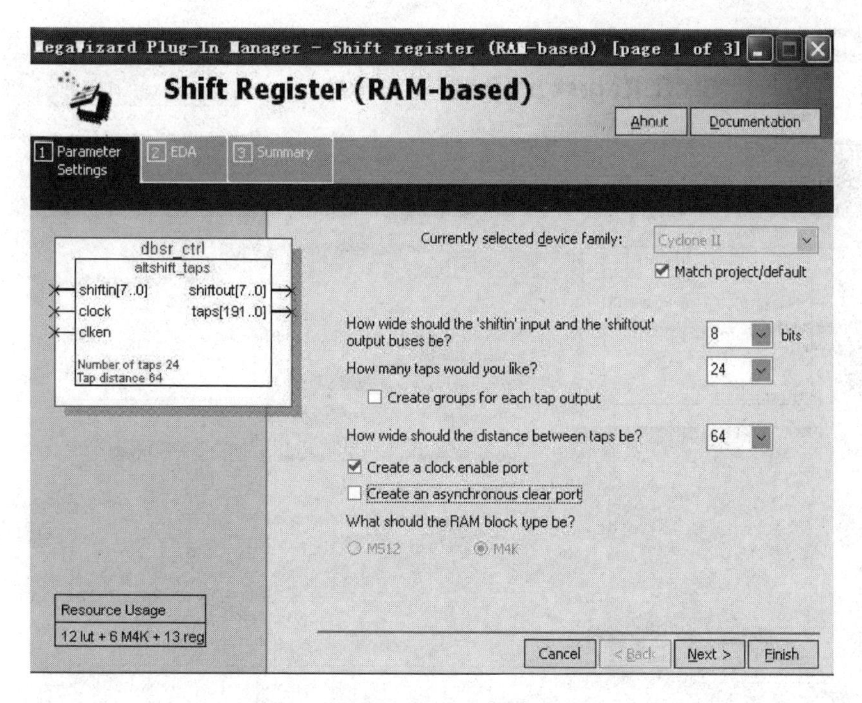

图 6.49　优化前移位寄存器配置页面

M4Ks	28 / 36 (78 %)
Total block memory bits	103,104 / 165,888 (62 %)
Total block memory implementation bits	129,024 / 165,888 (78 %)

图 6.50　M4Ks 使用报告

用了 3 个 M4K。这里做的变化就是最终优化成功的玄机。

如图 6.52 所示，其实这个工程最终实现到 EP2C5Q 上是没有问题的，但是如果没有类似移位寄存器例子中的一些优化，存储器资源还是很紧张的。

说到这里，虽然已经洋洋洒洒图文并茂很多内容了，但是，还是很想再提一些和 FPGA 片上存储资源相关的问题。关于 Cyclone/Cyclone Ⅱ 的 M4K 到 Cyclone Ⅲ 的 M9K，可能还有一些 M512，将来不知道会不会有什么 M32K/M128K/M1M 云云的概念出来。但是就特权同学对目前器件使用的一点经验上来看，这个 MXX 的块存储量越大，虽然总的存储量也会越来越大（不能否定它能够满足片内大存储量应用的需求），但是相应的在工程需要的很多小存储应用中对存储块的利用率也会越来越低。因为，对于用户例化的任何一个存储器，如果使用 M4K 块实现一个 8 bit 的 512 B/256 B/128 B/64 B 甚至哪怕只有 1 B 的应用，其实它们都需要占用一个 M4K 块。打一个更形象更极端的例子，设计中需要两个 1×8 bit 的 FIFO（当然实际应用中没有人这么傻，^o^），那么例化完编译后，M4K 资源占用了 2 个，这就是问题。这也是制约着极大多数的应用中，特权同学提到的 FPGA 片内存储资源利用率无法 100％的

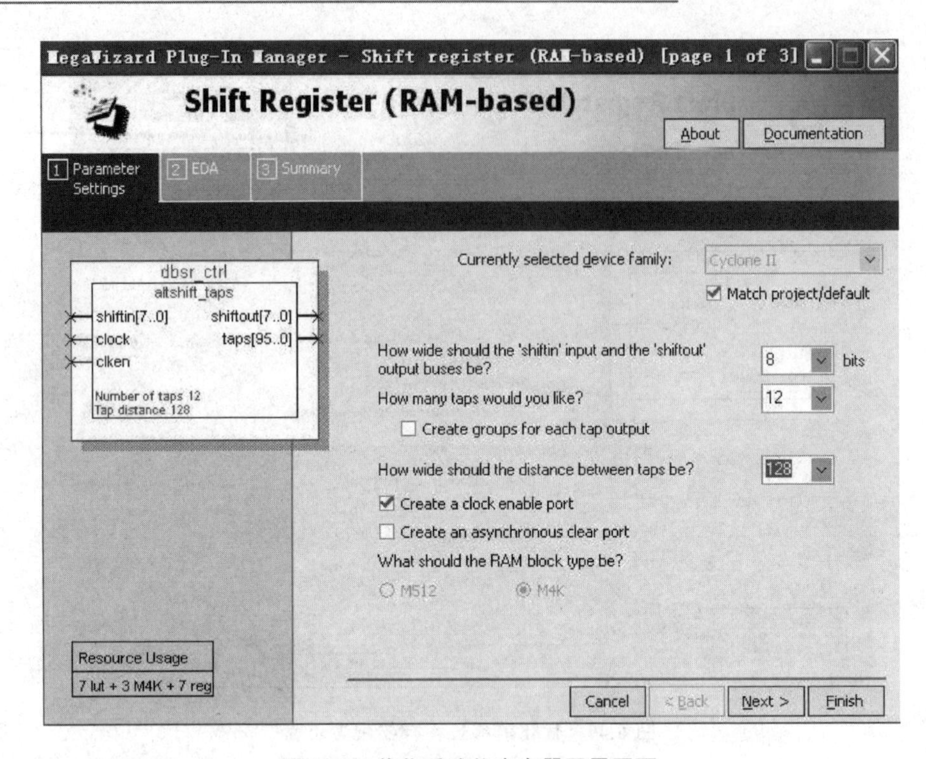

图 6.51　优化后移位寄存器配置页面

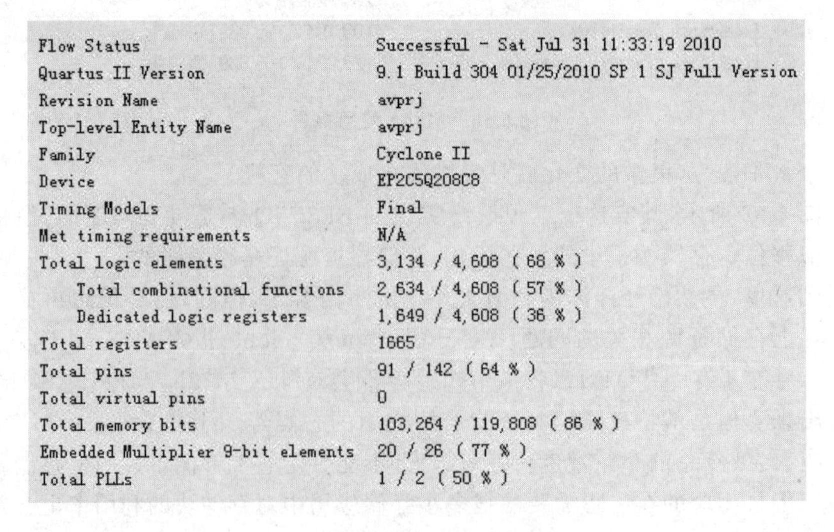

Flow Status	Successful - Sat Jul 31 11:33:19 2010
Quartus II Version	9.1 Build 304 01/25/2010 SP 1 SJ Full Version
Revision Name	avprj
Top-level Entity Name	avprj
Family	Cyclone II
Device	EP2C5Q208C8
Timing Models	Final
Met timing requirements	N/A
Total logic elements	3,134 / 4,608 (68 %)
Total combinational functions	2,634 / 4,608 (57 %)
Dedicated logic registers	1,649 / 4,608 (36 %)
Total registers	1665
Total pins	91 / 142 (64 %)
Total virtual pins	0
Total memory bits	103,264 / 119,808 (86 %)
Embedded Multiplier 9-bit elements	20 / 26 (77 %)
Total PLLs	1 / 2 (50 %)

图 6.52　优化后编译报告

原因。其实,这也是最近特权同学的另一个项目中搭建的 NIOS Ⅱ平台,如图 6.53 所示,各种简单的外设都分别要占用一点片内存储器(没有充分地利用 M9K 的资源),直接导致整个利用率很低的原因。针对这种情况,不知道器件厂商是否有所考虑，也许对它们而言，也是处在一种鱼和熊掌不可兼得的矛盾之中。

Implementation Bits	M9Ks
16384	2
896	1
8192	2
1024	1
1024	1
8192	1
229376	28
38912	5
16384	2
16384	2

图 6.53　RAM 资源利用率不高的报告

八、存储器实现方式转换

最近在搭建一个系统中遇到了一些问题，使用的 FPGA 器件逻辑资源很充足，而内嵌存储器资源却相当紧张。因此在优化内部 RAM 使用率时，正如本笔记第七节“榨干 FPGA 片上存储资源”所分析的，发现了有些存储器的利用率相当低。如果是自己例化的 RAM/ROM/FIFO，一般配置时会出现“What should the memory block type be?”相应选项，可以是 Auto 也可以是 MnK(如 M4K、M9K 等)。就拿 FIFO 来说，如图 6.54 所示，有这样的选项。

选择 Auto 和 MnK 有区别吗？99%的时候需要我们去例化的片内存储器 type 会被编译为 MnK，而不可能是 Auto 的另一个选项：LEs。那么首先会问：Auto 到底是如何 Auto 的？有什么基准？其次可能还要问：既然出现了 MnK 的选项，它是 Auto 可能实现的一种方式，那么当要使用 Auto 可能的另一种方式(即逻辑资源)来构建存储器的时候，没有选项，我们又该怎么办？

如图 6.55 所示，特权同学的系统中，在查看综合报告里 RAM Summary 时，发现了一些只有 1 024 bit 存储量却占用一整个 M9K 的情况。不到 1/8 的利用率，如果逻辑资源充足则无妨，但存储资源紧张的时候，这是无论如何不可以容忍的，特权同学就处在这种尴尬境地之中。因此，上文提到的问题势必要打破沙锅问到底了。

说白了，就是要用逻辑资源换存储资源。在遇到此种情况时，会想当然地认为有两种解决办法：其一是实践——到相关存储器配置的页面海找设置选项，也许会发现设置存储器实现 type 的选项；其二是理论——还是要海找，用关键词去搜 Handbook，也许能够找到解决方案。

在 Handbook 中找到一个 RAM to Logic Cell Conversion 的选项设置。Handbook 中对 RAM to Logic Cell Conversion(不用急，下面再说它是干什么用的，不妨先理解一下对它的介绍)的说明如下：

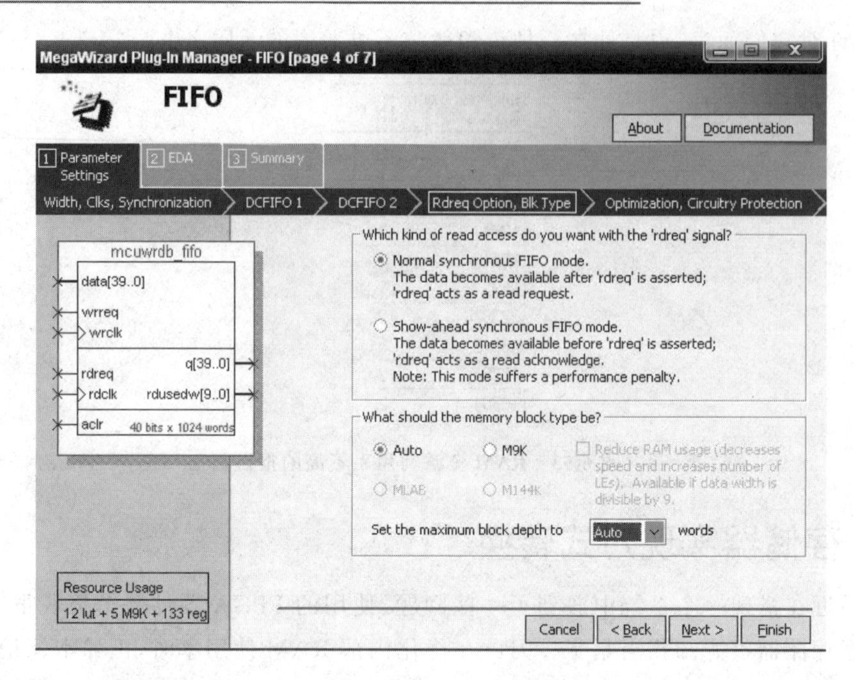

图 6.54　FIFO 存储器配置页面

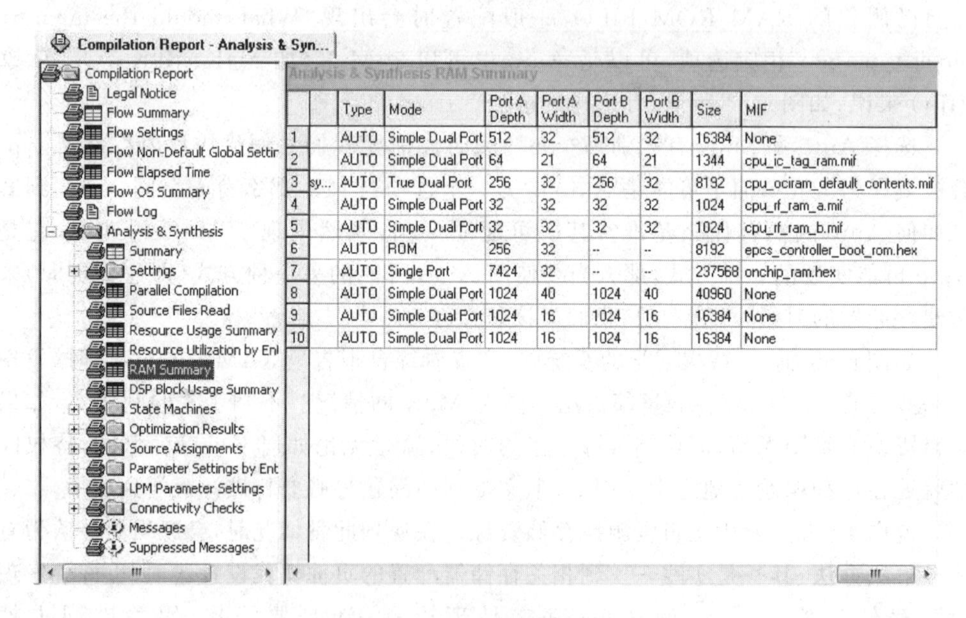

		Type	Mode	Port A Depth	Port A Width	Port B Depth	Port B Width	Size	MIF
1		AUTO	Simple Dual Port	512	32	512	32	16384	None
2		AUTO	Simple Dual Port	64	21	64	21	1344	cpu_ic_tag_ram.mif
3	sy...	AUTO	True Dual Port	256	32	256	32	8192	cpu_ociram_default_contents.mif
4		AUTO	Simple Dual Port	32	32	32	32	1024	cpu_rf_ram_a.mif
5		AUTO	Simple Dual Port	32	32	32	32	1024	cpu_rf_ram_b.mif
6		AUTO	ROM	256	32	--	--	8192	epcs_controller_boot_rom.hex
7		AUTO	Single Port	7424	32	--	--	237568	onchip_ram.hex
8		AUTO	Simple Dual Port	1024	40	1024	40	40960	None
9		AUTO	Simple Dual Port	1024	16	1024	16	16384	None
10		AUTO	Simple Dual Port	1024	16	1024	16	16384	None

图 6.55　RAM 资源使用报告

The Auto RAM to Logic Cell Conversion option allows the Quartus II integrated synthesis to convert RAM blocks that are small in size to logic cells if the logic cell implementation is deemed to give better quality of results. Only single - port or simple - dual port RAMs with no initialization files can be converted to logic cells. This option is off by default. You can set this option globally or apply it to individual RAM nodes.

For FLEX 10K, APEX, Arria GX, and the Stratix series of devices, the software uses the following rules to determine whether a RAM should be placed in logic cells or a dedicated RAM block:

- If the number of words is less than 16, use a RAM block if the total number of bits is greater than or equal to 64.
- If the number of words is greater than or equal to 16, use a RAM block if the total number of bits is greater than or equal to 32.
- Otherwise, implement the RAM in logic cells.

For the Cyclone series of devices, the software uses the following rules:

- If the number of words is greater than or equal to 64, use a RAM block.
- If the number of words is greater than or equal to 16 and less than 64, use a RAM block if the total number of bits is greater than or equal to 128.
- Otherwise, implement the RAM in logic cells.

看完这些内容,其实两个问题我们都解决了。当然如果你对软件不够熟悉,对这段介绍所处的背景不够熟悉,那么也许你只明白了第一个问题。那么我们再唠叨一下第一个问题怎么回事。它说到了 Cyclone 系列(我想也应该包括了 Cyclone Ⅱ/Ⅲ)的 Auto 规则是判断存储量若大等于 64 个 word 则使用 RAM 块,若大等于 16 个且小于 64 个 word、总 bit 数大等于 128 时则使用 RAM 块,其他时候使用逻辑资源实现。

下面来解决第二个问题,做 RAM to Logic Cell Conversion 约束。在做这个约束之前,其实是有一些限制的,并不是所有的存储器都可以随意地实现用逻辑资源代替 RAM 块。

首先,在 Fitter 后,只有 single-port 或 simple-dual port RAMs 并且没有被初始化的存储器才可以实现 RAM to Logic Cell Conversion 约束。看到这句话的时候特权同学比较伤心,因为回头看看自己期望优化的占用率低的存储器居然恰好没有满足条件。其次,这个功能有一个大大的背景,特权同学绕了好久也试了好久才发现,作为读者肯定是幸运的,不用再绕了,且听特权同学分解。

这个功能其实对于在 Megawizard 中例化的存储器是不太适用的,或者确切的说转换的对象不是针对这类存储器。它是针对设计者代码写出来的一些比较大的寄存器(或相关存储器)而言的,在开启该选项后,设计者代码所用到的这些寄存器就会遵循上文所述的规则来决定是用逻辑资源实现还是嵌入式存储器实现。

通常可以通过 Fitter 报告里的 RAM Summary 来了解设计实现的存储器情况,如图 6.56 所示,这里看到 Location 选项里罗列出了每个存储器所使用的具体的 M9K 块名称。

如果用前面说到的代码综合成的嵌入式存储块占用的情况,那么可以右击相应的存储器名称,然后选择 Location→Location In Assignment Edit,进入如图 6.57 所

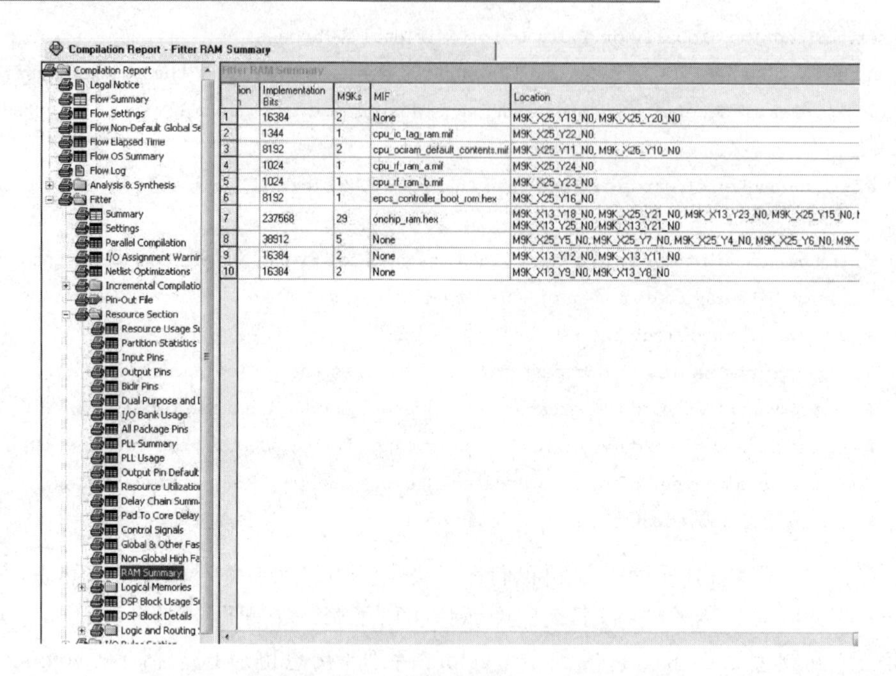

图 6.56　Fitter 报告中的 RAM Summary

示的 Assignment 约束窗口，Assignment Name 一栏选择 Auto RAM to Logic Cell Conversion。

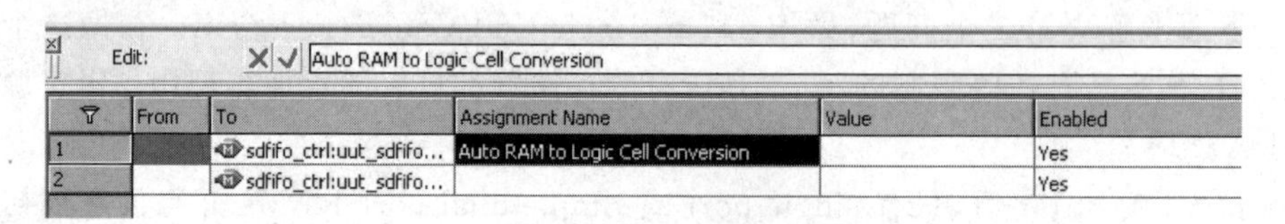

图 6.57　RAM 转换设置页面

保存设置后，重新 Fitter。Fitter 完毕，首先会发现资源占用率提高了，多使用了一些 LEs。其次，再看 Fitter 报告里的 RAM Summary 时，之前被约束的存储器不见了。当然，这些可能情况必须是在我们所约束的存储器满足特定条件的情况下。

除此以外，关于内部代码综合成片内存储器的相关选项还有 Auto ROM Replacement、Auto RAM Replacement 等，在 RAM Style and ROM Style－for Inferred Memory 小节中也介绍了使用代码注释的方式来强制约束综合的结果。感兴趣的朋友也可以自己到 Handbook 中搜索一下。

回到 Megawizard 中例化的存储器上来，如果非要它们也完全使用逻辑资源来实现也还是有办法的。答案和特权同学一开始推测的一样。还是拿 FIFO 来说，如图 6.58 所示的配置页面中，选中 Implement FIFO storage with logic cells only, even 即可。

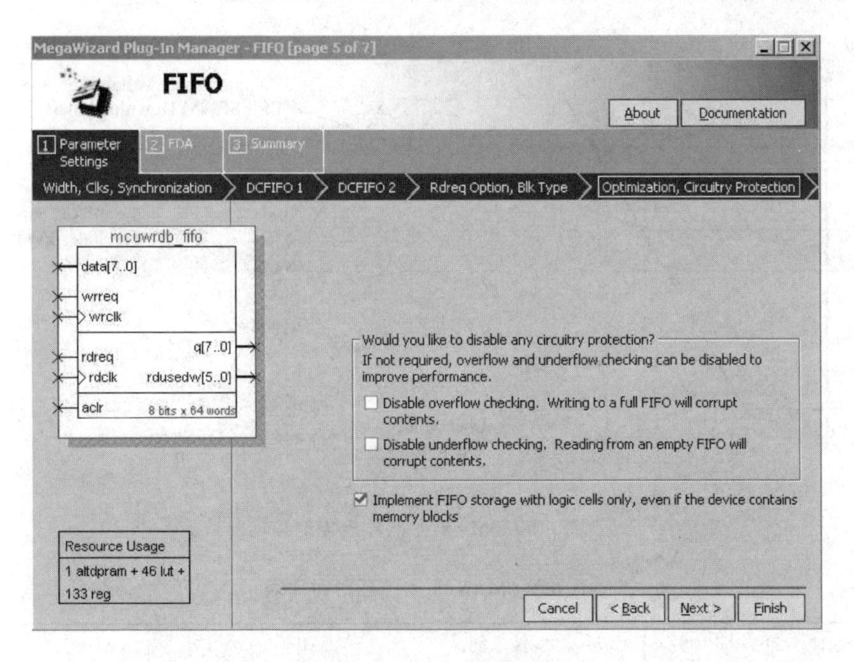

图 6.58 FIFO 优化配置页面

到底是使用逻辑资源实现还是嵌入式存储块实现，其实本不存在问题，如今的开发工具大都支持这些智能选项的重配置。但是在特定的应用场合中，难免会有一些特殊的用法牵涉其中在，这时就要有一些特殊的方式来重新改变工具默认的处理方法。

九、关于 MAX Ⅱ上电和复位的一点讨论

在使用 MAX Ⅱ的过程中，出现了一些很诡异的状况，这些状况也往往发生在上电伊始。因此，特权同学特别花心思好好研究了一下 MAX Ⅱ的上电过程和简单的 RC 复位。当然，最终问题的解决其实和本节要说的上电过程和复位并没有什么关系，但仍然不妨碍好好地梳理一下这些看似简单却又非常基础的知识点。

首先来说 MAX Ⅱ的上电过程，在 Handbook 中已有较详细的说明。如图 6.59 所示，在 V_{CCINT} 从 0 V 不断上升的过程中，一旦迈过 1.7 V 的阈值电压后，MAX Ⅱ内部便开始进行逻辑的配置，大约需要 t_{CONFIG} 时间，这个时间长短取决于逻辑资源多少。t_{CONFIG} 时间内对外 I/O 的状态也是可以通过 Quartus Ⅱ选项进行配置的，在这个时间后，器件便进入正常的用户模式。

对于前面提到的 t_{CONFIG} 时间，不同逻辑资源的器件稍有区别，如表 6.2 所列。

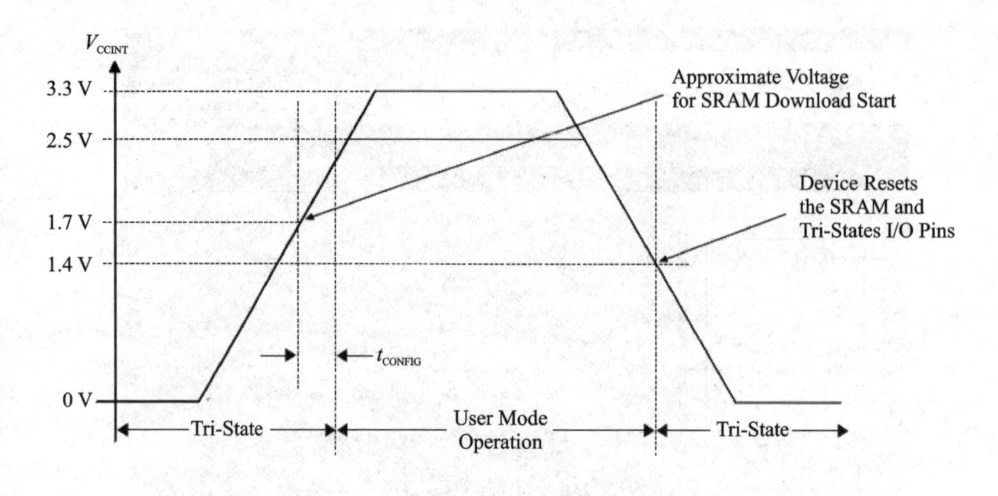

图 6.59　MAX Ⅱ器件上电时序

表 6.2　MAX Ⅱ上电延时时间表

器　件	符　号	性　能	Min	Typ	Max	单　位
EPM240	t_{CONFIG}	The amount of time from when minimum V_{CCINT} is reached until the device enters user mode.	—	—	200	μs
EPM570			—	—	300	μs
EPM1270			—	—	300	μs
EPM2210			—	—	450	μs

接下来要讨论复位的问题，原文在图 6.59 的下方有一段注释：

After SRAM configuration, all registers in the device are cleared and released into user function before I/O tri - states are released. To release clears after tri - states are released, use the DEV_CLRn pin option. To hold the tri - states beyond the power - up configuration time, use the DEV_OE pin option.

简单地说，在 CPLD 内部配置完成后，所有寄存器通常是处于清零状态，I/O 脚进入用户模式。而用户如果希望这时候内部各个寄存器的状态处于可控或者特定的状态（尤其当其值不一定是清零的状态），那么用户可以使用器件提供的专用引脚 DEV_CLRn 或 DEV_OE 来达到所期望的效果。一般而言，使用其他的 I/O（当然最好是全局时钟输入引脚）作为内部复位引脚也没问题，反正是通过在 t_{CONFIG} 时间过后的一段初始时间内继续使器件处于复位或者期望的状态即可。这里也只讨论复位的状况，如表 6.3 所列，MAX Ⅱ的 3.3 V LVTTL 电平的输入高电平也是＞1.7 V。

表 6.3　MAX Ⅱ电气特性

符　号	性　能	条　件	Min	Max	单　位
V_{CCIO}	I/O 电压		3.0	3.6	V
V_{IH}	输入高电压	—	1.7	4.0	V
V_{IL}	输入低电压	—	−0.5	0.8	V
V_{OH}	输出高电压	$I_{OH}=-4$ mA	2.4	—	V
V_{OL}	输出低电压	$I_{OL}=4$ mA	—	0.45	V

一个最简单的低电平复位电路如图 6.60 所示。

这个电路在上电初始过程中，可以起到延缓 SYS_RST 信号电压从 DGND 突变到 VCC3.3。其延时时间的计算方法如下：

V_0 为电容上的初始电压值，初上电时通常该电压值为 0 V。

V_1 为电容最终可充到或放到的电压值，通常为电源电压 VCC。

V_t 为 t 时刻电容上的电压值，即 RESET 信号的电压值。

VCC3.3
R1
10 kΩ
SYS_RST
C2
10 μF
DGND

图 6.60　RC 复位电路

则从 t_0 时刻到电压到达 V_t 所需要的时间为：$t=RC\times \mathrm{Ln}[(V_1-V_0)/(V_1-V_t)]$。

特权同学也简单地对公示做了一些验证。这里取 $C=1\ \mu\mathrm{F}$，$R=10\ \mathrm{k}\Omega$，$V_0=0$。$V_1=\mathrm{VCC}$，$V_t=1.7$ V，那么计算到的延时值约为 7.24 ms。而实际检测到的波形如图 6.61 所示，约为 7.25 ms，和理论值很接近。

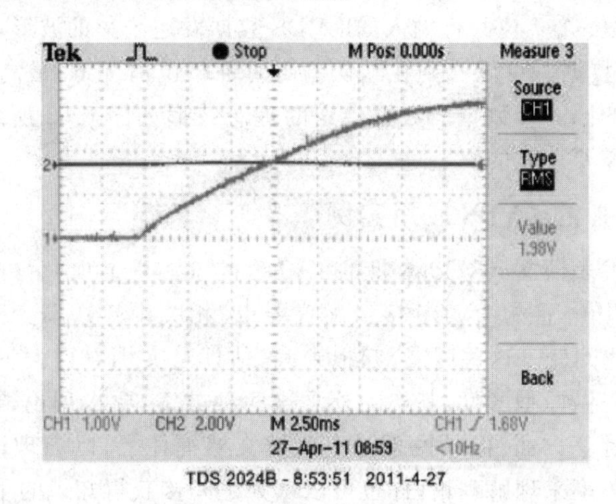

图 6.61　复位信号波形

相关链接：

《单片机复位电路的可靠性设计》：http://blog.21ic.com/user1/4211/archives/2009/62500.html。

《RC 电路瞬时电压在线计算器》：http://www.838dz.com/calculator/1889.html。

MAX Ⅱ相关资料：http://www.altera.com.cn/products/devices/cpld/max2/mx2-index.jsp。

十、基于 Altera FPGA 的 LVDS 配置实例

1. Cyclone Ⅲ的 LVDS 接口配置要点

对于 Cyclone Ⅲ器件的 LVDS 接口应用，Handbook 中明确提到了以下的一些注意事项：

① 对于作为 LVDS 传输的 bank 必须接 2.5 V 的 VCCIO。

② 左右 bank(即 1/2/5/6 bank)的 LVDS 发送差分对信号无须外接匹配电阻，上下 bank(即 3/4/7/8 bank)则需要。

③ 分配引脚时，左右 bank 的 LVDS 差分信号在 I/O 分配时选择 I/O 标准为 LVDS；上下 bank 的 LVDS 差分信号在 I/O 分配时选择 I/O 标准为 LVDS_E_3R，好像没什么特殊含义，应该是帮助开发工具识别是哪个 bank 上的 LVDS 信号而已。

除此以外，还有其他的一些技巧和注意事项，特权同学简单归纳如下：

① 在分配引脚时，只要指定 LVDS 信号的 p 端(＋)，则 n 端(－)自动匹配；工程源码中只要定义一个信号接口即可，无须定义一对差分信号。

② 可以使用 MegaWizard 中的 IP 核 ALTLVDS 实现并/串转换的 LVDS 传输。具体配置和说明建议参考相关手册。

③ 图 6.62 是一个 7 位并行输入的 LVDS 数据发送采集的波形，1 通道波形为时钟，2 通道波形为数据。可以看到在默认输出时钟相位情况下，最高位 bit6 置 1 时，为时钟上升沿后的第一个数据。数据传送的理想波形如图 6.63 所示。实际传输的相位是可以根据需要调整的。

2. Cyclone Ⅲ的 LVDS 应用实例

在特权同学发表博文《Cyclone Ⅲ的 LVDS 接口注意事项》后(即本节前半部分重新整理的"Cyclone Ⅲ的 LVDS 接口配置要点"相关内容)，不少网友发邮件询问 LVDS 应用的一些问题。这些网友，归根到底，估计是文档看得太少了，或许还缺少动手实践的摸索。做原型开发，其实无外乎这两种方案，要么理论，要么实践。理论上前面说的文档是一方面，但是说理论不要被文档框住了，以为理论就是书本和文字。其实换一个角度来理解理论，你也可以认为是间接获得知识的手段，包括一些可用的论坛资源、博文资源甚至 FAE 资源等，不要金口难开，发个邮件打个电话，可能 FAE 们一句话就帮你搞定问题了。当然，在你什么都没搞明白前，还是不建议一通

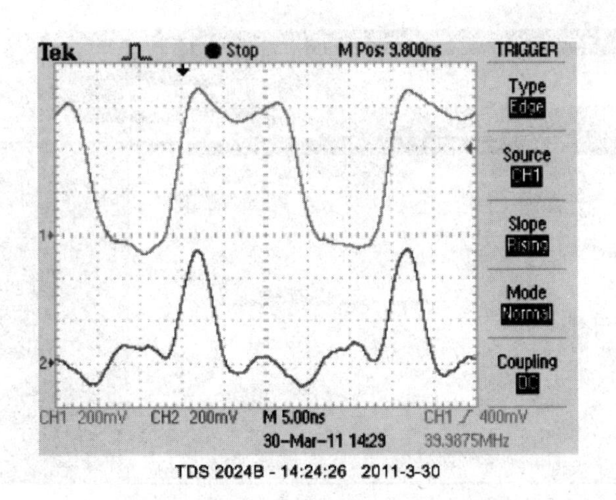

图 6.62　LVDS 数据传输实际波形

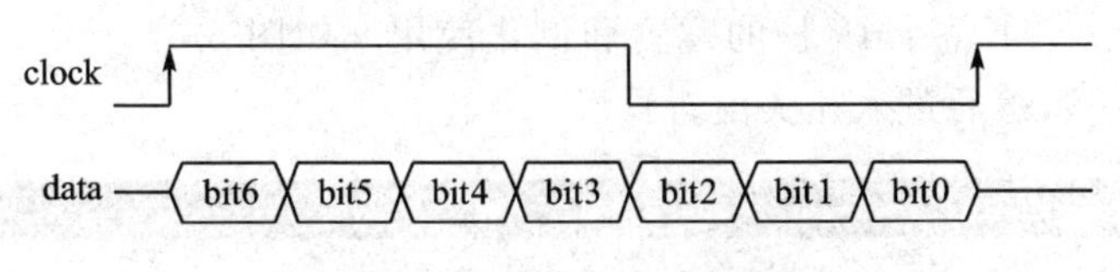

图 6.63　LVDS 传输理想波形

瞎问。比较合适的方式是自己先去消化官方提供的文档，然后动手实践过程中实在是遇到百思不得其解的问题再通过请教他人的方式得以解决。

而可能很多“菜鸟”百思不得其解的是文档到底从哪里找，茫茫网络浩如烟海，找个对口文档岂非易事？呵呵，其实，这个文档正可谓“众里寻他千百度，蓦然回首，那人却在灯火阑珊处”。瞧，有心的朋友早已发现这个不是秘密的秘密了。当使用 Quartus Ⅱ 的 MegaWizard 选择并进入某个 IP 核的配置界面后，如图 6.64 所示，我们总能够在右上角看到一个名为 Documentation 的按钮，它就是传说中的“灯火阑珊处”了，单击后有两个二级子按钮，On the Web 指向三级菜单的两个网络链接，altlvds Megafunction User Guide 则直接链接打开本地的帮助文档。

关于文档，除此以外，特权同学比较习惯的做法是在 Quartus Ⅱ Handbook 或 Help 中搜索关键词，如这里的 altlvds_tx 或 LVDS，从而找到相关内容的介绍说明。在实践前，这些理论知识的储备是必须的，否则咱的“高楼”很可能就是建立在“空穴”之上，指不定哪天就倒下了。

这里的 altlvds_tx/altlvds_rx 实际上不过是一个并/串、串/并转换器而已，但由于 LVDS 速度比较高，而且接口上是差分信号，所以不是用户随便用逻辑就能“模拟”出来的，因此，势必要有官方在 FPGA 器件上硬件级和 Quartus Ⅱ 上软件级的双重支持。那么到客户这边，一切都变得“傻瓜”化配置操作了，而用户真正要关心的，只是要实现的 LVDS 接口的时序需求，并把这些要求都转化为 IP 核配置上的参数。

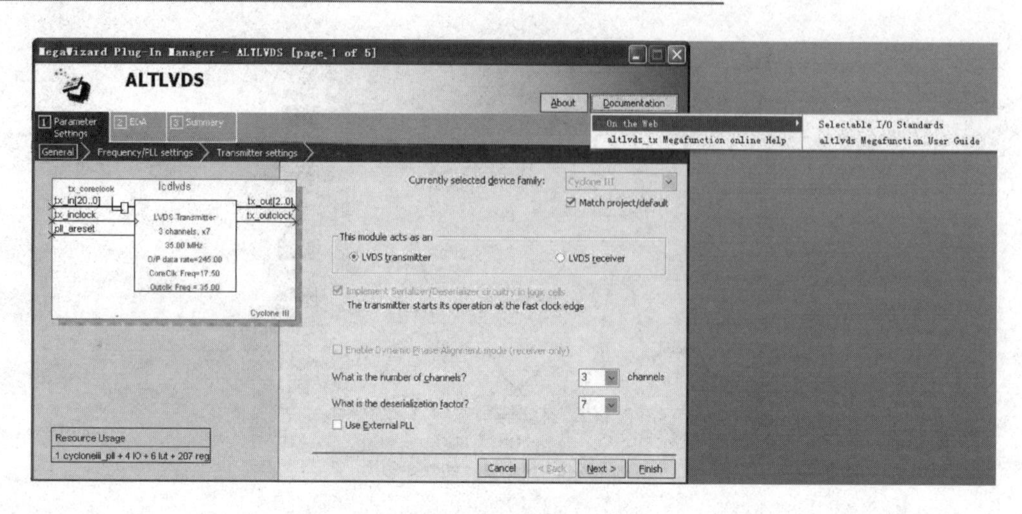

图 6.64　配置页面的文档链接

下面简单说一下整个 IP 核的配置和例化使用。如图 6.65 所示，先创建一个新的 ALTLVDS 核，然后进入相关配置页面。

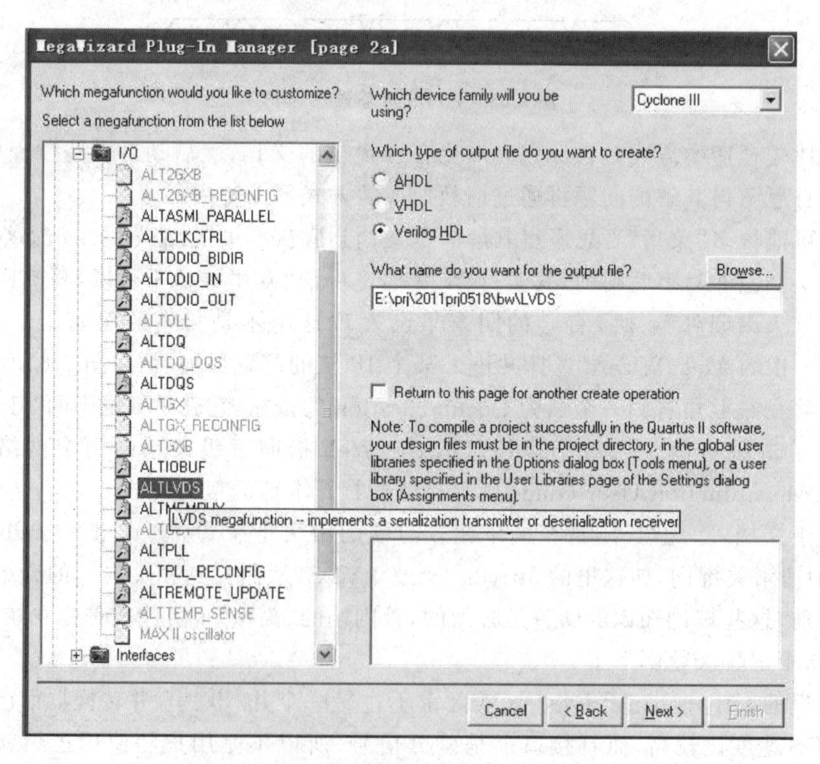

图 6.65　新建 ALTLVDS 的 IP 核

参数设置共有 3 个配置页面，分别如图 6.66、图 6.67 和图 6.68 所示。

如图 6.66 所示，这里选择 LVDS transmitter，然后设置 3 个 LVDS 通道（channels)；每个通道对应 7 个解串因子，即 7 并 1 串处理。最下面的 Use External PLL 如果勾选上，则这个 IP 核内的其他两个配置页面不可设置，用户的时序频率方面的配置主要在外部的 PLL 时钟上下文章了；若不勾选上，接着来看后面两个配置页面。

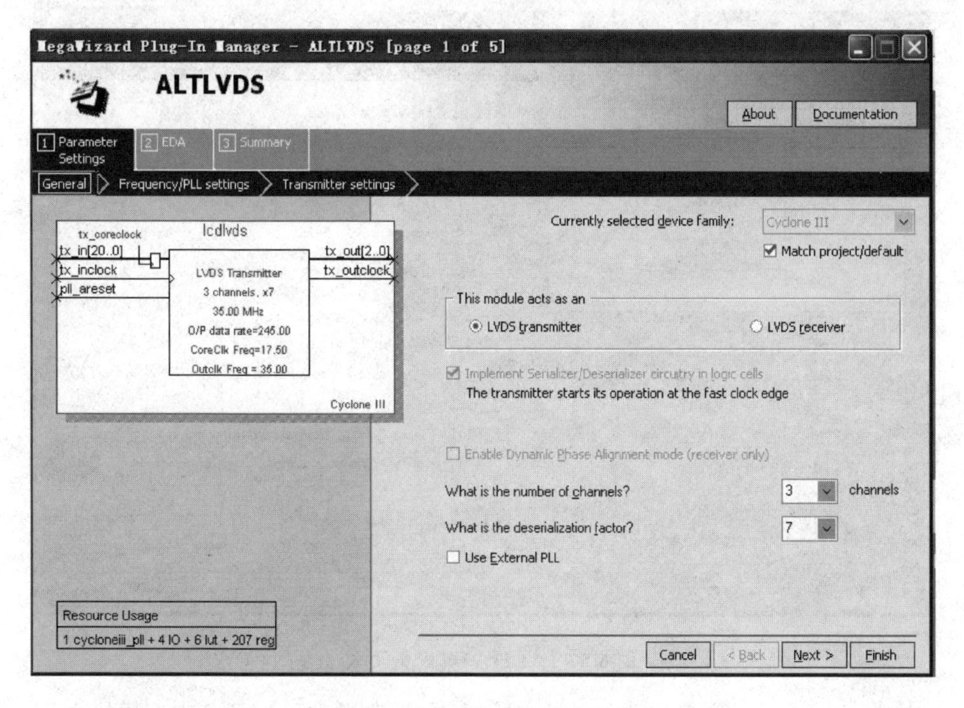

图 6.66　ALTLVDS 配置页面 1

如图 6.67 所示，在 Frequency/PLL settings 中，需要配置好 LVDS 串行数据传输速率(此处为 245 Mbps)，而输入时钟速率通常为 LVDS 串行传输速率除以解串因子得到(245/7＝35)。其他几个选项一般使用默认设置，大家可以参考 altlvds Megafunction User Guide。

如图 6.68 所示，Transmitter settings 中有多个 Transmitter outclock 配置选项，主要是 LVDS 输出时钟、输出差分信号的时钟以及相位设置，具体如何配置还是需要根据用户本身这个 LVDS 信号的传输需求而定。

配置完成后，可以在工程目录下的 * _inst.v 中找到新配置 IP 核的例化模板，本实例如下：

```
lcdlvds    lcdlvds_inst (
    .pll_areset ( pll_areset_sig ),
    .tx_in ( tx_in_sig ),
    .tx_inclock ( tx_inclock_sig ),
    .tx_out ( tx_out_sig ),
    .tx_outclock ( tx_outclock_sig )
    );
```

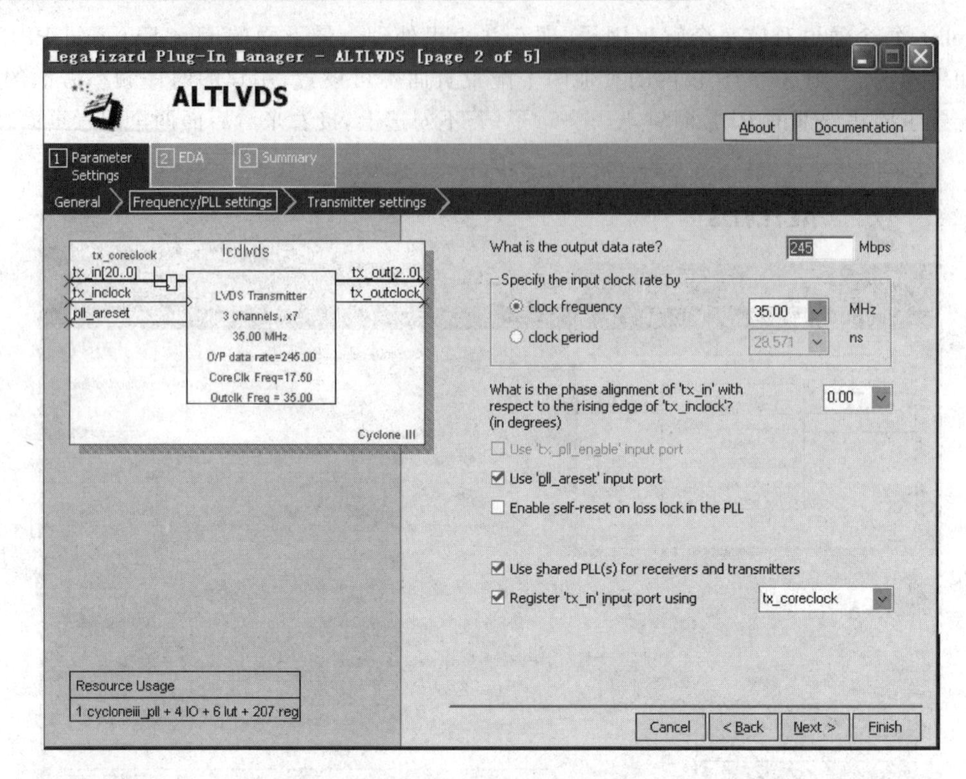

图 6.67 ALTLVDS 配置页面 2

这些信号接口的简单说明如表 6.4 所列，方向为相对于 LVDS 内部模块而言。

表 6.4 LVDS 接口信号说明

信号名	方 向	位 宽	描 述
pll_areset	Input	1	异步复位信号，复位 LVDS 内部所有计数器
tx_in	Input	21	待解串的数据，3 个通道的 7 bit，即 21 bit
tx_inclock	Input	1	传输 PLL 的输入参考时钟，即设置好的 35 MHz
tx_out	Output	3	LVDS 输出数据
tx_outclock	Output	1	LVDS 输出时钟

最后，在引脚分配时，需要选择 I/O Standard 为 LVDS，然后会自动参数另一个 *(n)的配对差分引脚，如图 6.69 所示。

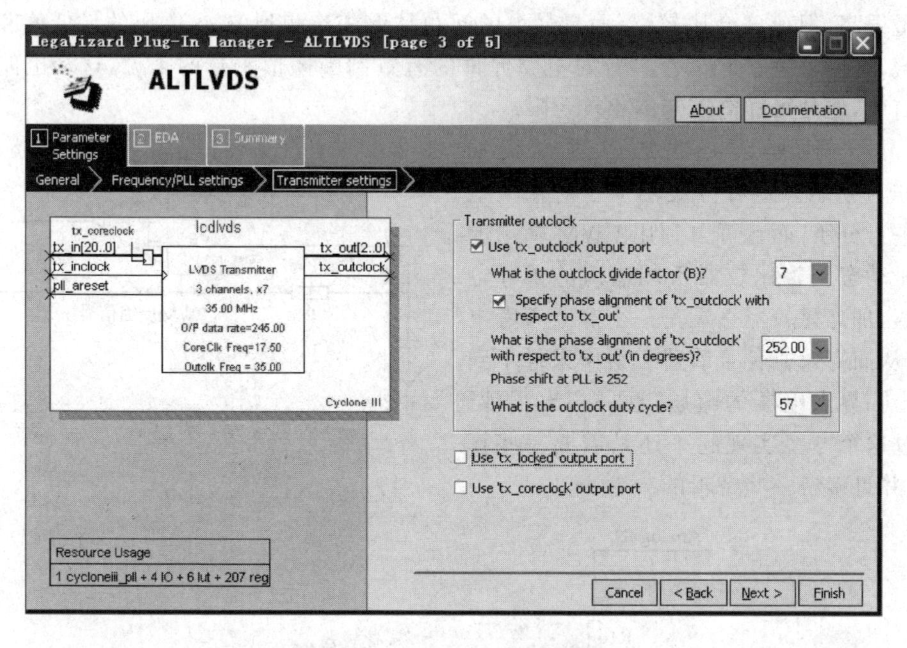

图 6.68　ALTLVDS 配置页面 3

lvdsclk	Output	PIN_103	6	B6_N0	LVDS
lvdsdb[2]	Output	PIN_99	6	B6_N0	LVDS
lvdsdb[1]	Output	PIN_87	5	B5_N0	LVDS
lvdsdb[0]	Output	PIN_85	5	B5_N0	LVDS
lvdsdb[1](n)	Output	PIN_86	5	B5_N0	LVDS
lvdsdb[2](n)	Output	PIN_98	6	B6_N0	LVDS
lvdsdb[0](n)	Output	PIN_84	5	B5_N0	LVDS

图 6.69　引脚分配

十一、用 FPGA 的差分输入实现 A/D 转换

特权同学也是第一次听到这么新奇的想法，Lattice 研讨会总算没有白去，多少是有一点收获。尤其是听说能用 FPGA 的差分对实现 A/D 转换，这不仅只是停留在想法上，Lattice 已经把这个方案做出来了，而且还可以在官网搜到这个方案的细节。

看看文档，发现这个虽然新颖的想法其实原理还是很简单的，不仅利用了 LVDS 差分输入的比较器，而且还使用了地球人都知道的 PWM 输出，用于比较器另一端的模拟比较电压。其中一种最简单的方案如图 6.70 所示，差分对的正端输入待转换模拟信号，负端则输入一个经过 RC 低通滤波的 PWM 信号，这个滤波后的 PWM 信号其实相当于一个参考模拟电压值。在内部逻辑设计中，可以控制产生不同的 PWM 输出负比较端的参考电压，同时采样整个差分对的当前值。具体的思路恐怕不用特权同学多说，每次取中间值对比结果再反复判断得到结果。这个电路精度虽然可以做得很高，但速度会比较慢，而且最大的问题是无法检测到 V_{CCIO} 电压的最低值和最高值，这要取决于 FPGA 差分对电路允许的有效判断阈值。总的来说，这个电路虽然简单，但是采样电压范围比较受限。

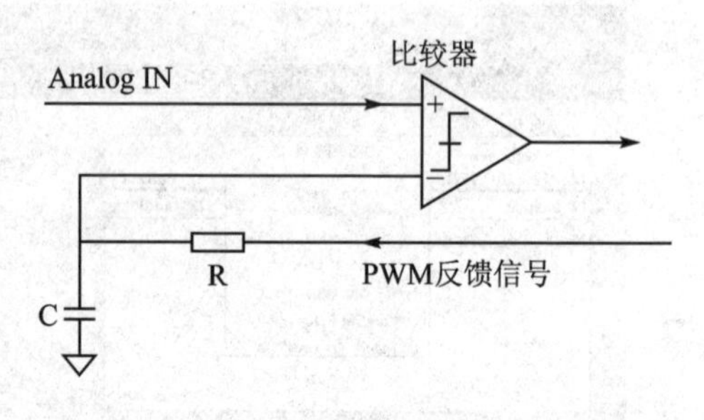

图 6.70　方法 1

另一种复杂一些的改进方案如图 6.71 所示。这种方案不但是对输入电压进行分压，而且可以利用 PWM 输出的电压动态调整比较器负端输入的采样电压值，加之比较器正端是一个非 0 参考电压，从而有效避免了前述方案中采样不到两个临界点电压的尴尬，这一招也很妙。不过这个方案实现起来还是需要一些算法，并且多费一些逻辑的。

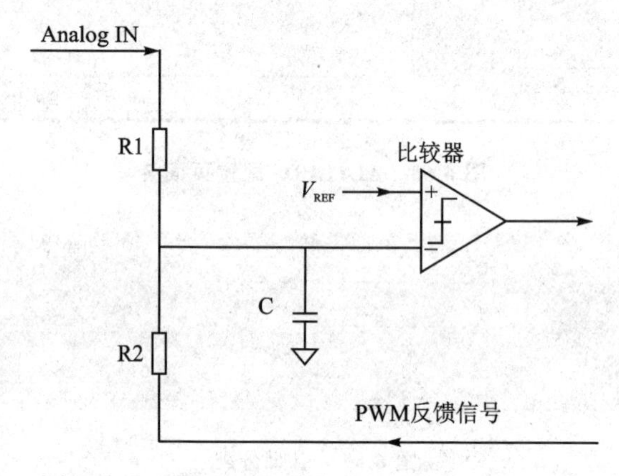

图 6.71　方法 2

此外，这么近距离的接触 Lattice 的 CPLD 器件 MachOS2，感觉上这个器件不仅适合做 CPU 的 I/O 扩展，也很适合做一些常用外设的扩展，毕竟其内部已经集成了 I^2C、SPI 之类的硬核，还有一些片内的 RAM 和 Flash 也有不小的用处。

Lattice 的参考链接：http://www.latticesemi.com.cn/products/intellectual-property/referencedesigns/simplesigmadeltaadc.cfm。

十二、守株待兔，收效显著

仿真是 FPGA 开发过程中必不可少的一步，甚至是需要在整个开发过程中反反复复进行的一步。因为很显然，这么多逻辑关系，光靠解读代码很容易让人眼花缭乱、思维混乱。编写一套实用的测试脚本，在仿真工具的帮助下，就可以直观快速地定位问题，尽早根除。

特权同学遇到了这么个问题，做一个指令控制器，在 CPU 发出清屏指令的时候，需要以单点写 SDRAM 的方式将 SDRAM 的某一片地址空间（最终映射到液晶显示区域）全部清为特定的数据。由于这片 SDRAM 已经肩负着视频读/写以及叠加数据读的任务，这里添加的就是叠加数据写的任务，因此 SDRAM 的读/写仲裁逻辑的设计就有那么一些杂乱了。清屏只是众多叠加写 SDRAM 指令中的一个，但是发现了一些问题：指令是执行了，却貌似很规律又不那么规律地在液晶的这层显示中出现了没有完全被清屏的杂点。CPU 端的指令发送时间不同，那么杂点的规律也随着稍有改变。在初步的该部分功能仿真过程中，特权同学偷懒光看了波形时序以为没有问题就拉倒了，没想到遇上这么个问题，于是静下心来，一方面好好地把添加的一些新的代码的结构重新理顺，另一方面就是支招好好写段测试脚本。

话说用 ModelSim 做仿真还真不能光看波形，虽然特权同学也养成了不看波形不放心的习惯，但是要更全面、更高效地做验证，必须采取更加高明（偷懒）的手段。打印输出也是一个偷懒的好办法，把在特定条件下有用的数据（待观察的数据）输出，不用再去花花绿绿的波形中海找了，需要的结果直接可以观察。说到这，当然还有更偷懒的方法，那就是让机器继续帮我们干活——自动判读，此偷懒办法条件只有一个：你必须清楚激励产生的预期结果。然后，让 ModelSim Run 起来，接着你可以在旁边泡杯茶小憩一下——守株待兔！哈哈，特权同学这回收效显著，直接把问题逮个正着。

问题很严重，都让我一把抓出来了，测试中简单的遍历地址写入相同的数据 0x00aa，一旦发现数据不对或者地址不是递增直接就 Stop。逮着一个保存一下就 Run，当然这一步也可以写到脚本里，也省得复制粘贴，只不过特权想停在这看看波形做点分析而已。

如图 6.72 所示，在打印窗口中出现了错误提示。

```
#          575645 SDRAM_ADDR = 3,802,65; SDRAM_DATA = 00aa;
#          576305 SDRAM_ADDR = 3,802,66; SDRAM_DATA = 00aa;
#          576965 SDRAM_ADDR = 3,802,67; SDRAM_DATA = 00aa;
#          577625 SDRAM_ADDR = 3,802,68; SDRAM_DATA = 00aa;
#          578285 SDRAM_ADDR = 3,802,69; SDRAM_DATA = 00aa;
#          578945 SDRAM_ADDR = 3,802,6a; SDRAM_DATA = 00aa;
#          579605 SDRAM_ADDR = 3,802,6b; SDRAM_DATA = 00aa;
#          581375 SDRAM_ADDR = 3,802,6c; SDRAM_DATA = 00aa;
#          581465 SDRAM_ADDR = 3,802,6d; SDRAM_DATA = 00aa;
#          583235 SDRAM_ADDR = 3,802,6e; SDRAM_DATA = 00aa;
#          583325 SDRAM_ADDR = 3,802,6f; SDRAM_DATA = 00aa;
#          583415 SDRAM_ADDR = 3,802,70; SDRAM_DATA = 00aa;
#          585185 SDRAM_ADDR = 3,802,71; SDRAM_DATA = 00aa;
#          585275 SDRAM_ADDR = 3,802,72; SDRAM_DATA = 00aa;
#          585535 SDRAM_ADDR = 3,802,74; SDRAM_DATA = 00aa;
# Break at D:/2010prj/201004_M057AU26V.1/vlg/8qavprj_20100727dot1sdram/simulation/modelsim/tb_avprj0509.v line 320
        585535 Write addr error!run -all
#          587305 SDRAM_ADDR = 3,802,75; SDRAM_DATA = 00aa;
#          587395 SDRAM_ADDR = 3,802,76; SDRAM_DATA = 00aa;
#          589165 SDRAM_ADDR = 3,802,77; SDRAM_DATA = 00aa;
#          589255 SDRAM_ADDR = 3,802,78; SDRAM_DATA = 00aa;
#          589345 SDRAM_ADDR = 3,802,79; SDRAM_DATA = 00aa;
```

图 6.72　打印窗口显示

揪出了一串问题点，罗列出来做了一下比较和分析，和板级调试的现象还确实有几分相像(在解决问题前还真不好直接下定论,严谨一点低调一点是必须的~)。

```
#            585275 SDRAM_ADDR = 3,802,72; SDRAM_DATA = 00aa;
#            585535 SDRAM_ADDR = 3,802,74; SDRAM_DATA = 00aa;

#            647525 SDRAM_ADDR = 3,803,31; SDRAM_DATA = 00aa;
#            648235 SDRAM_ADDR = 3,803,33; SDRAM_DATA = 00aa;

#            690245 SDRAM_ADDR = 3,803,71; SDRAM_DATA = 00aa;
#            690475 SDRAM_ADDR = 3,803,73; SDRAM_DATA = 00aa;

#            720185 SDRAM_ADDR = 3,803,a0; SDRAM_DATA = 00aa;
#            720845 SDRAM_ADDR = 3,804,00; SDRAM_DATA = 00aa;

#           1023065 SDRAM_ADDR = 3,806,89; SDRAM_DATA = 00aa;
#           1023775 SDRAM_ADDR = 3,806,8b; SDRAM_DATA = 00aa;

#           1144575 SDRAM_ADDR = 3,807,a0; SDRAM_DATA = 00aa;
#           1144665 SDRAM_ADDR = 3,808,00; SDRAM_DATA = 00aa;

#           1485265 SDRAM_ADDR = 3,80b,24; SDRAM_DATA = 00aa;
#           1487145 SDRAM_ADDR = 3,80b,26; SDRAM_DATA = 00aa;
```

最后再仔细分析一下波形,如图 6.73 所示,确实有那么一段两次读 FIFO,但是其中一次的数据没有被写入 SDRAM,也就是说某些清屏的点被漏了。发现了问题,认真做了一番思考,定位到工程中的某段代码,SDRAM 写入仲裁的某个控制逻辑确实有待商榷。

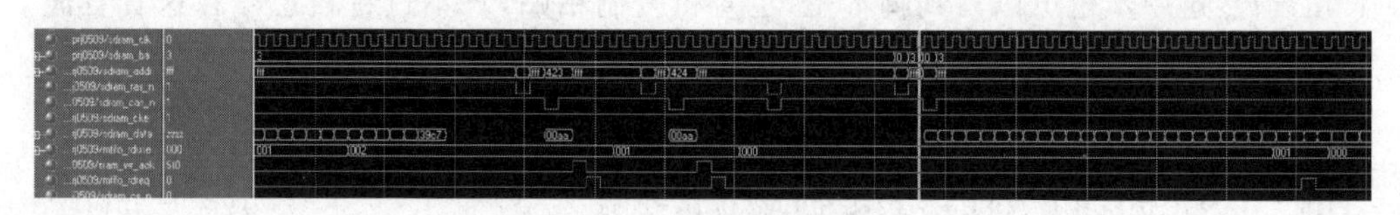

图 6.73 错误点波形

接着,修改代码,重新编译,下载验证,OK!

笔记 21

板级调试

一、复用引脚，陷阱多多

曾经有一个项目使特权同学郁闷了两天，终于在决定放弃前发现了问题。问题就出在想当然地以为不会有问题的复用引脚上。

本来一个简简单单的 TFT，本以为是个小 case，代码到仿真个把小时的事情，到搭起来的简陋调试板上一试，不亮，什么问题？当然代码不可能一次 OK，所以回头找问题，最后总算能够在上下电的瞬间看到自己测试用的色彩了，但是只有那么短暂的瞬间。其实大多问题出在简陋的板子上，又折腾了一番，情况稍微好了那么一些，测试色彩出来了，但是时序明显不稳定，不停的有杂色掺杂进来一闪一闪的。一直以为有可能是没用上 DE 信号配合 HSY/VSY 使用，但是 datasheet 上明白地写着可以使用不带 DE 信号的 HSY 模式。最后板子都快让咱用烙铁捣鼓烂了，实在很无奈。静下心来发现有时代码下载进去后蜂鸣器跟着乱叫，那么一定是有地方短路了，这是第一反应，也绝对不是 VCC 和 GND，这是可以肯定的。很有可能是I/O口什么地方短路了，于是再一次细心地搜寻，结果发现了 CPLD 上接 LCD_CLK 的 I/O 口似乎和 GND 短路了，并且这个 I/O 口原来是 BJ－EPM 板子上与一个在 SN74LS4245 上定义为 D0 的接口相连的，而这个接口以前不用，焊接好了也没有测试过，原来是它和 GND 之间短路了。

也难怪原来时序不稳定，解决了这个问题之后再试，发现问题似乎依旧，那又是为什么呢？忽然想起某天和同事讨论设计 DSP 的 5 V 到 3.3 V 外设扩展总线接口时使用 74ALVC164245APW（下文简称 4245）的问题。这个 4245 很值得注意，DIR 接高电平时代表着一个方向，接低电平时代表着另一个方向。对于该 CPLD，不用 4245 时会给 DIR 一个高阻态，那么它的 D0 会是什么状态？特权同学也没有深究，即使这里搞懂了是什么状态，换了别的厂家的 4245，也许不一定是一个固定的状态。问题肯定就在这个与 4245 复用的 LCD 时钟信号上了，用不起咱还躲不起啊，哈哈，换！

问题解决，在画板之前咱终于用勤劳的双手搞定了这个真彩屏。

复用引脚，一定要小心，希望使用 BJ－EPM 的扩展接口挪为它用的朋友引以为戒。

二、EPCS 芯片的信号完整性问题

问题是针对 Cyclone Ⅲ EP3C 系列(之所以不提具体型号，因为问题好像是共性的)。特权同学在使用 Cyclone Ⅱ 系列器件时不会出现 EPCS 控制器下载的下述问题。

SOPC 系统中添加 EPCS 控制器组件，在 flash programmer 中同时烧录.elf 和.sof到 EPCS 中。通过 JTAG 接口进行烧录。遇到的问题和在 ourdev 论坛讨论得热火朝天的《被 Cyclone Ⅲ搞得死去活来》(http://www.ourdev.cn/bbs/bbs_content_all.jsp? bbs_sn＝3928335)一贴基本一样。也难为缺氧小弟了，都大半年了问题依然没有很好的得到解决。不过特权同学也折腾了两个多月，这次不得不解决此问题了，所以一番理论→实践→理论，最后的测试找到了主要问题。

由于 Cyclone Ⅲ器件的 EPCS 控制器不像 Cyclone Ⅱ一样自动分配引脚，需要用户手动分配一下。因此，当遇到数次下载不成功的时候，特权同学首先怀疑的是 EPCS 控制器输出的几个引脚的时序出问题了，于是做了一些比较紧的时序约束。虽然众多资料中没有找到很明确地阐述 Cyclone Ⅲ器件的 EPCS 引脚时序关系，但是后来翻看时序图和实际引脚(主要是 data 和 dclk 引脚)的输出波形，发现它们存在问题的可能性不大。另外，特权同学还特意测试了 EPCS 控制器组件不同的驱动时钟频率下的 dclk 信号波形，如表 6.5 所列。

表 6.5　EPCS 控制器的驱动时钟频率与实际 EPCS 芯片驱动时钟频率的关系

EPCS 控制器的驱动时钟频率	EPCS 芯片驱动时钟频率
100 MHz	60 ns(16.7 MHz)
50 MHz	80 ns(12.5 MHz)
25 MHz	80 ns(12.5 MHz)
5 MHz	200 ns(5 MHz)

当特权同学以为是时序出问题的时候，时序约束可能也不太有根据，只是想当然的添加。但是逐渐地降低时钟 dclk 的频率后，问题仍然没有太多改善。于是，时序问题的可能性需要先被排除了。

但是，特权同学很意外的发现，下载期间用示波器探头触碰 EPCS 芯片的 data 和 dclk 引脚，下载成功率很高。在查看了《AN523：Cyclone Ⅲ Configuration Interface Guidelines with EPCS Devices》后，里面提到的一些需要注意的设计要点中，尤其是 Board Design Constraints and Analysis 一节中提到的几个点非常有用。

General Board Design Constraints 里面提到了走线长度不要超过 10 inch、dclk 负载电容不可太大等问题好像都不存在我的板子上。而 Signal Integrity Concerns 里做了一些有或无终端匹配电阻的测试,结合特权同学之前遇到的示波器探头的事情,感觉这里面很有玄机。

接着,特权同学专门拿一块板子来做烧录测试。当时的考虑是这样的:有一块母板,一块子板,母板上除了供电和 FPGA 芯片外,配置芯片 EPCS 不焊接,而是把 EPCS 芯片的引脚全部引出到子板的芯片插座上。其实开始这么做只是想便于后面在 dclk 和 data 脚上添加匹配电阻。但是没想到在不加匹配电阻的时候,每次下载都是成功的,可谓屡试不爽。这时基本不用怀疑了,可以大胆推测 4 个传输信号的飞线有着很好的阻抗匹配效果,而之前示波器探头也多少客串了一回"终端匹配者"的角色(示波器通常有一定的寄生电容,相当于在被测试端并联了一个 10 pF 左右的电容)。

最后,特权同学为了完全确认这个假想。索性拿掉子板,母板上直接焊接芯片,恢复原来出问题的状况。重新烧录,基本很难成功。于是,如图 6.74 所示,在 EPCS 芯片的 2 脚(data)和 6 脚(dclk)与焊盘之间分别"飞"了一个 33 Ω 的电阻(推荐是25 Ω)。

图 6.74 EPCS 引脚串入电阻

如此这般之后,再次体会到了屡试不爽的感觉。问题还真出在这里。以往从来都对信号终端的过冲"睁一只眼闭一只眼",这回是领教它的厉害了。

最后,将有或无匹配电阻的 dclk 和 data 采样波形"展示"一下。特权同学坚信,示波器也许无法原汁原味地采样到实际电路的波形(探头常常也扮演着"匹配电阻"的角色),但是下面的波形至少也是可以说明问题的。

图 6.75~图 6.78 分别为 dclk 无匹配电阻采样波形、dclk 加 33R 匹配电阻采样波形、data 无匹配电阻采样波形和 data 加 33R 匹配电阻采样波形。

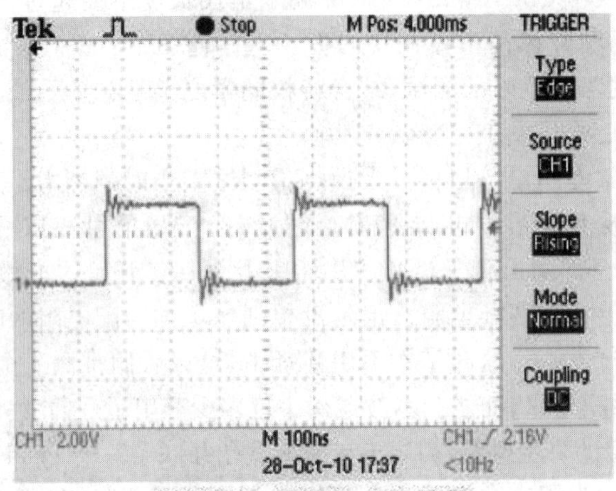

图 6.75　dclk 无匹配电阻采样波形

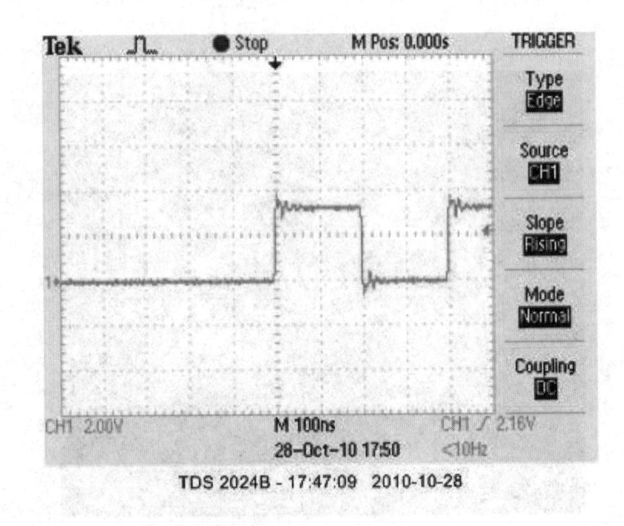

图 6.76　dclk 加 33R 匹配电阻采样波形

三、都是 I/O 弱上拉惹的祸

开发的一款液晶驱动器，接收 MCU 过来的指令和数据进行图像显示。使用了一片可编程(带使能和 PWM 调节控制)的背光芯片。在 CPLD 设计中，上电复位状态将背光使能拉低(关闭)，直到 MCU 端发送开显示指令后才会将背光使能拉高(开启)。

遇到的问题是这样，一上电原本背光是关闭的，直到 MCU 发出指令后才会开启，但是一上电(按下开关)，背光闪烁了一下。效果就像闪光灯一样，也就是说，上电

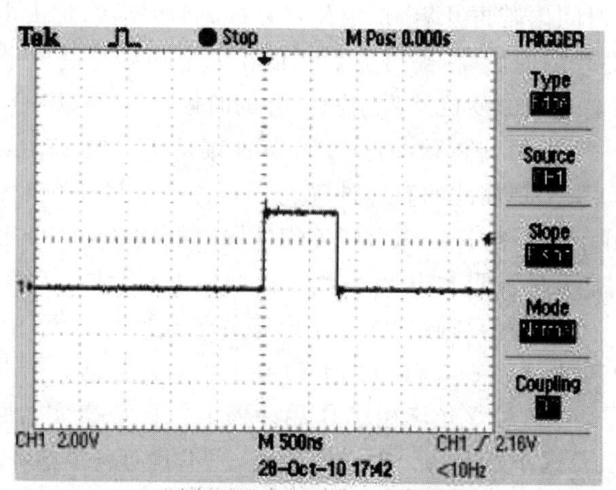

TDS 2024B - 17:39:23　2010-10-28

图 6.77　data 无匹配电阻采样波形

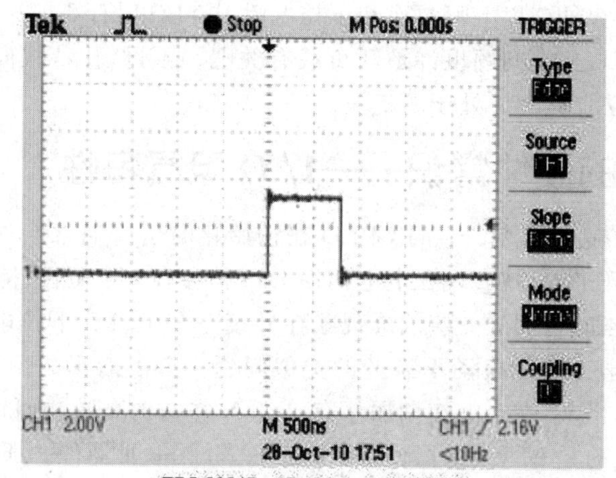

TDS 2024B - 17:48:16　2010-10-28

图 6.78　data 加 33R 匹配电阻采样波形

瞬间，背光开启又关闭。试着改变上电延时启动背光时间以及不同的电路板，发现都会出现类似的问题，由此排除代码设计问题和电路板本身的问题。

开始的时候，没有动用示波器，只是以为 CPLD 在上电后复位结束前的这段时间内控制背光使能信号的引脚处于三态，使能引脚对于这个三态（类似悬空）也有可能被开启。因此，猜想在背光芯片的输入端所使用的 10 μF 电容是否太小，如果加大这个电容应该就可以大大延缓背光芯片的输入电压时间，从而即便在复位结束后一段时间内，使能引脚仍然无法正常使能背光。这个想法确实也没有什么问题，于是并了一个 10 μF，效果不是那么明显，再并了一个 100 μF，问题解决了。不过充电长、放电也长，关闭后短时间内若再开启，现象仍然复现，问题搁浅，加大电容不是办法。

询问了背光芯片的原厂商，提出了 CPLD 在上电初始是高电平的解释。拿来示波器一看，确实在 CPLD 的复位信号刚刚上升的时候（0.5 V 以下），连接到背光使能的 I/O 脚出现了一个短暂的高脉冲，这个高脉冲维持了大约 250 μs，感觉很蹊跷，为什么复位期间 I/O 脚出现如此的高脉冲呢？于是再找了另一个 I/O 脚对照，一模一样的波形。然后找了同一个 BANK 的 VCCIO 同时捕获，VCCIO 上升后不久就看到那个 I/O 脚上升，上升的波形也几乎一致。挺纳闷的，为什么 CPLD 在上电初始复位之时 I/O 出现一个短暂的高脉冲呢？是电路的干扰吗？不像，于是找来 Altera 的 FAE，一句话解决问题：Altera CPLD 的 I/O 在上电后复位前处于弱上拉状态。也难怪出现这个高电平，而且对背光产生了作用。弱上拉已成事实，那解决的办法有一个，加个下拉，电阻要远小于上拉。而看看电路，原本就有一个推荐的 100 kΩ 下拉电阻。思考了一下，为什么不起作用呢？而且采样到的高电平还是直逼 3.3 V 呢。是不是那个弱上拉电阻比 100 kΩ 小得多呢？不知道，但是换了 10 kΩ 的下拉电阻后，问题解决了，无数次开关看不到闪屏现象了。再次采样，I/O 的输出不到 0.33 V，这么看弱上拉该有 100 kΩ 以上吧？而和下拉电阻 100 kΩ 时计算的压值比较还挺让人摸不着头脑的。但，这个问题也许是和负载有关吧。不过，让特权同学记住了一点，CPLD 上电后复位前的 I/O 处于弱上拉。

四、被忽略的硬件常识——I/O 电气特性

在上一节中，提及了 Altera 的 CPLD 在初始化时引脚通常会处于弱上拉状态。从实际示波器采样来看，就表现在上电初期 I/O 脚会有一个短暂（持续大约几百 μs）的高脉冲。虽然当时遇到的一些闪屏现象在外接一个 10 kΩ 下拉电阻后得到解决，但是近期特权同学又遇上换汤不换药的类似问题。有了前车之鉴，问题定位很快。用示波器一采样，怪哉，在上电初期居然有 1.68 V 左右的高脉冲，和上回唯一的不同是器件更换了，之前是 MAX Ⅱ器件，而这次是 Cyclone Ⅲ器件。那么它们在上电弱上拉的一些细节上又有怎样的不同呢？

在同样的 FPGA 外部输出 I/O 脚下拉了 10 kΩ 的电阻，用示波器采样到上电初期也确实有一个瞬间的高脉冲，这个高脉冲维持了 200 ms 左右，而且电压值居然高达 1.68 V。I/O 的电平是标准的 LVTTL，高电平 3.3 V，那么 1.68 V 差不多是减半的样子。由此推断，此时 I/O 脚上的“弱上拉”好像不“弱”，应该也在 10 kΩ 左右。推想归推想，特权同学将外部下拉的 10 kΩ 换成了 4.7 kΩ，再一测试，闪屏现象虽然有所好转，但还是没有完全根除，抓取到上电初期的高脉冲在 1 V 多一点。从理论上想，1 V 肯定不会被认为是 TTL 的高电平，但是为什么依然出现了高电平而使能背光的现象呢？翻看 datasheet，在表 6.6 所列的 $V_{LED\text{-}ON/OFF}$ 一行的高低电压参数中，2～5.5 V 被认为是高电平开启背光，而低于 0.8 V 被认为是低电平关闭背光。那么处于 0.8～2 V 的两不管地带电平到底又会被认为是开还是关背光呢？实践告诉我

们至少 1 V 时是开背光了（当然也许长期的 1 V 电压不会得到稳定的背光开启状态）。所以，再降低外接下拉电阻才可能解决问题。

表 6.6　背光芯片电气特性

符　号	参　数	Min	Typ	Max	单　位	备　注
V_{LED}	输入电压	9	12	20	V	
V_{LED}	输入电流	—	0.25		A	$V_{LED}=12V$，$D_{PWM}=100\%$
P_{LED}	消耗功率	—	3		W	
$Irush_{LED}$	浪涌电流	—		TBD	A	
V_{PWMDIM}	调光控制高电压	1.5	3.3	5.5	V	
	调光控制低电压	—	—	0.2	V	
F_{PWM}	调光频率	200		30K	Hz	
D_{PWM}	变光周期	1		100	%	
$V_{LED-ON/OFF}$	开启电压	2	3.3	5.5	V	
	关闭电压	—	—	0.8	V	

于是换成了 2 kΩ 的下拉，和预想的一样，此时的上电高脉冲在 0.55 V 左右（满足关闭电压），完全印证了 I/O 引脚内部上拉 10 kΩ 电阻的初步推断。关于上电弱上拉，其实特权同学也想到了 JTAG 的 TCK/TMS/TDI 上拉或下拉都用 1 kΩ 电阻，也许与此也有一定的关系。此外，在 Quartus Ⅱ 的引脚约束中有 Weak Pull－Up Resistor 一项，原本天真地以为这个选项可以更改 I/O 引脚上电时的弱上拉开启与否，但是实践证明不是这样，至于具体的用法和功能，特权同学也没有在 Handbook 中找到，或许这个选项是用于设置 I/O 正常工作期间内部是否进行弱上拉的。

其实特权同学在这里不是要再次强调这个所谓的上电弱上拉，而是想提一下数字电路中的电平标准。也就如标题所示，被忽略的硬件常识，至少特权同学近来或者说一直以来都不太关心这个问题。电平标准，最常见就是 TTL 和 CMOS，它们的异同优劣用不着我费口舌，大家肯定比我清楚。而在前面遇到的问题当中比较有意思的就是 1 V 这样既非高电平又非低电平的"悬浮状态"居然也"被高电平"了。

其实，特权同学还遇到了一个被疏忽的背光使能的问题，所以才需要发点感慨让自己清醒些。如表 6.7 所列是一颗升压芯片的部分电气特性，需要关心的是"使能控制输入"中的内容。

表 6.7　升压芯片电气特性

参　数	符　号	测试条件	Min	Typ	Max	单　位
反馈电压调节		$V_{COMP}=1.24$ V 2.5 V$<V_{IN}<$5.5 V	—	0.05	0.15	%/V

续表 6.7

参　数	符　号	测试条件	Min	Typ	Max	单　位
MOSFET						
MOSFET 电阻	$R_{DS(ON)}$		—	200	500	mΩ
电流限制			1.2	1.6	—	A
使能控制输入						
最低输入电压	V_{IL}	2.5V<V_{IN}<5.5V	—	—	0.3×V_{IN}	V
最高输入电压	V_{IH}	2.5V<V_{IN}<5.5 V	0.7×V_{IN}	—	—	V

在这个升压电路中,V_{IN}是 5 V,而使能信号想当然地用 FPGA 的 3.3 V TTL 电平提供(之前有另一颗芯片按这个标准没有问题)。结果可想而知,出现的状况是无负载状态时,升压输出 12 V 很稳定;一旦外接负载则输出跌落到仅有 6 V 多,最终在表 6.7 的电气特性中才发现问题。被认为是"最高输入电压"的最低电压值应该是 0.7×V_{IN},对于这里的电路就是 0.7×5 V=3.5 V,而用 FPGA 的 3.3 V 高电平供给显然还没有"达标",那么不稳定也就理所当然了。

其实,设计中有很多遗漏疏忽的地方,究其根本原因也许不仅是我们看 datasheet 不够认真,不太细心,而是由于太多的先入为主的观念在影响着我们的思维,太多基本的硬件设计常识无形中被我们忽略了。我想,一个优秀的硬件工程师也许不是不犯错,而是"转"得快。

五、PLL 专用输出引脚带来的反思

Altera 器件的 PLL 输出到引脚的时钟需要使用专用输出引脚。在某个项目中,这个问题在调试 SDRAM 的时候暴露无遗,如图 6.79 和图 6.80 所示,分别是 PLL 输出到 FPGA 外部连接到 SDRAM 的时钟引脚 sdram_clk 分配在非专用引脚和专用引脚时的路径报告。很明显,分配在专用引脚的图 6.80 报告中的路径延时要小很多。

对于特权同学使用的 EP2C8Q208 器件,如图 6.81 和图 6.82 所示,47 脚和 48 脚分别为 PLL1 输出专用的差分正(PLL1_OUTp)和负(PLL1_OUTn)时钟引脚。在使用 PLL1 的输入时钟作为外部时钟时,建议设计者使用这两个引脚(器件手册里没有特别提到这两个引脚,但是依照特权同学的经验分析,它们应该是作为差分时钟引脚时同时使用的)连接外部器件,如果只是一个输出时钟,那么应该使用 47 脚而非 48 脚。当然,如果尝试使用 48 脚,那么会得到和图 6.79 类似的不甚理想的路径报告。

特权同学笔记 16 第四节洋洋洒洒图文并茂地分享了"Cyclone 器件全局时钟尽在掌握"的内容,只不过理论分析得头头是道,却往往在实践中由于粗心犯下低级错误。仔细想想,确实不应该。年轻,没办法,总是要为自己的浮躁和粗心买单。希望

Report Timing (Worst-Case Path)

Command Info | Summary of Paths

	Slack	From Node	To Node	Launch Clock	Latch Clock
1	-2.184	...ut_PLL_ctrl|altpll component|pll|clk[2]	sdram_clk	..._PLL_ctrl|altpll:altpll_component|_clk2	..._PLL_ctrl|altpl

Path #1: Setup slack is -2.184 (VIOLATED)

Path Summary | Statistics | Data Path | Waveform

Data Arrival Path

	Total	Incr	RF	Type	Fanout	Location	Element
1	3.000	3.000					launch edge time
2	0.612	-2.388	F				clock network delay
3	1.528	0.916	FF	IC	1	CLKCTRL_G1	...mponent|_clk2~clkctrl|inclk[0]
4	1.528	0.000	FF	CELL	1	CLKCTRL_G1	...component|_clk2~clkctrl|outclk
5	3.020	1.492	FF	IC	1	IOC_X30_Y19_N2	sdram_clk|datain
6	6.296	3.276	FF	CELL	0	PIN_165	sdram_clk

Data Required Path

	Total	Incr	RF	Type	Fanout	Location	Element
1	8.000	8.000					latch edge time
2	5.612	-2.388	R				clock network delay
3	4.112	-1.500	F	oExt	0	PIN_165	sdram_clk

图 6.79 使用非专用引脚的 PLL 输出时钟

在这一系列的“飞线”项目中多有一些反思，不要总以为自己勤快能干过于自信，学会放慢一点节奏，再沉稳一些，再细致一些，对问题考虑得再全面一些。

六、毛刺滤波的一些方法

在采集一组并行接口信号时，发现接收到的数据非常不稳定。用示波器测量几个用于同步的控制信号，发现时不时有毛刺产生。因为这些数据最终都是要显示在液晶屏上的，当示波器同时测量两个同步信号时，液晶屏的显示错位现象得到明显好转。示波器探头测量信号时相当于并联上一个 pF 级的电容，也能够在一定程度上起到滤波的效果，因此可以断定同步信号的毛刺影响了数据的采集。其中一个同步信号如图 6.83 所示，两个有效高脉冲之间有很多毛刺，放大毛刺后如图 6.84 所示，大约维持 10 ns 的高电平。

如何滤除这些毛刺呢？办法有两个，其一就是用纯粹硬件的办法，在信号进入 FPGA 之前进行滤波处理，串个电阻、并个电容都可以，特权同学并了一个 20 pF 电容后就能够把这些毛刺彻底滤干净，如图 6.85 所示。

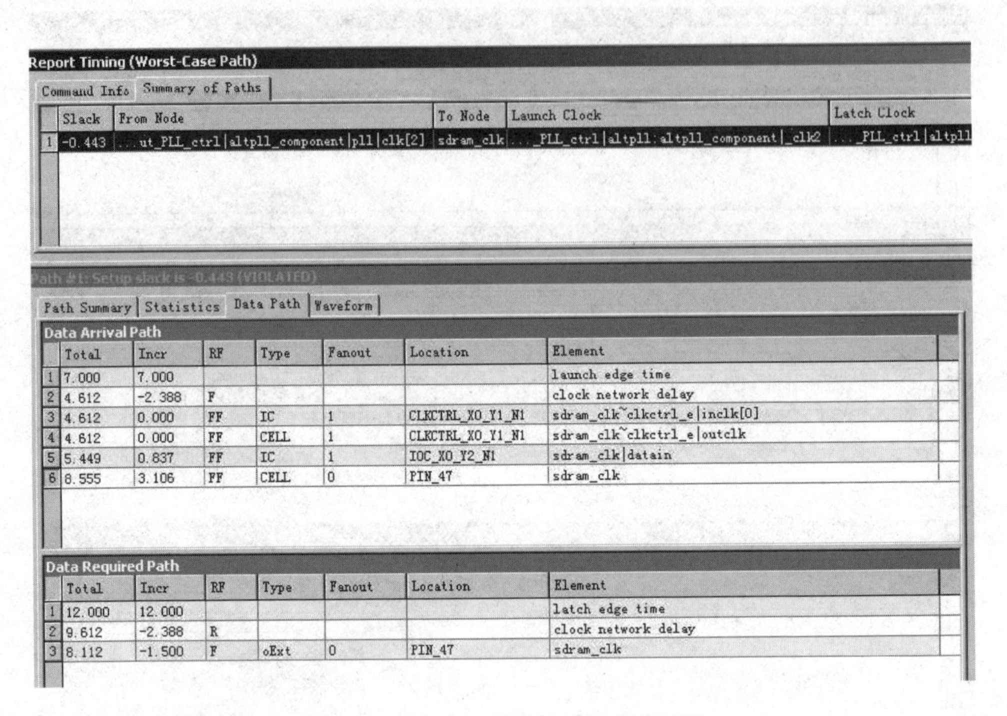

Report Timing (Worst-Case Path)

Command Info | Summary of Paths

	Slack	From Node	To Node	Launch Clock	Latch Clock
1	-0.443	...ut_PLL_ctrl|altpll_component|pll|clk[2]	sdram_clk	..._PLL_ctrl|altpll:altpll_component|_clk2	..._PLL_ctrl|altpll

Path #1: Setup slack is -0.443 (VIOLATED)

Path Summary | Statistics | Data Path | Waveform

Data Arrival Path

	Total	Incr	RF	Type	Fanout	Location	Element
1	7.000	7.000					launch edge time
2	4.612	-2.388	F				clock network delay
3	4.612	0.000	FF	IC	1	CLKCTRL_X0_Y1_N1	sdram_clk~clkctrl_e|inclk[0]
4	4.612	0.000	FF	CELL	1	CLKCTRL_X0_Y1_N1	sdram_clk~clkctrl_e|outclk
5	5.449	0.837	FF	IC	1	IOC_X0_Y2_N1	sdram_clk|datain
6	8.555	3.106	FF	CELL	0	PIN_47	sdram_clk

Data Required Path

	Total	Incr	RF	Type	Fanout	Location	Element
1	12.000	12.000					latch edge time
2	9.612	-2.388	R				clock network delay
3	8.112	-1.500	F	oExt	0	PIN_47	sdram_clk

图 6.80　使用专用引脚的 PLL 输出时钟

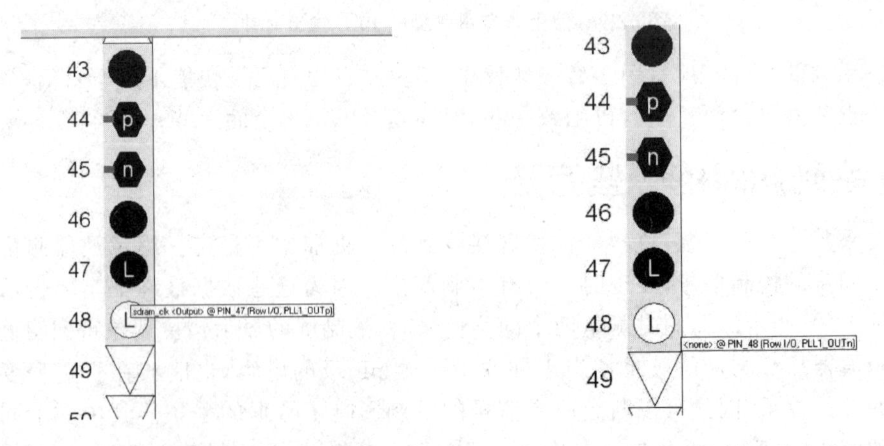

图 6.81　PLL 专用输出时钟差分正引脚　　　　图 6.82　PLL 专用输出时钟差分负引脚

而还有一种“软”硬件滤波的方法，降低数据采集频率以及脉冲边沿采集法都是很好的办法。这里给出一种脉冲边沿采集的滤波方法和大家分享。

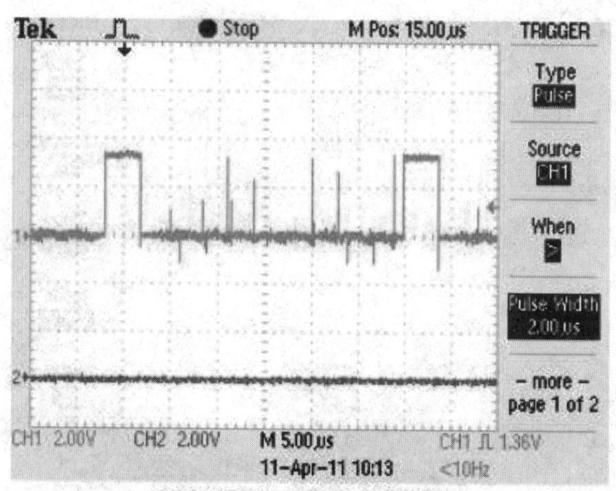

图 6.83　某个同步信号的波形

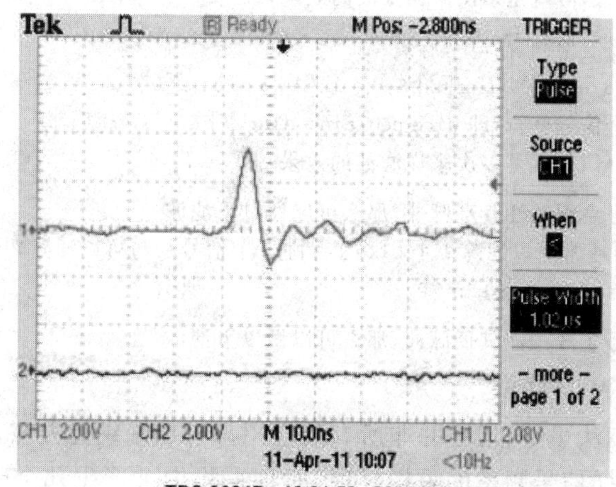

图 6.84　放大的毛刺波形


```
input ain;    //输入信号
reg[3:0] ainr;    //输入信号缓存
//输入信号打 4 拍
always @(posedge clk or negedge rst_n) begin
    if(! rst_n) ainr <= 4'd0;
    else ainr <= {ainr[2:0],ain};
end
//输入信号上升沿检测,高电平有效
wire pos_ain = ~ainr[3] & ~ainr[2] & ainr[1] & ainr[0];
//通常只要两个信号就行,即 wire pos_ain = ~ainr[2] & ainr[1] ;。
```

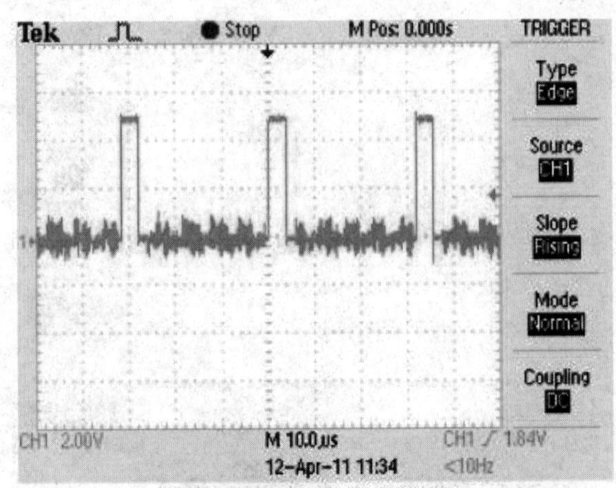

图 6.85　硬件滤波后的波形

```
//这里用了 4 个信号就是多次采样滤波的效果
//输入信号下降沿检测,高电平有效
wire neg_ain = ainr[3] & ainr[2] & ~ainr[1] & ~ainr[0];
//通常只要两个信号就行,即 wire neg_ain = ainr[2] & ~ainr[1] ;。
//这里用了 4 个信号就是多次采样滤波的效果
//若该输入信号主要关注其高脉冲,那么可以做以下滤波
//2 个信号相与通常可以滤除 1 个 clk 的毛刺;3 个信号相与可以滤除 2 个 clk 的毛刺
wire high_ain = ainr[1] & ainr[0];
//若该输入信号主要关注其低脉冲,那么可以做以下滤波
wire low_ain = ainr[1] | ainr[0];
```


脉冲边沿采集法虽好,但是并非所有的应用都可以采纳此办法,由于必须提供至少 3～4 倍于被采样信号频率的采样时钟,而且采集中会产生几个时钟周期的延时,所以设计者在考量是否可以采用此办法时,还是需要多联系实际应用,根据具体情况来定。

七、基于 FPGA 的 LVDS 差分阻抗设计应用实例

1. 差分线的基本阻抗匹配原理

(1) 差分线的阻抗匹配

差分线是分布参数系统,因此在设计 PCB 时必须进行阻抗匹配,否则信号将会在阻抗不连续的地方发生反射,信号反射在数字波形上主要表现为上冲、下冲和振铃现象。下式是一个信号的上升沿(幅度为 EG)从驱动端经过差分传输线到接收端的频率响应:

$$V_L = \frac{E_G Z_0}{Z_G + Z_0} \times \frac{H_1(\omega)(\Gamma_L + 1)}{1 - \Gamma_L \Gamma_G H_1^2(\omega)} \tag{6.1}$$

其中，信号源的电动势为 E_G，内阻抗为 Z_G，负载阻抗为 Z_L；$H_L(\omega)$为传输线的系统函数；Γ_L 和 Γ_G 分别是信号接收端和信号驱动端的反射系数，由以下两式表示：

$$\Gamma_L = \frac{Z_L - Z_0}{Z_L + Z_0} \tag{6.2}$$

$$\Gamma_G = \frac{Z_G - Z_0}{Z_G + Z_0} \tag{6.3}$$

由式(6.1)可以看出，传输线上的电压是由从信号源向负载传输的入射波和从负载向信号源传输的反射波的叠加。只要通过阻抗匹配使 Γ_L 和 Γ_G 等于 0，就可以消除信号反射现象。在实际工程应用中，一般只要求 $\Gamma_L = 0$，这是因为只要接收端不发生信号反射，就不会有信号反射回源端并发生源端反射。

由式(6.2)可知，如果 $\Gamma_L = 0$，则必须 $Z_L = Z_0$，即传输线的特性阻抗等于终端负载的电阻值。传输线的特性阻抗可以由有关软件计算出来，它和差分线的线宽、线距及相邻介质的介电常数有关，一般把差分线的特性阻抗控制在 100 Ω 左右。注意，一个差分信号在多层 PCB 的不同层传输时（特别是内外层都走线时），要及时调整线宽线距来补偿因为介质的介电常数变化带来的特性阻抗变化。终端负载电阻的控制要根据不同的逻辑电平接口，来选择适当的电阻网络和负载并联，以达到阻抗匹配的目的。

(2) 差分线的端接

差分线的端接要满足 2 方面的要求：逻辑电平的工艺要求和传输线阻抗匹配的要求。因此，不同的逻辑电平工艺要采用不同的端接。本文主要介绍 2 种常见的适于高速数传的电平的端接方法：

① LVDS 电平信号的端接。

LVDS 是一种低摆幅的差分信号技术，它上面的信号可以以几百 Mbps 的速率传输。LVDS 信号的驱动器由一个驱动差分线的电流源组成，通常电流为 3.5 mA。它的端接电阻一般只要跨接在正负两路信号的中间就可以了，如图 6.86 所示。

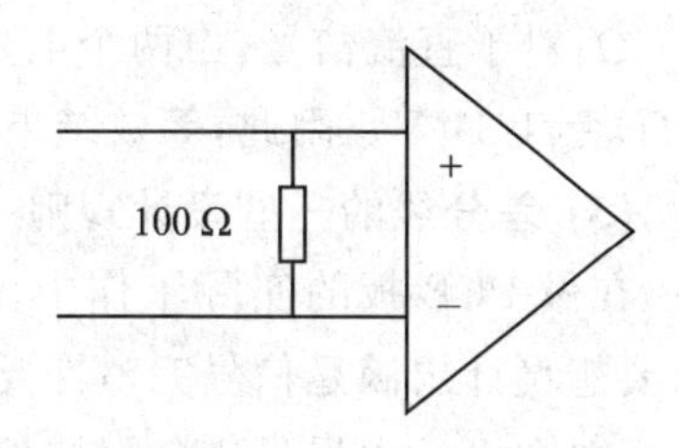

图 6.86　LVDS 接收原理图

LVDS 信号的接收器一般具有很高的输入阻抗，因此驱动器输出的电流大部分都流过了 100 Ω 的匹配电阻，并产生了 350 mV 的电压。有时为了增加抗噪声性能，差分线的正负两路信号之间用 2 个 50 Ω 的电阻串联，并在电阻中间加一个滤波电容到地，这样可以减少高频噪声。随着微电子技术的发展，很多器件生产商已经可以把 LVDS 电平信号的终端电阻做到器件内部，以减少 PCB 设计者的工作。

② LVPECL 电平信号的端接。

LVPECL 电平信号也是适合高速传输的差分信号电平之一，最快可以让信号以 1 GBaud 波特的速率传输。它的每一单路信号都有一个比信号驱动电压小 2 V 的直流电位，因此应用终端匹配时不能在正负两条差分线之间跨接电阻（如果在差分线之间跨接电阻，电阻中间相当于虚地，直流电位将变成零），而只能将每一路进行单端匹配。

对 LEPECL 信号进行单端匹配时，要符合 2 个条件，即信号的直流电位要为 1.3 V（设驱动电压为 3.3 V，减 2 后，为 1.3 V）、信号的负载要等于信号线的特性阻抗（50 Ω）。因此，可以应用如图 6.87 所示的理想的端接方式。

在实际的工程设计中，增加一个电源就意味着增加了新的干扰源，也会增加布线空间（电源的滤波网络要使用大量的布线空间），改变电源分割层的布局。因此在设计系统时，可以利用交直流等效的方法，对图 6.88 中的端接方式进行了等效改变。

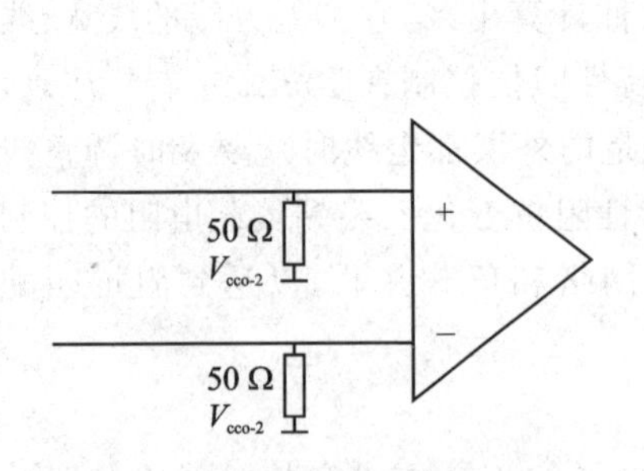

图 6.87　LVPECL 信号理想的端接方式

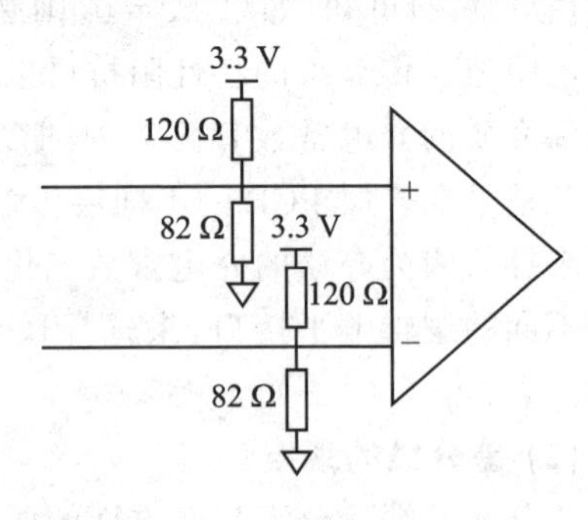

图 6.88　常用的 LVPECL 信号的端接方式

在图 6.88 中，对交流信号而言，相当于 120 Ω 电阻和 82 Ω 电阻并联，经计算为 48.7 Ω；对于直流信号，由两个电阻分压，信号的直流电位为 3.3 V×82 Ω/(120 Ω+82 Ω)= 1.34 V。因此，等效结果在工程应用的误差允许范围内。

(3) 差分线的一些设计规则

在做 PCB 板的实际工作中，应用差分线可以很大程度上提高信号线的抗干扰性，要想设计出满足信号完整性要求的差分线，除了要使负载和信号线的阻抗相匹配外，还要在设计中尽量避免阻抗不匹配的环节出现。现根据实际工作经验，总结出以下规则：

- 差分线离开器件引脚后，要尽量相互靠近，以确保耦合到信号线的噪声为共模噪声。一般使用 FR4 介质、50 Ω 布线规则（差分线阻抗为 100 Ω）时，差分线之间的距离要小于 0.2 mm。
- 信号线的长度应匹配，不然会引起信号扭曲，引起电磁辐射。
- 不要仅仅依赖软件的自动布线功能，要仔细修改以实现差分线的阻抗匹配和隔离。

➢ 尽量减少使用过孔和其他一些引起阻抗不连续的因素。
➢ 不要使用 90°走线,可用圆弧或 45°折线代替。
➢ 信号线在不同的信号层时,要注意调整差分线的线宽和线距,避免因介质条件改变引起的阻抗不连续。

在高速数字 PCB 设计中,运用差分线传输高速信号,一方面在对 PCB 系统的信号完整性和低功耗等方面大有裨益,另一方面也给 PCB 设计水平提出了更高要求。作为设计者应该深刻理解传输线理论的有关概念,仔细分析出各种畸变现象的原因,找出合理有效的解决办法;还要不断把工作中积累的一些经验加以总结,并上升为理性认识,才能够取得满意的设计效果。参考链接:http://wxxrp.blog.163.com/blog/static/680224752008222221615584/。

2. 实际应用中遇到的 LVDS 差分阻抗问题

如图 6.89 所示,在 VITA1300 CMOS Sensor 的 LVDS 通信协议中,4 个通道数据在每一行的视频流传输末端都会带一个 10 bit 的 CRC 校验码,用于接收端确认每一行视频流传输过程的可靠性和稳定性。

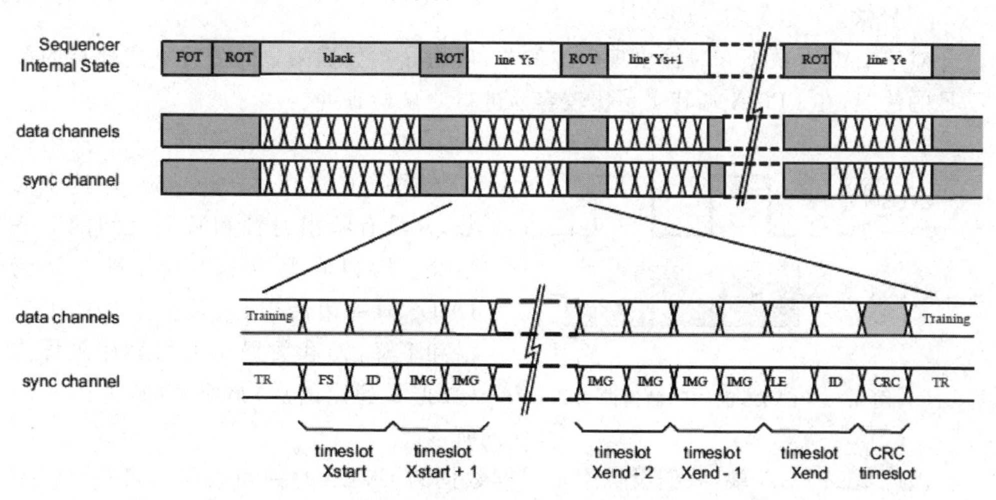

图 6.89　LVDS 通信协议

如图 6.90 所示,在作为 LVDS 接收端的 FPGA 中,根据接收的每一行视频流,在本地重新产生一个 10 bit 的 CRC 校验码,和传输接收到的 CRC 检验码进行比对。NIOS Ⅱ 在软件上可以读取 4 个数据通道相应的 CRC 错误计数寄存器。

当 CRC 错误校验功能添加到 FPGA 设计后可以发现,在硬件系统连续运行 1～2 天后,总是出现一些 CRC 错误行的计数,而且总是通道 1 出现的,如图 6.91 所示。

对于 LVDS 数据传输错误的发生,通常会定位到两个因素:

➢ 单纯的 LVDS 数据和时钟的相位对齐出现问题,即归结为时序问题。

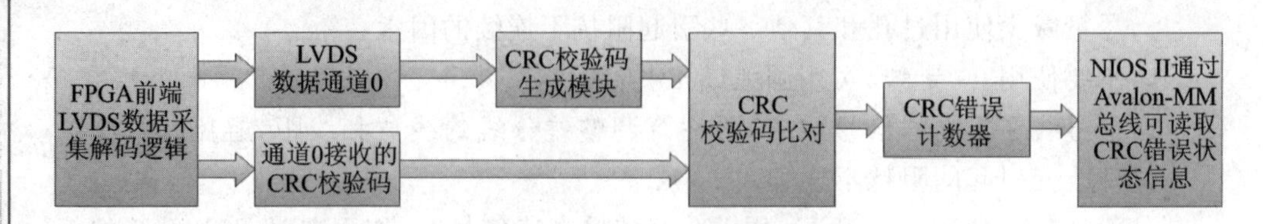

图 6.90　LVDS 数据传输原理框图

```
CRC error state register value is 2.
Channel 0 CRC error state register value is 0.
Channel 1 CRC error state register value is 15.
Channel 2 CRC error state register value is 0.
Channel 3 CRC error state register value is 0.
```

图 6.91　打印 LVDS 传输 CRC 错误统计数据 1

➢ LVDS 差分对的信号完整性问题直观地表现为信号眼图展开过小，或波形异常。

对于 LVDS 数据和时钟出现相位偏差，从而导致数据采集时的建立或保持时间不足的情况，在 FPGA 端其实是比较容易进行测试检查的。

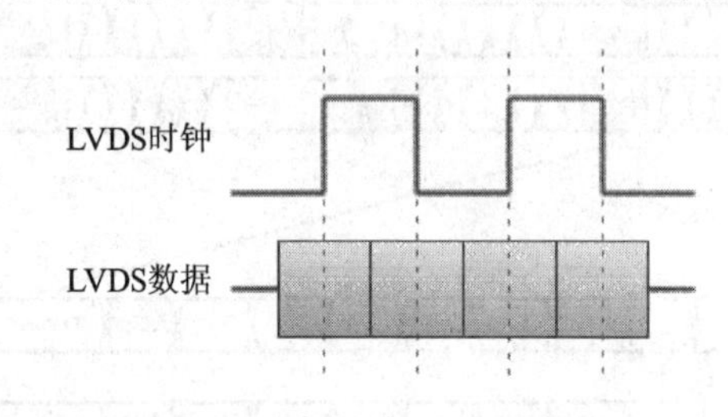

图 6.92　LVDS 时钟和数据波形

由于 VITA1300 的 spec 中只给出了数据通道间的 skew 是 50 ps 这个参数，并没有给出时钟和数据之间的对齐情况。所以在默认情况下，我们认为 LVDS 时钟边沿（用于数据采集的上升沿和下降沿）和数据输出的最佳采样点（数据最稳定的点）是对齐的，如图 6.92 所示。

因此，在 FPGA 端，我们设置用于采样数据的 LVDS 时钟和数据之间的相位差为 0，即保持 LVDS 传输到 FPGA 输入端口的时钟和数据相位状态。在实际测试中发现，这是正确的猜测。

由于要确认通道 1 是否存在固有的数据和时钟相位偏差（如可能是通道 1 数据差分对走线过长等导致的），所以人为地调整了 LVDS 的时钟相位差。

当调整相差为 45 degree 时，仅仅运行几十秒，一串错误便出现了，而且有意思的是，4 个数据通道的错误计数值并不一致，但是通道 1 还是遥遥领先的，如图 6.93 所示。因此，可以初步推断和其他 3 个通道相比，通道 1 的确更有存在问题的风险。

接着将相位调整到－45 degree（315 degree），则运行几十秒后，4 个通道出现了几乎相当的错误计数值，如图 6.94 所示。

在调整相位到－22.5 degree（337.5 degree）时，运行了 3 天半后，发现还是通道 1

```
CRC error state register value is 15.
Channel 0 CRC error state register value is 1466.
Channel 1 CRC error state register value is 1228536.
Channel 2 CRC error state register value is 95.
Channel 3 CRC error state register value is 10.
```

图 6.93 打印 LVDS 传输 CRC 错误统计数据 2

```
CRC error state register value is 15.
Channel 0 CRC error state register value is 1998.
Channel 1 CRC error state register value is 1996.
Channel 2 CRC error state register value is 2001.
Channel 3 CRC error state register value is 2000.
```

图 6.94 打印 LVDS 传输 CRC 错误统计数据 3

有 CRC 错误，如图 6.95 所示。

```
CRC error state register value is 2.
Channel 0 CRC error state register value is 0.
Channel 1 CRC error state register value is 15.
Channel 2 CRC error state register value is 0.
Channel 3 CRC error state register value is 0.
```

图 6.95 打印 LVDS 传输 CRC 错误统计数据 4

从这些测试来看，其实在相位为－22.5～22.5 degree（22.5 degree 未测试）之间某个点应该是最佳的采样点。但是几乎没有不出现错误的通道 1 的采样点（或许会出现在－22.5～0 degree 的某个点，但是 FPGA 不支持这些相位值的设定）。因此，初步断定通道 1 应该不纯粹是时钟和数据不对齐的问题导致错误，而是另有原因，很可能是这个差分对在板级走线过程中存在问题。

于是回头看板级的电路。如图 6.96 所示，目前的 LVDS 通路有两块板连接，一块 FPGA 板和一块 Sensor 板，二者通过 HSMC 插值进行连接。

如图 6.97 所示，在 FPGA 端，用于 LVDS 接收的 6 个通道差分对中，只有时钟差分对之间有一个 100 Ω 的匹配电阻，而其他 4 个数据通道和同步通道并没有任何匹配电阻。

如图 6.98 所示，在 Sensor 板端，所有的传输差分对之间都有 100 Ω 的匹配电阻（确实都焊接了）。

图 6.96　LVDS 传输硬件电路板

HSMC_CLKIN_p1　R200　100　HSMC_CLKIN_n1

图 6.97　FPGA 板端接电阻

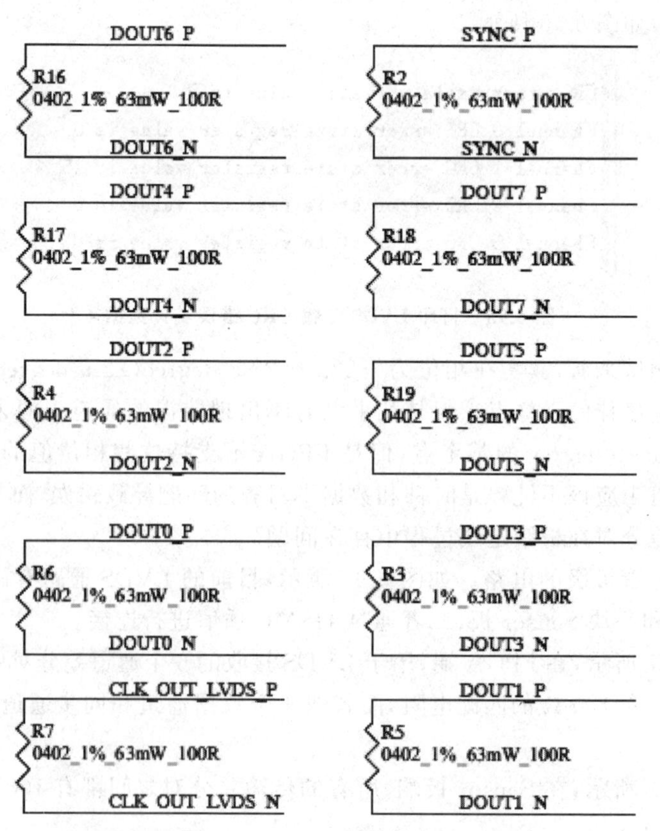

图 6.98　Sensor 板端接电阻

对于 FPGA 的 LVDS 接收阻抗,在 Cyclone V Handbook 的 page40 有如图 6.99 所示的描述,说明 FPGA 内部是支持片内匹配电阻的。在 page46 有如图 6.100 所示的描述,说明 Altera 官方是很推荐用户使用这些片内阻抗来节省板级空间和 BOM 成本的。

The Cyclone V devices support OCT for differential LVDS and SLVS input buffers with a nominal resistance value of 100 Ω, as shown in this figure.

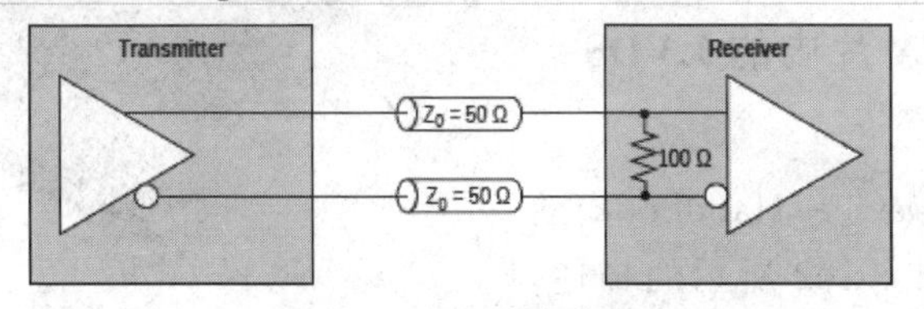

图 6.99 电阻匹配说明

Differential I/O Termination

The I/O pins are organized in pairs to support differential I/O standards. Each I/O pin pair can support differential input and output buffers.

The supported I/O standards such as Differential SSTL-15, Differential SSTL-125, and Differential SSTL-135 typically do not require external board termination.

Altera recommends that you use dynamic OCT with these I/O standards to save board space and cost. Dynamic OCT reduces the number of external termination resistors used.

图 6.100 差分信号终端匹配说明

从上面查到的资料来看,实际上如果使用了 FPGA 内部的片内匹配电阻,外部的任何匹配电阻都是不需要的。而 FPGA 内部的匹配电阻有可设置的开和关状态吗?开始笔者在 LVDS 引脚的分配设置中并没有找到相应的开关,因此认为默认已经开启。由于找到了匹配电阻上来,因此查看 Sensor 板发现,D0/D1/SYNC/CLK 这 4 个差分对间的 100 Ω 电阻没有焊接,而 D3/D4 则焊接上了。

这里还有个小故事,之前和板级硬件设计时探讨过这个问题,当时认为可以去除这些在 Sensor 板上的匹配电阻,于是做了 rework。这里重新确认的时候发现,当时忽视了我们使用的 4 个数据通道(一共 8 个数据通道)并非 D0~D3,而是 D2/D3/D4/D5 这 4 个通道,因此 rework 时残留了 D3/D4 的匹配电阻。照常理,我们认为出问题的应该是 D3/D4,因为 FPGA 内部有匹配电阻了,外部又有匹配电阻,这个信号很可能存在问题,而实际情况却是去除了电阻的 D1 出现了问题。

这里又做了一个测试,因为 Sensor 板和 FPGA 之间由一个软硬结合板连接(之前出于连接的便利,都使用了这个软板转接),如图 6.101 所示,考虑到它可能照成 LVDS 传输的阻抗不连续。因此去除软板后,直连 Sensor 板和 FPGA。此时,发现一个有意思的现象,通道 1 在系统运行后就不停的递增 CRC 错误计数值,而另外 3 个通道都没有任何错误产生。

此时，我们拿出一块未做过任何 rework、所有匹配电阻都焊接着的 Sensor 板，直接连到 FPGA 板上，系统运行后一切正常，通道 1 并未出现任何的 CRC 错误计数。因此，我们将目光聚焦在了 LVDS 的匹配阻抗上。

图 6.101　LVDS 传输用的软硬结合板

3. 使用 FPGA 片内的 LVDS 匹配阻抗

Cyclone V Device Handbook 的 page67～68 有如图 6.102 所示的描述。由此可见，LVDS 差分对间的片内电阻是需要在 pin assignment 中开启的。

Differential I/O Termination for Cyclone V Devices

The Cyclone V devices provide a 100 Ω, on-chip differential termination option on each differential receiver channel for LVDS standards. On-chip termination saves board space by eliminating the need to add external resistors on the board. You can enable on-chip termination in the Quartus II software Assignment Editor.

All I/O pins and dedicated clock input pins support on-chip differential termination, R_D OCT.

Figure 5-42: On-Chip Differential I/O Termination

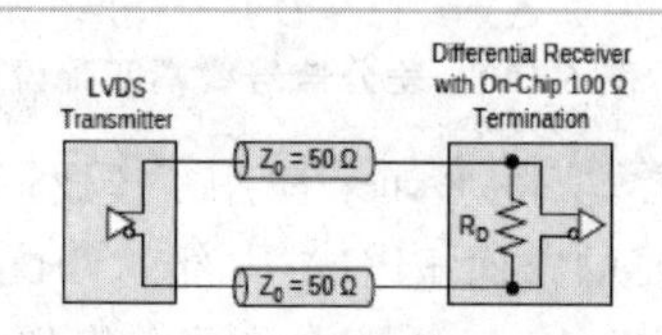

Table 5-41: Quartus II Software Assignment Editor–On-Chip Differential Termination

This table lists the assignment name for on-chip differential termination in the Quartus II software Assignment Editor.

Field	Assignment
To	rx_in
Assignment name	Input Termination
Value	Differential

图 6.102　LVDS 阻抗匹配说明

考虑到容易出现错误的通道 1 在外部并没有匹配电阻，因此在 FPGA 的 Pin assignment 中专门设置开启了它的片内匹配电阻。重新运行系统，之前一开机就不断递增通道 1 的 CRC 错误计数的板子，不在出现错误计数。

因此，基本可以断定通道 1 的一系列异常错误问题的直接导火索是匹配阻抗。

下面又做了一个测试,将 Sensor 板上的所有匹配电阻都取下,将 FPGA 内部的所有片内匹配电阻都打开。运行系统后并不是一切正常,反而是正常显示了两三秒钟后视频流终止了。仔细一核对发现,FPGA 板上的 CLKIN 还有一个外部匹配电阻并未去除,而 FPGA 片内匹配电阻也开着,这就导致了时钟信号的电平异常,那么直接导致了视频流的异常。

当关闭 FPGA 片内的 CLKIN 匹配电阻后,一切正常。开启 FPGA 内部的 D0/D1/D2/D3/SYNC 匹配电阻,关闭 CLKIN 的匹配电阻,只预留 CLKIN 的板级匹配电阻,如图 6.103 所示,同时取下其他在电路板上的匹配电阻。将 LVDS 的时钟相位设置为 0。笔者进行了 8 天的测试发现,不再出现任何的 CRC 校验错误。

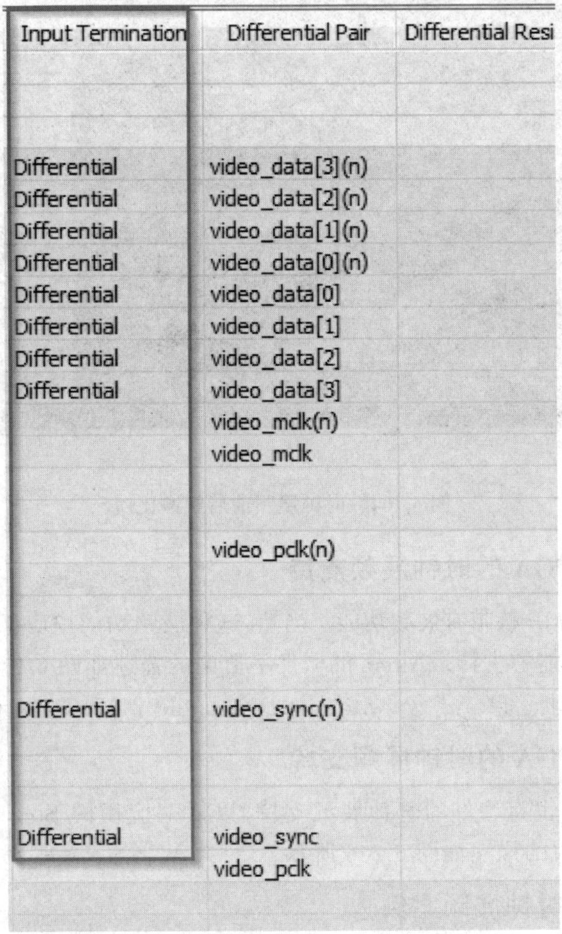

Input Termination	Differential Pair	Differential Resi
Differential	video_data[3](n)	
Differential	video_data[2](n)	
Differential	video_data[1](n)	
Differential	video_data[0](n)	
Differential	video_data[0]	
Differential	video_data[1]	
Differential	video_data[2]	
Differential	video_data[3]	
	video_mclk(n)	
	video_mclk	
	video_pclk(n)	
Differential	video_sync(n)	
Differential	video_sync	
	video_pclk	

图 6.103　LVDS 引脚片内匹配电阻使能

八、使用 FPGA 时钟展频技术搞定 RE 测试

1. 关于时钟展频应用

如图 6.104 所示，展频技术是通过对尖峰时钟进行调制处理，使其从一个窄带时钟变成为一个具有边带谐波的频谱，从而达到将尖峰能量分散到展频区域的多个频率段，来达到降低尖峰能量，抑制 EMI 的效果。

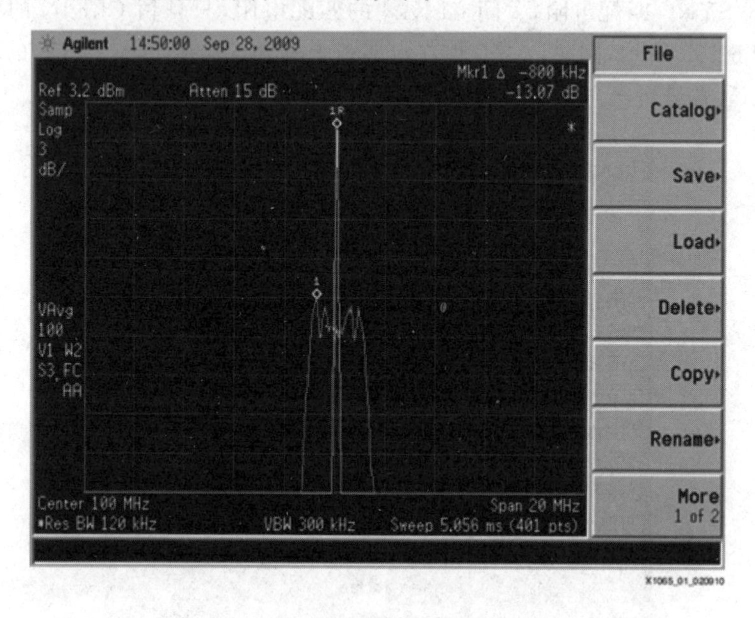

图 6.104　时钟展频前后频谱比对

2. Altera FPGA 的时钟展频支持

Altera 的 PLL IP 核带有展频功能。当然，这种展频功能块应该是“硬核”实现，在某些特定器件上才能够支持。Altera 的器件手册中的描述如图 6.105 所示。具体可以参考 Altera 官方文档：http://www.topleve.com/upfile/2015122510365534.pdf。

3. Xilinx FPGA 的时钟展频支持

Xilinx FPGA 也有很好的时钟展频支持，以低端应用的 Spartan6 为例，官方文档 xapp1065.pdf 中的描述如图 6.106 所示。

4. FPGA 的时钟展频案例

笔者在实践中尝试了一把，非常奏效。某 Class A 标准的产品在初测 RE 时，报告如图 6.107 所示，明显很多 60 MHz 基频的辐射点超出很多，辐射点的能量很集中的一个点上。

Spread-Spectrum Clocking

Spread-spectrum technology reduces electromagnetic interference (EMI) in a system. This technology works by distributing the clock energy over a broad frequency range.

The spread-spectrum clocking feature distributes the fundamental clock frequency energy throughout your design to minimize energy peaks at specific frequencies. By reducing the spectrum peak amplitudes, the feature makes your design more likely meets the EMI emission compliance standards, and reduces costs associated with traditional EMI containment.

The traditional methods for limiting EMI include shielding, filtering, and using multi-layer printed circuit boards. Multi-layer circuit boards are expensive and are not guaranteed to meet the EMI emission compliance standards. The use of spread-spectrum technology is simpler and more cost-effective than these other methods.

To use the spread-spectrum clocking feature, you must set the programmable bandwidth feature to **Auto**.

Parameter Settings

For devices that support spread-spectrum technology, the parameter settings are located on the **Bandwidth/SS** page of the ALTPLL parameter editor.

The following figure shows the Spread Spectrum window.

Figure 10: Spread Spectrum Settings

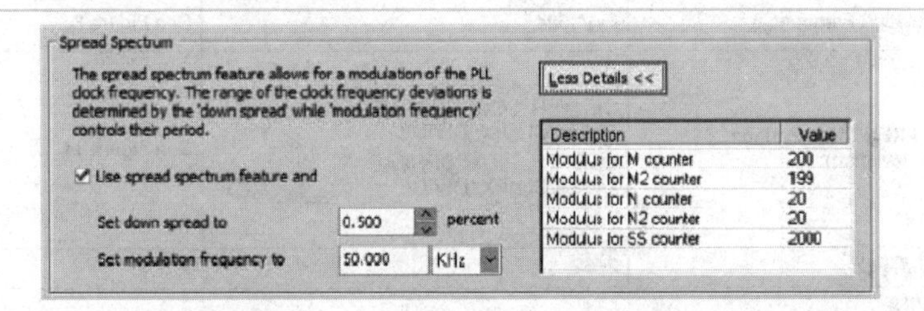

To enable the spread-spectrum feature, turn on **Use spread spectrum feature**. Set the desired down spread percentage, and the modulation frequency. The table in the spread spectrum window lists the detailed descriptions of the current counter values.

The down spread percentage defines the modulation width or frequency span of the instantaneous output frequency resulting from the spread spectrum. When you use down spread, the modulation width falls at or below a specified maximum output frequency. The wider the modulation, the larger the band of frequencies over which the energy is distributed, and the more reduction is achieved from the peak. For example, with a down spread percentage of 0.5% and maximum operating frequency of 100 MHz, the output frequency is swept between 99.5 and 100 MHz.

图 6.105 Altera 器件对展频的支持

使用 FPGA 对 60 MHz 基频输出做了 8 个频点的展频，最终 RE 报告如图 6.108 所示。

Spread-Spectrum Generation

Spartan-6 FPGAs can generate a spread-spectrum clock source from a standard fixed-frequency oscillator. A Spartan-6 FPGA spread-spectrum clock source is generated by using the DCM_CLKGEN primitive. The DCM_CLKGEN primitive can either use a fixed spread-spectrum solution, providing the simplest implementation, or a soft spread-spectrum solution that adds flexibility but requires additional control logic to generate the spread-spectrum clock.

As detailed in Table 2, the fixed spread-spectrum solution is for typical spread-spectrum clock requirements. It only requires setting the SPREAD_SPECTRUM attribute. The soft spread-spectrum solution provides additional flexibility, but requires an additional state machine to control the DCM_CLKGEN primitive and is focused on video applications (M = 7, D = 2).The attributes used in conjunction with the soft spread-spectrum solution are VIDEO_LINK_M0, VIDEO_LINK_M1, or VIDEO_LINK_M2.

Table 2: **Summary of DCM_CLKGEN Spread-Spectrum Modes**

	Fixed Spread-Spectrum Clock	Soft Spread-Spectrum Clock
SPREAD_SPECTRUM Values	CENTER_LOW_SPREAD	VIDEO_LINK_M0
	CENTER_HIGH_SPREAD	VIDEO_LINK_M1
		VIDEO_LINK_M2
Additional Logic	None	Use `sstop.v`
Modulation Profile	Triangular	Triangular
Spread Direction	Center	Down
F_{MOD} (Modulation Frequency)	F_{IN}/1024	See Figure 8
Spread of CLKFX Clock Periods (Frequency Deviation)	CENTER_LOW_SPREAD: 100 ps/CLKFX_DIVIDE CENTER_HIGH_SPREAD: 240 ps/CLKFX_DIVIDE	See Figure 11
CLKFX_MULTIPLY	2–32	7
CLKFX_DIVIDE	1–4	2, 4
DCM_CLKGEN Programming Ports	N/A	PROGCLK, PROGEN, PROGDATA, PROGDONE

图 6.106 Xilinx 器件对展频的支持

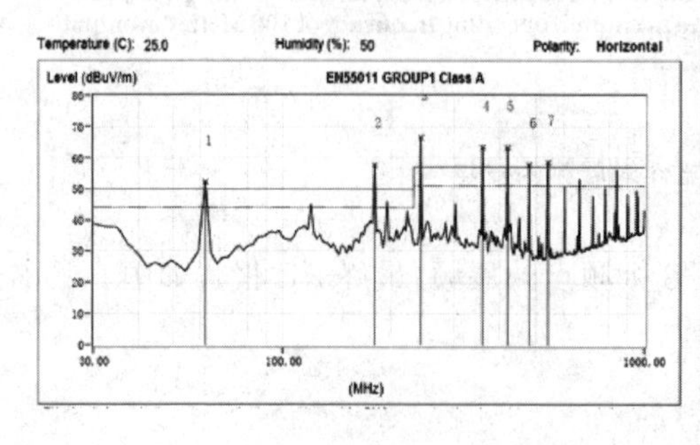

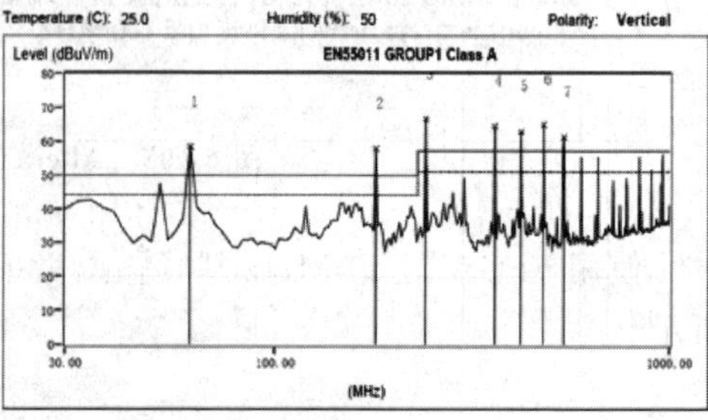

图 6.107 某产品在 FPGA 时钟展频前的 RE 测试报告

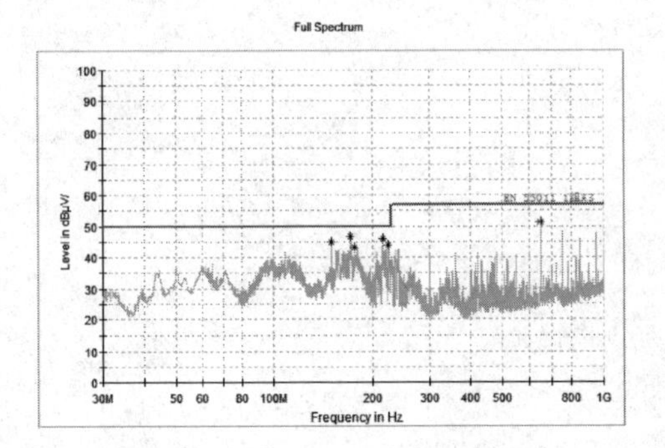

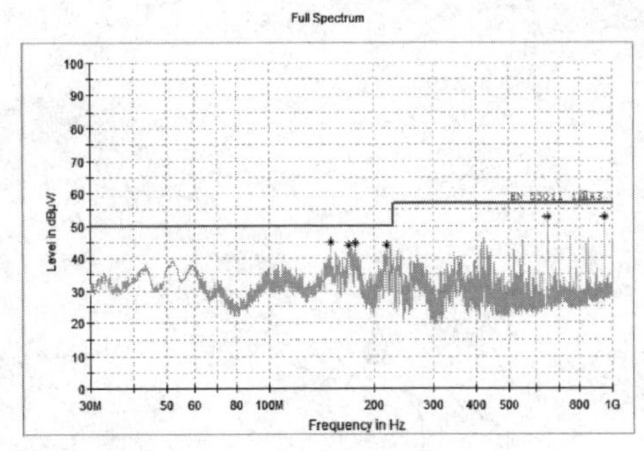

图 6.108　某产品在 FPGA 时钟展频后的 RE 测试报告

第七部分　项目案例

闲懒的手，造成贫穷；殷勤的手，使人富足。

——箴言第10章4节

笔记 22

DIY 逻辑分析仪

一、背景介绍

逻辑分析仪是一种类似于示波器的波形测试设备，它可以监测硬件电路工作时的逻辑电平（高或低），存储后用图形的方式直观地表达出来，主要是方便用户在数字电路调试中观察输出的逻辑电平值。逻辑分析仪是电路开发中不可缺少的设备，通过它可以迅速地定位错误、解决问题，达到事半功倍的效果。如图 7.1 所示，一个逻辑分析的基本功能架构主要包括数据采样、触发控制、数据存储和显示控制 4 大部分。

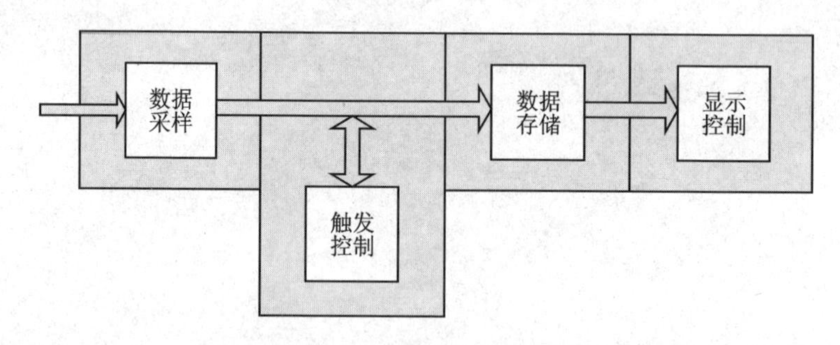

图 7.1 逻辑分析仪的基本功能架构

逻辑分析仪是利用时钟从测试设备上采集和显示数字信号的仪器，主要作用是时序判定。由于逻辑分析仪不像示波器那样有许多电压等级，通常只显示两个电压（逻辑 0 和 1），所以，设定了参考电压后，逻辑分析仪将被测信号通过比较器进行判定，高于参考电压者逻辑为 1，低于参考电压者为逻辑 0，在逻辑 1 与逻辑 0 之间形成数字波形。

整体而言，逻辑分析仪测量被测信号时，并不会显示出电压值，只是简单地显示逻辑 1 或者逻辑 0 的差别。如果要测量电压就一定需要使用示波器。除了电压值的显示不同外，逻辑分析仪与示波器的另一个差别在于通道数量。一般的示波器只有

2 个通道或 4 个通道，而逻辑分析仪可以拥有 16 个通道、32 个通道、64 个通道和上百个通道数等，因此逻辑分析仪具备同时进行多通道测试的优势，更适合于对总线式信号的调试。

根据硬件设备设计上的差异，目前市面上逻辑分析仪大致上可分为独立式(或单机型)逻辑分析仪和需结合计算机的卡式虚拟逻辑分析仪。独立式逻辑分析仪是将所有的测试软件、运算管理元件以及数据采集单元整合在一台仪器之中；卡式虚拟逻辑分析仪则需要搭配计算机一起使用，显示屏也与主机分开。

就整体规格而言，独立式逻辑分析仪已发展到相当高的标准，例如采样率可达 8 GHz、通道数可扩充到 300 个以上，存储深度相对也高。独立式逻辑分析仪价格昂贵，一般用户很少用得起。基于计算机接口的卡式虚拟逻辑分析仪，以较小的成本提供了相应的性能；但是卡式虚拟逻辑分析仪也有很大缺点，它需要配备计算机才能使用，尤其在数字测试中，工程师往往会陷入一堆 PCB 板中，采用旋转按钮的仪器要比在屏幕上移动鼠标更加方便。

二、功能需求及模块划分

在了解了逻辑分析仪的基本功能后，需明确该设计工程的功能需求，即需要实现一个怎样的逻辑分析仪？这个逻辑分析仪都需要包含哪些功能？对于这些问题，特权同学列出下述 9 个功能点。

① 使用 Cyclone 系列 EP1C3T144 为基础来实现所有的功能，以 SF - EP1C 开发板为目标板。

② EP1C3T144C8 标称理想情况下最大频率可以达到 275 MHz，但是实际设计中达到 150 MHz 就很不错了。所以退一步，我们的简单逻辑分析仪的信号捕获精度定位在 100 MHz。

③ 4 路的信号捕获输入通道，一路的信号触发通道(可配置上升沿或者下降沿触发)。

④ 3 种采样模式：MODE1——触发后显示后 64 个采样数据；MODE2——触发后显示前 32 个采样数据和后 32 个采样数据；MODE3——触发后显示前 64 个采样数据。

⑤ 使用计算机显示器(VGA)作为波形显示屏幕，工作在 60 Hz、640×480 分辨率下，每 8 个像素点为单位作为一个采样数据的显示长度。

⑥ 一位拨码开关，用于控制上升沿触发或者下降沿触发。

⑦ 3 位拨码开关，用于配置触发模式，例如：开关 1 拉高则开启 MODE1，开关 2 拉高则开启 MODE2，开关 3 拉高则开启 MODE3。同一时刻 3 个开关只能有一个置高，否则命令无效。

⑧ 除了有一个 FPGA 的系统复位按键外，还有一个逻辑分析仪的采样清除按键，低有效，用于清除当前采样波形，以开始一个新的采样触发。

⑨ 采样频率(采样周期)可设置,由 2 个按键调节控制。

可调的采样频率/采样周期如表 7.1 所列,共分 10 个等级。

表 7.1　可调的采样频率/周期列表

频率/Hz	100M	50M	25M	10M	2M	1M	500K	200K	100K	10K
周期	10 ns	20 ns	40 ns	100 ns	500 ns	1 μs	2 μs	5 μs	10 μs	100 μs

对于这个设计,前面已经明确了整个设计最终需要实现的功能,往后是详细的设计阶段,特权同学罗列了设计者需要考虑的一些关键点以及注意事项。

① 别急着写代码,先好好考虑,把所有可能用到的输入/输出接口整理清楚,然后划分模块。例如,顶层下我们分 3 个模块:其一是系统模块,可以包括 PLL 输出(必须用 PLL 是因为输入时钟为 25 MHz,需要 4 倍频才能得到采样时钟 100 MHz,还有 VGA 的时序也用 25 MHz 来产生,那么这两个时钟需要同时从 PLL 里输出)和系统复位信号的产生;其二是信号采集模块,这个模块处理信号采集、触发模式设置、采样模式、采样频率设置等相关的设计;其三是 VGA 显示模块,这个模块包含 VGA 显示驱动相关的设计。

② 开始我们的设计(Verilog RTL 级代码设计)……切入点在哪就因人而异了,不过对于这个设计来说,个人认为应该是先从系统模块做起,再到数据采集,最后才是处理 VGA 显示部分,大体是按照数据流的方向来设计更有助于理顺思路。

③ 综合,进行功能仿真,不带有任何延时信息的仿真,验证前面的代码设计是否达到预定功能要求,不断测试,不断修改。这期间要学会写 Testbench 进行设计的仿真验证,而不是简单地添加一些波形激励;观察结果也不能只看波形,要学会使用一些诸如内部判断打印信息、输出数据到 txt 等更有效方便的方式进行验证。

④ 实现,添加时序约束,这个工程请查看工程目录下的.sdc 文件,里面对工程进行了时序约束,达到时序收敛。在这期间,如果时序违规,那么可以考虑回头修改代码,或是添加一些允许的时序例外以缓解时序,再或者对一些软件里综合实现的选项进行必要的设置……总之,方法有很多,这也是设计里很重要的一个环节。更多内容请参考 Quartus Ⅱ_handbook 里关于 TimeQuest 的相关章节,或者可以多找找 Altera提供的很多相关的 Application Note。

⑤ 时序仿真,可选。添加了设计实现即布局布线后延时信息的仿真,与板级的模型很接近了,但是有时候一个大工程往往无法忍受将大量的时间耗费在这里,所以时序约束达到收敛后,这个仿真也只是可选的,并不一定要做。

⑥ 板级调试,对于一个大工程,一次性成功的概率微乎其微,再认真也总是有犯错的时候。在板级调试中要学会不断地发现问题、分析问题并解决问题。也许到这一步会出现很多问题,多次返工从代码设计找问题也很正常。

模块划分如图 7.2 所示。3 个主模块大体就是根据数据流的方向来划分的。

sys_ctrl 模块对系统复位信号进行异步复位、同步释放的处理，并且例化 PLL，得到多个稳定可靠的时钟信号。sampling_ctrl 模块包含按键检测、触发控制和模式选择、数据采集、数据存储等多个功能点，可以说它是采集控制部分的核心模块。vga_ctrl 模块重点在 VGA 显示器的界面设计和显示驱动部分的时序控制。

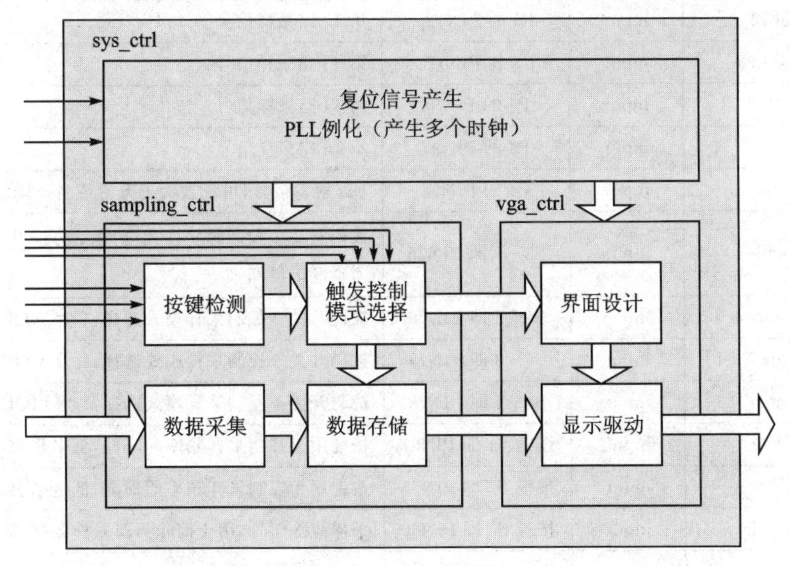

图 7.2　模块划分

DIY 逻辑分析仪工程源码配合 SF－EP1C 开发板使用，FPGA 引脚定义及分配如表 7.2 所列。

表 7.2　引脚定义及分配

名　称	方　向	分　配	作　用
clk	input	PIN16	FPAG 输入时钟信号，频率为 25 MHz
rst_n	input	PIN144	FPAG 输入复位信号，低电平有效
signal[0]	input	P5 的 PIN109	第 0 路采样信号
signal[1]	input	P5 的 PIN110	第 1 路采样信号
signal[2]	input	P5 的 PIN111	第 2 路采样信号
signal[3]	input	P5 的 PIN112	第 3 路采样信号
signal[4]	input	P5 的 PIN113	第 4 路采样信号
signal[5]	input	P5 的 PIN114	第 5 路采样信号
signal[6]	input	P5 的 PIN119	第 6 路采样信号
signal[7]	input	P5 的 PIN120	第 7 路采样信号
signal[8]	input	P5 的 PIN121	第 8 路采样信号
signal[9]	input	P5 的 PIN122	第 9 路采样信号

续表 7.2

名　称	方　向	分　配	作　用
signal[10]	input	P5 的 PIN123	第 10 路采样信号
signal[11]	input	P5 的 PIN124	第 11 路采样信号
signal[12]	input	P5 的 PIN125	第 12 路采样信号
signal[13]	input	P5 的 PIN128	第 13 路采样信号
signal[14]	input	P4 的 PIN96	第 14 路采样信号
signal[15]	input	P4 的 PIN97	第 15 路采样信号
trigger	input	P4 的 PIN98	1 路触发信号，可配置为上升沿或者下降沿触发
tri_mode	input	S5－1 即 PIN75	拨码开关 1 控制触发模式选择：1 为上升沿触发，0 为下降沿触发
sampling_mode[0]	input	S5－2 即 PIN76	拨码开关 2 控制采样模式选择：1 为 MODE1
sampling_mode[1]	input	S5－3 即 PIN77	拨码开关 3 控制采样模式选择：1 为 MODE2
sampling_mode[2]	input	S5－4 即 PIN78	拨码开关 4 控制采样模式选择：1 为 MODE3
add_key	input	按键 S1 即 PIN57	按键用于控制采样频率的降低，低电平表示按下
dec_key	input	按键 S2 即 PIN58	按键用于控制采样频率的提高，低电平表示按下
sampling_clr_n	input	按键 S4 即 PIN60	采样清除信号，用于清除当前采样数据，低有效
hsync	output	PIN61	VGA 行同步信号
vsync	output	PIN62	VGA 场同步信号
vga_r[2]	output	PIN74	VGA 色彩
vga_r[1]	output	PIN73	VGA 色彩
vga_r[0]	output	PIN72	VGA 色彩
vga_g[2]	output	PIN71	VGA 色彩
vga_g[1]	output	PIN70	VGA 色彩
vga_g[0]	output	PIN69	VGA 色彩
vga_b[1]	output	PIN67	VGA 色彩
vga_b[0]	output	PIN68	VGA 色彩

说明：

① signal 总线最多可以接入 16 个待采样信号，用户可随意分配到 P5/P6 插座上，支持电压3.3 V。

② 拨码开关 2/3/4 在同一时刻只能有一个处于开启状态。

三、数据采集、触发及存储

信号采集模块 sampling_ctrl.v 的输入/输出接口定义如表 7.3 所列。

表 7.3 信号采集模块 sampling_ctrl.v 的输入/输出接口定义

名 称	方 向	描 述
clk_100m	input	FPAG 采样时钟信号，频率为 100 MHz
rst_n	input	系统复位信号，低电平有效
signal[15：0]	input	16 路被采样信号
trigger	input	1 路触发信号，可配置为上升沿或者下降沿触发
tri_mode	input	触发信号模式选择，1 为上升沿触发，0 为下降沿触发
sampling_mode[2：0]	input	采样模式选择，高电平表示选中。001 为 MODE1，010 为 MODE2，100 为 MODE3
add_key	input	按键用于控制采样频率的降低，低电平表示按下
dec_key	input	按键用于控制采样频率的提高，低电平表示按下
sampling_clr_n	input	采样清除信号，用于清除当前采样数据，低有效
disp_ctrl	output	VGA 触发且采样完成，显示波形使能
sampling_rate[3：0]	output	采样率设置寄存器，0～100 MHz，1～50 MHz，…，9～10 kHz
sft_r0[63：0]	output	移位寄存器组 0，送给 VGA 显示的数据
sft_r1[63：0]	output	移位寄存器组 1，送给 VGA 显示的数据
sft_r2[63：0]	output	移位寄存器组 2，送给 VGA 显示的数据
sft_r3[63：0]	output	移位寄存器组 3，送给 VGA 显示的数据
sft_r4[63：0]	output	移位寄存器组 4，送给 VGA 显示的数据
sft_r5[63：0]	output	移位寄存器组 5，送给 VGA 显示的数据
sft_r6[63：0]	output	移位寄存器组 6，送给 VGA 显示的数据
sft_r7[63：0]	output	移位寄存器组 7，送给 VGA 显示的数据
sft_r8[63：0]	output	移位寄存器组 8，送给 VGA 显示的数据
sft_r9[63：0]	output	移位寄存器组 9，送给 VGA 显示的数据
sft_ra[63：0]	output	移位寄存器组 a，送给 VGA 显示的数据
sft_rb[63：0]	output	移位寄存器组 b，送给 VGA 显示的数据
sft_rc[63：0]	output	移位寄存器组 c，送给 VGA 显示的数据
sft_rd[63：0]	output	移位寄存器组 d，送给 VGA 显示的数据
sft_re[63：0]	output	移位寄存器组 e，送给 VGA 显示的数据
sft_rf[63：0]	output	移位寄存器组 f，送给 VGA 显示的数据

时钟 clk_100m 是由 PLL 电路对 FPGA 输入的 25 MHz 晶振时钟倍频得到的，用于对 16 路待采样信号的采集。触发信号模式选择输入 tri_mode 和采样模式选择输入 sampling_mode[2：0]都是直接由 FPGA 外部的一组拨码开关控制的，用户可以通过拨码开关控制这些输入电平为高或者低，从而设置不同的触发和采样模式。

触发信号输入 trigger 可以配置成上升沿有效或者下降沿有效。若设置为上升沿有效(拨码开关设置 tri_mode=1),则当 FPGA 检测到 trigger 的输入电平由 0 到 1 跳变时,FPGA 就根据一定的采样模式将采样到的 16 路信号显示到液晶屏上。若设置为下降沿有效(拨码开关设置 tri_mode=0),则当 FPGA 检测到 trigger 的输入电平由 1 到 0 跳变时,相应显示 16 路信号的一组采样值。

add_key 和 dec_key 是两个按键,FPGA 中设计了一个按键检测电路用于处理它们的键值。按键未被按下时保持高电平,有键按下则相应键值为低电平,设计中通过 20 ms 间隔采样和脉冲边沿检测法实现这个按键的检测。这两个按键每次有效按下后,相应地提高或者降低信号的采样频率。也就是说,用这两个按键设置表 6.7 所列的 10 挡采样频率。采样清除信号 sampling_clr_n 也是 FPGA 外部的一个按键,该按键的作用就是清除之前采集到的数据以及当前显示的采样波形,准备下一次数据采集。

disp_ctrl 信号用于控制液晶屏是否显示波形,只有当触发信号有效后(出现上升沿或者下降沿),disp_ctrl 才会被置高电平,液晶屏(VGA)才会显示采集到的数据波形。

sampling_rate[3:0]表示了当前的数据采样频率,它输出到 VGA 显示模块,主要是用于液晶屏显示相应的数值,便于用户把握当前的采样频率值。

sft_r0[63:0]到 sft_rf[63:0]这 16 组数据就是 16 路输入信号在触发后,最终需要显示到液晶屏供用户观察的连续 64 个采样值。这 16 个数组一直以移位寄存器的方式不断地读进新的采样值,直到触发信号到来,根据采样模式的不同,在相应的时刻这个移位寄存器停止工作,当前的 64 位采样值也就固定不变了。

四、基于 VGA 的显示界面设计

VGA 显示驱动控制模块 vga_ctrl.v 的输入/输出接口定义如表 7.4 所列。

表 7.4　VGA 显示驱动控制模块 vga_ctrl.v 的输入/输出接口定义

名　称	方　向	描　述
clk_25m	input	VGA 时序驱动时钟,频率为 25 MHz
rst_n	input	系统复位信号,低电平有效
sampling_mode[2:0]	input	采样模式选择,高电平表示选中。001 为 MODE1,010 为 MODE2,100 为 MODE3
tri_mode	input	触发信号模式选择,1 为上升沿触发,0 为下降沿触发
disp_ctrl	input	VGA 触发且采样完成,显示波形使能
sampling_rate[3:0]	input	采样率设置寄存器,0~100 MHz,1~50 MHz,…,9~10 kHz
sft_r0[63:0]	input	移位寄存器组 0,送给 VGA 显示的数据
sft_r1[63:0]	input	移位寄存器组 1,送给 VGA 显示的数据

续表 7.4

名 称	方 向	描 述
sft_r2[63：0]	input	移位寄存器组 2,送给 VGA 显示的数据
sft_r3[63：0]	input	移位寄存器组 3,送给 VGA 显示的数据
sft_r4[63：0]	input	移位寄存器组 4,送给 VGA 显示的数据
sft_r5[63：0]	input	移位寄存器组 5,送给 VGA 显示的数据
sft_r6[63：0]	input	移位寄存器组 6,送给 VGA 显示的数据
sft_r7[63：0]	input	移位寄存器组 7,送给 VGA 显示的数据
sft_r8[63：0]	input	移位寄存器组 8,送给 VGA 显示的数据
sft_r9[63：0]	input	移位寄存器组 9,送给 VGA 显示的数据
sft_ra[63：0]	input	移位寄存器组 a,送给 VGA 显示的数据
sft_rb[63：0]	input	移位寄存器组 b,送给 VGA 显示的数据
sft_rc[63：0]	input	移位寄存器组 c,送给 VGA 显示的数据
sft_rd[63：0]	input	移位寄存器组 d,送给 VGA 显示的数据
sft_re[63：0]	input	移位寄存器组 e,送给 VGA 显示的数据
sft_rf[63：0]	input	移位寄存器组 f,送给 VGA 显示的数据
hsync	output	VGA 行同步信号
vsync	output	VGA 场同步信号
vga_r[2：0]	output	VGA 色彩
vga_g[2：0]	output	VGA 色彩
vga_b[1：0]	output	VGA 色彩

时钟 clk_25m 是由 PLL 电路对 FPGA 输入的 25 MHz 晶振时钟处理后得到的,用于 VGA 工作于 60 Hz、640×480 分辨率下的驱动时钟。

采样模式选择 sampling_mode[2：0]和触发信号模式选择 tri_mode 都是由 FPGA 外部拨码开关控制的输入信号,波形显示控制位 disp_ctrl 和采样频率寄存器 sampling_rate[3：0]都是由上一个模块 sampling_ctrl.v 送过来的。这些信号之所以要输入到该模块,主要就是传递一些需要显示到液晶屏上的字符相关信息。图 7.3中,该模块就是要完成这样一个基本的显示界面的设计,而 sampling_rate[3：0]、tri_mode 和 sampling_mode[2：0]这几组信号也就是传递了"Sampling Period:"、"Trigger mode:"和"Sampling Mode:"这些选项后的集体参数信息。disp_ctrl 则控制着主界面中是否显示信号的波形,图 7.3 中并未显示任何波形,说明 disp_ctrl 处于关闭状态,触发信号没有被触发。

该模块中的很多字模数据并不是由其他模块送过来的,它充分利用了 EP1C3T144 的 M4K 存储块配置了一些 ROM,这些 ROM 里就存储了这些字符的字模数据。详细的寻址和送显示的方式与光盘中文档"基于 EPM240 的入门实验"中

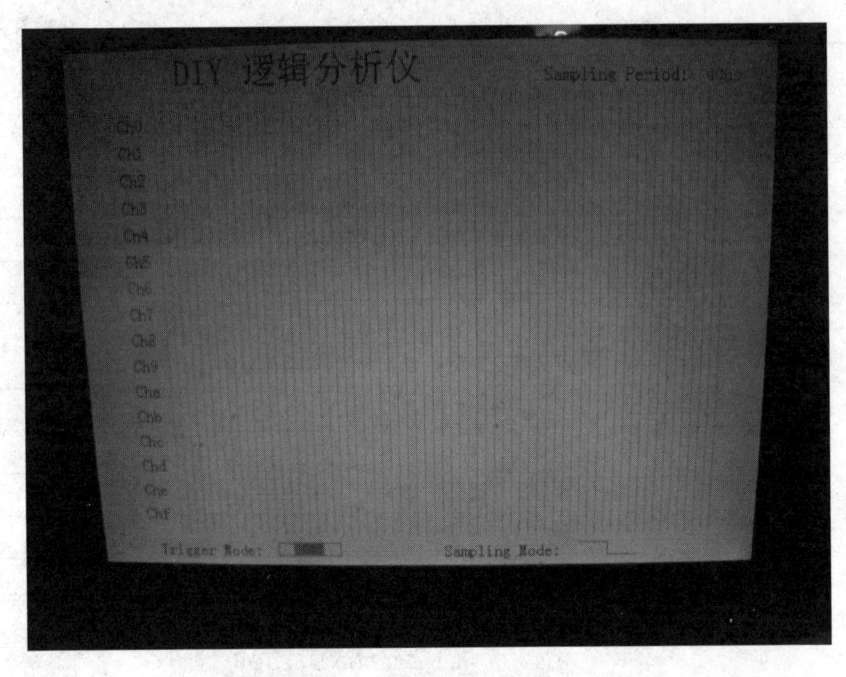

图 7.3　VGA 界面设计效果

的第 6 节“VGA 字符显示实验”是类似的，只不过这个部分需要显示的字符较多，涉及的扫描控制逻辑较复杂，需要设计者更细心一些。

详细设计请参考配套资料的相关工程代码，内有详细的注释和说明。

笔记 23

DIY 数码相框

一、背景介绍

所谓数码相框，其实用处并不大，在很多人看来它顶多只不过是一个昂贵的花瓶而已。选择 DIY 数码相框，并不是期望可以做个多么像样的产品出来，毕竟消费类数码产品的市场竞争是很激烈的，任何一个成熟产品的成本都会被剥削到最低。市场上的数码相框一般是以带液晶驱动外设的 ARM 处理器为主来实现上述的所有功能，而这个工程恰恰相反，所有的功能都使用 FPGA 来完成。但是话说回来，FPGA 是硬件，虽然有很多硬件固有特性所具备的优势，但是其设计灵活性方面还是无法和软件媲美的，所以这个工程项目最终实现的数码相框的功能会打一些折扣。和 DIY 逻辑分析仪一样，该项目的重点是希望通过这样的工程来掌握基于 FPGA 的开发流程和设计理念。

特权同学也没有花时间研究过电子城里琳琅满目的数码相框，但是以特权同学做过的各种液晶屏的驱动来看，其实 DIY 数码相框也并非难事。一块电路板上无非是集成了一个可以读写 U 盘或是 SD 卡的控制模块，该控制模块内可能还需要完成一些文件系统控制和图片格式的解码以及可以驱动液晶时序的模块。图 7.4 就是一个简单的数码相框功能框图。

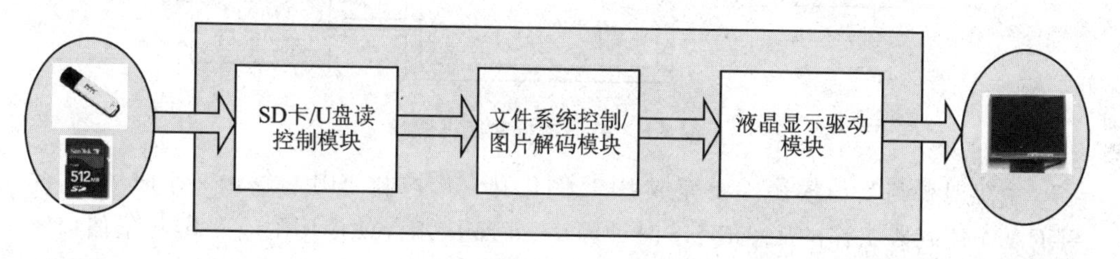

图 7.4　数码相框功能框图

二、功能需求及模块划分

该工程所要实现的数码相框的主要功能点如下所列：

① 使用 Cyclone 系列的 EP1C3T144 为基础来实现所有功能，以 SF - EP1C 开发板作为目标板。

② 从 SD 卡中读取图片(SPI 模式)，SD 卡控制不涉及文件操作系统。

③ 使用计算机显示器(VGA)作为图片显示屏幕，工作在 60 Hz、800×600 分辨率下，显示色彩为 256 色。

④ FPGA 中实现 BMP 的解码。

⑤ 使用 SDR SDRAM 作为显示图片缓存。

⑥ 循环显示 SD 卡中 10 幅图片。

设计者需要注意的地方和光盘中文档“基于 EPM240 的入门实验”中的第二节中提到的内容是类似的，这里不再重复。下面重点看看 FPGA 内部具体的模块如何进行划分。

如图 7.5 所示，该工程的功能框图里明确了各个功能模块，5 大功能模块分别为系统时钟与复位模块、SD 卡相关模块(包括 SD 卡控制模块和 SPI 时序产生模块)、数据流控制模块(包括写 SDRAM 缓存 FIFO 模块、读 SDRAM 缓存 FIFO 模块和 BMP 色彩表模块)、SDRAM 控制器模块及 VGA 显示驱动模块。

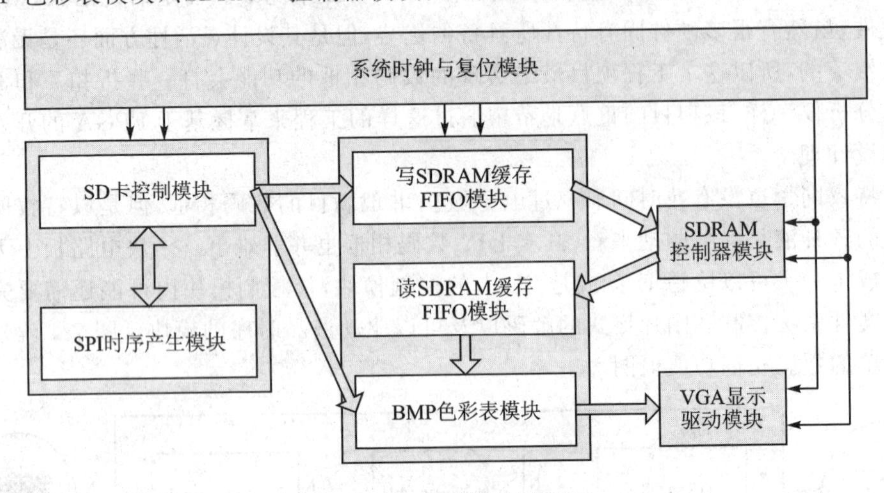

图 7.5 数码相框功能框图

系统时钟与复位模块主要完成 PLL 例化和复位控制。PLL 输出 3 个时钟：内部 SDRAM 控制器工作的 100 MHz 时钟频率、外部 SDRAM 使用的有一定相位偏移的 100 MHz 时钟频率和其他模块使用的 50 MHz 时钟频率。复位控制部分对复位信号做“异步复位、同步释放”处理，保证系统有一个可靠稳定的复位信号。

SD 卡相关模块有两个子模块：SD 卡控制模块完成 SD 卡的一些基本控制，如

SD 卡的上电初始化、命令发送、数据读取等;FPGA 和 SD 卡之间数据或命令的传输是通过 SPI 口,这部分由 SPI 时序产生模块控制。

数据流控制模块用于衔接 SD 卡、SDRAM 以及 VGA 显示驱动模块。从 SD 卡中读取的 BMP 图片的色彩表数据将被缓存到 BMP 色彩表模块中,用于显示图片时译码使用。SD 卡的图片数据部分则被送入写 SDRAM 缓存 FIFO 模块中。读和写 SDRAM 缓存 FIFO 模块都直接和 SDRAM 控制器模块连接,它们一起完成高速数据的缓冲。由于 SD 卡本身速度较慢,无法满足 VGA 实时的数据扫描需求,所以需要先将 SD 卡中缓存的图片送入 SDRAM 中,VGA 显示器实时地从 SDRAM 中读取数据进行显示。

最后从读 SDRAM 缓存 FIFO 模块里输出的图片数据经过 BMP 色彩表模块译码后送到 VGA 显示驱动模块。VGA 显示驱动模块直接驱动显示器进行图片显示。

DIY 数码相框工程源码配合 SF - EP1C 开发板使用,其引脚定义及分配如表 7.5 所列。

表 7.5 DIY 数码相框引脚定义及分配

名 称	方 向	分 配	作 用
clk	input	PIN16	FPAG 输入时钟信号,频率为 25 MHz
rst_n	input	PIN144	FPAG 输入复位信号,低电平有效
sdram_clk	output	PIN26	SDRAM 时钟信号
sdram_cke	output	PIN27	SDRAM 时钟有效信号,高电平有效
sdram_cs_n	output	PIN39	SDRAM 片选信号,低电平有效
sdram_ras_n	output	PIN38	SDRAM 行地址选通脉冲,低电平有效
sdram_cas_n	output	PIN37	SDRAM 列地址选通脉冲,低电平有效
sdram_we_n	output	PIN1	SDRAM 写选通信号,低电平有效
sdram_ba[0]	output	PIN40	SDRAM 的 L - Bank 地址线
sdram_ba[1]	output	PIN41	SDRAM 的 L - Bank 地址线
sdram_addr[0]	output	PIN47	SDRAM 地址总线
sdram_addr[1]	output	PIN48	SDRAM 地址总线
sdram_addr[2]	output	PIN49	SDRAM 地址总线
sdram_addr[3]	output	PIN50	SDRAM 地址总线
sdram_addr[4]	output	PIN36	SDRAM 地址总线
sdram_addr[5]	output	PIN35	SDRAM 地址总线
sdram_addr[6]	output	PIN34	SDRAM 地址总线
sdram_addr[7]	output	PIN33	SDRAM 地址总线
sdram_addr[8]	output	PIN32	SDRAM 地址总线

续表 7.5

名 称	方 向	分 配	作 用
sdram_addr[9]	output	PIN31	SDRAM 地址总线
sdram_addr[10]	output	PIN42	SDRAM 地址总线
sdram_addr[11]	output	PIN28	SDRAM 地址总线
sdram_data[0]	inout	PIN132	SDRAM 数据总线
sdram_data[1]	inout	PIN133	SDRAM 数据总线
sdram_data[2]	inout	PIN134	SDRAM 数据总线
sdram_data[3]	inout	PIN139	SDRAM 数据总线
sdram_data[4]	inout	PIN140	SDRAM 数据总线
sdram_data[5]	inout	PIN141	SDRAM 数据总线
sdram_data[6]	inout	PIN142	SDRAM 数据总线
sdram_data[7]	inout	PIN143	SDRAM 数据总线
sdram_data[8]	inout	PIN11	SDRAM 数据总线
sdram_data[9]	inout	PIN10	SDRAM 数据总线
sdram_data[10]	inout	PIN7	SDRAM 数据总线
sdram_data[11]	inout	PIN6	SDRAM 数据总线
sdram_data[12]	inout	PIN5	SDRAM 数据总线
sdram_data[13]	inout	PIN4	SDRAM 数据总线
sdram_data[14]	inout	PIN3	SDRAM 数据总线
sdram_data[15]	inout	PIN2	SDRAM 数据总线
spi_miso	input	PIN51	SPI 主机输入、从机输出数据信号
spi_mosi	output	PIN57	SPI 主机输出、从机输入数据信号
spi_clk	output	PIN52	SPI 时钟信号,由主机产生
spi_cs_n	output	PIN58	SPI 从设备使能信号,由主机控制
hsync	output	PIN61	VGA 行同步信号
vsync	output	PIN62	VGA 场同步信号
vga_r[2]	output	PIN74	VGA 色彩
vga_r[1]	output	PIN73	VGA 色彩
vga_r[0]	output	PIN72	VGA 色彩
vga_g[2]	output	PIN71	VGA 色彩
vga_g[1]	output	PIN70	VGA 色彩
vga_g[0]	output	PIN69	VGA 色彩
vga_b[1]	output	PIN67	VGA 色彩
vga_b[0]	output	PIN68	VGA 色彩

三、SPI 接口控制

SPI(Serial Peripheral Interface)即串行外围设备接口,是一种高速、全双工、同步的通信总线,只需要 4 条信号线即可,节约引脚,同时有利于 PCB 的布局。正是出于这种简单易用的特性,现在越来越多的芯片集成了这种通信协议。

该工程模块的 SPI 接口 4 条信号线分别定义为 spi_cs_n、spi_clk、spi_miso 和 spi_mosi。其中 spi_cs_n 是控制芯片是否被选中的,只有片选信号有效时(一般为低电平有效),对此芯片的操作才有效,这就使得在同一总线上连接多个 SPI 设备成为可能。spi_clk 是 SPI 同步时钟信号,数据信号在该时钟的控制下逐位进行传输。spi_miso 和 spi_mosi 是主从机进行通信的数据信号,spi_miso 即主机的输入或者说是从机的输出,spi_mosi 即主机的输出或者说是从机的输入。

SPI 的工作模式有两种:主模式和从模式。SPI 总线可以配置成单主单从、单主多从和互为主从。该工程中 SPI 是主机,SD 卡是从机,处于单主单从模式。因此,FPGA 将控制产生 spi_cs_n 和 spi_clk 的时序。

一般而言,SPI 通信可以配置成 4 种不同的传输模式。在很多内嵌有 SPI 接口外设的处理器的 datasheet 中都会提到 CPOL 和 CPHA 这两个参数。如图 7.6 所示,CPOL=1 时,SPI 时钟信号 spi_clk 闲置时总是高电平,发起通信后的第一个时钟沿是下降沿;CPOL=0 时,SPI 时钟信号 spi_clk 闲置时总是低电平,发起通信后的第一个时钟沿是上升沿。而 CPHA 则用于控制数据与时钟的对齐模式,CPHA=1 时,时钟的第一个变化沿(上升沿或者下降沿)数据变化,那么也意味着时钟的第 2 个沿(与第一个沿相反)锁存数据;CPHA=0 时,时钟的第一个变化沿之前数据变化,那么也意味着时钟的第一个沿锁存数据。

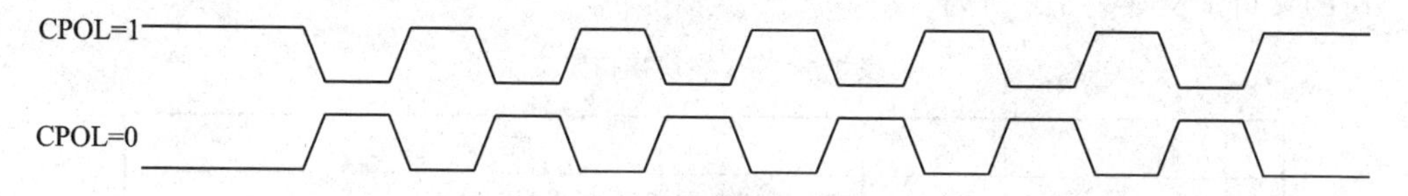

图 7.6 CPOL 配置 SPI 时钟

不同的 CPOL 和 CPHA 可以配置成 4 种 SPI 传输模式,其时序如图 7.7 所示。

SD 卡通信可以是 SD 模式或者 SPI 模式,该工程使用了 SD 卡的 SPI 模式进行通信。SD 卡在总线模式中唤醒,在接收复位命令时如果 CS 信号有效(拉低),那么将进入 SPI 模式。如果 SD 卡认为 SD 总线模式是必须的,那么它不会对命令做出响应并继续保持 SD 总线模式。如果需要 SPI 模式,SD 卡将切换到 SPI 模式并发出 SPI 模式下的 R1 响应。

返回 SD 总线模式唯一的方法是重新给 SD 卡上电。在 SPI 模式下,SD 卡协议状态机不被检测。所有在 SD 总线模式下支持的命令在 SPI 模式下也是可用的。

SPI 模式下默认的命令结构/协议是 CRC 检测关闭。随着 SD 卡在 SD 总线模

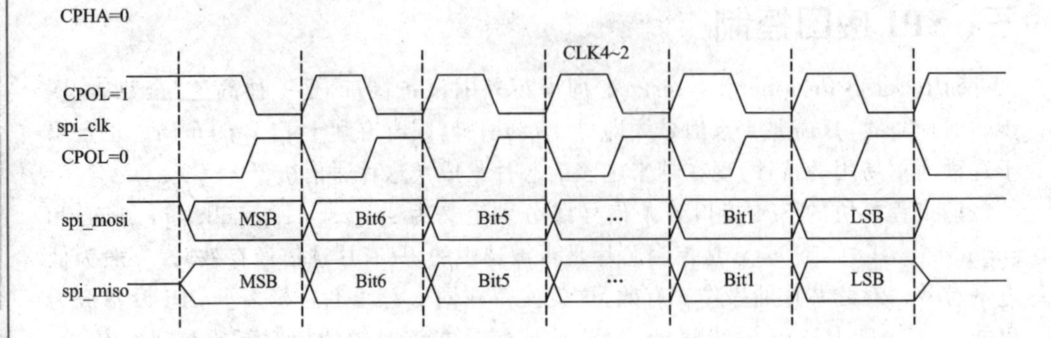

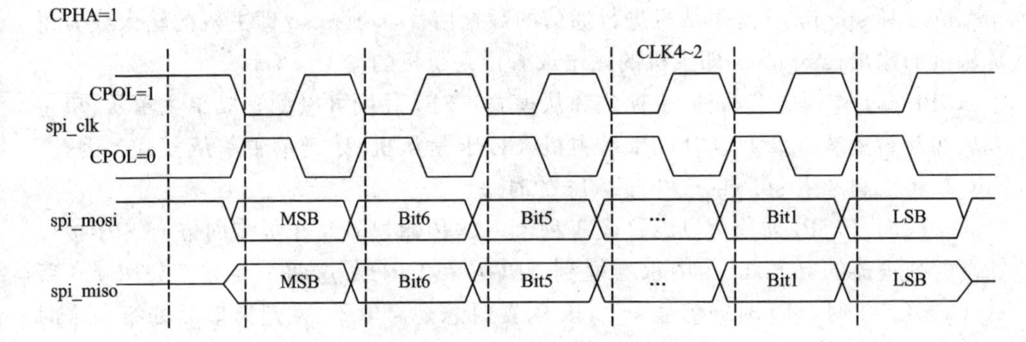

图 7.7　SPI 时序

式下上电，CMD0 必须紧跟着一个有效的 CRC 字节。一旦在 SPI 模式下，默认将关闭 CRC。

对于该设计，SPI 的时序模式为 CPOL＝1、CPHA＝1，速率为 25 Mbps。SPI 模块的接口定义如表 7.6 所列。

表 7.6　SPI 模块接口定义

名　称	方　向	描　述
clk	input	PLL 产生时钟信号，频率为 50 MHz
rst_n	input	系统复位信号，低电平有效
spi_miso	input	SPI 主机输入、从机输出数据信号
spi_mosi	output	SPI 主机输出、从机输入数据信号
spi_clk	output	SPI 时钟信号，由主机产生
spi_tx_en	input	SPI 数据发送使能信号，高有效
spi_tx_rdy	output	SPI 数据发送完成标志位，高有效
spi_rx_en	input	SPI 数据接收使能信号，高有效

续表 7.6

名　称	方　向	描　述
spi_rx_rdy	output	SPI 数据接收完成标志位,高有效
spi_tx_db[7:0]	input	SPI 数据发送寄存器
spi_rx_db[7:0]	output	SPI 数据接收寄存器

spi_cs_n 信号由 SD 卡命令驱动模块控制。当需要启动 SPI 模式进行数据传输时,先把待传输的数据放置到 SPI 数据发送寄存器 spi_tx_db[7:0]中,然后将 SPI 发送使能标志位spi_tx_en 拉高,SPI 发送功能模块被启动。若干个时钟周期后,数据发送完毕,则 SPI 发送完成标志位 spi_tx_rdy 被拉高。此时外部模块检测到 spi_tx_rdy 为高电平,则拉低 spi_tx_en,SPI 模块在 spi_tx_en 拉低后也会清零内部的计数器,此时的 spi_tx_rdy 也会复位,从而完成一次数据传输。接收功能和发送功能类似,只要在 SPI 接口完成标志位 spi_rx_rdy 拉高后读取 spi_rx_db[7:0]的数据即可。

详细设计并不复杂,只要读者用心查看代码就能明白。该模块的关键在于如何控制数据流的运转。

四、SD 卡数据存储结构与 FAT16 文件系统

首先,需要说明的一点是,SD 卡和 SDHC 卡其实还是有点区别的,不仅在容量上,对于实际的底层驱动上也是稍有区别的。SD 卡一般容量在 2 GB 以下,使用 FAT16 的文件系统;而 SDHC 容量为 4 GB 或更大,一般使用 FAT32 的文件系统。该工程针对 SD 卡进行初始化和通信。需要使用 SDHC 卡的朋友可以在此基础上更改代码。

在详细介绍 SD 卡的初始化以及其他相关驱动之前,特权同学将花费一些篇幅对 SD 卡和 FAT16 文件系统做一些简单的介绍,该工程代码不涉及文件系统的操作,但是了解文件系统将有助于设计者进一步明确 SD 卡的数据存储结构。

1. FAT16 存储原理

当把一部分磁盘空间格式化为 FAT 文件系统时,FAT 文件系统就将这个分区当成整块可分配的区域进行规划,以便于数据的存储。下文将把 FAT16 部分提取出来详细进行描述。

FAT16 是 Microsoft 较早推出的文件系统,具有高度兼容性,目前仍然广泛应用于个人计算机尤其是移动存储设备中。FAT16 简单来讲由图 7.8 所示的 6 部分组成。首先是引导扇区(DBR),紧随的便是 FAT 表,FAT 表是 FAT16 用来记录磁盘数据区簇链结构的。FAT 将磁盘空间按一定数目的扇区为单位进行划分,这样的单位称为簇。通常情况下,每扇区 512 B 的原则是不变的。簇的大小一般是 $2n$(n 为整数)个扇区,如 512 B、1 KB、2 KB、4 KB、8 KB、16 KB、32 KB、64 KB,通常不超过

32 KB。以簇为单位而不以扇区为单位进行磁盘的分配，是因为当分区容量较大时，采用大小为 512 B 的扇区管理会增加 FAT 表的项数，对大文件存取会增大消耗，使文件系统效率不高。分区的大小和簇的取值是有关系的，见表 7.7。

引导扇区	FAT1	FAT2	根文件夹	其他文件夹及所有文件	剩余扇区

图 7.8 FAT16 的组织形式

表 7.7 FAT16 分区大小与对应簇大小

分区空间大小/MB	每个簇的扇区	簇空间大小/B	分区空间大小/MB	每个簇的扇区	簇空间大小/B
0～32	1	512	256～511	16	8K
33～64	2	1K	512～1 023	32	16K
65～128	4	2K	1 024～2 047	64	32K
129～225	8	4K	2 048～4 095	128	64K

2. 引导扇区的信息

DBR 区(DOS BOOT RECORD)即操作系统引导记录区，通常占用分区的第 0 扇区共512 B(特殊情况也要占用其他保留扇区)。在这 512 B 中，其实又是由跳转指令、厂商标志和操作系统版本号、BPB(BIOS Parameter Block)、扩展 BPB、OS 引导程序、结束标志几部分组成。表 7.8、表 7.9 和表 7.10 分别为 FAT16 分区上的引导扇区段、BPB 字段、BPB 扩展字段的重要信息列表。

表 7.8 FAT16 分区上的引导扇区段

字节位移	字段长度/B	字段名称
0x00	3	跳转指令(Jump Instruction)
0x03	8	OEM ID
0x0B	25	BPB
0x24	26	扩展 BPB
0x3E	448	引导程序代码(Bootstrap Code)
0x01FE	4	扇区结束标识符(0x55AA)

表 7.9 FAT16 分区的 BPB 字段

字节位移	字段长度/B	例 值	描 述
0x0B	2	0x0200	扇区字节数(Bytes Per Sector)，硬件扇区的大小。本字段合法的十进制值有 512、1 024、2 048 和 4 096。对大多数磁盘来说，本字段的值为 512

续表 7.9

字节位移	字段长度/B	例　值	描　述
0x0D	1	0x40	每簇扇区数(Sectors Per Cluster),一个簇中的扇区数。由于 FAT16 文件系统只能跟踪有限个簇(最多为 65 536 个),所以通过增加每簇的扇区数可以支持最大分区数。分区默认的簇的大小取决于该分区的大小。本字段合法的十进制值有 1、2、4、8、16、32、64 和 128。导致簇大于 32 KB(每扇区字节数×每簇扇区数)的值会引起磁盘错误和软件错误
0x0E	2	0x0001	保留扇区数(Reserved Sector),第一个 FAT 开始之前的扇区数,包括引导扇区。本字段的十进制值一般为 1
0x10	1	0x02	FAT 数(Number of FAT),该分区上 FAT 的副本数。本字段的值一般为 2
0x11	2	0x0200	根目录项数(Root Entries),能够保存在该分区根目录文件夹中的 32 字节长的文件和文件夹名称项的总数。在一个典型的硬盘上,本字段的值为 512。其中一个项常常被用作卷标号(Volume Label),长名称的文件和文件夹,每个文件使用多个项。文件和文件夹项的最大数一般为 511,但是如果使用的是长文件名,往往都达不到这个数
0x13	2	0x0000	小扇区数(Small Sector),该分区上的扇区数,表示为 16 位(<65 536)。对大于 65 536 个扇区的分区来说,本字段的值为 0,使用大扇区数来取代它
0x15	1	0xF8/0xF0	媒体描述符(Media Descriptor),提供有关媒体被使用的信息。值 0xF8 表示硬盘,0xF0 表示高密度的 3.5 寸软盘。媒体描述符要用于 MS-DOS FAT16 磁盘,在Windows 2000 中未被使用
0x16	2	0x00FC	每 FAT 扇区数(Sectors Per FAT),该分区上每个 FAT 占用的扇区数。计算机利用这个数、FAT 数以及隐藏扇区数来决定根目录从哪里开始,计算机还可以根据根目录中的项数(512)决定该分区的用户数据区从哪里开始
0x18	2	0x003F	每道扇区数(Sectors Per Trark)
0x1A	2	0x0040	磁头数(Number of Head)
0x1C	4	0x0000003F	隐藏扇区数(Hidden Sector),该分区上引导扇区之前的扇区数。在引导序列计算根目录和数据区的绝对位移过程中使用该值
0x20	4	0x003EF001	大扇区数(Large Sector),如果小扇区数字段的值为 0,本字段就包含该 FAT16 分区中的总扇区数。如果小扇区数字段的值不为 0,那么本字段的值为 0

表 7.10　FAT16 分区的扩展 BPB 字段

字节位移	字段长度/B	例　值	描　述
0x24	1	0x80/0x00	物理驱动器号(Physical Drive Number),与 BIOS 物理驱动器号有关。软盘驱动器被标识为 0x00,物理硬盘被标识为 0x80。只有当该设备是一个引导设备时,这个值才有意义
0x25	1	0x00	保留(Reserved),FAT16 分区一般将本字段的值设置为 0
0x26	1	0x28/0x29	扩展引导标签(Extended Boot Signature),本字段必须要有能被 Windows 2000 所识别的值 0x28 或 0x29
0x27	2	0x52368BA8	卷序号(Volume Serial Number) 在格式化磁盘时所产生的一个随机序号,它有助于区分磁盘
0x2B	11	"NO NAME"	卷标(Volume Label) 本字段只能使用一次,它被用来保存卷标号。现在,卷标被作为一个特殊文件保存在根目录中
0x36	8	"FAT16"	文件系统类型(File System Type) 根据该磁盘格式,该字段的值可以为 FAT、FAT12 或 FAT16

特权同学所使用的 SD 卡采用 Winhex 查看到的 DBR 区数据如图 7.9 所示,下面是对图中内容的说明。

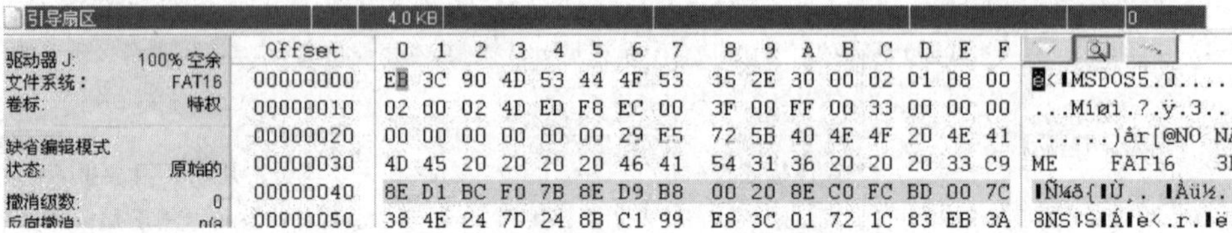

```
引导扇区                4.0 KB                                              0
驱动器 J:   100% 空余   Offset     0  1  2  3  4  5  6  7   8  9  A  B  C  D  E  F
文件系统:       FAT16   00000000  EB 3C 90 4D 53 44 4F 53  35 2E 30 00 02 01 08 00
卷标:            特权   00000010  02 00 02 4D ED F8 EC 00  3F 00 FF 00 33 00 00 00
                        00000020  00 00 00 00 00 00 29 E5  72 5B 40 4E 4F 20 4E 41
缺省编辑模式            
状态:          原始的   00000030  4D 45 20 20 20 20 46 41  54 31 36 20 20 20 33 C9
撤消级数:           0   00000040  8E D1 BC F0 7B 8E D9 B8  00 20 8E C0 FC BD 00 7C
反向撤消:         n/a   00000050  38 4E 24 7D 24 8B C1 99  E8 3C 01 72 1C 83 EB 3A
```

图 7.9　DBR 区数据

① 偏移地址 0x00,长度 3,内容:EB 3C 90 跳转指令。

② 偏移地址 0x03,长度 8,内容:4D 53 44 4F 53 35 2E 30 为厂商标志和 OS 版本号,这里是 MSDOS5.0。

③ 偏移地址 0x0B,长度 2,内容:00 02。注意这里数据的布局,高地址放高字节,低地址放低字节(数据为小端格式组织),所以数据应该是 0200,即 512,表示的意思是,该磁盘每个扇区有 512 字节。有的可能是 1 024、2 048 或 4 096。

④ 偏移地址 0x0D,长度 1,内容:01。表示的意思是每个簇有一个扇区。这个值不能为 0,而且必须是 2 的整数次方,比如 1、2、4、8、16、32、64、128,但是这个值不能使每个簇超过 32 KB。

⑤ 偏移地址 0x0E,长度 2,内容:08 00。转换一下,就是 0008,意思是保留区域中的保留扇区数为 8 个,那么就可以知道下面的 FAT1 区的开始的地址就是 0x08×0x200(每个扇区的字节数)=0x1000。

⑥ 偏移地址 0x10,长度 1,内容:02。表示此卷中的 FAT 结构的份数为 2,另外

一个是备份的。

⑦ 偏移地址 0x11,长度 2,内容:00 02。转换一下,就是 0200,表示根目录项数(Root Entries),能够保存在该分区根目录文件夹中的 32 字节长的文件和文件夹名称项的总数。在一个典型的硬盘上,本字段的值为 512。通过该数据也可以算出根目录后用户数据区的偏移量地址,即用户数据区首地址=根目录地址+512×32(十进制)。

⑧ 偏移量地址 0x13,长度 2,内容:4D ED。转换一下就是 ED4D,即大约 32 MB 的 SD 卡存储量,表示小扇区数(Small Sector)。该分区上的扇区数,表示为 16 位(小于 65 536)。对大于 65 536 个扇区的分区来说,本字段的值为 0,而使用大扇区数来取代它。

⑨ 偏移地址 0x16,长度 2,内容:EC 00。转换一下为 00EC,表示每个 FAT 占用的扇区数,那么每个扇区占用的字节数就是 0x00EC×0x200=0x1D800。根据启动区、FAT1、FAT2、根目录、数据区的次序,可以依次计算出它们的地址。

⑩ 偏移量地址 0x20,长度 2,内容:00 00,表示大扇区数(Large Sector)。如果小扇区数字段的值为 0,本字段就包含该 FAT16 分区中的总扇区数。如果小扇区数字段的值不为 0,那么本字段的值为 0。

⑪ 偏移量地址 0x36,长度为 8,内容:46 41 54 31 36 20 20 20,对于 ASCII 码为“FAT16”,表示文件系统类型(File System Type)。根据该磁盘格式,该字段的值可以为 FAT、FAT12 或 FAT16。

根据上面得到的信息可以进行以下的地址推导:

① 启动区地址理所当然是 0x00。

② FAT1 地址是 0x1000。

③ FAT2 地址是 0x1000 + 0x1D800= 0x1E800。

④ 根目录区地址是 0x1E800 + 0x1D800 = 0x3C000。

根据上面的计算,可以看看是不是和实际的一致,如图 7.10、图 7.11 和图 7.12 所示。

FAT 1	118 KB
FAT 2	118 KB
空闲空间	
空余空间	29.4 MB
引导扇区	4.0 KB

		Offset	0	1	2	3	4	5	6	7	8	9	A	B	C	D	E	F
驱动器 J:	100% 空余	00001000	F8	FF	FF	FF	03	00	04	00	05	00	06	00	07	00	08	00
文件系统:	FAT16	00001010	09	00	0A	00	0B	00	0C	00	0D	00	0E	00	0F	00	10	00
卷标:	特权	00001020	11	00	12	00	13	00	14	00	15	00	16	00	17	00	18	00
缺省编辑模式 状态:	原始的	00001030	19	00	1A	00	1B	00	1C	00	1D	00	1E	00	1F	00	20	00
撤消级数:	0	00001040	21	00	22	00	23	00	24	00	25	00	26	00	27	00	28	00

图 7.10　FAT1 地址

FAT 2	118 KB
空闲空间	
空余空间	29.4 MB
引导扇区	4.0 KB

驱动器 J: 100% 空余
文件系统： FAT16
卷标: 特权
缺省编辑模式
状态: 原始的
撤消级数: 0
反向撤消: n/a

Offset	0	1	2	3	4	5	6	7	8	9	A	B	C	D	E	F
0001E800	F8	FF	FF	FF	03	00	04	00	05	00	06	00	07	00	08	00
0001E810	09	00	0A	00	0B	00	0C	00	0D	00	0E	00	0F	00	10	00
0001E820	11	00	12	00	13	00	14	00	15	00	16	00	17	00	18	00
0001E830	19	00	1A	00	1B	00	1C	00	1D	00	1E	00	1F	00	20	00
0001E840	21	00	22	00	23	00	24	00	25	00	26	00	27	00	28	00
0001E850	29	00	2A	00	2B	00	2C	00	2D	00	2E	00	2F	00	30	00
0001E860	31	00	32	00	33	00	34	00	35	00	36	00	37	00	38	00

图 7.11 FAT2 地址

(根目录)		16.0 KB			
test.txt	txt	47.6 KB	2009-05-02 23:11:38	2009-05-03 09:13:52	2009-05-03
新建 文本文档.txt	txt	0 B	2009-05-03 09:49:29	2009-05-03 09:49:30	2009-05-03
next.txt	txt	50 B	2009-05-03 09:49:29	2009-05-03 09:49:42	2009-05-03
FAT 1		118 KB			
FAT 2		118 KB			
空闲空间					
空余空间		29.4 MB			
引导扇区		4.0 KB			

驱动器 J: 100% 空余
文件系统： FAT16
卷标: 特权
缺省编辑模式
状态: 原始的
撤消级数: 0
反向撤消: n/a

Offset	0	1	2	3	4	5	6	7	8	9	A	B	C	D	E	F
0003C000	CC	D8	C8	A8	20	20	20	20	20	20	20	08	00	00	00	00
0003C010	00	00	00	00	00	00	27	4E	A3	3A	00	00	00	00	00	00
0003C020	54	45	53	54	20	20	20	20	54	58	54	20	10	19	73	B9
0003C030	A2	3A	A3	3A	00	00	BA	49	A3	3A	02	00	59	BE	00	00
0003C040	E5	B0	65	FA	5E	20	00	87	65	2C	67	0F	00	D2	87	65
0003C050	63	68	2E	00	74	00	78	00	74	00	00	00	00	00	FF	FF
0003C060	E5	C2	BD	A8	CE	C4	7E	31	54	58	54	20	00	A8	2E	4E

图 7.12 根目录地址

可以看出，与前面推导的结果是一致的。SD 卡数据每次读取都是以一整个扇区 512 字节为单位，找出这些地址后，可以很方便地找到数据。

3. 分析根目录区的内容

FAT16 文件系统从根目录所占的 32 个扇区之后的第一个扇区开始，以簇为单位进行数据处理，在此之前仍以扇区为单位。对于根目录之后的第一个簇，系统并不编号为第 0 簇或第一簇（可能是留作关键字），而是编号为第 2 簇，也就是说数据区顺序上的第一个簇也是编号上的第 2 簇。下文所述的簇以此处定义为准，指顺序上的簇号。

FAT 文件系统之所以有 12、16、32 不同的版本之分，其根本在于 FAT 表用来记录任意一簇链接的二进制位数。以 FAT16 为例，每一簇在 FAT 表中占据 2 字节（二进制 16 位），所以，FAT16 最大可以表示的簇号为 0xFFFF（十进制的 65 535）；以 32 KB 为簇的大小的话，FAT32 可以管理的最大磁盘空间为：32 KB×65 535＝2 048 MB，这就是为什么 FAT16 不支持超过 2 GB 分区的原因。

FAT 表实际上是一个数据表，以 2 个字节为单位，我们暂将这个单位称为 FAT

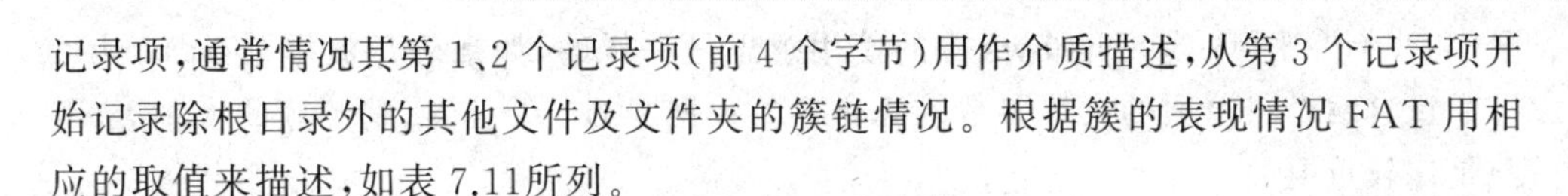

记录项，通常情况其第 1、2 个记录项（前 4 个字节）用作介质描述，从第 3 个记录项开始记录除根目录外的其他文件及文件夹的簇链情况。根据簇的表现情况 FAT 用相应的取值来描述，如表 7.11所列。

表 7.11　FAT16 记录项的取值含义

FAT16 记录项的取值（十六进制）	0000	0002～FFEF	FFF0～FFF6	FFF7	FFF8～FFFF
对应簇的表现情况	未分配的簇	已分配的簇	系统保留	坏簇	文件结束簇

这里使用的是 FAT16 短文件目录项，每 32 字节表示一个文件（文件夹也是），32 字节的表示定义分别如表 7.12 所列。

表 7.12　FAT16 目录项 32 字节的表示定义

字节偏移	字节数	定　义	
0x0～0x7	8	文件名	
0x8～0xA	3	扩展名	
0xB	1	属性字节	00000000（读写）
			00000001（只读）
			00000010（隐藏）
			00000100（系统）
			00001000（卷标）
			00010000（子目录）
			00100000（归档）
0xC～0x15	10	系统保留	
0x16～0x17	2	文件的最近修改时间	
0x18～0x19	2	文件的最近修改日期	
0x1A～0x1B	2	表示文件的首簇号	
0x1C～0x1F	4	表示文件的长度	

对表 7.12 中的一些取值进行说明：

① 对于短文件名，系统将文件名分成两部分进行存储，即主文件名＋扩展名。0x0～0x7 记录文件的主文件名，0x8～0xA 记录文件的扩展名，取文件名中的 ASCII 码值。不记录主文件名与扩展名之间的“.”。主文件名不足 8 个字符就以空白符（0x20）填充，扩展名不足 3 个字符也同样以空白符（0x20）填充。0x0 偏移处的取值若为 00，表明目录项为空；若为 E5，表明目录项曾被使用，但对应的文件或文件夹已被删除。（这也是误删除后恢复的理论依据）。文件名中的第一个字符若为“.”或“..”，表示这个簇记录的是一个子目录的目录项。“.”代表当前目录；“..”代表上级目

录(和我们在 DOS 或 Windows 中的使用意思是一样的,如果磁盘数据被破坏,就可以通过这两个目录项的具体参数推算磁盘的数据区的起始位置,猜测簇的大小等,因此是比较重要的)。

② 0xB 的属性字段:可以看作系统将 0xB 的一个字节分成 8 位,用其中的一位代表某种属性的有或无。这样,一个字节中的 8 位,每位取不同的值就能反映各个属性的不同取值了,如 00000101 就表示这是个文件,属性是只读。

③ 0xC～0x15 在原 FAT16 的定义中是保留未用的;在高版本的 Windows 系统中有时也用它来记录修改时间和最近访问时间,其字段的意义与 FAT32 的定义是相同的。

④ 0x16～0x17 中的时间＝小时×2 048＋分钟×32＋秒/2,得出的结果换算成十六进制填入即可,也就是:0x16 的 0～4 位是以 2 秒为单位的量值;0x16 的 5～7 位和 0x17 的 0～2 位是以分钟为单位的量值;0x17 字节的 3～7 位是以小时为单位的量值。

⑤ 0x18～0x19 中的日期＝(年份－1980)×512＋月份×32＋日,得出的结果换算成十六进制填入即可,也就是:0x18 字节 0～4 位是日期数;0x18 字节 5～7 位和 0x19 字节 0 位是月份;0x19 字节 1～7 位为年号,原定义中 0～119 分别代表 1980～2099,目前高版本的Windows允许取 0～127,即年号最大可以到 2107 年。

⑥ 0x1A～0x1B 存放文件或目录的表示文件的首簇号,系统根据掌握的首簇号在 FAT 表中找到入口,然后再跟踪簇链直至簇尾,同时用 0x1C～0x1F 字节判定有效性,这样就可以完全无误地读取文件(目录)了。

⑦ 普通子目录的寻址过程也是通过其父目录中的目录项来指定的,与数据文件(指非目录文件)不同的是目录项偏移 0xB 的第 4 位置 1,而数据文件为 0。

⑧ 对于整个 FAT 分区而言,簇的分配并不完全总是分配干净的。如一个数据区为 99 个扇区的 FAT 系统,如果簇的大小设定为 2 扇区,就会有一个扇区无法分配给任何一个簇,这就是分区的剩余扇区,位于分区的末尾。有的系统用最后一个剩余扇区备份本分区的 DBR,这也是一种好的备份方法。

⑨ 早的 FAT16 系统并没有长文件名一说,Windows 操作系统已经完全支持在 FAT16 上的长文件名了。FAT16 的长文件名与 FAT32 长文件名的定义是相同的。

根目录地址的内容如图 7.13 所示,其详细含义及说明如下:

① 偏移地址 0x00,长度 8,内容:驱动器的名称,8 个字节。这里的 CCD8 对应国标码“特”,而 C8A8 对应国标码“权”,即特权同学给该 SD 卡起的“特权”一名。

② 偏移地址 0x20,长度 8,内容:54 45 53 54 20 20 20 20。表示第一个文件名:TEST (空缺部分是空格)。

③ 偏移地址 0x80,长度 8,内容:4E 45 58 54 20 20 20 20。表示第 2 个文件名:NEXT (空缺部分是空格)。

④ 偏移地址 0x28(0x88 也一样),长度 3,内容:54 58 54。表示文件类型:ASCII

字符表示。

⑤ 偏移地址 0x2B(0x8B 也一样),长度 1,内容:20。表示文件属性:00000000(读/写);00000001(只读);00000010(隐藏);00000100(系统);00001000(卷标);00010000(子目录);00100000(归档)。

⑥ 偏移地址 0x36,长度 2,内容:BA 49。表示时间=小时×2 048+分钟×32+秒/2,得出的结果换算成十六进制填入即可。也就是:0x36 字节 0~4 位是以 2 秒为单位的量值;0x36 字节 5~7 位和 0x37 字节 0~2 位是以分钟为单位的量值;0x37 字节 3~7 位是以小时为单位的量值。

⑦ 偏移地址 0x38,长度 2,内容:A3 3A。表示日期=(年份-1980)×512+月份×32+日,得出的结果换算成十六进制填入即可。也就是:0x38 字节 0~4 位是日期数;0x38 字节5~7位和 0x39 字节 0 位是月份;0x39 字节 1~7 位为年号,原定义中 0~119 分别代表 1980~2099,目前高版本的 Windows 允许取 0~127,即年号最大可以到 2107 年。

⑧ 偏移地址 0x3A,长度 2,为该文件开始簇号,这里也是用了小端格式组织。转换为 0002,根据这个就可以找到文件 TEST.txt 下一个簇号在 FAT1 中的位置了,即 0x1000+0x02×0x02(因为 2 个字节存一个簇号)=0x1004。

⑨ 偏移地址 0x3A,长度 2,为该文件开始簇号,这里也是用了小端格式组织。转换下为00 62,根据这个就可以找到文件 NEXT.txt 下一个簇号在 FAT1 中的位置了。0x1000+0x62×0x02(因为 2 个字节存一个簇号)=x010C4。

⑩ 偏移地址 0x3C,长度 4,内容:59 BE 00 00。表示文件长度,转换后为 0000BE59 就是 48 729 字节。

⑪ 偏移地址 0x9C,长度 4,内容:32 00 00 00。表示文件长度,转换后为 00000032 就是 50 字节。

```
Offset     0  1  2  3  4  5  6  7   8  9  A  B  C  D  E  F
0003C000  CC D8 C8 A8 20 20 20 20  20 20 20 08 00 00 00 00  ÌØÈ¨        .....
0003C010  00 00 00 00 00 00 27 4E  A3 3A 00 00 00 00 00 00  ......'N£:......
0003C020  54 45 53 54 20 20 20 20  54 58 54 20 10 19 73 B9  TEST    TXT ..s¹
0003C030  A2 3A A3 3A 00 00 BA 49  A3 3A 02 00 59 BE 00 00  ¢:£:..ºI£:..Y¾..
0003C040  E5 B0 65 FA 5E 20 00 87  65 2C 67 0F 00 D2 87 65  å°eú^ .‡e,g..Ò‡e
0003C050  63 68 2E 00 74 00 78 00  74 00 00 00 00 00 FF FF  ch..t.x.t.....ÿÿ
0003C060  E5 C2 BD A8 CE C4 7E 31  54 58 54 20 00 A8 2E 4E  åÂ½¨ÎÄ~1TXT .¨.N
0003C070  A3 3A A3 3A 00 00 2F 4E  A3 3A 00 00 00 00 00 00  £:£:../N£:......
0003C080  4E 45 58 54 20 20 20 20  54 58 54 20 10 A8 2E 4E  NEXT    TXT .¨.N
0003C090  A3 3A A3 3A 00 00 35 4E  A3 3A 62 00 32 00 00 00  £:£:..5N£:b.2...
0003C0A0  00 00 00 00 00 00 00 00  00 00 00 00 00 00 00 00  ................
0003C0B0  00 00 00 00 00 00 00 00  00 00 00 00 00 00 00 00  ................
0003C0C0  00 00 00 00 00 00 00 00  00 00 00 00 00 00 00 00  ................
0003C0D0  00 00 00 00 00 00 00 00  00 00 00 00 00 00 00 00  ................
0003C0E0  00 00 00 00 00 00 00 00  00 00 00 00 00 00 00 00  ................
```

图 7.13 根目录地址的内容

4. 计算出该文件放置空间

从文件的大小可以计算出需要占用多少个簇。根据前面的数据，每个簇放一个扇区，每个扇区 512 字节，那么一个簇的空间就是 512 字节。48 729 字节需要 96 个簇，这 96 个簇的开始地址就可以计算出来了。

如图 7.14 所示，TEST.txt 占用了 48 KB 的空间，NEXT.txt 占用了 512 字节的空间。文件是按照整簇来存放的，不够一个簇的大小(由上面算得，一个簇为一个扇区即 512 字节)，也要给一个簇的空间。

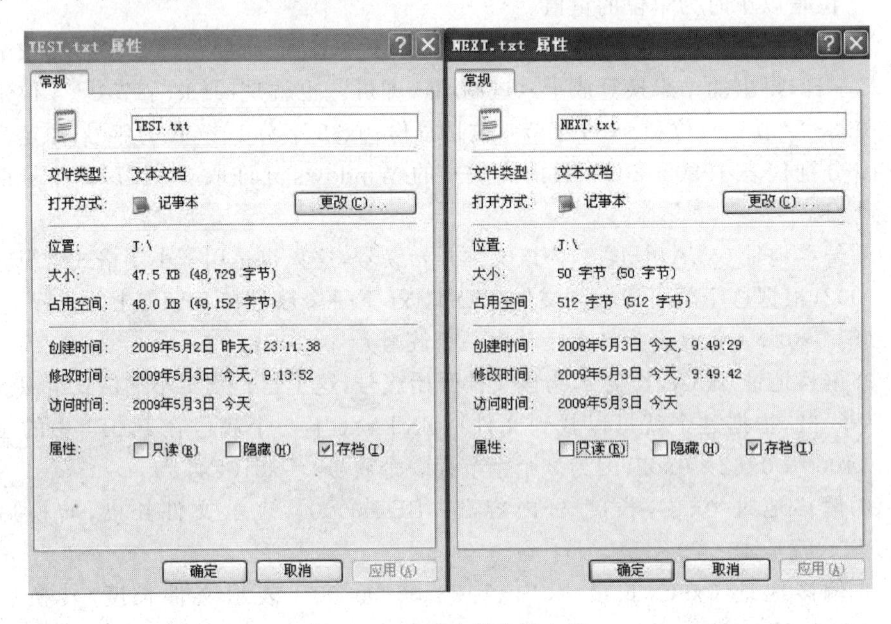

图 7.14　文件存储空间占用

如图 7.15 和图 7.16 所示，分别在 Windows 下查看到的文件 TEST.txt 和 NEXT.txt 的数据。下面就要简单地算算它们的数据存放地址是否与图示一致。

TEST.txt 开始簇地址存放在 FAT1 中的偏移量为 0x02，由此可以先计算出 TEST.txt 的第一簇数据存放地址为：0x3C000(根目录地址)＋0x20×0x200(用户数据偏移量)＋(0x02－0x02)×0x01(一个簇有一个扇区)×0x200＝0x40000。这里偏移量减去 0x02 是指簇号在 FAT1 中存储都是从 0x02 开始的。

TEST.txt 的第一个簇数据所在的地址指针的地址存放在 FAT1 中的：0x1000(FAT1 起始地址)＋0x02×0x02＝0x1004。而 0x1004 地址上的数据为：03 00，转换后为 0x0003，那么可以计算出 TEST.txt 第 2 个簇所在地址为：0x3C000(根目录区地址)＋0x20×0x200(前面提到的用户数据偏移量)＋ (0x03－0x02)×0x01(一个簇有一个扇区)×0x200＝0x40200(紧接着第一个簇第一个簇)。依此类推，一直到 FAT1 中偏移量为 0xC2 处出现了 FF FF，这表示 TEST.txt 文件存储结束，那么前面的 0x0061 就是文件最后一个簇偏移量。可以由此算一下文件大小为：(0x0061－

0x0002＋0x0001（补偿））＝96 个簇，和实际相符。

同样的道理可以算出 NEXT.txt 文件的存放地址。首地址偏移量为 0x62，由此可以先计算出 NEXT.txt 的第 1 簇数据存放地址为：0x3C000（根目录地址）＋0x20×0x200（用户数据偏移量）＋（0x62－0x02）×0x01（一个簇有一个扇区）×0x200＝0x4C000。第一个簇地址存放在 FAT1 中的：0x1000（FAT1 起始地址）＋0x62×0x02＝0x10C4。而 0x10C4 地址上的数据为：FF FF，即结束了，也就是说由于 NEXT.txt 不满一个簇，那么只能分配到一个簇的地址空间。

test.txt	txt	47.6 KB	2009-05-02 23:11:38	2009-05-03 09:13:52	2009-05-03
新建 文本文档.txt	txt	0 B	2009-05-03 09:49:29	2009-05-03 09:49:30	2009-05-03
next.txt	txt	50 B	2009-05-03 09:49:29	2009-05-03 09:49:42	2009-05-03
FAT 1		118 KB			
FAT 2		118 KB			
空闲空间					
空余空间		29.4 MB			
引导扇区		4.0 KB			

驱动器 J:　100% 空余
文件系统：　FAT16
卷标:　特权
缺省编辑模式
状态:　原始的
撤消级数:　0
反向撤消:　n/a
可见磁盘空间中的分配表:

Offset	0	1	2	3	4	5	6	7	8	9	A	B	C	D	E	F
00040000	41	42	43	44	45	46	47	31	31	31	31	31	31	31	31	31
00040010	31	31	31	31	31	31	31	31	31	31	31	31	31	31	31	31
00040020	31	31	31	31	31	31	31	31	31	31	31	31	31	31	31	31
00040030	31	31	31	31	31	31	31	31	31	31	31	31	31	31	31	31
00040040	31	31	31	31	31	31	31	31	31	31	31	31	31	31	31	31
00040050	31	31	31	31	31	31	31	31	31	31	31	31	31	31	31	31
00040060	31	31	31	31	31	31	31	31	31	31	31	31	31	31	31	31
00040070	31	31	31	31	31	31	31	31	31	31	31	31	31	31	31	31

图 7.15　TEST.txt 数据

next.txt	txt	50 B	2009-05-03 09:49:29	2009-05-03 09:49:42	2009-05-03
FAT 1		118 KB			
FAT 2		118 KB			
空闲空间					
空余空间		29.4 MB			
引导扇区		4.0 KB			

驱动器 J:　100% 空余
文件系统：　FAT16
卷标:　特权
缺省编辑模式
状态:　原始的
撤消级数:　0
反向撤消:　n/a
可见磁盘空间中的分配表:

Offset	0	1	2	3	4	5	6	7	8	9	A	B	C	D	E	F
0004C000	4A	4A	4A	4A	4A	4A	4A	4A	4A	4A	4A	4A	4A	4A	4A	4A
0004C010	4A	4A	4A	4A	4A	4A	4A	4A	4A	4A	4A	4A	4A	4A	4A	4A
0004C020	4A	4A	4A	4A	4A	4A	4A	4A	4A	4A	4A	4A	4A	4A	4A	4A
0004C030	4A	4A	00	00	00	00	00	00	00	00	00	00	00	00	00	00
0004C040	00	00	00	00	00	00	00	00	00	00	00	00	00	00	00	00
0004C050	00	00	00	00	00	00	00	00	00	00	00	00	00	00	00	00
0004C060	00	00	00	00	00	00	00	00	00	00	00	00	00	00	00	00
0004C070	00	00	00	00	00	00	00	00	00	00	00	00	00	00	00	00

图 7.16　NEXT.txt 数据

学习了文件系统和 SD 卡的数据存储结构，将有助于理解后面涉及的图片存储，比如一幅图片存储空间大小、第一幅和第 2 幅图片之间的地址差等问题。

五、SD 卡初始化及读操作

SD 卡的操作并不简单，需要设计者花心思好好把 SD 卡和 SPI 协议研究透。对于 SD 卡的设计输入和调试，需要事先独立于整个系统工程。特权同学的初步调试是通过串口把读出的 SD 卡数据上传，在确认读取出来的 SD 卡数据正确无误后再与系统的其他模块整合调试，这也是设计中一个很有效可行的设计方法。

这个测试所用的串口模块在最后的系统中是不需要的，但是现在的初步调试会用到它，所以要先对这个串口模块精心包装定制一番，再整合前面设计好的 SPI 协议控制模块，能收能发全双工，速率 25 Mbps，标称的最大速度（初步调试时可以考虑先降额一半或以更低的速率可能更好一些，这里为了叙述方便所以直接用 25 Mbps 的速率，特权同学也是从低速调试到高速的）。SD 卡控制模块里除了 SPI 协议模块外，还得用几个又臭又长的状态机来控制 SD 卡的上电初始化和扇区读取控制。

如果不先理清思路，状态机写起来还挺费劲的，想当初调试 SDRAM 的时候也差不多是这样，这也只能说是 Verilog 的局限，做一些顺序执行的任务比较麻烦（软硬各有利弊）。对于这样的外设控制，有时还真不一定非得是可编程器件管用，软件的优势还是更大一些。

初步测试的模块划分如图 7.17 所示。SD 接收来的数据要送给串口模块发出去，这期间的数据交换就都交给 FIFO 来处理了。除输出处理串口发送信号 rs232_tx外，还有 led[3：0]连接到 4 个发光二极管，用于调试 SD 卡初始化状态机时的状态指示。

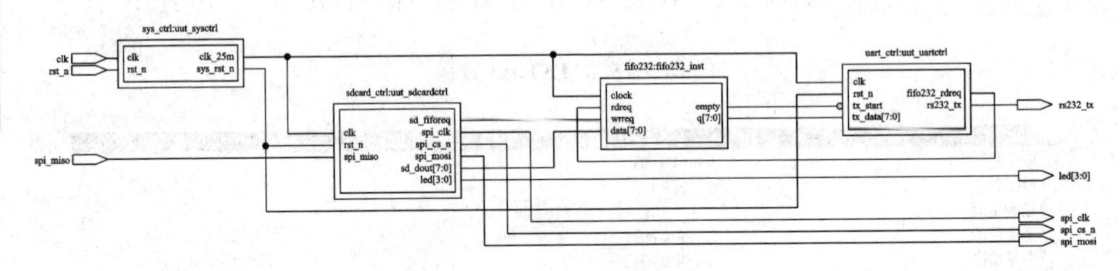

图 7.17　SD 卡初步测试的模块划分

特权同学在调试过程中出现了一些问题：能够读出物理 0 扇区的内容（如图 7.18 所示），用 Winhex 比对无误，但是再要读取除了 0 扇区以外的其他扇区，送完 CMD17 和扇区号状态机后一直等不到 8'hfe。当时也搞不明白为什么在网上发现有不少人也遇到过同样的问题，但没人给出问题答案。

问题最终还是被解决了，其实是因为 CMD 后面跟的 arg 地址是字节地址，而之前写入地址时特权同学一直把这个地址假想成是扇区数。如果设置每次读 512 字节数据，那么这个地址只能是以扇区为单位，即 512 字节的倍数；如果不是，结果只能是等不到读数据的起始数据 8'hfe 了。

SD 卡控制模块包括了一个 SD 卡初始化和扇区读取控制的模块和一个 SPI 通信模块，它的具体接口定义和描述如表 7.13 所列。

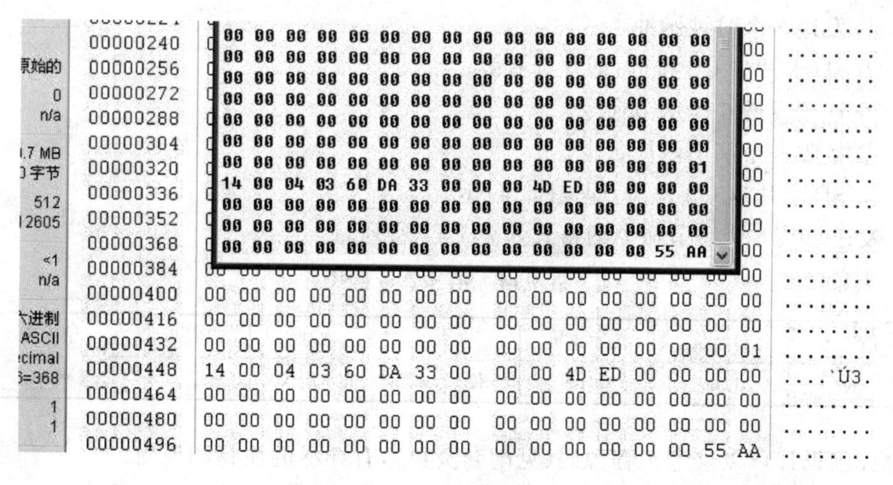

图 7.18 读 SD 卡 0 扇区内容比对

表 7.13 SD 卡模块接口定义和描述

名 称	方 向	描 述
clk	input	PLL 产生时钟信号，频率为 50 MHz
rst_n	input	系统复位信号，低电平有效
spi_miso	input	SPI 主机输入、从机输出数据信号
spi_mosi	output	SPI 主机输出、从机输入数据信号
spi_clk	output	SPI 时钟信号，由主机产生
sd_dout[7 : 0]	output	从 SD 读出的待放入 FIFO 数据
sd_fifowr	output	SD 读出数据写入 FIFO 使能信号，高有效
sdwrad_clr	output	SDRAM 写控制相关信号清零复位信号，高有效

SD 卡的上电初始化过程可以分为以下 5 个步骤：

① 适当延时等待 SD 就绪。

② 发送 74＋个 spi_clk，且保持 spi_cs_n＝1、spi_mosi＝1。

③ 发送 CMD0 命令并等待响应 R1＝8'h01，将卡复位到 IDLE 状态。

④ 发送 CMD1 命令并等待响应 R1＝8'h00，激活卡的初始化进程。

⑤ 发送 CMD16 命令并等待响应 R1＝8'h00，设置一次读写 BLOCK 的长度为 512 字节。

SD 数据读取操作大体分为以下 3 个步骤：

① 发送命令 CMD17。

② 接收读数据起始令牌 0xFE。

③ 读取 512 字节数据以及 2 字节的 CRC。

SD 命令 CMD 发送控制大体分为以下 5 个步骤：

① 发送 8 个时钟脉冲。

② SD 卡片选 CS 拉低，即片选有效。

③ 连续发送 6 个字节命令。

④ 接收一个字节响应数据。

⑤ SD 卡片选 CS 拉高，即关闭 SD 卡。

发送总共 6 个字节命令的格式如表 7.14 所列。

表 7.14　SD 卡命令格式

描　述	起始位	表示主机	命令	地址	CRC 校验	结束位
位	1'b0	1'b1	位 5～0	位 31～0	位 6～0	1'b1

详细设计可以参考工程源码（见配套资料），有详尽的注释和说明。

六、SDRAM 控制器设计

SDRAM 控制器的详细设计请参考笔记 18 的第十节。之前的设计中模块划分明确，特权同学没有花费多少时间就把原来的 SDRAM 控制器模块移植到这个新工程中，再添油加醋做一些定制化的完善后就能使用。

该 SDRAM 控制器接口定义与说明如表 7.15 所列。

表 7.15　SDRAM 控制器接口定义与说明

名　称	方　向	描　述
clk	input	PLL 产生时钟信号，频率为 100 MHz
rst_n	input	系统复位信号，低电平有效
sdram_wr_req	input	系统读 SDRAM 请求信号，高电平有效
sdram_rd_req	input	系统写 SDRAM 请求信号，高电平有效
sys_wraddr[21：0]	input	写 SDRAM 时地址暂存器，位 21～20 为 L－Bank 地址，位 19～8 为行地址，位 7～0 为列地址
sys_rdaddr[21：0]	input	读 SDRAM 时地址暂存器，位 21～20 为 L－Bank 地址，位 19～8 为行地址，位 7～0 为列地址
sys_data_in[15：0]	input	写 SDRAM 时数据暂存器，4 个突发读写字数据，默认为 00 地址位 15～0；01 地址位 31～16；10 地址位 47～32；11 地址位 63～48
sdwr_byte[8：0]	input	突发写 SDRAM 字节数(1～256)
sdrd_byte[8：0]	input	突发读 SDRAM 字节数(1～256)
sdram_wr_ack	output	系统写 SDRAM 响应信号，作为 wrFIFO 的输出有效信号，高电平有效
sdram_rd_ack	output	系统读 SDRAM 响应信号，高电平有效
sys_data_out[15：0]	output	读 SDRAM 时数据暂存器

续表 7.15

名　称	方　向	描　述
sdram_cke	output	SDRAM 时钟有效信号
sdram_cs_n	output	SDRAM 片选信号,低电平有效
sdram_ras_n	output	SDRAM 行地址选通脉冲,低电平有效
sdram_cas_n	output	SDRAM 列地址选通脉冲,低电平有效
sdram_we_n	output	SDRAM 写允许位,低电平有效
sdram_ba[1:0]	output	SDRAM 的 L-Bank 地址线
sdram_addr[11:0]	output	SDRAM 地址总线
sdram_data[15:0]	inout	SDRAM 数据总线

有一点需要提醒读者注意,笔记 18 第十节的 SDRAM 读/写设置为 8 个字节,而该工程使用在页模式下进行读/写。这个页读/写模式并不简单,没有认真消化 datasheet 很容易就会出问题,特权同学就吃了这个亏,调试了好久才搞定它。

特权同学刚开始时页操作模式一直没调通,用串口接收过来的数据总有些问题,无奈之下查看了不同厂家类似型号 SDRAM 的 datasheet,不经意看到一句话,意思是:SDRAM 在页操作模式下必须使用突发停止命令停止其操作;否则,地址会不停地从 0~255 循环,而设计者的本意是在第一次 0~255 地址递增期间会分别送 0~255 的数据到数据总线上,但是如果不发送突发停止命令,那么在下一次命令到来之前,地址总线会重新不停地进行 0~255 的循环变化,而最后写入 SDRAM 的数据则取决于最后一个 0~255 地址变化周期内的数据。可想而知,如果 FPGA 不发送停止命令,假设其操作完成回到 IDEL 状态,那么最后写入的数据肯定就是一串 0xFF 或者 0x00,再或者是最后一次写入的某个数据(如果在写入后数据总线不释放的话)。实践证明,结果确实如此。

解决问题之后,就要充分发挥页模式的灵活性和高效性,由外部输入数据控制其一次性操作的字节数。也就是说,外部在读/写数据前事先控制一个寄存器,往寄存器写入需要操作的字节数,而进入读/写操作后,SDRAM 控制器根据外部给出的字节数在适当的时候发出突发停止命令,这样做到了 SDRAM 读/写操作的字节可以在 1~256 内灵活调整,增强了通用性。

七、BMP 格式图片显示

1. BMP 格式解析

位图(Bitmap)是 Windows 显示图片的基本格式。在 Windows 下,任何格式的图片文件(包括视频播放)都要转化为位图后才能显示出来。关于这点,做过一些液晶驱动器的特权同学还是深有体会的。不过以前做过的驱动部分大都是将数据直接放到 SRAM 或 SDRAM 里，然后每次显示时从 SRAM 或 SDRAM 里输出数据，相对比较简单，没什么真正意义上的图片结构的成分，只是自己定义好起始和结束地址即可。位图数据也很容易得到，用字模或者图片取模软件转换一下就可以。

下面就要先好好学习一下 BMP 图片的格式。位图文件（*.bmp）主要分为如表 7.16 所列的 3 个部分。

表 7.16　位图文件结构

块名称	Windows 结构体定义	大　小
文件信息头	BITMAPFILEHEADER	14 字节
位图信息头	BITMAPINFOHEADER	40 字节
彩色表	RGBQUAD	一个 800×600 的 8 位图的彩色表为 1 024 字节。不同位宽的图片彩色表大小应该是不同的
RGB 颜色阵列	BYTE *	由图像长宽尺寸决定

(1) 文件信息头

文件信息头 BITMAPFILEHEADER 的结构体定义如下：

```
typedef struct tagBITMAPFILEHEADER {            /* bmfh */
UINT     bfType;
DWORD    bfSize;
UINT     bfReserved1;
UINT     bfReserved2;
DWORD    bfOffBits;
} BITMAPFILEHEADER;
```


位图文件信息头定义如表 7.17 所列。

表 7.17　位图文件信息头定义

变　量	描　述
bfType	说明文件的类型，该值必需是 0x4D42，也就是字符“BM”
bfSize	说明该位图文件的大小，单位为字节
bfReserved1	保留，必须设置为 0
bfReserved2	保留，必须设置为 0
bfOffBits	说明从文件头开始到实际的图像数据之间字节数的偏移量。这个参数是非常有用的，因为位图信息头和调色板的长度会根据不同情况而变化，所以可以用这个偏移值迅速地从文件中读取到位数据

看完理论不够，再来看实际 Winhex 里读取到的一幅 BMP 图片的数据是什么，如图 7.19 所示。

偏移地址 0x0～0x1 是 4D42H，即“BM”；偏移地址 0x2～0x5 是 0x00300036，即该图片大小为十六进制的 300036 字节，换算一下大约 3 MB，和 Winhex 里根目录的数值是一样的；偏移地址 0x6～0x7、0x8～0x9 都是 0x0000；偏移地址 0xA～0xD 是 0x00000036，也就是说从图片开始字节地址 0x41000 往后的偏移量为 0x36 字节的数据才是真正的图片数据。认真算一下会发现，前 0x36 地址存放的 54 个字节数据正好是文件信息头（14 字节）和位图信息头（40 字节）的数据。

```
Offset     0  1  2  3  4  5  6  7   8  9  A  B  C  D  E  F
00041000  42 4D 36 00 30 00 00 00  00 00 36 00 00 00 28 00  BM6.0.....6...(.
00041010  00 00 00 04 00 00 00 03  00 00 01 00 20 00 00 00  ................
00041020  00 00 00 00 30 00 00 00  00 00 00 00 00 00 00 00  ....0...........
00041030  00 00 00 00 00 00 C4 65  1E 00 C4 65 1E 00 C9 6E  ......Äe..Äe..Én
00041040  24 00 C9 6E 24 00 CA 70  23 00 CA 70 23 00 C9 71  $.Én$.Êp#.Êp#.Éq
00041050  24 00 C8 70 23 00 CD 70  24 00 CC 6F 23 00 CB 6E  $.Èp#.Íp$.Ìo#.Ën
00041060  22 00 CB 6E 22 00 CC 6F  23 00 CC 6F 23 00 CC 6F  ".Ën".Ìo#.Ìo#.Ìo
00041070  23 00 CC 6F 23 00 CD 71  23 00 CD 71 23 00 C7 72  #.Ìo#.Íq#.Íq#.Çr
00041080  24 00 C7 72 24 00 C9 71  24 00 C8 70 23 00 C8 6F  $.Çr$.Éq$.Èp#.Èo
00041090  25 00 C8 6F 25 00 CA 70  23 00 CA 70 23 00 CB 6D  %.Èo%.Êp#.Êp#.Ëm
000410A0  24 00 CB 6D 24 00 C6 70  25 00 C6 70 25 00 CA 6F  $.Ëm$.Æp%.Æp%.Êo
000410B0  25 00 CA 6F 25 00 C6 70  23 00 C6 70 23 00 C6 70  %.Êo%.Æp#.Æp#.Æp
000410C0  25 00 C6 70 25 00 C4 6E  24 00 C6 70 25 00 C6 70  %.Æp%.Än$.Æp%.Æp
000410D0  25 00 C7 71 26 00 C6 70  25 00 C6 70 25 00 C6 70  %.Çq&.Æp%.Æp%.Æp
000410E0  23 00 C6 70 23 00 C6 70  23 00 C6 70 23 00 C6 70  #.Æp#.Æp#.Æp#.Æp
```

图 7.19　实际 BMP 文件信息头

(2) 位图信息头

位图信息头 BITMAPINFOHEADER 的结构体定义如下：

```
typedef struct tagBITMAPINFOHEADER {            /* bmih */
DWORD biSize;
LONG biWidth;
LONG biHeight;
WORD biPlanes;
WORD biBitCount;
DWORD biCompression;
DWORD biSizeImage;
LONG biXPelsPerMeter;
LONG biYPelsPerMeter;
DWORD biClrUsed;
DWORD biClrImportant;
} BITMAPINFOHEADER;
```

位图信息头定义如表 7.18 所列。

表 7.18 位图信息头定义

变 量	描 述
biSize	说明 BITMAPINFOHEADER 结构所需要的字数
biWidth	说明图像的宽度,以像素为单位
biHeight	说明图像的高度,以像素为单位。注:这个值除了用于描述图像的高度之外,它还有另一个用处,就是指明该图像是倒向的位图还是正向的位图。如果该值是一个正数,说明图像是倒向的;如果是一个负数,则说明图像是正向的。大多数的 BMP 文件都是倒向的位图,也就是时,高度值是一个正数
biPlanes	为目标设备说明位面数,其值总是被设为 1
biBitCount	说明比特数/像素,其值为 1、4、8、16、24 或 32。但是由于平时用到的图像绝大部分是 24 位和 32 位的,所以这里只讨论这两类图像
biCompression	说明图像数据压缩的类型,这里只讨论没有压缩的类型:BI_RGB
biSizeImage	说明图像的大小,以字节为单位。当用 BI_RGB 格式时,可设置为 0
biXPelsPerMeter	说明水平分辨率,用像素/米表示
biYPelsPerMeter	说明垂直分辨率,用像素/米表示
biClrUsed	说明位图实际使用的彩色表中的颜色索引数,如果为 0,说明使用所有调色板项
biClrImportant	说明对图像显示有重要影响的颜色索引的数目,如果是 0,表示都重要

再来看如图 7.20 所示偏移地址 0x0E 开始的信息头的数据。偏移地址 0x0E~0x11 为 0x00000028,即 BITMAPINFOHEADER 结构所需要的字数为 0x28;偏移地址 0x12~0x15 为 0x00000400(即 1 024),偏移地址 0x16~0x19 为 0x00000300(即 768),这两个参数对应图片的像素是 1 024×768;偏移地址 0x1A~0x1B 是 0x0001,即 biPlanes=1;偏移地址 0x1C~0x1D 是 0x0020,即该 32 位/像素;偏移地址0x1E~

```
Offset     0  1  2  3  4  5  6  7   8  9  A  B  C  D  E  F
00041000  42 4D 36 00 30 00 00 00  00 00 36 00 00 00 28 00   BM6.0.....6...(.
00041010  00 00 00 04 00 00 00 03  00 00 01 00 20 00 00 00   ................
00041020  00 00 00 00 30 00 00 00  00 00 00 00 00 00 00 00   ....0...........
00041030  00 00 00 00 00 00 C4 65  1E 00 C4 65 1E 00 C9 6E   ......Äe..Äe..Én
00041040  24 00 C9 6E 24 00 CA 70  23 00 CA 70 23 00 C9 71   $.Én$.Êp#.Êp#.Éq
00041050  24 00 C8 70 23 00 CD 70  24 00 CC 6F 23 00 CB 6E   $.Èp#.Íp$.Ìo#.Ën
00041060  22 00 CB 6E 22 00 CC 6F  23 00 CC 6F 23 00 CC 6F   ".Ën".Ìo#.Ìo#.Ìo
00041070  23 00 CC 6F 23 00 CD 71  23 00 CD 71 23 00 C7 72   #.Ìo#.Íq#.Íq#.Çr
00041080  24 00 C7 72 24 00 C9 71  24 00 C8 70 23 00 C8 6F   $.Çr$.Éq$.Èp#.Èo
00041090  25 00 C8 6F 25 00 CA 70  23 00 CA 70 23 00 CB 6D   %.Èo%.Êp#.Êp#.Ëm
000410A0  24 00 CB 6D 24 00 C6 70  25 00 C6 70 25 00 CA 6F   $.Ëm$.Æp%.Æp%.Êo
000410B0  25 00 CA 6F 25 00 C6 70  23 00 C6 70 23 00 C6 70   %.Êo%.Æp#.Æp#.Æp
000410C0  25 00 C6 70 25 00 C4 6E  24 00 C6 70 25 00 C6 70   %.Æp%.Än$.Æp%.Æp
000410D0  25 00 C7 71 26 00 C6 70  25 00 C6 70 25 00 C6 70   %.Çq&.Æp%.Æp%.Æp
000410E0  23 00 C6 70 23 00 C6 70  23 00 C6 70 23 00 C6 70   #.Æp#.Æp#.Æp#.Æp
```

图 7.20 实际 BMP 位图信息头

0x21 是 0x00000000，应该是表示没有压缩的图像；偏移地址 0x22～0x25 是 0x00300000；表示图像大小为 3 MB；偏移地址 0x26～0x29 是 0x00000000，偏移地址 0x2A～0x2D 是 0x00000000；偏移地址 0x2E～0x31 是 0x00000000；偏移地址0x32～0x35 是 0x00000000。

下面对 biBitCount 做一些补充说明。

① biBitCount=1　表示位图最多有两种颜色，默认情况下是黑色和白色，可以自己定义这两种颜色。图像信息头的调色板中有两个调色板项，称为索引 0 和索引 1。图像数据阵列中的每一位表示一个像素。如果一个位是 0，显示时就使用索引 0 的 RGB 值；如果该位是 1，则使用索引 1 的 RGB 值。

② biBitCount=4　表示位图最多有 16 种颜色。每个像素用 4 位表示，并用这 4 位作为彩色表的表项来查找该像素的颜色。例如，如果位图中的第一个字节为 0x1F，它表示有两个像素，第一像素的颜色就在彩色表的第 2 表项中查找，而第 2 个像素的颜色就在彩色表的第 16 表项中查找。此时，调色板中默认情况下会有 16 个 RGB 项，对应于索引 0～索引 15。

③ biBitCount=8　表示位图最多有 256 种颜色。每个像素用 8 位表示，并用这 8 位作为彩色表的表项来查找该像素的颜色。例如，如果位图中的第一个字节为 0x1F，这个像素的颜色就在彩色表的第 32 表项中查找。此时，默认情况下，调色板中会有 256 个 RGB 项，对应于索引 0～索引 255。

④ biBitCount=16　表示位图最多有 2^{16} 种颜色。每个色素用 16 位(2 个字节)表示，这种格式叫作高彩色或增强型 16 位色或 64K 色。

当 biCompression 成员的值是 BI_RGB 时，它没有调色板。16 位中，最低的 5 位表示蓝色分量，中间的 5 位表示绿色分量，接下来的高 5 位表示红色分量，一共占用了 15 位，最高位保留为 0。这种格式也被称作 555 格式 16 位位图。

如果 biCompression 成员的值是 BI_BITFIELDS，那么情况就复杂了。首先是原来调色板的位置被 3 个 DWORD 变量占据，称为红、绿、蓝掩码，分别用于描述红、绿、蓝分量在 16 位中所占的位置。

在 Windows 95(或 98)中，系统可接受两种格式的位域：555 和 565。在 555 格式下，红、绿、蓝的掩码分别是：0x7C00、0x03E0、0x001F；而在 565 格式下，它们则分别为：0xF800、0x07E0、0x001F。在读取一个像素之后，可以分别用掩码"与"像素值，从而提取出想要的颜色分量(当然还要再经过适当的左右移操作)。在 NT 系统中，则没有格式限制，只不过要求掩码之间不能有重叠。(注：这种格式的图像使用起来是比较麻烦的，不过因为它的显示效果接近于真彩色，而图像数据又比真彩图像小的多，所以，它更多地被用于游戏软件。)

⑤ biBitCount=24　表示位图最多有 2^{24} 种颜色。这种位图没有调色板(bmiColors 成员尺寸为 0)，在位数组中，每 3 个字节代表一个像素，分别对应于颜色红、绿、蓝。

⑥ biBitCount=32　表示位图最多有 2^{32} 种颜色。这种位图的结构与 16 位位图结构非常类似，当 biCompression 成员的值是 BI_RGB 时，它也没有调色板，32 位中有 24 位用于存放 RGB 值，顺序是：最高位，保留；红 8 位；绿 8 位；蓝 8 位。这种格式也被称为 888 格式 32 位位图。如果 biCompression 成员的值是 BI_BITFIELDS 时，原来调色板的位置将被 3 个 DWORD 变量占据，成为红、绿、蓝掩码，分别用于描述红、绿、蓝分量在 32 位中所占的位置。

在 Windows 95(或 98)中，系统只接受 888 格式，也就是说 3 个掩码的值将只能是：0xFF0000、0xFF00、0xFF。而在 NT 系统中，只要注意使掩码之间不产生重叠就行。注：这种图像格式比较规整，因为它是 DWORD 对齐的，所以在内存中进行图像处理时可进行汇编级的代码优化(简单)。

(3) 彩色表

彩色表包含的元素与位图所具有的颜色数相同，像素的颜色用 RGBQUAD 结构来定义。对于 24 位真彩色图像就不使用彩色表(同样也包括 16 位和 32 位位图)，因为位图中的 RGB 值就代表了每个像素的颜色。彩色表中的颜色按颜色的重要性排序，这可以辅助显示驱动程序为不能显示足够多颜色数的显示设备显示彩色图像。RGBQUAD 结构描述由 R、G、B 相对强度组成的颜色，定义如下：

```
typedef struct tagRGBQUAD { /* rgbq */
BYTE rgbBlue;
BYTE rgbGreen;
BYTE rgbRed;
BYTE rgbReserved;
} RGBQUAD;
```


位图彩色表定义如表 7.19 所列。

表 7.19　位图彩色表定义

变　量	描　述	变　量	描　述
rgbBlue	指定蓝色强度	rgbRed	指定红色强度
rgbGreen	指定绿色强度	rgbReserved	保留

(4) RGB 颜色阵列

有关 RGB 三色空间大家可能都很熟悉了，在 Windows 下 RGB 颜色阵列存储的格式其实是 BGR。也就是说，对于 24 位的 RGB 位图像素数据格式是：

蓝色 B 值	绿色 G 值	红色 R 值

对于 32 位的 RGB 位图像素数据格式是：

蓝色 B 值	绿色 G 值	红色 R 值	透明通道 A 值

透明通道也称 Alpha 通道，该值是此像素点的透明属性，取值在 0（全透明）～255（不透明）之间。对于 24 位的图像来说，因为没有 Alpha 通道，即整个图像都不透明。

紧跟在彩色表之后的是图像数据字节阵列。图像的每一扫描行由表示图像像素的连续的字节组成，每一行的字节数取决于图像的颜色数目和用像素表示的图像宽度。扫描行是由底向上存储的，这就是说，阵列中的第一个字节表示位图左下角的像素，而最后一个字节表示位图右上角的像素。

2. 基于 Verilog 的 BMP 解码设计

补充讲解了 BMP 图片的基础知识后，下面要真枪实弹地看看如何对 BMP 格式的图片进行解码，然后转换为最后可以显示到液晶屏上的数据。虽然 BMP 格式内的数据本身就是 RGB 格式的，但是由于它存储的顺序是从图片的左下角开始到右上角结束，而且对于如 8 位的位图还有彩色表的概念；不同的是送到液晶显示器一端的数据一般是以从左到右、从上到下的顺序扫描数据的，所以 BMP 格式的解码还是有点文章可作的。

SD 卡控制模块直接寻址到某一幅图片后将其发送到数据流控制模块，同时会有一个图片数据有效标志位 wrf_wrreq 做指示，wrf_wrreq 只在每次发送数据有效后保持一个时钟周期高脉冲，从而让数据流控制模块对该数据做相应处理。因此一副分辨率为 800×600 的 8 位宽图片共有 481 078 字节（54 字节信息头数据、1 024 字节色彩表数据和 480 000 字节图像数据）的数据，在读取 SD 卡过程中，wrf_wrreq 也就会产生对应的 481 078 个单时钟周期的高脉冲。

图片数据处理的大体流向如图 7.21 所示。由于该设计中只处理 BMP 格式图片，所以对文件信息头和位图信息头就不做判断处理，彩色表数据存储到 FPGA 内部 IP 核例化的一个 RAM（rgb_ram）中，将 1 024 字节的彩色表译码为 256 字节的不同彩色数据。两个名为 wrfifo 和 rdfifo 的 FIFO 和 SDRAM 控制模块接口，图像数据首先被送入 wrfifo 中进行缓存，当需要实时显示当前图像的时候，数据再通过 rdfifo 中读出。

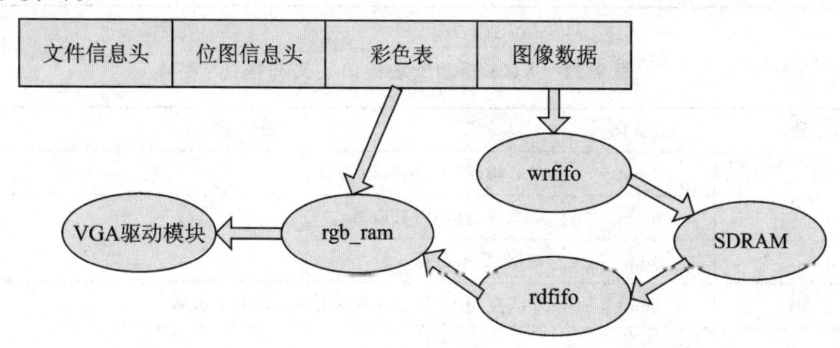

图 7.21 图片数据处理流向示意图

数据流控制模块和 VGA 驱动模块的接口定义与描述分别如表 7.20 和表 7.21 所列。

表 7.20 数据流控制模块接口定义与描述

名 称	方 向	描 述
clk_50m	input	PLL 输出 50 MHz 时钟频率
clk_100m	input	PLL 输出 100 MHz 时钟频率
rst_n	input	系统复位信号，低有效
wrf_wrreq	input	(用于 SDRAM 数据写入缓存的)FIFO 写请求信号，高电平有效
sdram_wr_ack	input	系统写 SDRAM 响应信号，作为 wrFIFO 的输出有效信号，高电平有效
wrf_din[15：0]	input	(用于 SDRAM 数据写入缓存的)FIFO 写数据总线
rdf_rdreq	input	(用于 SDRAM 数据读出缓存的)FIFO 读请求信号，高电平有效
sdram_rd_ack	input	系统读 SDRAM 响应信号，作为 rdFIFO 的输出有效信号，高电平有效
sys_data_out[15：0]	input	(用于 SDRAM 数据读出缓存的)FIFO 写数据总线
sdram_rd_req	output	系统读 SDRAM 请求信号，高电平有效
vga_valid	input	用于使能 SDRAM 读数据单元进行寻址或地址清零，高电平有效
sdwrad_clr	input	SDRAM 写入控制寄存器的清零复位信号，高电平有效
sdram_wr_req	output	系统写 SDRAM 请求信号
sys_data_in[15：0]	output	(用于 SDRAM 数据写入缓存的)FIFO 读数据总线，即写 SDRAM 时的数据暂存器
sys_wraddr[21：0]	output	写 SDRAM 时地址暂存器，位 21～20 为 L-Bank 地址，位 19～8 为行地址，位 7～0 为列地址
sys_rdaddr[21：0]	output	读 SDRAM 时地址暂存器，位 21～20 为 L-Bank 地址，位 19～8 为行地址，位 7～0 为列地址
dis_data[7：0]	output	VGA 显示数据

表 7.21 VGA 驱动模块接口定义与描述

名 称	方 向	描 述
clk	input	PLL 输出 50 MHz 时钟频率
rst_n	input	系统复位信号，低有效
dis_data[7：0]	input	VGA 显示数据
disp_ctrl	input	外部控制 LCD 显示使能信号，高电平有效

续表 7.21

名　称	方　向	描　述
vga_valid	output	用于使能 SDRAM 读数据单元进行寻址或地址清零,高电平有效
rdf_rdreq	output	(用于 SDRAM 数据读出缓存的)FIFO 读请求信号,高电平有效
hsync	output	VGA 行同步信号
vsync	output	VGA 场同步信号
vga_r[2:0]	output	VGA 色彩
vga_g[2:0]	output	VGA 色彩
vga_b[1:0]	output	VGA 色彩

整个设计工程的最终效果是能够将存储在 SD 卡里的 10 幅图片循环显示,其中一幅 256 色的图片显示效果如图 7.22 所示。

图 7.22　256 色图片显示效果

第八部分　网络杂文

但义人的途径好像黎明的光，越照越明，直到日午。

恶人的道路好像幽暗；自己不知因什么绊跌。

——箴言第4章18～19节

笔记 24

苦练基本功

细细算来，到 2010 年，特权同学真真正正接触嵌入式设计，从接触 51 单片机的软件编程和硬件设计，到后来一心一意专注于 FPGA 设计，也不过两年而已。在此期间，接触过 TI 的 16 位单片机（MSP430）、NXP 的入门级 ARM7（LPC2103），在自己的板子上使用过 Altera 的 MAX7000/MAX Ⅱ系列 CPLD 以及 Cyclone/Cyclone Ⅱ/Cyclone Ⅲ系列FPGA，也接触过 Xilinx 的 Virtex/Spartan 3 系列 FPGA。虽然感觉自己项目做得不够多、不够深也不够广，但是这两年自己真得很努力，很用心地在学。

都说做硬件很多经验是要靠时间和项目攒出来的，回顾这两年，走过不少弯路，也尝到过成功的喜悦。或许这本书也算是对我个人付出的一个最好的回报，但是我不应该也没有必要太在意这一点成绩，我的职业生涯才刚刚起步。做一个硬件工程师很难，做一个优秀的硬件工程师更难。但就我个人的一点体会进行一些总结，我认为下文要提到的几个基本功是很重要的，只希望能够给和我一样年轻的学生朋友或者是工程师朋友们一点灵感。也许掌握了这些基本功你依然不是一个优秀的硬件工程师，但是不掌握这些你就肯定不会成为一个优秀的硬件工程师。也许这些点列的有些凌乱，或许也无法完全涵盖一个优秀硬件工程师所必须具备的所有素质，但是不要紧，这只是我个人的一点随笔，搞电子的智商都蛮高的，只要你懂就行。

一、datasheet 要看原版

我不知道确切的"datasheet"一词该如何翻译，看到过某些人生硬地将其翻译为"数据表"，只是感觉很怪，有些拗口。也许从这个现象你就能感觉到原版的重要性了，有时候我们没有必要非得把英文译成中文才算有水平。没有办法，谁要咱国内的 IC 产业被老外甩得远远的了，没有几个像模像样的国产 IC 是咱叫的出口的。基本上，我们的一块电路板上 80%的 IC 标的都是国外几个大厂商的名字。于是乎，一个更怪异的现象就浮出水面了，咱们是不是会经常在论坛看到诸如"求 XXX 中文资料"的帖子呢？是的，IC 是人家的，说明文档也是人家的，人家还爱管它叫 datasheet，那么习惯了中文的国人是不是会不习惯了呢？开始的时候我也不习惯，这一点我承认，第一次彻头彻尾地花数小时把 AT24C0X 的 datasheet 看完时感觉那叫一个痛苦啊！但是当我越深入硬件设计，接触到各类 IC 时，才发现想找到很多 IC 的中文资料那都是奢望，看不懂英文版的 datasheet 那基本就是死路一条。更可恨的是，有时虽然海找一番看到了弥足珍贵的中文版，细细研究会发现里面漏洞百出，有时和原文意思相去甚远。我就常见身边的同事抱着 2812（TI 的 DSP）的中文书，一边啃一边还要骂，那么到底是为什么？既然我们不信任写书人的翻译水平，为什么还要读，因为我们害怕英文，这是国内工程师的一个通病。经过几番惨痛的经历后，我决定看 datasheet 就一定要忠于原版，翻译的资料只能作为参考。也许，慢慢你会发现，datasheet 里的英文词汇也就那么些，翻来覆去地用，当你看习惯了也就那么回事。所以，这里提到的第一个基本功——datasheet 要看原版，也许不会让你的英文水平有多少提高，但是绝对会让你少走很多弯路。

二、开发工具要熟练

这里所谓的开发工具，只是针对做硬件来说的。俗话说"工欲善其器，必先利其器"，如果作为一个硬件工程师，连原理图都画不好的话，那就别提其他的了。

比如你要画原理图、PCB，那么就必须熟悉 Altium Designer（或早期的 Protel）、PADS、PowerPCB 等，当然不需要都熟悉，精通其一就可以。我对 Altium Designer 的使用可以说是蛮熟练的了，当初可是参加过一个 Altium 的研讨会，答上了 3 个问题把头奖都抱回家了。现在很多公司把 PCB 设计独立于原理图设计，一方面可能让硬件工程师更专注于原理图的设计，不用花费太多心思在繁琐的 PCB 布局布线上；但是另一方面却给 PCB 设计带来了一些弊端，有时 PCB 工程师不能够很好地明白设计者的意图，或者说没有和原理图设计者进行良好的沟通，设计出来的 PCB 就很可能差强人意了。有时很多单纯的原理图设计师甚至没有自己动手做过 PCB，这并不是一个好现象。

话扯得有些远了，我们回到主题来，开发工具要熟练。硬件工程师即便不用自己动手画 PCB，最好也能够掌握这项技巧，原理图设计的技巧那更不用说了。

对于 FPGA/CPLD 设计也是如此，最常用的 Xilinx 的 ISE 和 Altera 的 Quartus Ⅱ，两个开发工具并没有太多差异，但是还是需要设计者至少好好地掌握其中一套软件的使用。对于综合和仿真，有时还要涉及第三方工具的使用。也许这些工具的使用并不是最体现设计者能力的地方，但是要是连工具都用不熟，能力又从何体现。所以，开发工具的使用一定要熟练，最好是达到精通的地步，这样咱们就不用成天为了工具的使用麻烦人家 FAE 了。

三、焊接功底要扎实

虽然焊接这个活大都是工厂的焊接工人来完成的，他们来焊也许焊点更漂亮、可靠。但是对于一些小公司来说，如果没有自己的焊接工厂（专门负责焊接的人），也许第一块样板的焊接任务就会落在硬件工程师的头上，或许这是一个没有选择的选择。但凡比较规范的公司，一般是不会把样板的焊接交给硬件工程师来完成的。即便如此，我们还是很有必要掌握焊接这项基本功。也许并不是很困难，很多东西真的只是因为你觉得难所以才难，当你用心去学、用心去做的时候，那一切困难都会“迎刃而解”的。好像很多喜欢动手的朋友在学生时代就能够自己焊接电路板了，直插的不用提，贴片的电阻电容也不算很有挑战，当你试着焊接 SOP/TSOP/TSSOP 的芯片时，尤其是 0.5 mm 以下的间距时，才会感觉到焊接技巧和焊接工具的重要性。当然了，一般的焊接工具是搞不定类似 BGA 封装的器件的。

我的焊接功底虽谈不上专业，可当初也是花了 N 个夜晚焊完了在 EDN 第一次搞活动时 CPLD 板上的 100 片 TQFP－100(EPM240)。最近也是自己手动焊接了一个 PQFP－240 的片子，也没有什么特殊的工具，只用了一把调温烙铁和一些洗板水、松香兑的助焊剂。如图 8.1 所示，虽然助焊剂还没有完全擦拭干净，但是焊点还是看得过去的，调试起来也没有什么问题，正常运行工作。

图 8.1　手动焊接 PQFP－240

所以，要自己焊接一些引脚密集的芯片也并不难。有心的朋友不妨到焊接工厂虚心向工人取取经。扎实的焊接基本功能够给设计带来的便利我也不用多说了，也许你心里比我还清楚。

四、不要厌烦写文档

记得还在学校的时候，一位上了年纪的实验室老师就常语重心长地告诫我们：“不仅要会做东西，也要会写东西，我们当年做了很多东西，并不是东西不好，就是因为不会说也不会写，结果弄得什么好处都没捞着”。也许老师的这番话说得比较现实，但是也从另一个侧面反映了老一辈工程师们普遍遇到的问题，很多技术人员只会埋头苦干，从来都是默默无闻，一声不响。我们会对这样的一个工程师群体肃然起敬，但是光干活真的还不够，也许我们缺少的是表达、是沟通。

表达和沟通无非是靠嘴皮子和烂笔头，这里要说的重点是后者，也就是文档。也许很多从高校里刚走出来的年轻人一听说写文档，不就是 Google 一下或者 Baidu 一下拼拼凑凑的一篇论文嘛。事实并非如此简单，整个硬件流程下来，各式各样的文档有时会压得人喘不过气来，正式的、非正式的，应付人的、自己看的，可谓五花八门。谈一点个人的见解，并不是所有的项目都非得要像模像样按照一套固有流程走。每个项目都会有不一样的地方，它们的侧重点也大多是不一样的，写文档也是如此。也许按固定的流程看上去是很规范了，但是很多时候是给执行的人凭添许多不必要的麻烦，尤其像在写文档上，有些时候真的是只能靠生搬硬套地给文档加东西，这时候的执行者有多少应付的成分在里面呢？又有多少真才实学在里面？所以，更好的做法是因项目而异，该有的有、不该有的就不要有。

话又有些扯远了，这里的重点好像不该是讨论该不该写文档的问题，那么我们回到正题，都该写些什么文档，如何写？我不是做标准化的人，我也不想讨论格式的问题。工程师写文档的意图应该明确，无非是给验证者或是用户看，再或者是给自己看。验证者是要通过我们的文档来了解设计的输入和输出，有时甚至是一些设计的细节，从而更好地执行测试。用户想知道的是如何使用你的产品，他往往并不关心设计的细节，所以给用户看的说明书要越简单、越傻瓜越好。而给自己看的是什么呢？不一定是漂亮的报表、华丽的数据，而是简单的总结、归纳，有时还应该是一些对已有设计的提示或解释，给自己看的东西最主要的还是要帮助将来对原有设计的复用、升级和维护。也许，给自己看的东西有时就是大家常说的经验。

其实给自己看的文档大都不必做得很正式，甚至很多有心的工程师喜欢写技术博客，不仅在网络这个大舞台上记录经过总结、归纳的知识点，也把自己的点滴经验和感悟拿出来与大家分享，这是很难能可贵的。这样的文章不仅自己受益，同样也能让他人受益。在 EDN 网站上，大家可以看看 riple 的文章，看看 yulzhu 的文章，洋洋洒洒数百字，文风可以很随意。我最喜欢图文并茂的文章，既让大家学知识也让大家饱眼福，同时也给自己的工程师生涯多留下一些美好的回忆。

总之，希望大家不要误会这里所说的文档，只要是真真实实地记录与项目开发、设计过程相关的文字，都可以算做我们所说的文档。没有必要畏惧写文档，当代的工程师应该擅长写文档，擅长总结、归纳并记录设计中的点点滴滴。

优秀硬件工程师所应具备的东西不仅这些，也许很多我还没有体会到，我也没有资格在这里评头论足。但是对于我们这些年轻的工程师，现实的说，我们工作我们追求技术，也许更多的是在为生活奔波，我们也许有太多的辛酸、太多的无奈。但是，既然我们选择了这个行业，选择了做技术，那么就应该好好奋斗，总会等到春天花开的季节。终有那么一天，曾经的小树苗会枝繁叶茂、参天大树。

相比于人这一生所必须经历和面对的人、事、物，技术的追求和学习只是很小很小的一个圈子。为人处世，我们有太多的东西需要学习。在本篇末，送一段话和大家共勉：

在成功的时候我学习谦虚

在失败的时候我学习坚毅

在快乐的时候我学习节制

在痛苦的时候我学习忍耐

在愤怒的时候我学习冷静

在害怕的时候我学习勇敢

在焦虑的时候我学习乐观

在迷惑的时候我学习分析

在犹豫的时候我学习果断

在懈怠的时候我学习积极

在羡慕的时候我学习知足

在孤寂的时候我学习独立

笔记 25

永远忠于年轻时的梦想

本来我也不知道最后的两课(视频教程)该以怎样的方式来讲,也不是很确定什么时候能够静下心来录。最近遇到了很多事,开心的不开心的,其实也无所谓开心和不开心,因为无论有什么样的结果,我的心情还是很平静的。但是今天我算是闲下来了,我就决定要好好把最后两课录完,好给大家一个交代。

其实我是不太爱在 EDN 的技术博客中做什么长篇大论来发表我个人的一些人生观、价值观抑或是太多带有个人感情色彩的一些文字,因为我总觉得讲很多主观的东西是不合适的。虽然言论自由,但是做人还是低调点好,不要太张扬,或说是尽量谦虚点好,毕竟很多时候是说出去的话如泼出去的水,收都收不回来了。博客这样的平台非常好,给了我们展示自我的舞台,但是个人还是认为写东西一定要对人有帮助,尤其是技术博客,如果都是发发牢骚,表达不满,那还是不写为妙。

虽然进入电子这个行业工作没到两年时间,但是我很努力,我也很用心,因为我一直在追求一个东西,虽然我说不上来那个东西叫什么,也许叫梦想,就像我的博客上"永远忠于年轻时的梦想"一样。我想我是个有梦的人,虽然我还不确定这个梦到底是怎样的梦,到底离我有多远。但我相信,也许每个人都有自己的梦。

当我很负责任的在未确定下一份工作,但是领导又在安排新一年工作任务时,我告诉他们"对不起,我要离开"。我的心是平静的,因为我相信走过的这一年半是不平常的,虽然我在岗位上大多时候有些碌碌无为,抑或是做一些繁琐而又缺乏实质性的工作,但我相信这是每个新人都需要走过的路。离开就意味着一个全新的开始。

和我年轻的领导长谈中发现,每个人都会有我这样挣扎困惑的时期,每个人也都会有一些不同的决定和举动,而每个人的足迹也许都不径相同。我觉得做什么样的决定也许不是最重要的,重要的是你是否忠于你的梦想,也许你和我一样真地不知道梦想到底在哪里。但是,我想我已经逐渐领悟到了个中奥秘。做一个电子工程师,一个精致的电子工程师,一个能够帮助人的电子工程师,一个受人敬仰的电子工程师,那也许离梦想应该很近了。但是,最重要的是要做到问心无愧,无论处于怎样的境况中,一定不要忘记在家庭、事业、他人、个人之间把握好平衡。当然了,于我而言还有信仰,我是认为当我把握好了信仰,那么一切都不在话下。

我很确定我在 EDN 做第一个助学活动的初衷是什么,是那个很现实的东西,但是当我越是深入,我发现那虽然是起点,但绝对不会是终点,在 EDN 的这个博客圈里接触的人多了,我却发现自己的渺小。虽然我不是很确定每个人写作的动机,但是我确定有那么一帮人,除了给自己总结,为自己积攒知识经验,也是为了能够给更多后来人的学习开路,这是很高的一个境界,也是很难能可贵的。

在国内,做一个出色的电子工程师很难,做一个无欲无求(不是指对设计)的电子工程师更是难上加难。现在的社会总让我们觉得付出必须有物质回报,否则就一定是个傻瓜。但是,我们往往忽略了一些细节,我们应该更多地看到一些无形的回报,或许我们都被物质化了。不是因为我们愿意,因为我们往往背负着的不是自己一个人而已,背后有一个家甚至不止一个家。

朋友,请原谅我一开篇就说自己是个不愿意谈个人看法的人,其实我还是愿意说的,但是我总希望最后的结论是向上的,是应该让人觉得受鼓舞的。

我从小生长在一个可以说是蛮富裕的家庭里,甚至现在也不差。父母也都是基督徒,持家有道,从不缺乏。也许每个人都有自己理想的生活方式,当我走上社会,和我的另一半组成另一个家的时候,我就总在期待着有一天我能够有一份不错的薪水(至少我不用为我的衣食住行忧愁),有一份可以让我很投入的工作(我喜欢的工作,需要有一些压力,因为没有压力就没有动力),生活上也是可以和另一半相互照应,在信仰上也多有一些追求,能够力所能及地帮助一些需要帮助的人。工作只应该是工作,生活也只应该是生活。

我不知道我在这里说了这么一大堆话是否对读者有什么帮助,如果你觉得都是废话,那么请无视,如果你觉得有那么一点共鸣,那很好。无论如何,我相信选择了电子工程师这条路,在很多十字路口,我们做出的每一个决定,只要自己认为是对的,那么就坚持去做,也绝不要后悔。不要太物质化的以金钱作为你职业生涯成功与否的定论,我曾看过一篇谈论各种不同工程师类型的文章,也只是简单的以金钱的多寡评论某一类人成功与否,但我不喜欢这样的定论。我认识一个很要好的朋友,做了十多年的软件,甚至硬件也是很牛的,在公司里是一把手,基本上所有产品技术都掌握在他手上,但是他的基本工资并不高,他几次想跳槽,老板只能以股份来留他,他感觉还是不够,经常在外面接活干,自己还是不停地学东西。我很钦佩这样的人,追求是没有止境的,也许他在不停地为着他的梦想而奋斗,但不论结果是怎样的,我相信他都是成功的,至少在事业上是。只不过我希望这样的人能够再多分一些时间和精力来陪陪家人,顾顾自己的身体,抑或是能考虑一些这之外的东西。很多时候,我们又何尝不是?我们可以在这个行业有梦想,但它不应该也不可以是我们生活的全部。要忠于我们的梦想,但是也别忘记平衡把握我们的梦想。

笔记 26
年轻正当时

题记：本篇笔记是特权同学给我们可畏的后生 CrazyBingo（下面简称 Bingo）同学所编辑整理的电子书《从零开始走进 FPGA 世界》所做的序。在此也算是给 Bingo 老弟做个免费广告宣传。

这本所谓的书，恐怕不一定能够带还没入门的 U 杀进 FPGA 开发的大门，当然也肯定不能达到进阶的目的。但是，姑且应了 Bingo 老弟所谓的对"图像的直觉"，确实图文并茂地从某一个山寨面把 FPGA 开发赤裸裸地展现给了大家。

被 Bingo 称之为牛人的 I，其实也是努力抱着一颗谦卑的心态通读全文。读毕前 4 章，心里冷不防要犯咕噜"这是哪门子的书啊，分明是本不折不扣的 FPGA 入门画册"。儿童读物吗？看样子儿童们对图像都有着不同寻常的爱慕，能耐着性子接着看下去的娃儿们肯定期待着有更多更炫的图片出现，只可惜，Bingo 果然让大家失望了。一些正所谓的"工程"思想和不正规英文字符拼凑起来的乱七八糟的语法充斥着剩下的篇幅，当然了，意外冒出个更权威点的山寨链接和参考资料其实更推荐大家去看看（不好，Bingo 要拍砖了）……

FPGA 发展日新月异，如果这本所谓的书想与时俱进，只有 V1.0/V2.0/V3.0……的无休止地写下去才行哎，但我相信它始终赶不上那个奥特拉已经 11.0 的 QII，除非哪天 Bingo 有志于到 A 去养老，那是后话，另当别论。话说回来，如果一本书的时效性极为有限，那么对执笔人绝对是一种侮辱；而，这本所谓的书中好歹我们看到了一些值得大家玩味的 Bingo 也称之为"思想"的东东。思想本是看不见摸不着的，人赋予它文字代码加图像波形，也就变得有棱有角、像模像样了。所以，看官们，不要总想从书中寻找"颜如玉"，要学会自己的思考，只有消化吸收了才是你自己的。

Bingo 老弟是个幸运儿，迈入大学的第一年就向 FPGA 靠近了，留给咱和牙缝俩的尽是羡慕嫉妒恨了。虽然没有走上工作岗位，虽然没有真刀实枪地做个量产项目，但从这本哪怕你真的认为是画册的画册里我们多少已经感觉到了后生可爱，噢，是后生可畏。中国有那么多的电子专业学生，又有几个能有心从一开始便"风雨兼程，一路向北”（不好意思，未经允许便擅改台词）。在此也奉劝各位有志成为“电工”的学弟学妹们，“要赎回光阴，因为现今日子邪恶”……

山寨序，这是一件很有意思的事。但，我想表达的，除了希望给 Bingo 学弟多一点的支持和鼓励外，更希望读者你是下一个 Bingo，有他那股劲那、份执着和激情足矣。话说“年少轻狂”，在 Bingo 身上也多少有点，但未见得是坏事，年轻正当时，做你该做的，酸甜苦辣咸，别人说的不算，你的才是你的，记住，XDJM 们，一定要用心，会有出人投地的那一天滴！

特权同学

2011 年 8 月

笔记 27

FPGA 工程师：持守梦想 or 屈于现实

昨晚无意间看到一段新闻频道对最近炒得火热的“史上最年轻教授”的专访，倒是他的一位同学对于梦想的“现实版”解说颇有些耐人寻味。大体意思是说“拼了老命考上一所梦寐以求的大学，父母辛辛苦苦为我们交了学费，我们却总是去挑最容易的学分，一切的目的只是为了求得一份好工作，我们都已经失去了对梦想的追逐”。或许这都是曾经处于就业压力中的我们的真实写照，而在我们如愿拿到了或者如意或者迁就着的 offer，摸爬滚打若干年以后又如何呢？梦想在你的脑子里是否已然遥远？

前些天在微博上看到一个蛮有意思的心理年龄测试，其中有个问题是：“你最害怕失去什么”？答案若干，有家庭、婚姻、工作和梦想等等，我毫不犹豫地选择了梦想，我得意地笑了——“咱肯定还年轻”。毫无悬念，最终给了我“25”，比实际的我还年轻。哈哈，不知道走出校园若干年的你，是否也会毫不犹豫给出如此“年轻”的答案。也许再过若干年，我们真得不再年轻了，身边的 90 后、00 后会如雨后春笋般涌现，看着他们青涩的傻劲，你是否也还依稀记得我们也曾如此这般过？但是，我们还会再持守着曾经的梦想和期待吗？

45 个月对任何人的一生来说都不算短，而在这 45 个月的工作和学习经历中，捻转两份不同的工作或许不算多，但是我却能体会到做一个电子工程师的不易。第三次站在这个十字路口，我拥有的是年轻和经验的一个比较好的平衡点，没有名校和学历的光环，但是写过的两本书是我的敲门砖，而有过两个还算“漂亮”的项目则是我最大的谈资。

我的经历谈不上有多传奇，我也不算是个很聪明的人。但是，我要夸自己的一点是，我做事情能够脚踏实地并且认真专注。曾几何时，我以为机会合适的时候或许我会慢慢离开技术，或许技术背景会是我的优势。但是，和一位前辈的交谈让我再次坚定了技术之路走到底的决心和勇气。“已过这些年你走对了，你没有走弯路……无论如何，技术不能丢”。和这位前辈的认识也是非常巧合，……（各种头衔一并掠过），现在他却不愁吃穿地玩起“自由技术职业者”，他追求的不是什么功成名就，而是对技术的自由追逐。而反过来,我也和在国内某大型通信公司工作数年的一位朋友聊过,他的谈吐,对技术、对 FPGA 的认知都很值得夸赞,可惜的是在长期的工作负荷下,他坦言"太累了,谁想在四五十岁还对着枯燥的代码敲键盘,做到某些时候这些东西都让人厌倦了"。我有些嗤之以鼻,如果热爱,为什么不可以!当然,或许如果可能,我有胆量也到这种高负荷的工作环境中体验个三两年,或许我的想法也会改变。谁知道呢?事物总是在发展中,没有什么是一成不变的,往往在无情的现实面前,我们说的不算。

就如 24 个月以前,我曾信誓旦旦地认为我或许会在这个什么都没有的小公司里干上 5 年,但是突如其来的变故和残酷的现状,以及对个人能力瓶颈的清醒认识,我却再次选择了放弃。而在找寻下一个驿站中,面对风格迥异的雇主时,也让我有了更多、更成熟的思考。现实某些时候虽残酷,但其实梦想和现实本不冲突,大多时候,做好平衡,或许现实会让梦想得到更好的"升华"。

曾经天真的以为,我就是要做个 FPGA 工程师,单纯的 FPGA 工程师。但是在环顾四周之后,发现这样的 offer 很少,真得很少,甚至少得可怜。所以,还在大学中迷茫的亲爱的学弟学妹们,不要以为 FPGA 很有前途一头扎进去就以为拥有了"铁饭碗",现实会告诉你"铁饭碗都是浮云"。缘何如此?当然这也是基于目前国内企业的各种现状吧。

我个人在用 FPGA 做设计上算是有一定水平,但在其他方面相应的有些偏弱,毕竟三四年的工作经验摆在那里,再怎么努力,个人也是要受到时间和精力限制的,有所强也注定有所弱。而目前国内的公司,大多数都没有而且也不准备设置所谓的完全意义上的 FPGA 工程师,它们理想的状况是由硬件工程师兼任,总希望找一个比较全面的工程师,并不感冒所谓的专家,某种意义上来说这是中国整个大环境造成的。不过要是换个角度看这个问题,企业主的担心也不是平白无故的,如果作为硬件工程师有某些偏好,那么他的设计或多或少会不自觉地向这方面靠拢,FPGA 本身很好,但是成本高,而且在某些场合使用还真不合适。说到这里,其实已经到了点子上,FPGA 目前的应用并不非常广泛,很多时候是大家迫不得已的选择。你说通信上用得不少,但可惜的是大多是用于做流片前的验证了;而图像处理好像也很需要 FPGA,但是很多公司并没有选择用 FPGA 做图像算法类的工作,顶多不过是高速数据流的采集或转发的预处理而已。所以,其实 FPGA 能干的事虽然很多,但是FPGA 目前在干的事情却并不多;此外,用 FPGA 可以,但不要拘泥于 FPGA。这是我对 FPGA 新的认识,当然了,除非有一天 FPGA 真的能够把成本降到大家认可的水平,而且基于 FPGA 的各种 SoC 能够和现在的各种 CPU 相媲美,但我想这还是要有一些年日甚至不太现实的。今天 Xilinx 的 ZYNQ 或是 Altera 的 SoC - FPGA 或许就在努力地朝此方向迈进吧,不过恐怕它们还是很难绕过成本这个敏感的话题。

话说回来,我个人通过两年多来实实在在地做了两个 FPGA 的项目,通过对片上系统的架构以及各种总线和外设的熟悉,其实我觉得我会比传统的硬件工程师更深刻地去理解嵌入式系统。这是 FPGA 带给我意外的收获,但是我想,慢慢的,在继续往“深”里发展的同时,也会更多地注意一个硬件工程师在“广”这一层面的发展。毕竟,我的梦想不是做个仅仅写写代码跑跑仿真的 FPGA 工程师而已,我更希望通过 FPGA 逐渐将自己提高到系统层面,更多地从大局权衡应对各种不同的产品需求。

梦想,不总是一成不变的;梦想,有时候需要在现实面前适时调整和重新摆正……

参考文献

[1] 夏宇闻.Verilog 数字系统设计教程[M].2 版.北京:北京航空航天大学出版社,2008.

[2] Samir Palnitkar.Verilog HDL 数字设计与综合[M].2 版.夏宇闻,胡燕详,刁岚松,等译.北京:电子工业出版社,2004.

[3] Clive "Max" Maxfield.FPGA 设计指南:器件、工具和流程[M].杜生海,邢闻,译.北京:人民邮电出版社,2007.

[4] 吴继华,王诚.设计与验证 Verilog HDL[M].北京:人民邮电出版社,2006.

[5] Janick Bergeron.编写测试平台[M].张春,陈新凯,李晓雯,等译.北京:电子工业出版社,2006.

[6] RC Cofer, Ben Harding. Rapid System Prototyping with FPGAs[M]. UK: Butterworth - Heinemann,2005.

[7] Quartus Ⅱ Handbook.Version 7.2.[2007 - 10].www.altera.com.

[8] XST User Guide.Version 9.1.www.xilinx.com.

[9] AN 481: Applying Multicycle Exceptions in the TimeQuest Timing Analyzer.Version 1.0.[2008 - 7].www.altera.com.

[10] AN 433:Constraining and Analyzing Source - Synchronous Interfaces.Version 2.0.[2007 - 12].www.altera.com.

[11] Cyclone Device Handbook.Version 1.5.[2008 - 05].www.altera.com.

[12] MAX II Device Handbook.Version 1.4.[2008 - 03].www.altera.com.